普通高等教育系列教材

电子线路综合设计与实践

刘 鸣 陈世利 编著

机 械 工 业 出 版 社

本书围绕电子线路设计和实践，介绍了部分典型电路的工作原理及应用，并根据综合设计课题，引入了一些实用性、综合设计性实例。本书内容新颖、全面，包括模拟电路技术、数字电路技术、传感技术及转换电路、自动控制电路技术、单片机接口技术、PLC 应用技术和虚拟仪器技术。结合工程教育，本书突出电子线路整体化、系统化设计的概念，即有从传感到控制一系列内容，使电子线路的设计和应用更加广泛。本书注重理论与实际应用相结合，适用于不同的教学模式，可以用于进行基础性实验、综合设计实验、实训以及学生的课外自主科技活动等。

本书可作为高等院校电子类、信息类、自动化类和机电工程类等专业的实践教材，也可以供有关工程技术人员参考使用。

图书在版编目（CIP）数据

电子线路综合设计与实践/刘鸣，陈世利编著.—北京：机械工业出版社，2014.6（2025.8 重印）

普通高等教育系列教材

ISBN 978-7-111-40362-3

Ⅰ.①电… Ⅱ.①刘… ②陈… Ⅲ.①电子电路—电路设计—高等学校—教材 Ⅳ.①TN702

中国版本图书馆 CIP 数据核字（2012）第 266523 号

机械工业出版社（北京市百万庄大街 22 号 邮政编码 100037）
策划编辑：徐 凡 责任编辑：徐 凡 王玉鑫
版式设计：霍永明 责任校对：闫玥红
封面设计：张 静 责任印制：刘 媛
北京富资园科技发展有限公司印刷
2025 年 8 月第 1 版第 7 次印刷
184mm×260mm · 17.75 印张 · 427 千字
标准书号：ISBN 978-7-111-40362-3
定价：45.00 元

电话服务 网络服务
客服电话：010-88361066 机 工 官 网：www.cmpbook.com
010-88379833 机 工 官 博：weibo.com/cmp1952
010-68326294 金 书 网：www.golden-book.com
封底无防伪标均为盗版 机工教育服务网：www.cmpedu.com

前　　言

本书围绕电子线路设计与实践，介绍了部分典型电路的原理及应用，引入了一些实用性、综合设计性实例。为了拓展电子线路设计空间，使电子线路设计更贴近实际应用，教材内容涵盖了模拟电子技术、数字电子技术、传感技术与转换电路、自动控制电路技术、单片机接口电路及程序设计、PLC 技术与应用和虚拟仪器设计与应用。

本书的特色有三个方面：一是整体设计突出，注重综合设计。与传统的电子线路设计内容不同，本书增加了传感技术和自动控制电路技术，从点到面，体现出系统设计的概念，在掌握各基本电路原理及实验的基础上，通过综合应用，可完成从信号的测量、转换、放大、处理到控制的电子线路设计全过程；二是引入了现代电子线路设计方法，运用计算机技术。基于单片机技术、PLC 技术和虚拟仪器技术，依靠计算机硬件接口及程序处理的强大功能，使电子线路设计和应用更加广泛；三是适用于不同的实践教学模式，教学与实际应用相结合。教材内容可以进行基础性实验、综合设计实验、实训以及学生的课外自主实验，其目的在于拓宽学生的知识面，培养学生的电路设计能力、实践能力和创新能力，为以后所从事的相关技术工作打下基础。

本书内容共分为 6 章，第 1 章是电子元器件与传感器，包括常用电子元器件的功能及使用、传感器特性介绍；第 2 章是模拟电路技术，包括典型运放电路的应用（放大电路、运算电路、测量放大电路等），光电隔离电路，信号转换电路（比较电路、电压/频率转换电路、电压/电流转换电路等），移相电路与相敏检波电路，信号细分、辨向电路，有源滤波电路，信号的调制/解调，函数发生电路，直流稳压电源电路；第 3 章是数字电路技术，包括基本应用电路（触发器与移位寄存器、编码/译码电路、算术逻辑电路、多路选择器与数据分配、加/减计数器、脉冲分配器、步进电动机控制，逻辑电路的驱动等），脉冲振荡电路（*RC* 及石英振荡、占空比调整和舵机控制等），电容测量电路设计，多路电子抢答器设计，定时器电路设计，数字频率计电路设计，数字时钟电路设计，数字遥控电路设计，电动机转速测量电路设计；第 4 章是传感技术及转换电路，包括电阻式传感器及转换电路，光电式传感器及转换电路，电感式传感器及转换电路，电容式传感器及转换电路，压电式传感器及转换电路，磁电式传感器及转换电路，热电式传感器及转换电路，湿敏、气敏传感器及转换电路，集成传感器应用（加速度传感器及电路、色敏传感器及电路）；第 5 章是自动控制电路技术，包括自动控制系统的组成、指标，自动控制电路，电动机调速电路；第 6 章是基于计算机的电子线路技术，包括单片机技术与应用，PLC 技术与应用，虚拟仪器技术与应用。

本书第 1、2、3、4 章由刘鸣编写，第 5、6 章由陈世利编写，全书由刘鸣统稿。书稿承天津大学曾周末教授主审。他对书稿进行了认真的审阅和指导，提出了许多宝贵意见，对提高本书的质量有很大帮助，在此向他表示衷心感谢。本书在编写过程中还得到了天津大学李醒飞教授、段发阶教授、刘铁根教授、李健副教授和李一博副教授以及精密仪器与光电子工程学院传感技术与测控电学实验室的马凤鸣、谢东晖等老师的帮助和支持，谨此向他们表示诚挚的谢意。

由于编者的水平有限，书中难免有缺点和错误之处，真诚希望广大读者给予指正。

编　者

于天津大学

目　录

前言

第1章　电子元器件与传感器 …… 1

1.1　常见的分立电子元器件 …… 1

1.1.1　电阻 …… 1

1.1.2　电容 …… 3

1.1.3　电感 …… 3

1.1.4　二极管 …… 4

1.1.5　晶体管 …… 5

1.1.6　发光二极管 …… 6

1.1.7　继电器 …… 6

1.1.8　实验与实践 …… 7

1.2　集成运算放大器 …… 8

1.2.1　运算放大器常用参数 …… 8

1.2.2　运算放大器使用注意事项 …… 9

1.2.3　实验与实践 …… 10

1.3　数字集成逻辑器件 …… 10

1.3.1　标准数字集成逻辑器件的分类及特点 …… 10

1.3.2　数字集成电路主要参数 …… 11

1.3.3　使用TTL、CMOS集成电路的注意事项 …… 12

1.3.4　实验与实践 …… 13

1.4　传感器 …… 13

1.4.1　传感器的特性 …… 14

1.4.2　传感器的使用 …… 15

1.4.3　实验与实践 …… 16

第2章　模拟电路技术 …… 17

2.1　运算放大器应用电路 …… 17

2.1.1　反相放大电路 …… 17

2.1.2　同相放大电路 …… 18

2.1.3　差动放大电路 …… 20

2.1.4　加法运算电路 …… 20

2.1.5　减法运算电路 …… 21

2.1.6　微分与积分运算电路 …… 22

2.1.7　单电源运放电路 …… 23

2.1.8　测量放大电路 …… 25

2.1.9　设计与实践 …… 27

2.2　信号转换电路 …… 28

2.2.1　电压比较电路 …… 28

2.2.2　电压/频率转换电路 …… 31

2.2.3　频率/电压转换电路 …… 33

2.2.4　电压/电流转换电路 …… 33

2.2.5　电流/电压转换电路 …… 34

2.2.6　设计与实践 …… 35

2.3　隔离电路 …… 35

2.3.1　模拟信号隔离电路 …… 36

2.3.2　数字信号隔离电路 …… 38

2.3.3　设计与实践 …… 39

2.4　移相电路与相敏检波电路 …… 40

2.4.1　移相电路 …… 40

2.4.2　相敏检波电路 …… 41

2.4.3　设计与实践 …… 42

2.5　信号细分电路 …… 42

2.5.1　信号细分电路的分类 …… 43

2.5.2　直传式细分电路 …… 43

2.5.3　频率跟踪细分电路 …… 45

2.5.4　设计与实践 …… 46

2.6　有源滤波电路 …… 46

2.6.1　二阶有源低通滤波电路 …… 46

2.6.2　二阶有源高通滤波电路 …… 49

2.6.3　二阶有源带通滤波电路 …… 50

2.6.4　二阶有源带阻滤波电路 …… 51

2.6.5　设计与实践 …… 53

2.7　信号的调制/解调 …… 53

2.7.1　调幅电路 …… 54

2.7.2　脉宽调制电路 …… 56

2.7.3　设计与实践 …… 58

2.8　函数发生电路 …… 59

2.8.1　正弦波信号发生电路 …… 59

2.8.2　矩形波信号发生电路 …… 61

2.8.3　占空比可调的矩形波发生电路 …… 61

2.8.4　三角波信号发生电路 …… 62

2.8.5　锯齿波信号发生电路 …… 63

2.8.6　集成函数发生器芯片ICL8038的

应用 …… 63
2.8.7 设计与实践 …… 65
2.9 直流稳压电源设计 …… 66
2.9.1 直流稳压电源种类和指标 …… 66
2.9.2 线性直流稳压电源典型电路 …… 66
2.9.3 恒流源电路 …… 70
2.9.4 开关型直流稳压电路 …… 71
2.9.5 设计与实践 …… 74
第3章 数字电路技术 …… 75
3.1 基本应用电路 …… 75
3.1.1 触发器与移位寄存器 …… 75
3.1.2 编码/译码电路 …… 77
3.1.3 算术逻辑电路 …… 81
3.1.4 多路选择器与数据分配器 …… 83
3.1.5 加、减计数器 …… 85
3.1.6 脉冲分配器 …… 87
3.1.7 逻辑电路的连接和驱动 …… 90
3.1.8 逻辑电路的设计 …… 92
3.1.9 设计与实践 …… 92
3.2 脉冲电路 …… 93
3.2.1 矩形脉冲产生电路 …… 93
3.2.2 整形电路 …… 97
3.2.3 设计与实践 …… 99
3.3 数字式电容测量电路设计 …… 100
3.3.1 电容测量电路的设计思想及结构 …… 100
3.3.2 电容测量电路设计 …… 101
3.3.3 设计与实践 …… 104
3.4 多路电子抢答器设计 …… 104
3.4.1 简单的8路电子抢答器 …… 104
3.4.2 带数字显示的8路多功能电子抢答器 …… 105
3.4.3 设计与实践 …… 109
3.5 数字定时器电路设计 …… 109
3.5.1 数字定时器的设计思想及结构 …… 109
3.5.2 数字定时器电路设计 …… 110
3.5.3 设计与实践 …… 113
3.6 数字频率计电路设计 …… 113
3.6.1 数字频率计原理 …… 114
3.6.2 数字频率计电路设计 …… 115
3.6.3 设计与实践 …… 117
3.7 数字式石英钟电路设计 …… 118
3.7.1 数字式石英钟电路的工作原理 …… 118
3.7.2 数字钟电路设计 …… 118
3.7.3 设计与实践 …… 122
3.8 数字式遥控电路设计 …… 122
3.8.1 无线遥控电路 …… 122
3.8.2 红外遥控电路 …… 126
3.8.3 设计与实践 …… 129
3.9 电动机转速测量电路设计 …… 129
3.9.1 电动机转速测量原理 …… 129
3.9.2 电动机转速测量电路设计 …… 130
3.9.3 设计与实践 …… 133
第4章 传感技术及转换电路 …… 134
4.1 电阻式传感器及转换电路 …… 134
4.1.1 应变式传感器 …… 134
4.1.2 压阻传感器 …… 139
4.1.3 导电塑料电位器 …… 141
4.1.4 设计与实践 …… 142
4.2 光电式传感器及转换电路 …… 143
4.2.1 光电效应 …… 143
4.2.2 光敏电阻 …… 143
4.2.3 光敏二极管和光敏晶体管 …… 144
4.2.4 光电池 …… 146
4.2.5 红外反射式传感器 …… 147
4.2.6 光纤传感器 …… 148
4.2.7 光栅传感器 …… 151
4.2.8 光电编码器 …… 152
4.2.9 设计与实践 …… 154
4.3 电感式传感器及转换电路 …… 154
4.3.1 电涡流传感器 …… 154
4.3.2 差动变压器式传感器 …… 158
4.3.3 电感式接近开关 …… 160
4.3.4 设计与实践 …… 161
4.4 电容式传感器及转换电路 …… 161
4.4.1 电容式传感器工作原理 …… 161
4.4.2 电容传感器的特点 …… 164
4.4.3 电容传感器转换电路 …… 164
4.4.4 设计与实践 …… 165
4.5 压电式传感器及转换电路 …… 165
4.5.1 压电式传感器工作原理 …… 165
4.5.2 压电传感器转换电路 …… 167
4.5.3 超声波传感器及探测电路 …… 168
4.5.4 设计与实践 …… 170
4.6 磁电式传感器及转换电路 …… 170
4.6.1 磁电式传感器 …… 171

4.6.2 霍尔传感器 …… 172
4.6.3 设计与实践 …… 174
4.7 热电式传感器及转换电路 …… 175
4.7.1 热电效应 …… 175
4.7.2 热电阻和热敏电阻传感器 …… 177
4.7.3 半导体温度传感器 …… 178
4.7.4 热释电红外线传感器 …… 181
4.7.5 设计与实践 …… 182
4.8 湿敏、气敏传感器及转换电路 …… 183
4.8.1 湿敏传感器 …… 183
4.8.2 气敏传感器 …… 185
4.8.3 设计与实践 …… 187
4.9 集成式传感器及应用 …… 187
4.9.1 加速度传感器 …… 187
4.9.2 色敏传感器 …… 190
4.9.3 设计与实践 …… 193

第5章 自动控制电路技术 …… 194

5.1 自动控制系统的组成和指标 …… 194
5.1.1 自动控制系统的组成 …… 194
5.1.2 开环控制与闭环控制 …… 195
5.1.3 控制系统的类型 …… 195
5.1.4 控制系统的基本要求 …… 196
5.1.5 设计与实践 …… 197
5.2 自动控制系统的电子线路 …… 197
5.2.1 控制系统典型环节 …… 197
5.2.2 线性定常系统电路的瞬态响应和稳定性分析 …… 202
5.2.3 线性控制系统稳态误差 …… 205
5.2.4 线性系统的校正 …… 207
5.2.5 设计与实践 …… 211
5.3 直流小电机调速电路 …… 211
5.3.1 直流小电机调速实验装置 …… 212
5.3.2 直流小电机调速控制 …… 212
5.3.3 设计与实践 …… 217

第6章 基于计算机的电子线路技术 …… 218

6.1 单片机技术与应用 …… 218
6.1.1 单片机控制系统板设计 …… 218
6.1.2 单片机控制系统软件设计 …… 221
6.1.3 光电寻迹智能车控制电路与程序 …… 233
6.1.4 单片机 A/D、D/A 采集控制电路 …… 238
6.1.5 设计与实践 …… 243
6.2 PLC 技术与应用 …… 243
6.2.1 PLC 的组成 …… 244
6.2.2 PLC 常用编程语言和工作流程 …… 245
6.2.3 在计算机上建立 PLC 梯形图程序 …… 246
6.2.4 PLC 在测控系统中的应用 …… 252
6.2.5 设计与实践 …… 256
6.3 虚拟仪器技术与应用 …… 256
6.3.1 虚拟仪器编程 …… 256
6.3.2 模拟温度采集和显示 …… 257
6.3.3 USB 数据采集控制系统 …… 264
6.3.4 设计与实践 …… 271

参考文献 …… 273

第1章　电子元器件与传感器

电子线路设计中常用到的电子元器件是组成电路的基本元素，了解这些元器件的基本特性、主要参数、识别方法、简单测试和选用对电路设计及应用是非常必要的。另外，传感器作为特殊器件，在电路设计及应用中起到了非常重要的作用，尤其是在检测与控制系统设计及工程应用方面。

1.1　常见的分立电子元器件

常见的分立电子元器件主要有电阻、电容、电感、二极管、晶体管、继电器和LED发光管等，进入电路设计领域，首先要掌握这些元器件的特性和使用方法。

1.1.1　电阻

1. 固定电阻

电阻在电路中用 R 表示，电路中有多个电阻时，在 R 后面加数字区别，如 R_1、R_2 等。电阻在电路中的主要作用为分流、限流、分压等。

电阻的单位为欧姆（Ω），倍率单位有千欧（kΩ）和兆欧（MΩ）等。换算方法是1MΩ = 1000kΩ = 1000000Ω。一般常用的电阻是1/8W的，如果电路对电阻的功率有要求，还可以使用1/4W、1/2W、1W、2W或更大功率电阻。由于制作的材料不同，电阻器也可分为碳膜电阻、金属膜电阻和线绕电阻等。

电阻的参数标注方法有三种，即直标法、数标法和色标法。直标法比较好识别，即直接读数即可。数标法主要用于贴片等小体积的电阻，如512表示5.1kΩ，103则表示10kΩ。色环标注法使用最多，常见的有四色环电阻和五色环电阻，色环标注电阻如图1-1所示。

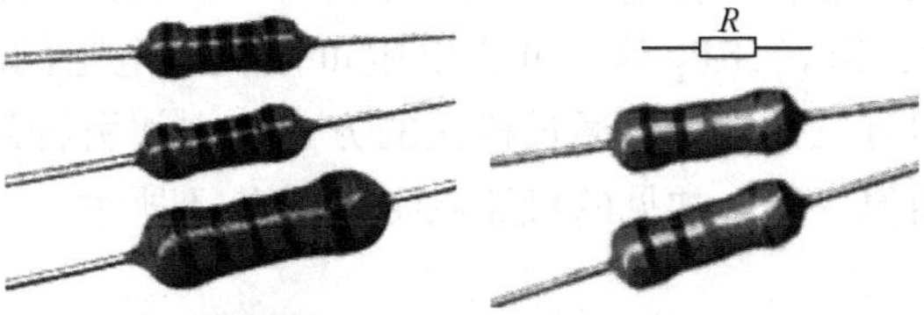

图1-1　色环标注电阻

对于四色环电阻，第一道色环表示阻值的第一位数字，第二道色环表示阻值的第二位数字，第三道色环表示10的幂数，第四道色环是表示百分比误差。对于五色环电阻，第一道色环表示阻值的第一位数字，第二道色环表示阻值的第二位数字，第三道色环表示阻值的第三位数字，第四道色环表示10的幂数，第五条色环是表示百分比误差。色环标注电阻的基本单位是欧姆。色环电阻的颜色与数值关系表见表1-1。

表 1-1　色环电阻颜色与数值关系表

颜色	有效数字	10 的幂数	允许偏差（%）
银色	/	$\times 10^{-2}$	±10
金色	/	$\times 10^{-1}$	±5
黑色	0	$\times 10^{0}$	/
棕色	1	$\times 10^{1}$	±1
红色	2	$\times 10^{2}$	±2
橙色	3	$\times 10^{3}$	/
黄色	4	$\times 10^{4}$	/
绿色	5	$\times 10^{5}$	±0.5
蓝色	6	$\times 10^{6}$	±0.2
紫色	7	$\times 10^{7}$	±0.1
灰色	8	$\times 10^{8}$	/
白色	9	$\times 10^{9}$	/

例如，一个四色环电阻色环为绿棕红金，则第一位数字是 5，第二位数字是 1，第三位数字是 2，误差为 ±5%，则该电阻的阻值为 $51\times 100\Omega = 5100\Omega = 5.1\text{k}\Omega$；又如，有一个五色环电阻为黄紫黑橙棕，前三位数字是 470，第四位表示 10 的 3 次方，则该电阻的阻值为 $470\times 1000\Omega = 470000\Omega = 470\text{k}\Omega$，误差为 ±1%。

随着电子技术的技术发展，特别是高密度组装技术的不断更新，使电子产品更贴近小型化、微型化，其中贴片电阻使用的非常广泛。贴片电阻表面上常用三位数字来表示阻值，其中第一位、第二位为有效数，第三位数字表示后接零的数目，基本单位是欧姆。有小数点时用 *R* 来表示。图 1-2 所示为常见的贴片电阻。

2. 可变电阻

可变电阻又常称为电位器，可变电阻在电路中用 RP 表示，电路中有多个可变电阻时，在 RP 后加数字区别，如：RP_1、RP_2 等。可变电阻可以调节电阻的阻值，用于改变电路中的电流、电压。可变电阻有三个引脚，通过机械的方式使中间引脚到两端引脚的电阻改变，可以用旋钮或改锥调节阻值变化。常见的可变电阻如图 1-3 所示。

图 1-2　贴片电阻

图 1-3　常见的可变电阻

可变电阻的参数标注方法是直标法和数标法，尺寸较大的可变电阻采用直标法，如10kΩ、4.7kΩ 等，尺寸较小的可变电阻采用数标法，如 103、504 等。

随着计算机技术发展，电子线路中出现了数字电位器并得到了广泛应用，数字电位器也称为数控可编程电阻器或数控电位器。数字电位器是采用 CMOS 工艺制成的数字－模拟混合信号处理集成电路，具有使用灵活、调节精度高、无触点、低噪声，不易污损、抗振动、抗干扰、体积小、寿命长等显著优点，可在许多领域取代机械式电位器。

1.1.2 电容

电容在电路中用 C 表示，电路中有多个电容时，在 C 后面加数字区别，如 C_1、C_2 等。电容的特性主要是隔直流、通交流以及改变充放电时间（储能）等。

电容一般是由两片金属膜紧靠、中间用绝缘材料隔开而组成的元件。电容容量的大小就是表示能贮存电能的大小，电容对交流信号的阻碍作用称为容抗，它与交流信号的频率和电容量有关。常用电容的种类有电解电容、瓷片电容、贴片电容、独石电容、钽电容等。电容按极性分为有带极性电容和无极性电容，按结构分为固定电容和可调电容。可调电容在收音机调谐（调台）和振荡电路中常常用到。图 1-4 所示为常见的电解电容和普通电容。

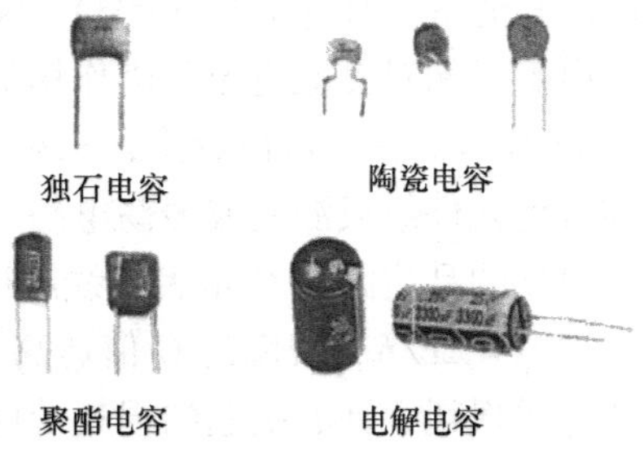

图 1-4　常见的电解电容和普通电容

交流信号虽然能够通过电容，但是将电容接入交流电路后，由于电容的不断充电、放电，所以电容器极板上所带电荷对定向移动的电荷具有阻碍作用，电路上把这种阻碍作用称为容抗，用字母 XC 表示，电容的容抗 $XC=1/(2\pi fC)$，电容的容抗与电容成反比，与频率也成反比。电容的容量大，则电容的阻碍作用小，交流信号容易通过电容；交流信号的频率高，则电容的阻碍作用小，信号容易通过电容。

电容的识别方法与电阻的识别方法近似，分直标法、色标法和数标法三种，但电容要有耐压参数，以便应用于不同场合。电容的单位为法拉（F），其他单位为：毫法（mF）、微法（μF）、纳法（nF）、皮法（pF）。其中，$1F=10^3mF=10^6\mu F=10^9nF=10^{12}pF$。容量大的电容，如电解电容（有正、负极），其容量值在电容上直接标明，如 22μF/25V（耐压25V）。容量小的电容其容量值在电容上用字母表示或数字表示，如 1m＝1000μF、1P2＝1.2pF、1n＝1000pF 等。数标法一般用三位数字表示容量大小，前两位表示有效数字，第三位数字是倍率，单位为 pF，如 103 表示 $10\times10^3pF=0.01\mu F$，224 表示 $22\times10^4pF=0.22\mu F$。

电容容量误差用字母标示，字母 F、G、J、K、L、M 分别代表允许误差 ±1%、±2%、±5%、±10%、±15% 和 ±20%。例如，一个瓷片电容为 104J，则表示该电容容量为 0.1μF，误差为 ±5%。

与贴片电阻一样，电容也有贴片式，贴片电容有中高压贴片电容和普通贴片电容，系列电压有 6.3V、10V、16V、25V、50V、100V、200V、500V、1000V、2000V 等。

1.1.3 电感

电感在电路中用 L 表示，电路中有多个电感时，在 L 后面加数字区别，如 L_1、L_2 等。电感是用绝缘导线在支架上绕一定的圈数制成的。直流信号可以通过电感线圈，直流电阻就是导线本身的电阻，压降很小；当交流信号通过线圈时，线圈两端将会产生自感电动势，自感电动势的方向与外加电压的方向相反，阻碍交流信号通过，所以电感的特性是通直流阻交流。按电感结构，分为固定电感和可变电感，按导磁体性质，分为空芯线圈和铁氧体线圈等。常见的固定电感和可调电感如图 1-5 所示。

图 1-5　常见的固定电感和可调电感

电感线圈是由导线一圈一圈地绕在支架上的，导线彼此互相绝缘，而支架可以是空心的，也可以包含铁心或磁粉芯，电感的单位是亨利（H），其他单位有毫亨利（mH）、微亨利（μH），$1H = 10^3 mH = 10^6 \mu H$。

电感线圈对交流电流阻碍作用的大小称为感抗 XL，它与电感量 L 和交流信号频率 f 的关系为 $XL = 2\pi fL$。可以看出，感抗与信号频率成正比，与电感量也成正比。电感在电路中可与其他元件组成滤波或振荡电路。

电感的品质因素 Q 是表示线圈质量的一个重要参数，Q 为感抗 XL 与其等效的电阻的比值，即 $Q = XL/R$，线圈的 Q 值愈高，回路的损耗愈小，线圈的 Q 值与导线的直流电阻、支架的介质损耗、铁心引起的损耗等因素有关，线圈的 Q 值通常为几十到几百。

在使用电感时，分布电容也是要了解的一个重要参数，尤其是自制的电感，电感线圈的匝与匝间、线圈与屏蔽罩间、线圈与底板间存在的电容被称为分布电容，分布电容的存在使线圈的 Q 值减小，稳定性变差，因而要求线圈的分布电容越小越好。

1.1.4　二极管

二极管在电路中常用 VD 表示，电路中有多个二极管时，在 VD 后面加数字加以区别，如 VD_1、VD_2 等。二极管的主要特性是单向导电性，也就是在正向电压的作用下，导通电阻很小；而在反向电压作用下，导通电阻极大或无穷大。正因为二极管具有上述特性，因此常应用在整流、隔离、稳压、极性保护等电路中。常使用的二极管按作用可分为整流二极管（如 1N4004）、隔离二极管（如 1N4148）、肖特基二极管（如 1N5819）和稳压二极管等。常见的二极管如图 1-6 所示。

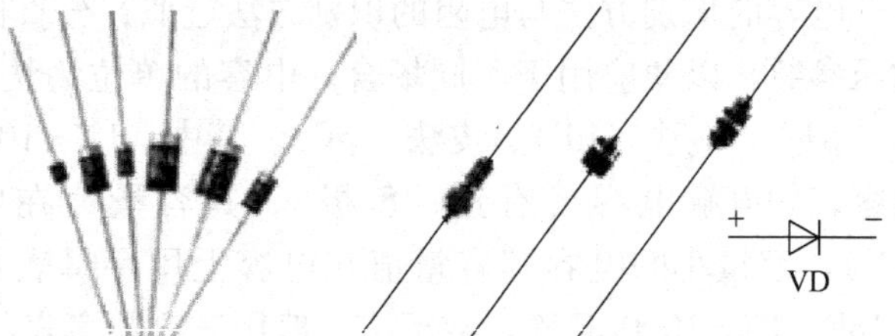

图 1-6　常见的二极管

二极管的识别很简单，小功率二极管的 N 极（负极）在二极管外表大多采用一种黑色圈标出来，有些二极管也用二极管专用符号来表示 P 极（正极）或 N 极（负极）。用数字式万用表去测二极管时，如果电阻值较小，则红表笔接二极管的正极，黑表笔接二极管的负极，此时测得的阻值才是二极管的正向导通阻值，这与指针式万用表的表笔接法刚好相反。

常用的二极管有检波用二极管、整流二极管、开关二极管、隔离二极管、肖特基二极管（开关速度非常快）和稳压二极管等。

在电路中，为保持某点的电压的稳定，常采用稳压二极管，稳压二极管的特点是工作在反向电压击穿区，在反向电压击穿点（不超过最大反向电流），其两端的电压基本保持不变。这样，当把稳压管接入电路以后，若电源电压发生波动，或其他原因造成电路中各点电压变动时，负载两端的电压将基本保持不变。稳压二极管的外表与普通二极管相似，但在器件的上面标有稳压的数值，如3.3V、5.1V等。常用稳压二极管的型号及稳压值见表1-2。

表1-2　常用稳压二极管的型号及稳压值

型号	1N4728	1N4729	1N4732	1N4733	1N4734	1N4735
稳压值	3.3V	3.6V	4.7V	5.1V	5.6V	6.2V

稳压值的测量可使用可调直流电源，对于13V以下的稳压二极管，可将稳压电源的输出电压调至15V，将电源正极接一个1.5kΩ限流电阻后与被测稳压二极管的负极相连接，电源负极与稳压二极管的正极相接，再用万用表测量稳压二极管两端的电压值，所测的读数即为稳压二极管的稳压值。

1.1.5　晶体管

双极型晶体管（简称晶体管）在电路中常用VT加数字表示，电路中有多个晶体管时，在VT后面加数字区别，如VT_1、VT_2等。晶体管是内部含有两个PN结，具有电流放大作用，是可以将输入信号放大或起开关作用的器件，晶体管有三个引脚，分别为基极（b）、集电极（c）和发射极（e）。晶体管有PNP型和NPN型两种，以材料分有硅材料和锗材料两种，现在的大规模集成电路的基本组成部分就是晶体管。电路中使用的PNP型晶体管有9012、9015、3AG8、3AD50、3AX21、3CG120和8050（PNP型）等型号；NPN型晶体管有9013、9014、9018、3DG6、3DD12和8050（NPN型）等型号。常见的晶体管如图1-7所示。

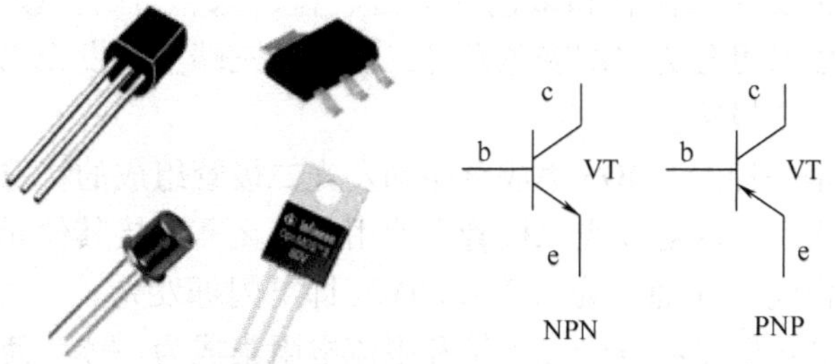

图1-7　常见的晶体管

常用的晶体管的封装形式有金属封装和塑料封装两大类，引脚的排列方式具有一定的规律。一般情况下，对于金属封装晶体管，底面朝上放置，使三个引脚构成等腰三角形顶点，从左向右依次为e、b、c；对于中小功率塑料封装晶体管，使其平面朝向自己，三个引脚朝下放置，则从左到右依次为e、b、c。

晶体管主要用于放大电路中，在常见电路中有三种接法：共发射极电路、共集电极电路（射极输出器）和共基极电路。除单管放大电路外，还有晶体管多级放大电路。

1.1.6 发光二极管

发光二极管通常也称为光发射二极管，常用 LED 表示，它是一种可将电能转变为光能的半导体发光器件，属于固态光源。发光二极管用磷化镓、磷砷化镓材料制成，体积小，正向驱动发光。工作电压低，工作电流小，发光均匀、寿命长、可发红、黄、绿等单色光。

发光二极管也与普通二极管一样由 PN 结构成，也具有单向导电性，引脚长的为正，短的为负。它广泛应用于各种电子线路、家电、仪器等电子设备中，主要作为电源指示或电平指示。按其封装外形可分为圆形、方形、矩形等多种，图 1-8所示为常见的发光二极管。

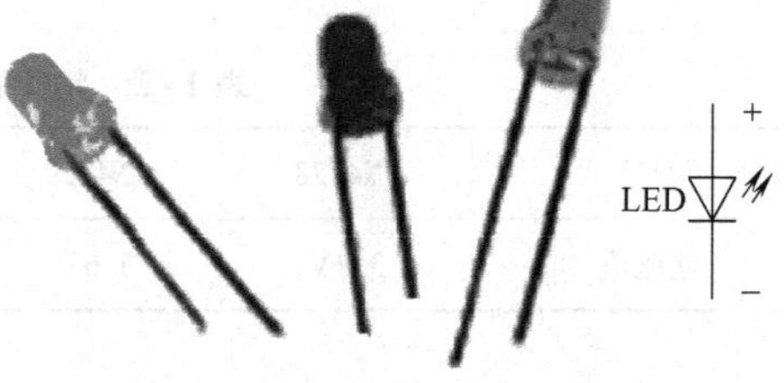

图 1-8　常见的发光二极管

普通单色发光二极管具有体积小、工作电压低、工作电流小、发光均匀稳定、响应速度快、寿命长等优点，可用各种直流、交流、脉冲等电源驱动。LED 属于电流控制型半导体器件（工作电流一般在 10～20mA），使用时需串接合适的限流电阻。检验发光二极管时，可在 5V 直流电源的正极串接一个 300Ω 电阻后接发光二极管的正极，将电源的负极接发光二极管的负极，打开电源后，正常的发光二极管应发光。

普通单色发光二极管的发光颜色与发光的波长有关，而发光的波长又取决于制造发光二极管所用的半导体材料。红色发光二极管的波长一般为 650～700nm，黄色发光二极管的波长一般为 577～597，绿色发光二极管的波长一般为 555～570nm。

高亮度单色发光二极管和超高亮度单色发光二极管使用的半导体材料与普通单色发光二极管不同，所以发光的强度也不同。该发光管广泛应用在大屏幕显示、景观照明和手电光源等。

变色发光二极管是能变换发光颜色的发光二极管。变色发光二极管发光颜色种类可分为双色发光二极管、三色发光二极管和多色（有红、蓝、绿、白四种颜色）发光二极管。变色发光二极管按引脚数量可分为二端变色发光二极管、三端变色发光二极管、四端变色发光二极管和六端变色发光二极管。

闪烁发光二极管是一种由 CMOS 集成电路和发光二极管组成的特殊发光器件，可用于报警指示及欠压、超压指示。闪烁发光二极管在使用时，无需外接其他元件，只要在其引脚两端加上适当的直流工作电压（通常为 3.0～3.6V）即可闪烁发光。

电压控制型发光二极管是将发光二极管和限流电阻集成为一体，使用时可直接并接在电源两端。电压控制型发光二极管的发光颜色有红、黄、绿等，工作电压有 5V、9V、12V、18V、19V、24V 共 6 种规格。

红外发光二极管也称为红外线发射二极管，它是可以将电能直接转换成红外光（不可见光）并能辐射出去的发光器件，主要应用于光控、遥控和机器人寻迹（黑白轨迹）的光发射电路中。

1.1.7 继电器

继电器是一种电子控制开关器件，通常应用于自动控制电路中，它实际上是用较小的电压（电流）去控制大功率开关的装置，故在电路中起着开关控制、自动调节、安全保护、电压转换等作用。目前电路常用的继电器分为电磁式继电器和固态继电器，实际的电磁式继电器和固态继电器如图 1-9 所示。

图 1-9　电磁式继电器和固态继电器

电磁式继电器一般由铁心、线圈、衔铁、触点簧片等组成。只要在线圈两端加上一定的电压，线圈中就会流过电流，从而产生电磁效应，衔铁就会在电磁力吸引的作用下克服返回弹簧的拉力吸向铁心，从而带动衔铁上的动触点与静触点吸合（常开触点）；当线圈断电后，电磁的吸力也随之消失，衔铁就会在弹簧的作用力下返回原来的位置，使动触点与原来的静触点释放。这样吸合、释放，达到了电子线路的导通、切断的目的。

固态继电器（SSR）是由固体元件组成的无触点开关元件，是一种两个接线端为输入端、另两个接线端为输出端的四端器件，其中间采用隔离器件实现输入与输出的电隔离。固态继电器与传统的电磁继电器相比，是一种没有机械运动零部件的继电器，但具有与电磁继电器本质上相同功能。固态继电器按负载电源类型可分为交流型和直流型，按开关型式可分为常开型和常闭型，按隔离型式可分为混合型、变压器隔离型和光电隔离型，在应用上以光电隔离型为最多。

由于固体继电器的所需驱动功率较低，直接和逻辑电路兼容，所以不必加中间缓冲器或驱动器即可直接驱动。目前固体继电器已被广泛应用于工业自动化控制，如控制电机、加热器、电磁阀等。固体继电器一般采用环氧树脂封装，特别适用于腐蚀、潮湿和要求防爆等恶劣环境，其无触点开关的特点适合工作频繁的场合。

1.1.8　实验与实践

1. 取电阻若干，按色环读出所有电阻的阻值并记录，然后使用数字万用表测量并记录电阻的实际误差。

2. 用一个 10kΩ 电位器和一个 +5V 直流稳压电源连接分压电路，输出 0～5V 之间任意变化的电压。

3. 用 10kΩ 电阻和 0.1μF 电容连接电路，如图 1-10 所示，用信号发生器输出 U_{pp} 为 2V 的正弦波信号，接电路输入端，调整不同的频率，用示波器测量输出信号，观察 *RC* 电路特性。

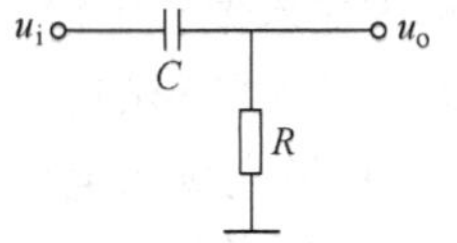

图 1-10　*RC* 电路特性实验

4. 晶体管放大电路如图 1-11 所示，对照元件所在的位置连接电路，待检查无误后接通电源，加入正弦输入信号 U_{pp} = 40mV，

$f=1\text{kHz}$，观察并记录输入、输出波形，算出电压放大倍数。

5. 用发光二极管、限流电阻和 +5V 直流稳压电源连接线路，点亮发光二极管，设发光二极管的工作电流为 15mA，计算限流电阻值（按电阻序列，近似选取限流电阻）。

6. 用 DC5V 的电磁式继电器，控制一个发光二极管亮或灭。提示：用 +5V 直流稳压电源控制继电器线圈，用继电器的常开触点控制发光二极管回路。

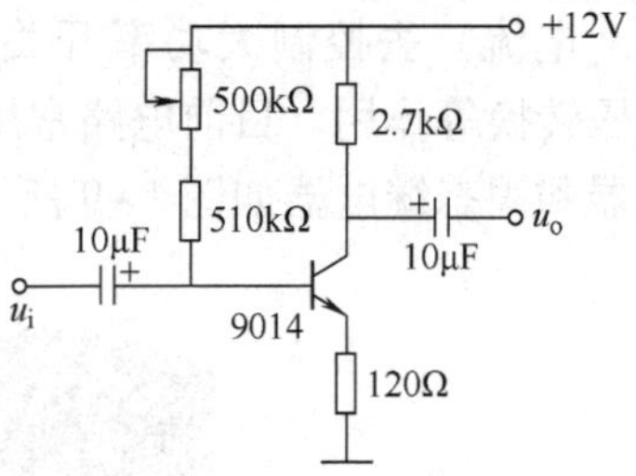

图 1-11　晶体管放大电路

1.2　集成运算放大器

集成运算放大器简称运算放大器，最初应用于模拟计算机中实现数值运算，它是利用半导体工艺将晶体管、场效应管、二极管、电阻以及它们之间的连线所组成的整个电路集成在一块半导体基片上，构成的一个完整的、具有一定功能的半导体器件。运算放大器是一种高放大倍数、直接耦合的多级直流放大器，它具有很高的开环电压增益、高输入电阻、低输出电阻，并具有较宽的通频带。因此，在电子技术领域中得到了广泛的应用，是模拟电子线路常使用的器件。图 1-12 所示为集成运算放大器芯片。

图 1-12　集成运算放大器芯片

1.2.1　运算放大器常用参数

运算放大器的技术参数是衡量其性能的指标，同时也是电路设计人员选用运算放大器的依据，常用的参数如下。

1）输入失调电压 U_{IO}　运算放大器输出直流电压为零时，两输入端之间所加的补偿电压为输入失调电压，输入失调电压越低越好。输入失调电压实际上反映了运放内部的电路对称性，对称性越好，输入失调电压越小。输入失调电压是运放的一个十分重要的指标，特别是精密运放或是用于直流放大时。

2）输入失调电流 I_{IO}　运算放大器输出直流电压为零时，两输入端偏置电流的差值称为输入失调电流，输入失调电流越低越好。输入失调电流同样反映了运放内部的电路对称性。

3）输入偏置电流 I_{IB}　当运算放大器输出直流电压为零时，其两输入端偏置电流的平均值称为输入偏置电流。输入偏置电流对进行高阻信号放大、积分电路等对输入阻抗有要求的地方有较大的影响。

4）最大输入电压　有 U_{idm} 和 U_{icm} 两类，分别表示最大差模输入电压和最大共模输入电压。U_{idm} 是指两个输入端之间所能承受的最大电压差值，U_{icm} 是在标准电源电压下两输入端相同电位时的最大输入电压值。

5）开环差模电压增益 A_{uo}　它是指运算放大器在没有外接反馈回路情况下的差模电压放大倍数，即输出电压与差模输入电压的比值。集成运放的开环差模电压增益 A_{uo} 越大越好。另外，对于闭环差模电压放大倍数，用 A_{uf} 表示。

6）共模抑制比 KCMR　它是指运算放大器工作于线性区时，差模电压增益 A_{uf} 与共模电压增益 A_{ucf} 的比。KCMR 反映了运算放大器对共模输入信号的抑制能力，KCMR 越大越好。

7）差模输入电阻 R_{id}　它是指在差模信号输入时，运算放大器两个输入端的等效电阻。它的大小反映了运算放大器输入端向信号源索取电流的大小，输入电阻越大越好。

8）输出电阻 R_o　运算放大器工作于线性区时，输出电压的变化量与对应的电流变化量之比为输出电阻。它的大小反映了运算放大器的带负载能力，输出电阻越小越好。

9）最大输出电压 U_{opp}　它是指在特定的负载条件和非线性下，运算放大器能输出的最大电压幅值。对于输出电压有正负的信号而言，U_{opp} 为信号的峰 - 峰值电压。

10）增益带宽 BW　运算放大器的带宽通常等于截止频率，放大倍数等于 1 时，所对应的带宽称为单位增益带宽。增益带宽积 = 放大倍数 × 带宽，增益带宽积为常数，它反映了运算放大器的幅频特性，增益越高，带宽越小。

11）转换速率 SR　在额定的负载条件下，运算放大器输出电压的最大变化率称为转换速率。SR 越大，运算放大器的高频特性越好。

12）静态功耗 PD　它是指运算放大器的输入端没有信号输入，输出端不接负载的情况下所消耗的直流功率。

1.2.2　运算放大器使用注意事项

选择运算放大器要依据电子线路对其的技术性能要求，设计者要掌握运算放大器的分类、参数含义及使用范围，在满足电子线路的要求下，选择性能价格比高的运算放大器。应用电路的信号不要超过运算放大器的极限参数值，同时还要注意调零、低噪声、零点漂移、带宽、转换速率、自激振荡、输入阻抗、输出阻抗、输入/输出保护电路、正负电源的对称、线性和精度等。

有的运算放大器需要注意相位补偿问题，集成运算放大器是由多级放大器组成的，存在若干分布电容，若将其构成深度负反馈时，可能会在某些频率上附加相移达到 180°，负反馈变成了正反馈，造成了电路的不稳定，甚至产生自激振荡，使电路无法正常工作。为了消除自激振荡，必须在运算放大器的规定引脚端引进相位补偿网络（一般为阻容网络），以抵消分布参数的影响。但有些运算放大器在内部已进行了相位补偿，使用时无需再进行补偿，如 LM741、OP07 等。

1. 集成运算放大器的封装

目前，许多集成运算放大器采用贴片式封装，大大缩小了器件的体积，而且性能更加完善，在工程上广泛应用。而双列直插式的集成芯片配合插座有更换方便、便于实验测量等特点，在实验电路上有一定的优势。常用的芯片（如 LM741、OP07）是 8 引脚双列直插式单路运算放大器，LM358、LF353 等是 8 引脚双列直插式双路运算放大器，LM324、LM347 等是 14 引脚双列直插式四路运算放大器。电路设计时，可以查找相关器件技术手册，了解器件的特性。图 1 - 13 所示为 LM741 芯片的引脚图。

2. 运算放大器的选择

除通用型运算放大器外，还有一些特种类型的运算放大器，如高输入阻抗运放、精密运放、低噪声运放、高速运放、低偏置电流运放、低漂移运放、低功耗/微功耗运放、隔离运放、大功率运放等。在器件结构上，有单运算放大器、双运算放大器、四运放运算放大器等。在电源供电上，有双电源供电运算放大器、单电源供电运算放大器。因此，在设计时可以根据需要选用。

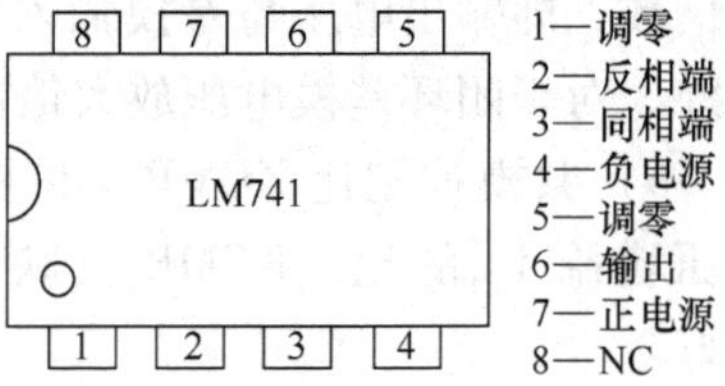

图 1-13　LM741 芯片的引脚图

1.2.3　实验与实践

1. 参考 Multisim 电路仿真软件，对晶体管或运算放大器组成的放大电路进行仿真实验。
2. 熟悉示波器、函数信号发生器和直流稳压电源等仪器设备，掌握使用要领。

1.3　数字集成逻辑器件

数字集成电路诞生于 20 世纪 60 年代，经过几十年的发展，数字集成电路几经更新换代，已经形成了多种系列产品并存发展的局面。基本数字电路有“与”门、“或”门和“非”门电路以及由该电路组成的单稳态、双稳态、计数、移位、振荡等电路。常见的数字集成逻辑器件如图 1-14 所示。

图 1-14　常见的数字集成逻辑器件

数字集成电路分为两大类。第一类是结构形式采用晶体管的 TTL 产品，主要有 74LS 系列，该系列应用于中、小规模集成电路中，品种和生产厂家很多，价格低，应用广。第二类是由 PMOS 管和 NMOS 管构成的互补 CMOS 产品，有 4000 系列和 4500 系列，该系列具有低功耗、抗干扰强、工作稳定等优点。

1.3.1　标准数字集成逻辑器件的分类及特点

常见的标准数字集成逻辑器件有 TTL 类型和 CMOS 类型。TTL 逻辑门电路问世较早，其工艺经过不断改进，至今仍为主要的基本逻辑器件之一。随着 CMOS 工艺的发展，在高阻抗和低功耗等方面优势非常突出。

对于 TTL 类型的集成电路，是以双极型晶体管为元件的，输入级采用多发射极晶体管形式。在速度和功耗方面，都处于现代数字集成电路的中等水平。它的品种丰富，一般以 74（民用）为型号前缀。74LS 系列是 TTL 类型中的主要产品，其主要特点如下。

1）工作电压　TTL 器件的工作电压范围较窄，电源电压一般为 4.5～5.5V。

2）输入阻抗　TTL 器件的输入阻抗低于场效应晶体管集成电路。

3）速度及功耗　TTL 器件的速度较高，功耗略大。

4）扇出系数　TTL 器件的扇出系数稍低。

CMOS 集成电路是由 P 沟道型 MOS 场效应管和 N 沟道型 MOS 场效应管构成的互补电路形式，与 TTL 数字电路相比，它具有工作电压范围宽、功耗低和输入阻抗高等优异特性。

目前 CMOS 电路和 TTL 电路已共同成为数字逻辑电路的中心产品。对于 CMOS 类型的集成电路，主要特点如下。

1）静态功耗　CMOS 类型的集成器件的静态功耗很低，一般中规模集成电路的静态功耗小于 100μW。

2）电源电压　CMOS 类型的集成器件的电源电压范围宽，一般工作电压在 3～18V 之间。

3）输入阻抗　CMOS 类型的集成器件的输入阻抗非常高，正常工作时，输入阻抗可达 100MΩ 以上。

4）扇出能力　CMOS 类型的集成器件的扇出能力强，低频工作时，可驱动 50 个以上的 CMOS 器件输入端。

5）抗干扰能力　CMOS 类型的集成器件的抗干扰容限大，电压噪声容限可达电源电压的 40% 以上。

TTL 产品和 CMOS 产品应用非常广泛，设计及应用时的具体性能指标可以查阅有关的 TTL、CMOS 集成电路手册。

1.3.2　数字集成电路主要参数

1. 低电平输出电流 I_{OL} 和高电平输出电流 I_{OH}

I_{OL} 是指输出为低电位时，允许负载（后级门电路）灌入输出端的极限电流，反映吸电流能力，其值越大，带灌电流负载能力越强。I_{OH} 是指输出高电位时，允许负载（后级门电路）拉出输出端的极限电流，其反映带拉电流负载的确能力。

2. 低电平输入电流 I_{IL} 和高电平输入电流 I_{IL}

I_{IL} 是指被测输入端接地，其余输入端悬空，流过接地输入端的电流。在多级门电路中，I_{IL} 相当于前级门输出低电平时，后级向前级门灌入的电流，因此它关系到前级门的灌电流负载能力，即直接影响前级门电路带负载的个数。I_{IH} 是指被测输入端接高电平，其余输入端接地，流入被测输入端的电流值。在多级门电路中，I_{IH} 相当于前级门输出高电平时，从前级门输出端拉出的电流，其关系到前级门的拉电流负载能力。

3. 扇出系数 N_O

扇出系数 N_O 是指门电路能驱动同类门的个数，它是衡量门电路负载能力的一个参数，TTL 逻辑门有两种不同性质的负载，即灌电流负载和拉电流负载，因此有两种扇出系数，即低电平扇出系数 N_{OL} 和高电平扇出系数 N_{OH}。通常 $I_{IH} < I_{IL}$，则 $N_{OH} > N_{OL}$，故常以 N_{OL} 作为门的扇出系数。输出低电平时，$N_{OL} = I_{OL}/I_{IL}$，输出高电平时，$N_{OH} = I_{OH}/I_{IH}$。一般情况下，普通门的扇出系数约 8 个，功率门的扇出系数约 16 个或 24 个。

4. 电压传输特性

逻辑门电路的输出电压随输入电压而变化的过程称为逻辑门的电压传输特性，通过它可得到门电路的一些重要参数，如输出高电平 V_{OH}（典型值 $V_{OH} > 3V$）、输出低电平 V_{OL}（典型值 $V_{OH} < 0.3V$）、关门电平 V_{OFF}、开门电平 V_{ON} 等。

5. 平均传输延迟时间 t_{pd}

t_{pd} 是衡量门电路开关速度的参数，其大小反映逻辑门电路的工作速度。普通门 t_{pd} <

40ns，高速门 $t_{pd}<5ns$。

1.3.3 使用 TTL、CMOS 集成电路的注意事项

1. 使用 TTL 电路的注意事项

TTL 集成电路的标准电压为 5V（V_{CC}），TTL 的电平是根据电源电压 5V 来定的，数字电路中，规定输出高电平 >2.4V，输出低电平 <0.4V，使用电压不能高于 5.5V。不能将电源与地颠倒错接，否则可能损坏器件。在电源接通时，不要移出或插入集成电路，因为电流的冲击可能造成芯片损坏。

芯片的各输入端不能直接与高于 +5.5V 和低于 -0.5V 的低内阻电源相连，因为低内阻电源能提供较大的电流，从而导致器件过热而损坏。当芯片的输入端需要接高电位时，可以在 +5V 电源端接一个 2~3kΩ 的电阻，电阻的另一端接芯片的输入端。

除三态门集成电路以外，输出端不准许并联使用。输出端不允许与电源和地短接，但可以通过电阻与电源相连，以提高输出电平。

多余的输入端最好不要悬空，因为悬空容易受干扰，有时会造成误操作，因此多余输入端要根据需要处理。例如，与门、与非门的多余输入端可接到高电位，也可以将多余端和使用端并联使用。不用的或门、或非门的输入端可以直接接地或与使用端并联使用。

触发器不使用的输入端也不能悬空，应该根据逻辑功能接入合适电平，输入端连线应该尽量短，这样可以缩短时序电路中时钟信号沿传输线传输的延迟时间。一般不允许触发器的输出端直接驱动指示灯，电感负载和长线传输，需要加缓冲器。

2. 使用 CMOS 集成电路的注意事项

CMOS 电路由于输入电阻很高，因此极易接收静电电荷，为了防止静电击穿，生产 CMOS 电路时输入端都加了标准保护电路。但这并不能保证绝对安全，因此使用 CMOS 电路时必须十分注意，存放 CMOS 集成电路时要屏蔽。

CMOS 电路的电源电压范围是 3~18V，使用时电源电压的上限电压和下限电压不得超过电路极限值。V_{DD} 接电源正极，V_{SS} 接电源负极（通常接地），不得接反，一般使用 +5~+12V 电源。CMOS 电路的输出端与电源和地不能短路，否则会造成 MOS 管的损坏。

焊接 CMOS 电路时，一般用 20W 内热式电烙铁，而且电烙铁应该有良好的接地线，禁止在电路通电时焊接。

为了防止输入端保护二极管因正向偏置而引起损坏，输入电压必须在 V_{DD} 与 V_{SS} 之间。在调试 CMOS 电路时，应该先接通电源，后加入输入信号，即在 CMOS 电路本身没有接通电源的情况下，不准许有信号输入。

多余输入端不能悬空，否则不但容易接收外界噪声干扰，而且破坏了正常的逻辑关系。因此，应该根据电路的逻辑功能需要，对输入悬空端加以处理。

CMOS 电路的工作电流比较小，如果需要驱动比较重的负载时，简单的方法是同一芯片上两个以上的门电路并联使用，可增大输出灌电流和拉电流负载能力，同样也提高了电路的速度。

集成电路常用的封装形式有：双列直插式和贴片式。双列直插式集成电路便于测量和更换。贴片式集成电路体积小，功耗低，实际电路中广泛应用。图 1-15 是数字集成电路芯片 74LS08 的封装，数字芯片的电源引脚相对固定，规定下排最右边是 GND，上排最左边是 V_{CC}。

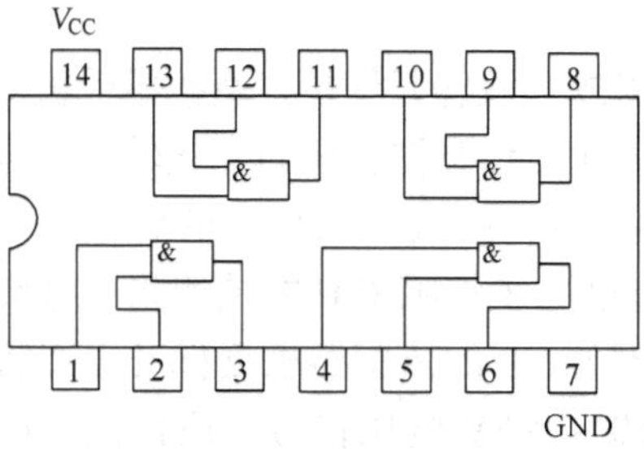

图 1-15　数字集成电路芯片 74LS08 的引脚图

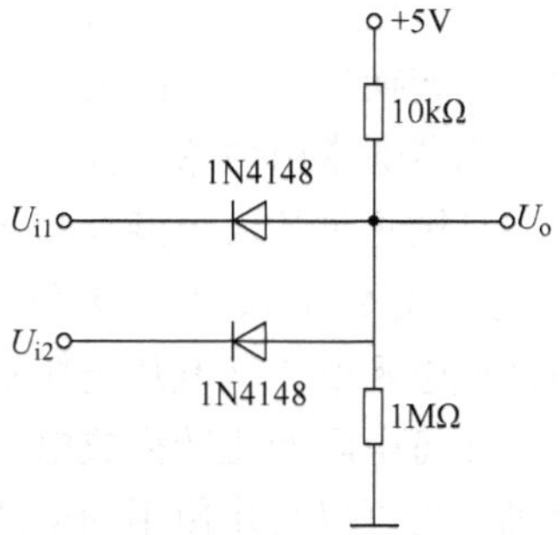

图 1-16　逻辑与门电路

1.3.4　实验与实践

1. 图 1-16 所示为一个逻辑与门电路，有两个输入端（共有四种输入状态）和一个输出端。低电位输入电压 0V，高电位输入电压 +5V，接入输入电压，测量输出电压，列出真值表记录输出电压。参考 74LS08 芯片技术手册，使用 74LS08 芯片完成逻辑“与”门电路实验。

2. 图 1-17 所示为一个逻辑或门电路，有两个输入端（共有四种输入状态）和一个输出端。低电位输入电压 0V，高电位输入电压 +5V，接入输入电压，测量输出电压，列出真值表记录输出电压。参考 74LS32 芯片技术手册，使用 74LS32 芯片完成逻辑“或”门电路实验。

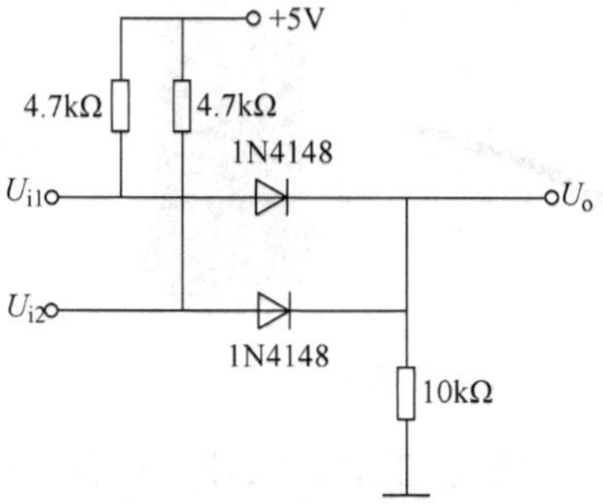

图 1-17　逻辑或门电路

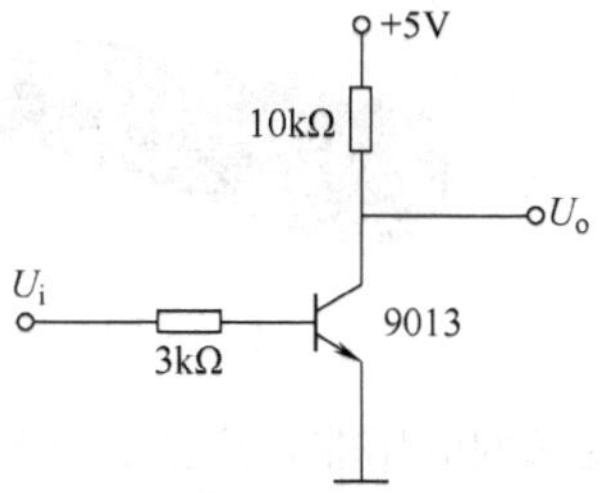

图 1-18　晶体管非门电路

3. 图 1-18 所示为一个晶体管非门电路，有一个输入端和一个输出端。低电位输入 0V，高电位输入 +5V，测量并记录输出电压。参考 74LS04 芯片手册，使用 74LS04 芯片完成逻辑“非”门电路实验。

4. 利用一片 74LS08（芯片内有四个与门）和一片 74LS04（芯片内有六个非门）设计一个 2 路抢答器。要求：主持人在输入端设定高电位时，选手 A 和 B 才能抢答（高电位有效）；选手 A、B 各用一个开关和一个发光二极管作为抢答开关和指示灯；第一个抢答的选手能保持灯亮，并封锁另一个选手的亮灯；主持人在输入端设定低电位后，指示灯灭，两个选手均不可以抢答。

1.4　传感器

传感器是指能感受规定的检测量，并按一定规律和精度转换成可处理信号的器件或装置。目前，由于电信号在采集、处理、显示等方面有明显的优势，一般地来说，传感器是把被检测量转换成电信号的装置。

传感器通常由敏感元件、转换元件和调理电路组成。敏感元件是指直接感受被测物的部分，而且敏感量的大小能够与被测物有对应关系，如压力传感器将压力变化转换成金属形变（利用金属悬臂梁）；转换元件是将感受到的被测物信号转换成可以检测的信号，如金属形变转换成电阻变化（利用电阻应变片）；调理电路是进一步将感受到的被测物信号转换成电信号，如将电阻变化转换成电压变化（利用电阻桥路），有的传感器根据标准需要将传感器输出确定为可以直接使用的电压或电流等信号，如 0～+5V 电压信号。应该注意的是，有些传感器可以直接输出电参量，也就是说，没有敏感元件与转换元件之分。目前，传感器向着系统化、智能化发展。

传感器的种类很多，按被测对象分类，有物理量传感器、化学量传感器及生物量传感器，这其中有位移、力、速度、温度、流量、气体或液体成分等传感器；按测量原理分类，根据不同的作用机理，有电阻、电容、电感、电压、霍尔、光电、光栅、热电偶等传感器；另外，还可以按输出方式分成模拟式传感器、数字式传感器；按能量转换方式分成能量转换型（有源型或发电型）传感器、能量控制型（无源型或参数型）传感器等。图 1-19 所示为压力传感器、磁电传感器和振动传感器。

图 1-19　压力传感器、磁电传感器和振动传感器

传感技术的应用非常广泛，在基础科学、军事、宇航、工业、农业、环保、民用电器、资源开发、海洋探测、医学诊断、生物工程等领域都用到传感器，例如，自动生产线、机器人、医学诊断等。对传感器一般要求有：动态性能、静态精度、量程、可靠性、抗干扰能力、对被测对象的影响等。

1.4.1　传感器的特性

传感器的特性主要是指输出与输入之间的关系。由于各种传感器的原理、结构及使用的环境、条件不同，因此其性能指标也不可能完全相同，但对所有传感器提出带有共性的基本要求，是评价传感器的性能的一个基本条件。

传感器的动态特性，是指传感器在输入变化时它的输出特性。在实际工作中，传感器的动态特性常用它对某些标准输入信号的响应来表示。这是因为传感器对标准输入信号的响应容易用实验方法求得，并且它对标准输入信号的响应与它对任意输入信号的响应之间存在一定的关系，往往知道了前者就能推定后者。最常用的标准输入信号有阶跃信号和正弦信号两种，所以传感器的动态特性也常用阶跃响应和频率响应来表示。

传感器的静态特性是指静态时传感器的输出量与输入量之间所具有的相互关系。因为这时输入量和输出量都与时间无关，所以它们之间的关系可用一个不含时间变量的代数方程表示。传感器的静态特性参数包括温度漂移、零点漂移、线性度、重复性等。

下面是传感器一些主要的特性参数指标的定义。

1. 灵敏度

灵敏度是指稳态时传感器输出量的增量和输入量的增量之比。线性传感器的灵敏度为一常数，而非线性传感器的灵敏度是随输入信号变化的量。灵敏度的量纲是输出量、输入量的量纲之比。例如，某位移传感器在位移变化 1mm 时，输出电压变化为 100mV，则其灵敏度应表示为 100mV/mm。当传感器的输出量、输入量的量纲相同时，灵敏度可理解为放大倍数。提高传感器的灵敏度，可得到较高的测量精度。

2. 测量范围和量程

传感器在允许误差内，被测量值的下限值到上限值之间的范围称为测量范围。上限值与下限值的差称为量程。

3. 分辨力

传感器在规定的测量范围内能够检测出的被测量的最小变化量称为分辨力。通常传感器在满量程范围内各点的分辨力并不相同，因此常用满量程中能使输出量产生阶跃变化的输入量中的最大变化值作为衡量分辨力的指标。上述指标若用满量程的百分比表示，则称为分辨率。

4. 线性度（非线性误差）

在规定条件下，传感器校准曲线与拟合直线间的最大偏差与满量程输出值的百分比称为线性度或非线性误差。

在实际工作中，常用一条拟合直线近似地代表实际的特性曲线，线性度（非线性误差）就是这个近似程度的一个性能指标。拟合直线的选取有多种方法。如将零输入和满量程输出点相连的理论直线作为拟合直线；或将与特性曲线上各点偏差的平方和为最小的理论直线作为拟合直线，此拟合直线称为最小二乘法拟合直线。

5. 迟滞特性

迟滞特性是指在相同的工作条件下，传感器在正向行程（输入量增大）与反向行程（输入量减小）时，输入 - 输出特性曲线不一致的程度，这个差值称为迟滞差值。通常用这两条曲线之间的最大差值与满量程输出的百分比表示。迟滞特性是由传感器内部元件存在能量的吸收造成的。

6. 重复性

重复性是指传感器在同一工作条件下，输入量按同一方向在全测量范围内连续变化多次所得特性曲线的不一致的程度。

7. 零漂和温漂

零漂是传感器在无输入或输入为定值时，每隔一定时间，其输出值偏离原示值的最大偏差与满量程的百分比。对于温漂，是温度每升高 1℃，传感器输出值的最大偏差与满量程的百分比。

1.4.2 传感器的使用

任何一种传感器在使用前都必须按设计指标进行全面的性能鉴定。使用一段时间后或经过修理后，也必须对其主要技术指标进行校准，以便确保传感器的各项性能指标达到要求。

被测量信号标定就是在量程范围内对信号进行多点测量，从而确立传感器输出量和输入量之间的对应关系。工程测量中传感器的标定，应在与其使用条件相似的环境下进行。为获得高的标定精度，应将传感器及其配用的电缆（尤其像电容式、压电式传感器等）、放大器等测试系统一起标定。根据系统的用途，输入可以是静态的也可以是动态的，因此传感器的标定有静态标定和动态标定两种。

1. 传感器的静态标定

传感器的静态标定主要用于检验测试传感器的静态特性指标，如线性度、漂移、迟滞和重复性等。根据传感器的功能，静态标定首先需要建立静态标定系统，其次要选择与被标定传感器的精度相适应的仪器设备。传感器的静态标定的具体步骤如下：

1）将传感器测量范围分成若干等间距点；

2）根据传感器量程分点情况，输入量由小到大逐渐变化，并记录各点的输入、输出值；

3）再将传感器的输入值由大到小慢慢减少，同时记录各等分点的输入、输出值；

4）重复步骤（2）和步骤（3），对传感器多次重复测量，将得到的测量数据用表格列出；

5）使用计算机进行测量数据处理，根据处理结果确定传感器的线性度、漂移、迟滞和重复性等静态特性指标。

为了标定和数据处理时方便，希望得到线性关系，有时采用硬件或计算机软件补偿方法进行线性化处理。一般来说，这些办法都比较复杂，但在线性误差不太大的情况下，总是采用直线拟合的办法来线性化。

2. 传感器的动态标定

一些传感器除了静态特性必须满足要求外，其动态特性也需要满足使用要求。因此，在进行静态标定后还需要进行动态标定，以便确定它们的动态灵敏度、固有频率和频响范围等。

传感器进行动态标定时，需有一标准信号对它激励，常用的标准信号有两类：一类是周期函数，如正弦波等；另一类是瞬变函数，如阶跃波等。用标准信号激励后得到传感器的输出，经分析计算、数据处理，便可确定其频率特性、阻尼和动态灵敏度等。

1.4.3 实验与实践

1. 选用热敏电阻，观测温度对电阻阻值的影响。在常温及加热下用万用表测量、记录热敏电阻的阻值（配合温度计）。

2. 利用光敏电阻，观测光强对电阻阻值的影响。可通过调光台灯变换光强，用万用表测量、记录光敏电阻的阻值（配合照度计）。

第 2 章　模拟电路技术

模拟电路是处理模拟信号的电子电路。所谓模拟信号是时间和幅值都连续的电信号，连续的含义是在取值范围内可以取无穷多个数值。它的特点是连续，并能用幅值、频率和相位来描述。围绕模拟电路技术，有信号放大、比较、滤波、移相、振荡、调制/解调和稳压等环节。

2.1　运算放大器应用电路

运算放大器是一种高增益、高输入电阻、低输出电阻的多级直接耦合放大电路，随着集成电路的发展，目前被广泛应用。在线性应用方面，有各种放大电路、基本运算电路、有源滤波电路等；在非线性应用方面，有比较器电路、函数信号发生器电路、频率/电压变换电路等。

在测量系统中，运算放大器用来放大传感器输出的微弱电压、电流或电荷信号，此类的放大电路也称为测量放大电路。在控制系统中，运算放大器用来比较、放大、运算等，有的专用芯片还可用来驱动执行机构，此类的放大电路也称为控制放大电路。

2.1.1　反相放大电路

反相放大电路是一种比例运算电路（比例运算电路有三种基本形式：反相输入、同相输入以及差分输入比例电路），其输出电压与输入电压之间存在比例关系，即电路可实现比例运算。

反相放大电路如图 2-1 所示，输入电压 u_i 经电阻 R_1 加到运算放大器的反相输入端，其同相输入端经电阻 R_3 接地。输出电压 u_o 经 R_2 接回到反相输入端。

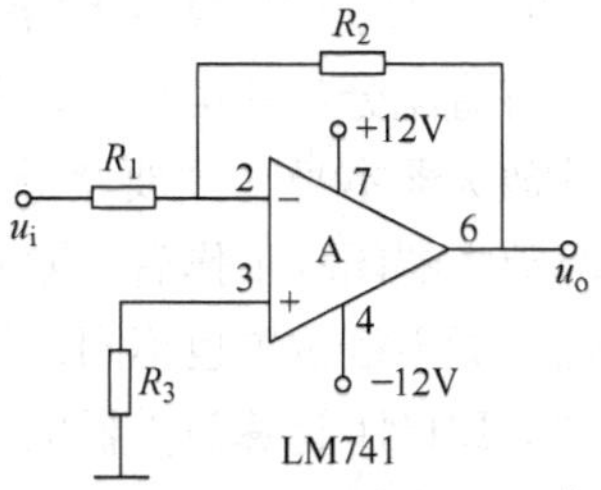

图 2-1　反相放大电路

反相比例运算电路的反馈组态是电压并联负反馈，由于运算放大器的开环差模增益很大，因此容易满足深负反馈的条件，故可认为运算放大器工作在线性区。因此，可以利用理想运算放大器工作在线性区时“虚短”和“虚断”的特点来分析反相比例运算电路的电压放大倍数。根据电路可以推出

$$\frac{u_i - u_-}{R_1} = \frac{u_- - u_o}{R_2} \tag{2-1}$$

在式（2-1）中，因为“虚短”，$u_- = 0$，由此可求得出

$$u_o = -\frac{R_2}{R_1}u_i \tag{2-2}$$

反相比例运算电路的闭环放大增益为

$$A_{uf} = \frac{R_2}{R_1} \tag{2-3}$$

反相比例运算电路的输出电压与输入电压的幅值成正比，但相位相反。也就是说，电路实现了反相比例运算。比值 A_{uf} 取决于电阻 R_2 和 R_1 之比，而与运算放大器内部各项参数无关。只要 R_2 和 R_1 的阻值准确而稳定，就可以得到准确的比例运算关系。比值 A_{uf} 可以大于 1，也可以小于 1。当 $R_2 = R_1$ 时，$A_{uf} = 1$，$u_o = -u_i$，称为单位增益倒相器。

因为反相输入端"虚地"，显而易见，它的共模输入电压为零，即它对运算放大器的共模抑制比要求低。另外，反相比例运算电路的输入电阻低，$R_{id} = R_1$，因此对输入信号的负载能力有一定的要求；在深度负反馈的情况下，反相比例运算电路的输出电阻很小，输出电阻 $R_{od} \approx 0$。

设计电路时，R_1 和 R_2 的值有多种组合，应根据实际情况选取。当对放大器输入阻抗有要求时，可根据 $R_1 = R_{id}$，先确定 R_1 再确定 R_2；若对输入阻抗没有要求时，则先确定 R_2，选取的原则是：流过 R_2 的电流要小于运算放大器的最大输出电流，以保证运算放大器电路处于正常工作状态。通常 R_1 的取值在 1kΩ 以上，R_2 的取值在 1～10MΩ 之间，具体要根据运算放大器的特性来确定，如果需要放大倍数很高，则可以采取多级放大。

R_3 的选取应考虑运算放大器在应用中两个输入端对地的等效阻抗相等，从反相端看，输入的信号源内阻近似为零，而运算放大器的输出阻抗也近似为零，R_1 和 R_2 都有一端接地，所以反相端的等效电阻为：$R_1 /\!/ R_2$。因为同相端也必须选配相同的电阻，所以 R_3 的阻值为 R_1 和 R_2 的并联。在 $R_2 \gg R_1$ 的情况下，取 $R_3 = R_1$。

实验电路参数选取如下：运算放大器取 LM741 或 OP07，电源电压 ±12V；$R_1 = R_3 = 5.1\text{k}\Omega$，$R_2 = 10\text{k}\Omega$；输入正弦波信号，幅值 U_{pp} 为 2V，频率为 1kHz。用示波器测量输入、输出信号波形，计算电路的放大倍数。更换不同的电阻，改变放大器的电压放大倍数。

注意，书中的实验电路参数仅作为参考值，可以变换电阻比例，改变放大倍数。另外，LM741 或 OP07 芯片为普通运算放大器，价格低廉，但工作频率有限，使用时一般不超过 40kHz，如果电路对频率要求，则可以选择高频运算放大器，如 LM318、OP37 和 NE5532 等。

在使用集成运算放大器时，有时用到调零电路，如在需要放大含有直流分量的信号时，必须考虑调零问题，目的是为了补偿运算放大器本身（主要是差分输入级）失调量的影响，以保证运算放大器闭环工作后，输入为零时输出也为零。不同的运算放大器，调零端位置也不同，使用前应查阅手册，按规定使用调零电路。LM741 运算放大器的调零电路如图 2-2 所示，芯片的 1 脚和 5 脚为调零端，当输入为 0 时，调整 RP(10kΩ) 使输出为 0。另外，也可以采用外调零的电路，通过偏置电压给输入端参考电位。

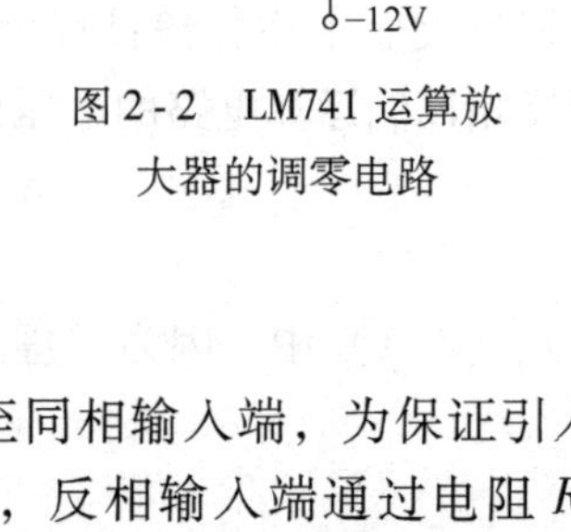

图 2-2　LM741 运算放大器的调零电路

2.1.2　同相放大电路

同相放大电路如图 2-3 所示，输入电压 u_i 通过电阻 R_3 接至同相输入端，为保证引入的是负反馈，输出电压 u_o 通过电阻 R_2 接到反相输入端，同时，反相输入端通过电阻 R_1 接地。

同相比例运算电路的反馈组态为电压串联负反馈，同样可以利用理想运算放大器工作在线性区时"虚短"和"虚断"的两个特点来分析其电压放大倍数，根据电路可以推出

$$\frac{R_1}{R_1 + R_2}u_o = u_i \tag{2-4}$$

由此可求得同相比例运算电路的闭环放大增益 A_{uf} 为

$$A_{uf} = 1 + \frac{R_2}{R_1} \tag{2-5}$$

同相比例运算电路的输出电压与输入电压的幅值成正比，且相位相同，而且由式（2-5）可知，同相比例运算电路的电压放大倍数总是大于或等于1。另外，A_{uf} 也只取决于电阻 R_2 和 R_1 之比，而与运算放大器的内部参数无关，所以比例运算的精确度和稳定性主要取决于电阻 R_2 和 R_1 的精确度和稳定性。

由于电路的共模输入信号高，因此同相比例运算放大电路要求运算放大器具有很高的共模抑制比。另外，由于引入了电压串联负反馈，因此能够提高输入电阻，而且提高的程度与反馈深度有关，因此同相比例运算放大电路的输入电阻很高；同反相比例运算放大电路一样，其输出电阻很低。同相放大电路的输入阻抗高、输出阻抗低的特点，被广泛应用于前置放大。

实验电路参数选取如下：运算放大器取 LM741 或 OP07，电源电压 ±12V；$R_1 = R_3 = 5.1\text{k}\Omega$，$R_2 = 10\text{k}\Omega$。输入正弦波信号，幅值 U_{pp} 为 2V，频率为 1kHz，用示波器测量输入、输出信号波形，计算放大倍数。

对于同相放大电路，当 $R_2 = 0$ 或 $R_1 = \infty$ 时，电压放大倍数等于1时，由于这种电路的输出电压与输入电压不仅幅值相等，而且相位也相同，二者之间是一种“跟随”关系，所以又称为电压跟随器。电压跟随器的输入阻抗高，几乎不从信号源吸取电流，而且它的输出阻抗低，可视为电压源，是理想的阻抗变换器。在测量系统中，设计电压跟随器电路来提高测量系统的输入阻抗，电压跟随器电路如图 2-4 所示。

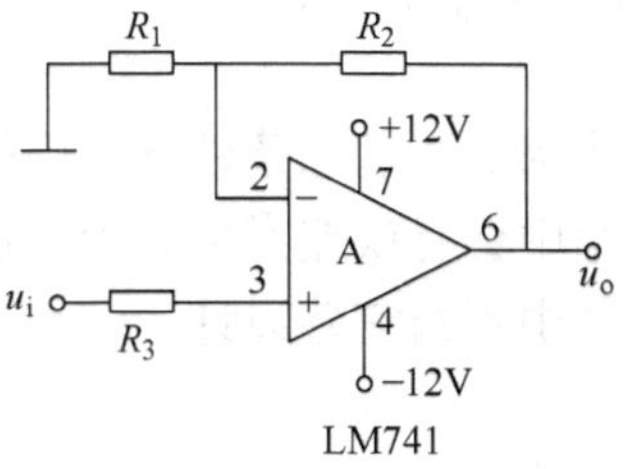

图 2-3　同相放大电路

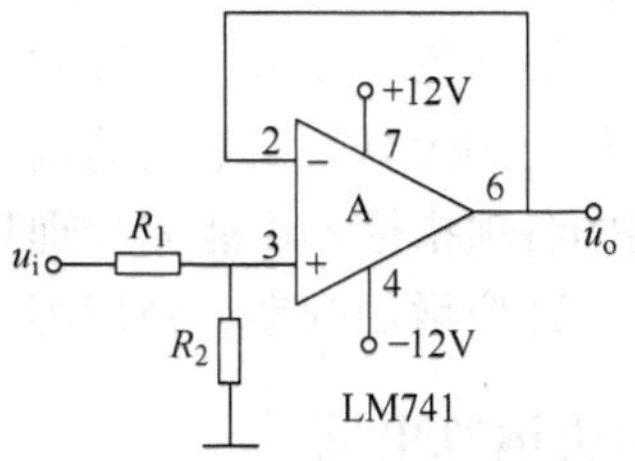

图 2-4　电压跟随器电路

实验电路参数选取如下：运算放大器取 LM741 或 OP07，电源电压 ±12V；$R_1 = 3\text{k}\Omega$，$R_2 = 1.2\text{M}\Omega$。输入正弦波信号，幅值 U_{pp} 为 2V，频率为 1kHz，用示波器测量输入、输出信号波形。

同相比例运算放大电路不存在“虚地”现象，但两个输入端之间有“虚短”特性，因此运算放大器的两个输入端同时作用幅度相等的共模信号，这就要求输入信号的大小不能超过运算放大器的共模输入范围，在选用运算放大器时要考虑到其输入端可能具有较高的共模输入电压。同相运算放大电路的设计及元件参数的选取原则与反相运算放大电路相同，注意运算放大器的两个输入端对地的阻抗应一致。

2.1.3 差动放大电路

差动放大电路是把两个输入信号分别输入运算放大器的反相输入端和同相输入端，然后在输出端取出这两个信号的差模成分，而尽量抑制两个信号的共模成分。差动放大电路如图2-5所示。

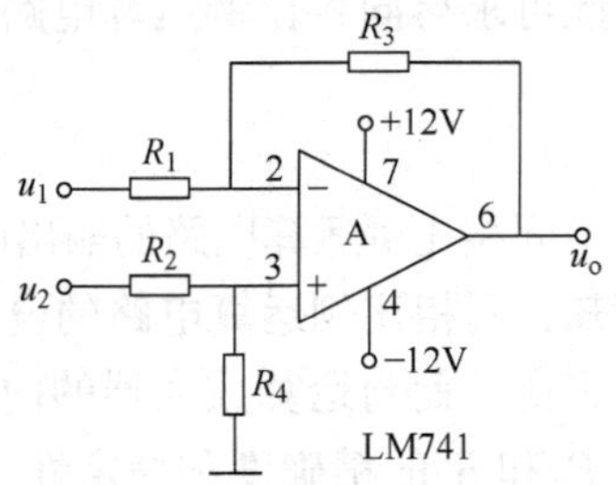

图2-5 差动放大电路

在图2-5中，输入电压 u_1 和 u_2 通过电阻 R_1 和 R_2 分别加在运算放大器的反相输入端和同相输入端，从输出端通过反馈电阻 R_3 接回到反相输入端，同相端接 R_4 到地。为了保证运算放大器两个输入端对地的电阻平衡，同时为了避免降低共模抑制比，要求：$R_1=R_2$ 和 $R_3=R_4$。当满足该条件时，可求得差动比例运算电路的输出电压为

$$u_o = \frac{R_3}{R_1}(u_2 - u_1) \tag{2-6}$$

差动比例运算电路的电压放大倍数为

$$A_{uf} = \frac{R_3}{R_1} = \frac{R_4}{R_2} \tag{2-7}$$

在电路元件参数对称的条件下，差动比例运算电路的差模输入电阻 $R_{id}=2R_1$，电路的输出电压与两个输入电压之差成正比，实现了差动比例运算。其比值同样取决于电阻 R_3 和 R_1 之比，而与运算放大器内部参数无关，该电路的缺点是输入电阻不够大。当 $R_1=R_2=R_3=R_4$ 时，由式（2-6）可以看出，该电路可以作为减法器使用。

实验电路参数选取如下：运算放大器取LM741或OP07，电源电压±12V；$R_1=R_2=10\text{k}\Omega$，$R_3=R_4=47\text{k}\Omega$；从 u_1、u_2 端接入正弦波信号，幅值 U_{pp} 为2V，频率为1kHz，用示波器测量输入、输出信号波形，计算放大倍数。

上述各种比例运算放大电路的输入、输出关系表达式都是在理想条件下得到的，但实际运算放大器的各项指标不可能完全理想，因此在实际应用中会有误差产生。为了达到使用精度，在设计上还应增加调零、补偿等电路，并在电路调试中不断完善设计。

2.1.4 加法运算电路

加法运算电路是把运算放大器的一个输入端连接两个或更多个输入信号，输出信号则是若干个输入信号之和。加法运算电路可以是同相输入或反相输入，但是反相形式比较容易设计和实现。若输出不需要被反相，可以在加法放大器的后面接一个放大倍数为1的反相器。反相加法电路如图2-6所示。

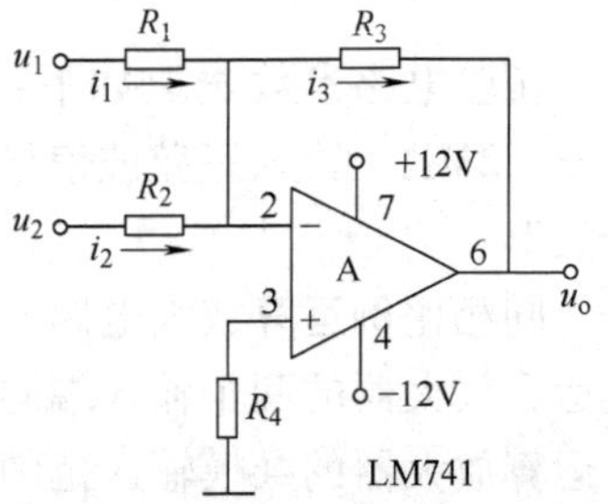

图2-6 反相加法电路

在理想条件下，流入运算放大器反相端的电流为零，因此有

$$i_1 + i_2 = i_3 \tag{2-8}$$

又根据虚地的特点，故式（2-8）可以写成

$$\frac{u_1}{R_1}+\frac{u_2}{R_2}=-\frac{u_o}{R_3} \tag{2-9}$$

整理后得

$$u_o=-\left(\frac{R_3}{R_1}u_1+\frac{R_3}{R_2}u_2\right) \tag{2-10}$$

若 $R_1=R_2$，则有

$$u_o=-\frac{R_3}{R_1}(u_1+u_2) \tag{2-11}$$

如果 $R_1=R_3$，则式（2-11）又可写为

$$u_o=-(u_1+u_2) \tag{2-12}$$

为了使运算放大器的两输入端对称工作，R_4的阻值应为：$R_1//R_2//R_3$。

根据上述分析可知，反相输入求和电路的实质，是利用反相端虚地和输入电流为零的特点，通过电流相加的方法来实现电压相加。另外，根据加法器的工作原理，输入端也可扩充到多个。

实验电路参数选取如下：运算放大器取 LM741 或 OP07，电源电压 ±12V；$R_1=R_2=R_3=10\text{k}\Omega$，$R_4=3\text{k}\Omega$；$u_1$接入 +1V 直流电压，$u_2$接入 +2V 直流电压，测量输入、输出电压信号。另外，也可以u_1接入直流电压为 +1V 的信号，u_2接入正弦信号（U_{pp}为 2V，频率为 1kHz），或u_1、u_2均接入正弦信号，用示波器测量输入、输出信号。

2.1.5 减法运算电路

利用前述的求和电路也可以实现减法运算，即将代表被减数的信号求反，再与代表减数的信号相加，从而实现信号的减法运算，其电路如图 2-7 所示，运算放大器 A_1将输入电压u_2反相（$R_1=R_2$），根据加法运算电路的原理，可以得到输出电压 u_o的表达式为

$$u_o=\frac{R_6}{R_4}u_2-\frac{R_6}{R_5}u_1 \tag{2-13}$$

从而实现了减法运算。若 $R_4=R_5=R_6$，则 u_o的表达式为

$$u_o=u_2-u_1 \tag{2-14}$$

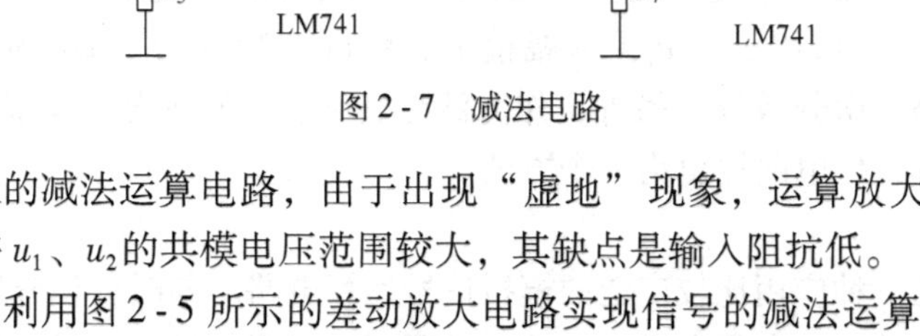

图 2-7　减法电路

对于反相输入的减法运算电路，由于出现“虚地”现象，运算放大器的输入端没有共模信号，所以允许 u_1、u_2的共模电压范围较大，其缺点是输入阻抗低。

另外，也可以利用图 2-5 所示的差动放大电路实现信号的减法运算。当 $R_1=R_2=R_3=$

R_4时，则有 $u_o = u_2 - u_1$，其电路特点是有较大的共模输入电压。为了提高运算电路的精度，要求运算放大器有较高的共模抑制比。

实验电路参数选取如下：运算放大器取 LM741 或 OP07，电源电压 ±12V；$R_1 = R_2 = R_4 = R_5 = R_6 = 10\text{k}\Omega$，$R_3 = 5.1\text{k}\Omega$，$R_7 = 3\text{k}\Omega$，$u_1$接入 +3V 直流电压，$u_2$接入 +2V 直流电压，测量输入、输出电压信号。

2.1.6 微分与积分运算电路

1. 微分电路

典型的微分运算电路如图 2-8 所示，微分运算电路是控制和测量系统中常用的单元。可以看出，这种反相输入基本微分电路实际上是在反相比例电路的基础上将输入电阻改为电容而得到的。在微分电路中，信号通过电容 C 接到运算放大器的反相输入端，其输出电压为

$$u_o = -RC\frac{\mathrm{d}u_i}{\mathrm{d}t} \tag{2-15}$$

式中，RC 为微分时间常数。输出电压正比于输入电压 u_i对时间 t 的导数，其比例常数取决于反馈电路的时间常数。

微分电路常应用于控制电路中，如加快调节控制过程等。在信号的波形转换中，微分电路可以进行波形转换，如对称的三角波到方波的转换、方波到尖脉冲的转换。另外，微分电路也可以实现移相作用。

基本微分电路的缺点是：当输入信号频率增大时，电容的容抗减小，使放大倍数增加，信噪比下降。另外，由于微分电路中的 RC 形成的移相环节，因此很容易产生自激振荡，使电路稳定性差。为克服基本微分电路的缺点，实际的微分电路常采用接入一个电阻与电容 C 串联，为了连续观察信号的突变响应，可以输入一个方波信号。实际微分电路如图 2-9 所示。

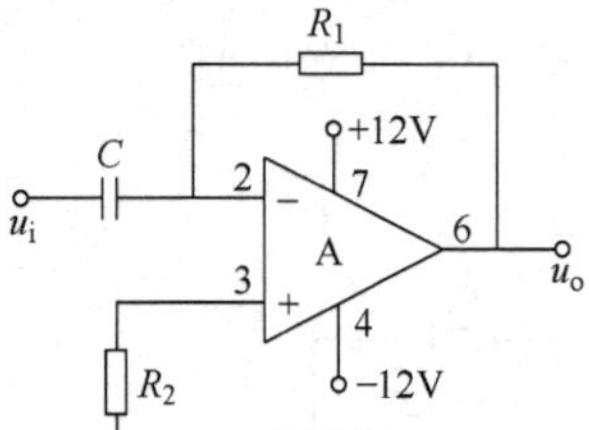

图 2-8　典型的基本微分电路

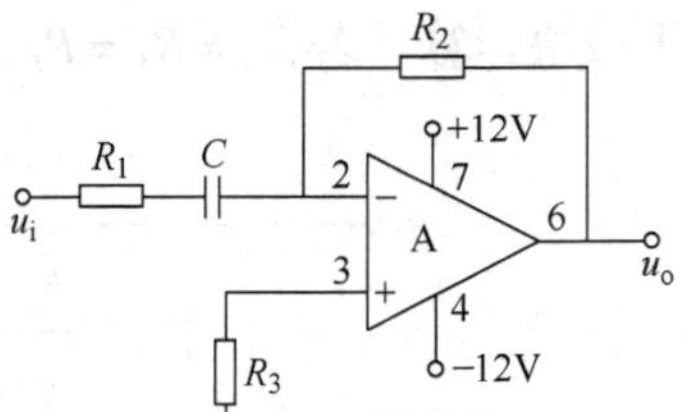

图 2-9　实际微分电路

实验电路参数选取如下：运算放大器取 LM741 或 OP07，电源电压 ±12V；$R_1 = R_2 = 10\text{k}\Omega$，$R_3 = 5.1\text{k}\Omega$，$C = 0.01\mu\text{F}$，$u_i$接入幅值 U_{pp}为 4V，频率为 1kHz 的方波，测量输入、输出信号，观察电路的微分效果。另外，作为波形转换，可在 u_i接入幅值 U_{pp}为 4V 的三角波，选择合适的频率，使电路输出为一个方波。

2. 积分电路

积分运算电路是一种应用比较广泛的模拟信号运算电路。同时，积分运算电路也是控制和测量系统中常用的单元，利用电容充、放电过程可以实现信号的延时及各种波形的产生和

变换。

积分电路如图 2-10 所示，输入信号通过电阻 R 加在运算放大器的反相输入端，并在输出端和反相输入端之间通过电容 C 引回一个深度负反馈。

可以看出，这种反相输入基本积分电路实际上是在反相比例电路的基础上将反馈回路中的电阻改为电容而得到的。其输出电压为

$$u_o = -\frac{1}{RC}\int u_i \mathrm{d}t \tag{2-16}$$

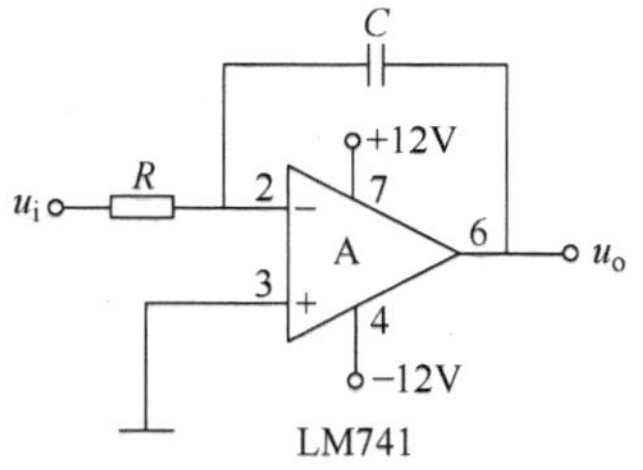

图 2-10　积分电路

式中，电阻与电容的乘积 RC 称为积分时间常数，通常用符号 τ 表示，即 $\tau = RC$。如果在开始积分之前，电容两端已经存在一个初始电压，则积分电路将有一个初始的输出电压 $U_o(0)$，此时 u_o 为

$$u_o = -\frac{1}{RC}\int u_i \mathrm{d}t + U_o(0) \tag{2-17}$$

在进行积分运算之前，首先应对运算放大器调零。

在实际的应用中，积分电路会产生误差，产生误差的原因主要有以下两个方面。一方面是由于运算放大器不是理想特性而引起的。例如，当 $u_i = 0$，u_o 也应为零，但是由于运算放大器的输入偏置电流流过积分电容，使 u_o 逐渐上升，时间越长，误差越大。产生积分误差的另一方面原因是由积分电容引起的，如需要输出保持原来的数值不变时，由于电容存在泄漏电阻，实际的输出的幅值逐渐下降。实际的积分电路常采用接入一个电阻与电容 C 并联（惯性电路），为了连续观察突变响应，输入一个方波信号。实际积分电路如图 2-11 所示。

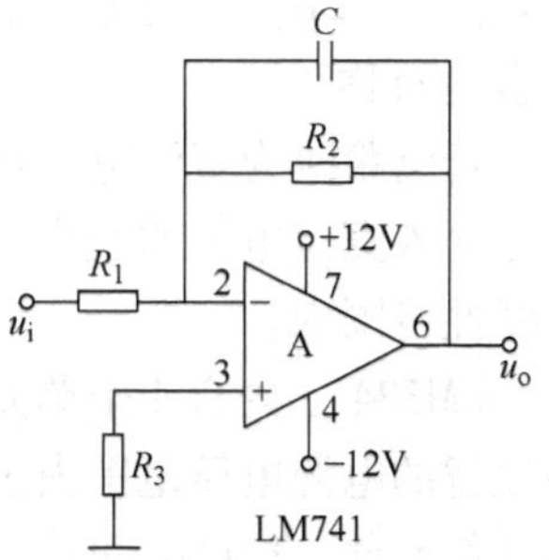

图 2-11　实际积分电路

实验电路参数选取如下：运算放大器取 LM741 或 OP07，电源电压 ±12V；$R_1 = R_2 = 10\text{k}\Omega$，$R_3 = 5.1\text{k}\Omega$，$C = 0.01\mu\text{F}$；$u_i$ 接入幅值 U_{pp} 为 4V、频率为 10kHz 的方波，测量输入、输出信号，观察电路的积分效果。另外，作为波形转换，调整输入频率使电路输出为一个三角波。

2.1.7　单电源运放电路

单电源运放电路在应用中很实用，因为有些测控系统无法提供负电压。大部分运算放大器要求双电源（正、负电源）供电，只有少部分运算放大器可以在单电源供电状态下工作，如 LM358、LM324、CA3140 等。需要说明的是，单电源运算放大器不仅可在单电源条件下工作，也可在双电源供电状态下工作。例如，LM324 可以在 +5 ~ +12V 单电源供电状态下工作，也可以在 ±5 ~ ±12V 双电源供电状态下工作。

在一些交流信号放大电路中，若运算放大器采用单电源工作，为保证信号不失真，则需要设置偏置电路，一般是将静态直流输出电压降为电源电压的一半。同时，为了使直流偏置不影响放大电路，需要加交流耦合电容。单电源反相交流放大电路如图 2-12a 所示。

该电路选用的芯片是 LM324，单电源 +12V 供电，$R_3 = R_4$，电路的增益 $A_{uf} = R_2/R_1$，

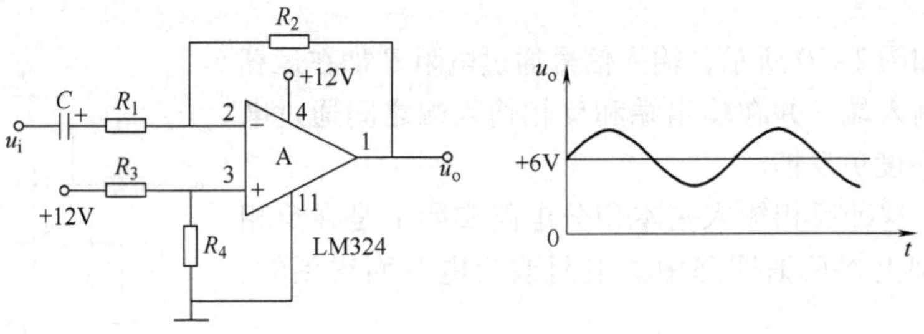

a)　　　　　　　　　　　　　　b)

图 2-12　单电源反相交流放大电路及输出波形

a）单电源反相交流放大电路　b）电路的输出波形

同相端的静态直流电位为6V（虚地）。信号通过交流耦合电容 C 加到放大器的反相输入端。电容的值由所需的频率响应和电路的输入阻抗来确定，一般可根据交流放大电路信号频率选择耦合电容值。若放大的是低频交流信号，如音频信号，则耦合电容值可选择在1 ~ 22μF之间；若放大的是高频交流信号，则耦合电容值可选择在 1000pF ~ 0.1μF 之间。图2-12b所示为电路的输出波形图，注意电路的虚地电压，放大电路的输出波形相对于虚地对称。

若电路改为直流电压输入，可将交流耦合电容 C 去掉，输入信号直接加在电阻 R_1 上，变化输入直流电压的大小，此时输出以虚地为零点，反相放大信号，注意信号输出幅度保持在线性范围内。

LM324 是内含 4 个单元的高增益运放，其特点是既可单电源工作又可双电源工作，并可在较宽的电源电压范围内工作，且电源电流很小，输入偏置电流具有温度补偿作用，无需外接补偿元件。LM324 可应用于转换放大器、直流增益单元以及通用型运放的许多应用电路；使用 +5V 供电时，还可以用作逻辑电路的接口（传感器电路到数字电路）。

实验电路参数选取如下：运算放大器取 LM324，电源电压 +12V；$R_1 = 10\text{k}\Omega$，$R_2 = 20\text{k}\Omega$，$R_3 = R_4 = 100\text{k}\Omega$，$C = 10\mu\text{F}$。$u_i$ 接入正弦波信号，幅值 U_{pp} 为 2V，频率为 1kHz，观测输入、输出的信号波形及直流电位。增加电路的放大倍数，即改变反馈电阻，在输出波形不失真的情况下，测量并记录信号的最大输出幅值。去掉交流耦合电容 C，输入直流电压信号，测量直流电压反相放大过程，注意放大信号不能超过电源电压幅值。

图 2-13 所示为单电源同相交流放大电路，单电源 +5V供电（也可以 +12V 供电），运算放大器的静态电压偏置设在运算放大器的同相输入端，输入信号通过交流耦合电容 C_2 加到同相输入端。运算放大器的反相输入端的连接方法与双电源同相放大电路类似，不过为了保持电路的静态直流偏置，电阻 R_1 需要通过接电容 C_1 后再接地。电路的放大倍数 $A_{uf} = 1 + R_2/R_1$，$R_3 = R_4$，同相端直流电位为 2.5V（虚地）。

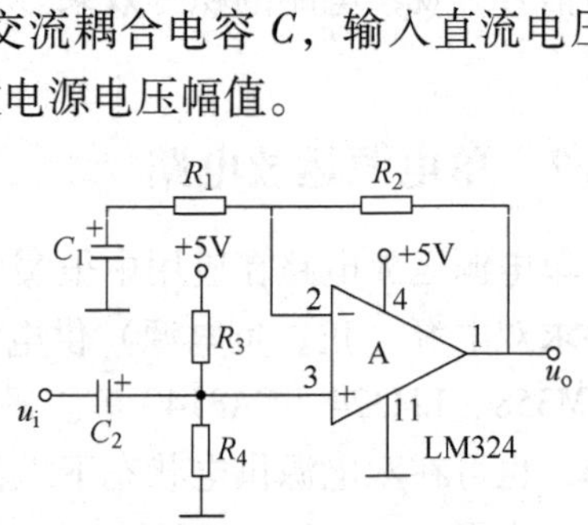

图 2-13　单电源同相交流放大电路

实验电路参数选取如下：运算放大器取 LM324，电源电压 +5V；$R_1 = 10\text{k}\Omega$，$R_2 = 20\text{k}\Omega$，$R_3 = R_4 = 100\text{k}\Omega$，$C_1 = C_2 = 10\mu\text{F}$。$u_i$ 接入幅值 U_{pp} 为 0.5V、频率为 2kHz 的正弦波，观测输出的交流信号波形及直流电位。

图 2-14 所示为单电源差动交流放大电路，单电源 +5V 供电，静态电压偏置设在运算放大器的同相输入端，输入信号通过交流耦合电容 C_1、C_2加到放大器的两个输入端。电路的放大倍数 $A_{uf}=R_3/R_1$，$R_1=R_2$，$R_4=R_5$，同相端直流电位为 2.5V（虚地）。另外，对于单电源差动放大器也可以选择 AD 公司的 AD626 或 AD8203 等。

实验电路参数选取如下：运算放大器取 LM324，电源电压 +5V；$R_1=R_2=10\text{k}\Omega$，$R_3=R_4=R_5=20\text{k}\Omega$，$C_1=C_2=10\mu\text{F}$。$u_1$、$u_2$接入幅值 U_{pp}为 0.5V、频率为 2kHz 的正弦波，观测输出的交流信号波形及直流电位。

图 2-15 所示为单电源差动直流放大电路，单电源 +5V 供电，该电路与前面所讲的差动电路基本相同，所区别的是采用单电源供电。当运算放大器的同相输入端接地，即 u_2对地短接时，在 u_1端输入一个负的直流电压，在输出端可以测量到被放大的正直流电压（反相放大）；当运算放大器的反相输入端接地，即 u_1对地短接时，在 u_2端输入一个正的直流电压，在输出端可以测量到被放大的正直流电压（同相放大）。当然，也可以在 u_1、u_2端输入不同的直流电位，在输出端可以测量到 $u_o=A_{uf}(u_2-u_1)$。注意，因为是单电源的放大器，输出没有负电压，所以要求 $u_2>u_1$。

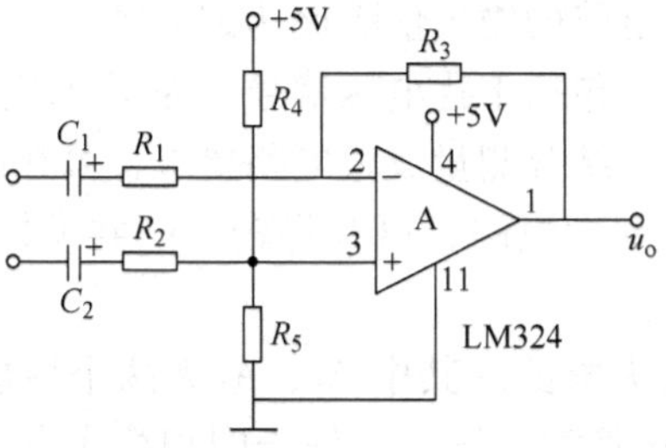

图 2-14　单电源差动交流放大电路

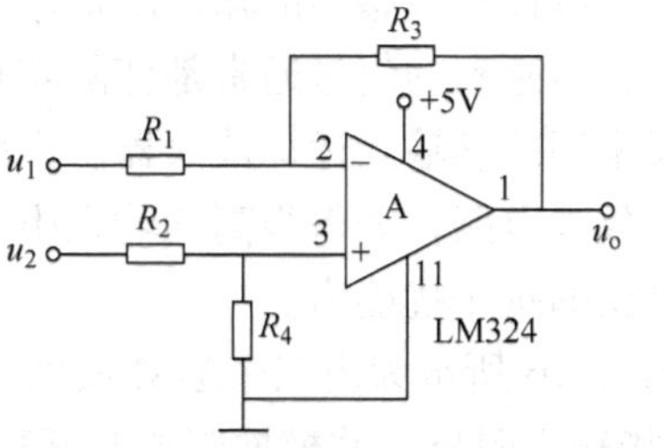

图 2-15　单电源差动直流放大电路

注意电路输出电压范围，接入 +5V 电源，电路输出电压范围约为 0～4V；如果需要更大的输出，电源电压可以接 +12V，此时电路输出电压范围约为 0～10V。

对于单电源反相直流放大电路，可以在同相端接入偏置电压，很容易解决单电源直流电压反相放大问题。对于单电源同相直流放大电路，由于静态电位的关系，一般电路很难做到，但是利用差动电路的方式却能够容易解决这一问题。

实验电路参数选取如下：运算放大器取 LM324，电源电压 +5V；$R_1=R_2=10\text{k}\Omega$，$R_3=R_4=20\text{k}\Omega$。u_2接地，u_1接入 0～−1V 变化的电压（可以用电位器搭一个可调的直流电压信号），测量输出电压。做同相放大实验时，u_1接地，u_2接入 0～+1V 变化的电压，测量输出的直流电压。也可以在 u_1、u_2接入不同电压，要求 $u_2>u_1$，变化 u_1、u_2电压，测量输出的直流电位。

2.1.8　测量放大电路

在测量控制系统中，用来放大传感器输出的微弱电压信号的放大电路称为测量放大电路，也称为仪表放大电路。测量放大电路要求高具有高输入阻抗、低输出阻抗，而且要有较强的共模抑制能力和较小的输出漂移电压。

一般传感器输出的电信号是微弱的，在工业环境中传感器与电路之间用电缆传输，而且有一定的距离，传感器有内阻、电缆线也有阻值，环境的噪声等对放大电路会造成严重的干扰，影响放大器的正常工作。因此，对测量放大电路有很高的要求。主要表现在以下几点：

1）输入阻抗应与传感器输出阻抗相匹配；

2）一定的放大倍数和稳定的增益；

3）低的输入失调电压和输入失调电流以及低的漂移；

4）足够的带宽和转换速率；

5）高共模输入范围和高共模抑制比；

6）可调的闭环增益；

7）低噪声、线性好、精度高。

有些传感器，如电容式传感器、压电式传感器，输出阻抗很高，这就要求测量放大电路也要具有很高的输入阻抗。开环运算放大器的输入阻抗很高，但对于反相运算放大电路来说，其输入阻抗远低于同相放大电路，为提高反相运算放大电路的输入阻抗，可以在输入端加电压跟随器，但这又会带来跟随器的共模误差。为解决这一问题，可以采用高输入阻抗的运算放大器，如 CA3140、CA3260、LF356 和 LM310 等。应该指出的是，测量放大电路的输入阻抗越高，输入端的噪声越大，因此不是所有情况下都要求放大电路具有很高的输入阻抗，而是应该与传感器的输出阻抗匹配，使测量放大电路的输出信噪比达到最大。

来自传感器的信号通常都伴随着很大的共模信号，包括干扰电压信号，为了克服共模信号，要采用差动输入运算放大器。因此在电路设计中，结合测量放大电路要求，可在前级采用同相放大电路，获得很高的输入阻抗；在后级采用差动电路，可获得较高的共模抑制比，增强电路的抗干扰能力。

图 2-16 所示为由三个运算放大器构成的测量放大电路。其中 A_1、A_2 为两个性能一致（主要指输入阻抗、共模抑制比和开环增益）的通用运算放大器，工作于同相放大方式，构成平衡对称的差动放大输入级，输出级运算放大器 A_3 工作于差动放大方式，用来进一步抑制 A_1、A_2 的共模信号，并接成单端输出方式适应接地负载的需要。该电路输入阻抗高、共模抑制比高，可用作传感放大器和测量仪器的前端放大器，是目前广泛应用的高共模抑制比放大电路。

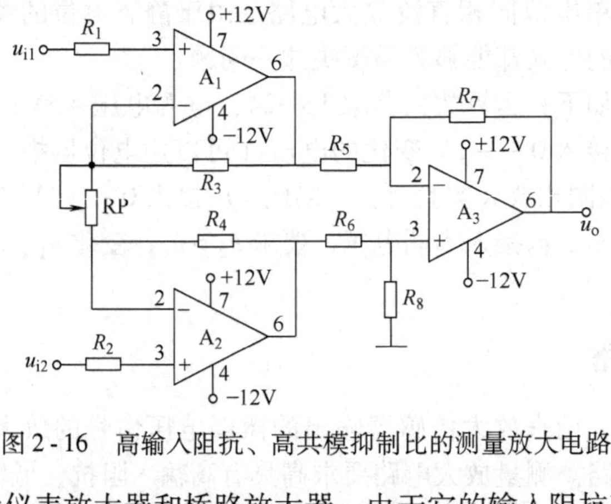

图 2-16　高输入阻抗、高共模抑制比的测量放大电路

测量放大器又称为仪表放大器和桥路放大器，由于它的输入阻抗高，易于与各种信号源匹配，而它的输入失调电压和输入失调电流及输入偏置电流小，并且温漂较小，因而测量放大器的稳定性较好。

对元器件的对称性要求比较高是测量放大电路的一个特点，如果元件失配，不仅在计算中带来附加误差，而且将产生共模电压输出。电路设计中，通常取 $R_1=R_2$，$R_3=R_4$，$R_5=R_6$，$R_7=R_8$，放大器的放大倍数为

$$A_{uf}=-\frac{R_7}{R_5}\left(1+\frac{2R_3}{RP}\right) \tag{2-18}$$

测量放大器的共模抑制比主要取决于输入级运算放大器 A_1、A_2的对称性、输出级运算放大器 A_3的共模抑制比以及外接电阻的匹配精度（±0.1%以内），一般其共模抑制比可达 120dB 以上。测量放大器电路还具有增益调节功能，调节 RP 可以改变增益而不影响电路的对称性。由于输入级采用了对称的同相放大器，测量放大器输入电阻可达数百兆欧以上。

图 2-17 所示为一个温度测量电路，热电阻 R_t是经过电缆线接入电路板的，由于电信号是由电缆引出，其中可能会包含工频、静电和磁场等共模干扰，对这种电路放大就需要放大电路具有很高的共模抑制比、低噪声和高输入阻抗，因此采用测量放大电路。测量放大电路对微小的差模电压很敏感，适于测量远距离传输过来的信号，由于有高输入阻抗和共模抑制比，因而十分易于与微小输出的传感器配合使用。

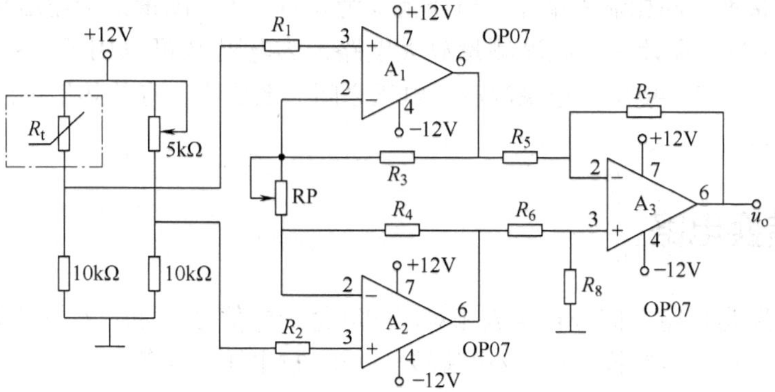

图 2-17　利用测量放大器构成的测温电路

实验电路参数选取如下：R_t为热电阻（MF12－3.3kΩ），$R_1=R_2=R_3=R_4=R_5=R_6=R_7=R_8=10k\Omega$，RP＝2kΩ；运算放大器采用低漂移、高精度运算放大器 OP07。实验时，如果没有温度传感器，则可利用一个可变电阻，通过改变桥路的平衡测量桥路的输出电压变化。

目前，有很多电子器件制造厂商都生产三运算放大器式测量放大器集成芯片，较常见的是美国 ADI 公司生产的 AD521、AD522 等，另外 B－B 公司的 INA101、INA104 系列等也比较常见。这些器件含有除 RP 以外的所有元件，RP 由用户提供，用于设定放大器的增益。

2.1.9　设计与实践

1. 使用运算放大器设计一个反相放大电路，电源电压为 ±12V，信号要求放大 10 倍。分别输入直流和交流信号，计算电路参数，测量放大器的输入、输出波形。输入直流信号分别为－0.5V、0V、0.5V，交流信号分别为正弦波、方波和三角波，频率为 2kHz，幅值 U_{pp}为 0.5V。

2. 使用运算放大器设计一个同相放大电路，电源电压为 ±5V，信号要求放大 2 倍。输入频率为 1kHz、幅值 U_{pp}为 1V 的正弦交流电压信号，计算电路参数，测量输入、输出波形。变换电路，改成电压跟随器形式，输入信号不变，进行实验，测量放大器的输入、输出信号。

3. 用运算放大器设计一个反相加法运算电路，要求运算关系为 $U_o = -(U_1 + 2U_2 + 3U_3)$，实验并与理论值比较。

4. 设计一个差动放大电路，实现减法运算，要求输出和输入的关系满足下式：$U_o = U_2 - U_1$，实验并与理论值比较。

5. 用运算放大器设计一个积分电路，将方波转换为三角波，输入信号的频率为 500Hz，幅值 U_{pp}为 2V，设计电路并实验，测量和分析电路的输出波形。

6. 用运算放大器设计一个微分电路，实现矩形波变换成尖顶脉冲波，输入信号频率为 1kHz，幅值 U_{pp}为 2V，设计电路并实验，测量和分析电路的输出波形。

7. 选用单电源运算放大器，设计一个两级反相交流放大电路，电源电压 +12V，信号放大 100 倍。输入频率为 500Hz、幅值 U_{pp}为 50mV 的正弦波信号。

8. 选用单电源运算放大器，设计一个差动直流放大电路，电源电压 +5V，信号放大 5 倍。反相输入端接地，同相输入端输入电压范围为 0 ~ 0.5V，测量记录输出端电压。

9. 参考图 2 - 17，设计一个温度测量放大电路，热电阻 R_t可以用长 1 ~ 2m 的电缆线接入，测量温度范围为 0 ~ 40°C，记录温度 - 电压之间关系曲线。有关热敏电阻的使用可以参考第 4 章的相关内容。

2.2 信号转换电路

信号转换电路是将输入信号转换成相对应的其他的电信号，如输入信号幅值的判断、电压/频率转换、频率/电压转换、电压/电流转换、电流/电压转换等。

2.2.1 电压比较电路

电压比较电路是一种常用的模拟信号处理电路，它将一个输入的电压信号与一个参考电压信号进行比较，并将比较的结果以高/低电位形式输出。电压比较电路也称为比较器。

比较器的输入信号可以是连续变化的模拟量，而输出信号是只有高电平或低电平两种状态，所以其中的运算放大器常工作在非线性区。从电路结构来看，运算放大器经常处于开环状态，有时为了使输入、输出特性在状态转换时更加快速、可靠，在电路中引入正反馈。

根据比较器的传输特性分类，常用的比较器有过零比较器、单限比较器、滞回比较器以及双限比较器等。

1. 过零比较器

处于开环工作状态的运算放大器是一个最简单的过零比较器，如图 2 - 18a 所示。由于理想运算放大器的开环差模增益 $A_{od} \approx \infty$，因此在图 2 - 18a 中，当 $U_i < 0$ 时，$U_o = +U_{opp}$，当 $U_i > 0$ 时，$U_o = -U_{opp}$。其中，U_{opp}是运算放大器的最大输出电压。过零比较器的传输特性如图 2 - 18b 所示。

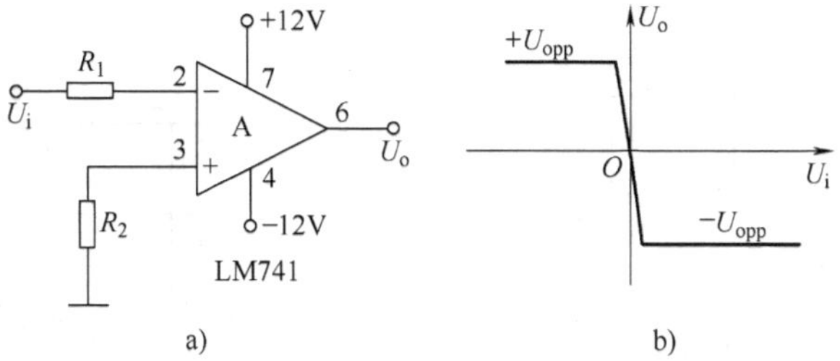

图 2-18　过零比较器

a）过零比较器电路　b）过零比较器的传输特性

当比较器的输出电压由一种状态跳变为另一种状态时，对应的输入电压通常称为阈值电压或门限电平，这种比较器的门限电平等于零（同相端通过电阻接地），故称为过零比较器。

实验电路参数选取如下：运算放大器取 LM741 或 OP07，电源电压 ±12V，$R_1=R_2=10k\Omega$。输入信号电压范围可以从 −1 ~ +1V（必须是过零信号）。

图 2-18a 所示的过零比较器采用反相输入方式，如果需要，也可采用同相输入方式，其传输特性和图 2-18b 相反。只用一个开环状态的运算放大器组成的过零比较器电路简单，但其输出电压幅度较高，$U_o=\pm U_{opp}$。有时希望比较器的输出幅度限制在一定的范围内，需要加上一些限幅的措施，如在运算放大器的输出端接一个电阻和双向稳压管来实现限幅。

2. 单限比较器

所谓单限比较器，是指只有一个门限电平的比较器，当输入电压大于此门限电平时，输出端的状态立即发生跳变。单限比较器可用于检测输入的信号是否达到某一给定的电平。

单限比较器的电路如图 2-19 所示，输入信号 U_i 加到同相端，在反相端接入一个参考电压 U_{REF}。当输入电压 U_i 低于参考电压 U_{REF} 时，输出电压为 +0.2V 左右的低电位；当输入电压 U_i 高于参考电压 U_{REF} 时，输出电压为 +3.6V 左右的高电位。

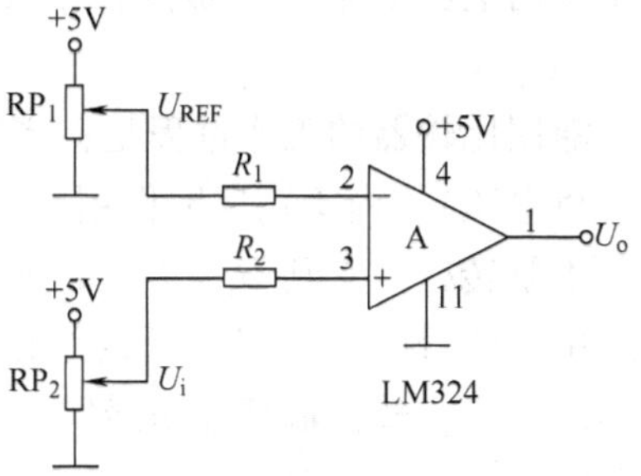

图 2-19　单限比较器

实验电路参数选取如下：运算放大器取 LM324，单电源电压 +5V 供电，可以用两个电位器组成输入电压信号，改变电位器的输出电压，使其产生 U_{REF} 和 U_i，$R_1=R_2=5.1k\Omega$，RP_1、RP_2 选用 20kΩ 电位器。

实际比较器的传输特性与理想的传输特性有所不同，主要在于输出状态的转换不是突变的。输出电压从一个极值到另一个极值存在过渡区，当输入信号 U_i 在 U_{REF} 附近时，由于干扰等因素，很容易造成电路误动作，使输出不稳定，而采用施密特触发器可以克服这个缺点。

3. 滞回比较器

滞回比较器又称为施密特触发器，它是在开环比较器的基础上引入正反馈而构成的。正反馈可以加快输出电压的翻转速度，而且翻转后的状态也改变原比较电平，使翻转更可靠。滞回比较器电路如图 2-20a 所示，输入电压 U_i 经电阻 R_2 加在运算放大器的反相输入端，参考电压 U_{REF} 经电阻 R_1 接在同相输入端，此外输出端电压通过电阻 R_3 引回同相输入端。

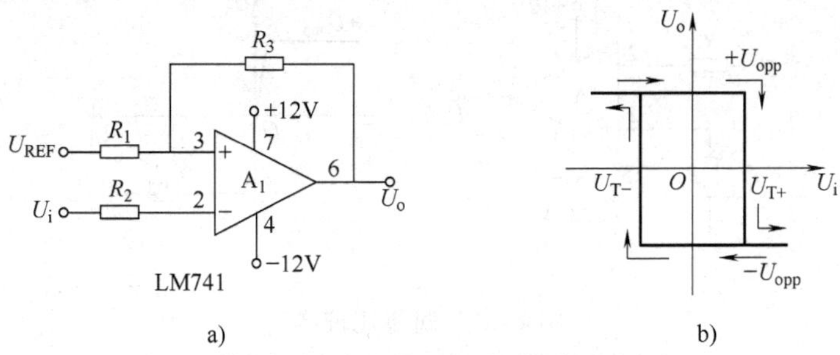

图 2-20　滞回比较器
a）滞回比较器电路　b）滞回比较器传输特性

在电路中，比较电压 U_i 与基准电压 U_{REF} 和输出电压 U_o 分压值有关。设当前的输出电压为正的最大值，即 $U_o = +U_{opp}$，同相端基准电压 U_{T+} 为

$$U_{T+} = \frac{R_3}{R_1 + R_3}U_{REF} + \frac{R_1}{R_1 + R_3}U_{opp} \tag{2-19}$$

当运算放大器反相输入端的信号大于 U_{T+} 时，比较器翻转，输出电压为负的最大值，$U_o = -U_{opp}$，同相端基准电压为 U_{T-} 为

$$U_{T-} = \frac{R_3}{R_1 + R_3}U_{REF} - \frac{R_1}{R_1 + R_3}U_{opp} \tag{2-20}$$

由于输出电压 U_o 有正、负两种极限状态，即 $+U_{opp}$ 或 $-U_{opp}$，导致参考点电压是动态的，且 $U_{T+} > U_{T-}$。

滞回比较器的工作过程是：当输入信号 U_i 增大，增大到 $U_i > U_{T+}$ 时，比较器翻转（输出为负电压），由于正反馈作用，U_{T+} 快速变为 U_{T-}；当 U_i 减小，减小到 $U_i < U_{T+}$ 时，比较器并不翻转，一直到 $U_i < U_{T-}$ 时才会翻转。由此可见，使输出电压由 $+U_{opp}$ 跳变为 $-U_{opp}$，以及由 $-U_{opp}$ 跳变为 $+U_{opp}$ 所需的输入电压值是不同的，也就是说，这种比较器有两个不同的门限电平，故传输特性呈滞回形状，如图 2-20b 所示，两个跳变点电压之差称为迟滞电压 ΔU_T：

$$\Delta U_T = U_{T+} - U_{T-} = \frac{2R_1}{R_1 + R_3}U_{opp} \tag{2-21}$$

滞回电压 ΔU_T 的值取决于 U_{opp} 以及电阻 R_1 和 R_3 的值，与参考电压 U_{REF} 无关。改变 U_{REF} 的大小可以同时调节两个门限电平 U_T 和 U_{T-} 的大小。

电路的输出状态一经转换，只要在跳变点附近的干扰不超过迟滞电压 ΔU_T 的值，输出电压是稳定的，因此提高了比较器的抗干扰能力。需要指出的是，比较器的抗干扰能力增加，信号的分辨能力就随之降低，滞回电压的大小是根据抗干扰及分辨度的要求综合设计的。

电路实验参数选取如下：运算放大器取 LM741，双电源电压 ±12V 供电，$R_1 = R_2 = 5.1\text{k}\Omega$，$R_3 = 510\text{k}\Omega$。变化输入电压，测量滞回电压 ΔU_T，分析电路的抗干扰性及分辨度。如果需要将跳变点固定在参考电压值上，可在正反馈电路中串联一个二极管 1N4148（二极管正极接运放的输出端），利用二极管的单向导通，便可实现上述要求。

4. 双限比较器

前面介绍的单限比较器可以检测输入信号的电平是否达到某一个给定的门限电平。在实际应用中，有时需要检测输入模拟信号的电平是否处在给定的两个门限电平之间，这就要求比较器有两个门限电平，这种比较器称为双限比较器。

双限比较器的一种电路如图 2-21a 所示。电路由两个专用比较器组成，输入电压 U_i通过电阻 R_2、R_3分别接到运算放大器 A_1的同相输入端和运算放大器 A_2的反相输入端，参考电压 U_{REF1}和 U_{REF2}通过电阻 R_1、R_4分别加在 A_1的反相输入端和 A_2的同相输入端，其中 $U_{REF1} > U_{REF2}$。比较器使用 LM393，其内部装有两个独立的电压比较器，特点是工作电源电压范围宽、单电源和双电源均可工作、消耗电流小、输出与 TTL 和 CMOS 等兼容。LM393 的输出端相当于一只不接集电极电阻的晶体管，在使用时输出端到正电源需接一个电阻（称为上拉电阻，一般选 3kΩ～15kΩ 电阻）。另外，两个比较器的输出端接二极管正极，二极管负极一起接到输出端，即形成“或门”输出。

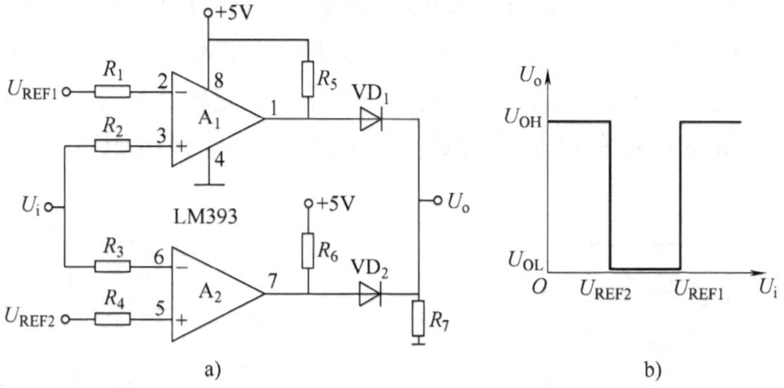

图 2-21　双限比较器电路

a）双限比较器电路　b）双限比较器的传输特性

若 U_i低于 U_{REF2}（当然更低于 U_{REF1}），此时运算放大器 A_1输出低电平，A_2输出高电平，于是二极管 VD_1截止，VD_2导通，则输出电压 U_o为高电平。

若 U_i高于 U_{REF1}（当然更高于 U_{REF2}），此时 A_1输出高电平，A_2输出低电平，则 VD_1导通，VD_2截止，输出电压 U_o也是高电平。

只有当 U_i高于 U_{REF2}而低于 U_{REF1}时，运算放大器 A_1、A_2均输出低电平，二极管 VD_1、VD_2均截止，则输出电压 U_o为低电平。双限比较器的传输特性如图 2-21b 所示。由图可见，这种比较器有两个门限电平：上门限电平 U_{TH}和下门限电平 U_{TL}，其中，$U_{TH} = U_{REF1}$，$U_{TL} = U_{REF2}$。

实验电路参数选取如下：选择专用比较器 LM393，单电源电压 +5V 供电，$R_1 = R_2 = R_3 = R_4 = R_7 = 10k\Omega$，$R_5 = R_6 = 5.1k\Omega$，二极管 VD_1、VD_2为 1N4148。

2.2.2　电压/频率转换电路

电压/频率转换电路又称为 V/F 转换器，功能是把输入电压信号转换成相应的频率信号，即它的输出信号频率与输入信号电压值成比例。电压/频率转换电路在调频、锁相和 A/D转换等许多技术领域得到了非常广泛的应用。

目前实现 V/F 的方法很多，有用分立元器件组成的变换电路，也有各种集成电路。集成电路使用简单，调试方便，转换精度较高，应用时可作为首选器件。下面主要介绍由

LM331 器件构成的 V/F 电路。图 2-22 所示为 LM331 的内部结构示意图。

LM331 是性能价格比较高的集成芯片，可用作精密频率电压互换器、A/D 互换器、线性频率调制解调等其他相关器件。LM331 外接电路简单，只需接入几个外部元件就可方便构成 V/F 或 F/V 等变换电路，并且容易保证转换精度。其主要指标如下。

1）最大线性度：0.01%；

2）变换增益：典型值 1.00kHz/V；

3）动态范围：10kHz 满量程频率下最小值 100dB；

4）增益温度稳定性：典型值 $\pm 30\times10^{-6}$/℃；

5）小功耗：5V 时为 15mW；

6）电源电压：4～15V。

图 2-23 所示为由 LM331 构成的基本压控振荡器电路。LM331 的输入控制电压 u_i 接 7 脚，电路增加了由 R_1、C_1 组成的低通滤波器，以去掉干扰信号。2 脚接电阻 R_S，用来调节 LM331 的增益和由 R_3、C_3、R_2 引起的误差，以校准电路输出频率。3 脚为频率输出端，因为芯片内的驱动晶体管是集电极是开路的，所以必须外接电阻 R_5，电流控制在 1mA 左右。

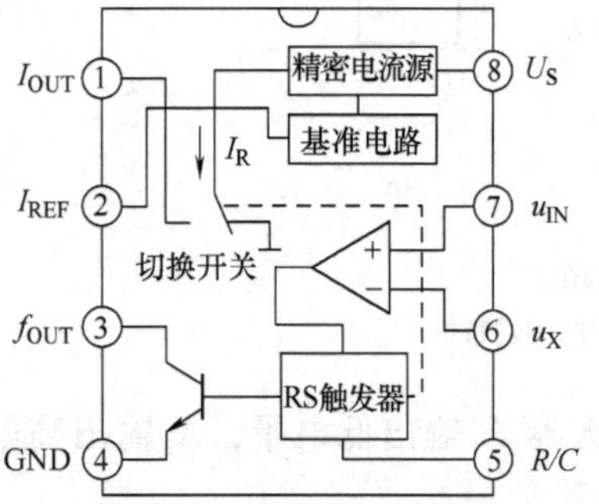

图 2-22　LM331 的内部结构示意图

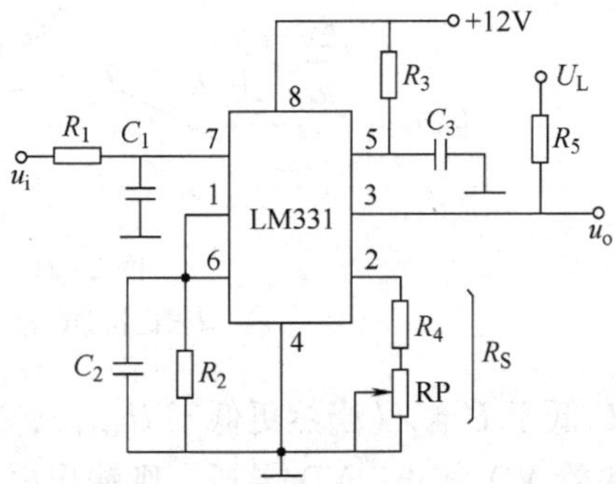

图 2-23　由 LM331 组成的 V/F 变换电路

当输入正电压加到内部比较器的同相端时，比较器输出高电位，并触发 RS 触发器，使其输出高电位，通过晶体管使芯片的 3 脚输出低电位，RS 触发器同时还使内部恒流源打开，R_2C_2 开始充电；随着 C_2 两端的电压升高，使比较器的反相端（芯片 6 脚）电压高于输入电压，此时比较器输出低电位，RS 触发器输出低电位，芯片 3 脚输出高电位，RS 触发器同时还使恒流源关闭，C_2 开始放电，当 C_2 两端的电压（芯片 6 脚）低于输入电压时，又重复上面的过程。由此，可以看出输入的电压与 C_2 的充、放电时间有关，该电路输出频率 f 与输入电压 u_i 的关系为

$$f=\frac{u_iR_S}{2.09R_3C_3R_2} \tag{2-22}$$

式中，R_S 是可变电阻 RP 和 R_4 的串联。由式（2-22）可以看出，电阻、电容确定后，输出频率正比于输入电压。如果电路输出接 TTL 电路，则 U_L 接 +5V 电源；如果要求输出频率幅值在 12V，则 U_L 接 +12V 电源，注意外接电阻 R_5 要根据电流的要求作相应的调整。

电路中，R_S 由一个固定电阻 R_4 和一个可变电阻 RP 串联组成，为了保证精度和稳定性，R_4 最好选用金属膜电阻，RP 的调节要细致，可选多圈电位器。

实验电路参数选取如下：$R_1=R_2=100\text{k}\Omega$，$R_3=6.8\text{k}\Omega$，$R_4=10\text{k}\Omega$，$R_5=10\text{k}\Omega$，RP = 5kΩ，$C_1=0.1\mu\text{F}$，$C_2=1\mu\text{F}$，$C_3=0.01\mu\text{F}$，该电路输入电压为0 ~ 5V，输出频率为0 ~ 5kHz。

电压/频率转换电路的主要指标有：输入电压范围、工作频率、灵敏度、变换系数、非线性误差等。

2.2.3 频率/电压转换电路

频率/电压转换电路又称为F/V转换器，它是把频率变化信号线性地转换成电压变化信号。在测量系统中，有的传感器直接输出频率信号，即用频率高低反映所测量信号的大小，如果需要变换电压信号时，则需要频率/电压转换。

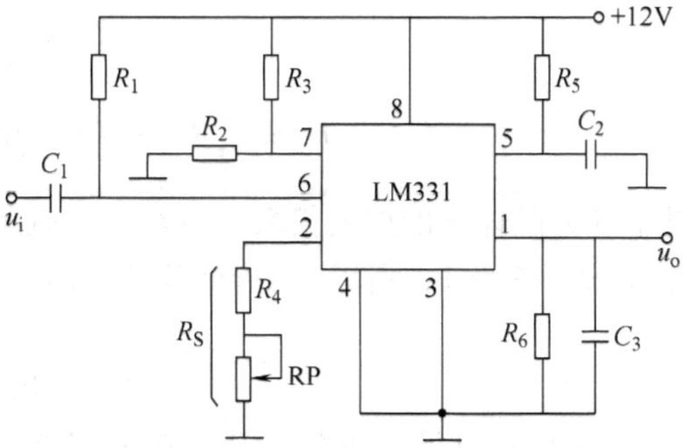

图2-24 由LM331组成的F/V转换电路

利用LM331构成的频率/电压转换电路如图2-24所示。输入信号（频率）通过电容C_1接LM331的6脚（内部比较器的反相端），通过内部比较器控制内部恒流源，7脚接比较器基准电压，用于设置输入信号的有效触发电平，输出信号（电压）从芯片1脚引出，并连接由R_6、C_3组成的充、放电电路，输入信号频率越高，电容C_3上积累的电荷越多，输出电压就越高，即实现频率/电压转换，电路输出电压u_i与输入频率f的关系为

$$u_o = \frac{2.09R_5C_2R_6}{R_S}f \tag{2-23}$$

式中，R_S是可变电阻RP和R_4的串联。由式（2-23）可以看出，电阻、电容确定后，输出电压正比于输入频率。

实验参数选取如下：$R_1=R_2=R_3=R_4=10\text{k}\Omega$，$R_5=6.8\text{k}\Omega$，$R_6=100\text{k}\Omega$，RP = 5kΩ，$C_1=470\text{pF}$，$C_2=0.01\mu\text{F}$，$C_3=0.22\mu\text{F}$。该电路的输入频率范围为0 ~ 10kHz，输出电压范围为0 ~ 10V。

频率/电压转换电路的主要指标有：输入频率范围、电压动态范围、灵敏度、变换系数、非线性误差等。另外，频率/电压转换芯片还可以使用LM2907等。

2.2.4 电压/电流转换电路

电压/电流转换是通过转换电路把输入的电压信号转换成相应的电流输出。在工业领域的检测与控制中，长距离信号传输经常需要把电压信号转换为电流信号，以减少导线压降对信号的影响。电压/电流变换电路不但要求输入与输出有线性关系，而且要求输出电流不随负载的变化而变化，具有恒流的特点。一种电压/电流转换电路如图2-25所示，该电路由运算放大器和晶体管及电阻组成，由于属于电流

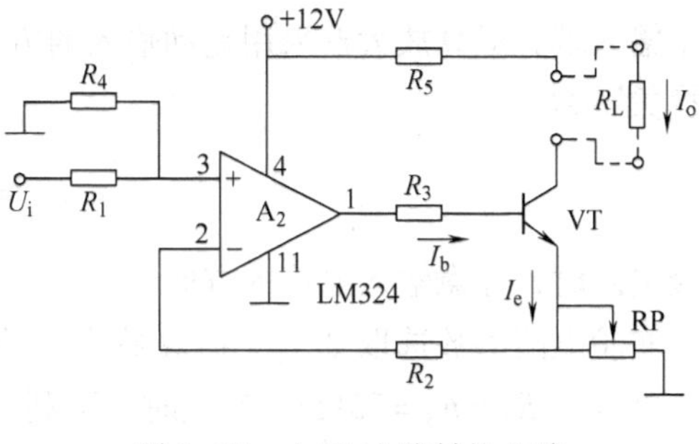

图2-25 电压/电流转换电路

串联负反馈，具有较好的恒流特性。

输入电压 U_i 经 R_1 加到运算放大器的同相输入端，放大器输出通过电阻 R_3 送到晶体管 VT 的基极，晶体管的发射极连接可变电阻 RP。晶体管的发射极电流 I_e 通过 RP 得到反馈电压经过 R_2 加到运算放大器的反相输入端，形成差动输入信号。在设计电路时，使 $R_2 >> \mathrm{RP}$，这样输出电流基本都加在 R_L 和 RP 上。由运算放大器和晶体管性质，运算放大器的同相输入端电压 U_+ 和反相输入端的电压 U_- 分别为

$$U_+ = \frac{R_4}{R_1 + R_4} U_i \tag{2-24}$$

$$U_- = I_e \mathrm{RP} = (1+\beta) I_b \mathrm{RP} = \left(1 + \frac{1}{\beta}\right) I_o \mathrm{RP} \tag{2-25}$$

式中，β 为晶体管的放大倍数，流经负载电阻 R_L 的电流 I_o 即晶体管的集电极电流，$I_o = \beta I_b$。一般情况下 $\beta >> 1$，所以 U_- 近似等于 $I_o\mathrm{RP}$，整理后得到 I_o 为

$$I_o = \frac{R_4}{(R_1 + R_4)\mathrm{RP}} U_i \tag{2-26}$$

由式（2-26）可见，在电阻 R_1、R_4 和可变电阻 RP 为定值时，输出电流 I_o 的大小和输入端电压 U_i 是对应的单值函数关系，与运算放大器、晶体管和电阻 R_L 没有直接关系，说明了电路良好的恒流性能。

电路实验参数选取如下：运算放大器为 LM324，单电源 +12V 供电，晶体管 VT 为 8050，$R_1 = R_4 = 15\mathrm{k\Omega}$，$R_2 = R_3 = 22\mathrm{k\Omega}$，$R_5 = 430\Omega$，$\mathrm{RP} = 2\mathrm{k\Omega}$。调试电路时，输入电压为 0 ~ +5V，调整可变电阻 RP，使该电路输出电流达到 0 ~ 20mA。逐步变化输入电压幅值，测量并记录输出电流，通过作图标定电压与电流的关系。

2.2.5 电流/电压转换电路

电流/电压转换是通过转换电路把输入的电流信号转换成相应的电压输出。在工业控制中一些传感单元常输出标准电流信号，如 4 ~ 20mA，为此，常要先将其转换成 ±10V、±5V、0 ~ +5V 或 0 ~ +10V 的电压信号，以便送给后续电路进行处理，如计算机接口电路进行信号采集等。

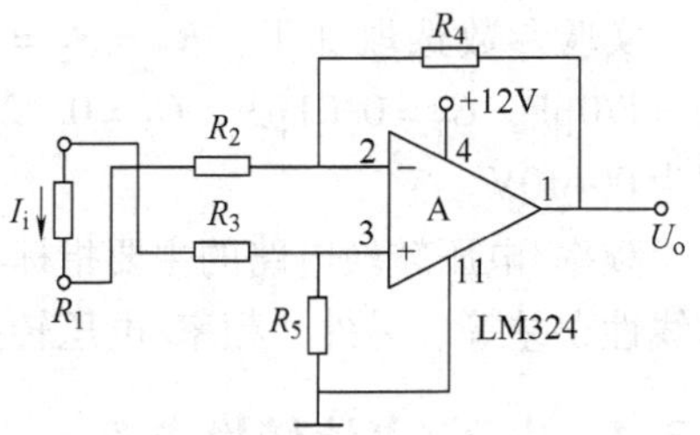

图 2-26　电流/电压转换电路

一种电流/电压转换电路如图 2-26 所示，I_i 为输入电流，通过电阻 R_1 产生电压信号，接到运算放大器的两个输入端，运算放大器采用差动输入的方法，根据差动放大电路输入/输出关系，得到其转换关系为

$$U_o = \frac{R_4}{R_2} I_i R_1 \tag{2-27}$$

连接电路时，注意输入电流的方向。

实验电路参数选取如下：运算放大器为 LM324，单电源 +12V 供电，$R_1 = 65\Omega$，$R_2 = R_3 = 15\mathrm{k\Omega}$，$R_4 = R_5 = 75\mathrm{k\Omega}$。实验时，可利用电压/电流转换电路产生输入信号，使 $I_i = 0$ ~ 20mA 时，调整电路的放大倍数，对应输出电压 U_o 在 0 ~ +5V 之间变化。

2.2.6 设计与实践

1. 设计一个过零比较器，将正弦信号转换成方波信号。输入信号幅值 U_{PP} 为 2V，频率 1 ~ 2kHz；输出信号可用两个二极管限幅（并联接地，方向相反），二极管选 1N4148。

2. 设计一个单限比较器，反相端接 U_{REF}，电压值设定为 +0.8V，同相端输入电压范围为 0 ~ +3.6V，可用可调电压或电位器组成输入电压信号，改变输入电压的大小，测量输出变化。

3. 设计一个双限比较器，上限电压值为 +3V，下限电压值为 +1V，输入电压范围为 0 ~ +5V，改变输入电压的大小，测量并记录输出变化。

4. 设计一个滞回比较器，控制一个温度加热箱，用继电器控制加热源。温度变化范围 0 ~ 50℃，对应温度传感器（将温度转换成电压）的输出为 0 ~ +5V，电路的给定电压 U_{REF} 值可以调整，初始值设定为 +4V。

5. 查阅 LM2907 芯片资料，设计一个频率/电压转换电路。

6. 使用运算放大器及相关器件，设计一个电压/流变换电路，输入电压范围为 0 ~ 10V，输出电流范围为 4 ~ 20mA。提示，需要在输入端叠加一个参考电压。

7. 利用测量放大电路，设计一个电流/电压变换电路，输入电流范围为 4 ~ 20mA，输出电压范围为 0 ~ 10V。提示，需要在后一级接设置调零电路。

8. 查阅 AM422 芯片资料，设计一个电压/流变换电路，输入电压范围为 0 ~ 5V，输出电流范围为 4 ~ 20mA。

2.3 隔离电路

隔离电路是两部分电路没有直接的电路耦合，即信号在传输过程中没有公共的接地端，信号隔离一般是采取变压器或光电耦合的方式。隔离电路主要用于测量、传输和驱动电路中。专用的隔离放大器能在噪声环境下以高阻抗、高共模抑制能力放大、传送信号。

隔离放大器按耦合方式的不同，可以分为变压器耦合、电容耦合和光电耦合三种。采用变压器耦合的隔离放大芯片有：B - B 公司的 ISO212、3656 等；ADI 公司的 AD202、AD204、AD210、AD215 等。采用电容耦合的隔离放大器有：B - B 公司的 ISO107、ISO113、ISO122、ISO175 等。采用光电耦合的隔离放大器有：B - B 公司的 ISO100、ISO130、3650、3652 等；HP 公司的 HCPL7800/7800A/7800B 等。

其中，有一些隔离放大芯片还提供了内置 DC/DC 变换器，以简化电路、节省空间、降低成本、提高性能，给使用者提供更大的灵活性。这些隔离放大器包括：BURR - BROWN 公司的 ISO103、ISO107、ISO113、ISO212、ISO213、3656；ADI 公司的 AD202、AD204、AD210 和 AD215 等。

在隔离电路中，用得比较多的器件是光耦合器。其工作过程是将电信号变换成光信号并进行传输，在光接收端，再将光信号重新变成电信号；输入的电信号加在发光管上，由光敏管取出光电转换信号。在电路设计上，输入和输出之间可以不共地，并且电源也可以分别供电，通过光路实现了电路隔离。

光耦合器将发光二极管和光敏二极管/光敏晶体管组合在一个器件上。光耦合器传输的信号可以为数字信号，也可以为模拟信号，两种信号对器件要求不同，选择时应针对输入信号选择相应的光耦合器。模拟信号所用的光耦常称为线性光耦，光耦合器在传输信号的原理上与隔离变压器相同，但它体积小，传输信号的频率高，使用方便。数字信号所用的光耦常称为开关光耦，开关光耦常用在数字信号传输。

光耦合器的发射部件和接收部件一般是塑封在一个芯片内，但也有将发射端和接收端作为独立器件分开的，例如在测量电动机的转速或物体的位移等，需要用到槽型光耦合器，其原理是利用一个挡片在开关光耦的槽中的移动，遮挡或不遮挡光耦的光路，将机械运动转换成电脉冲信号。常见的光耦合器芯片内部电路如图 2-27 所示，光敏晶体管的基极引线是补偿时使用，一般情况下不用。常用的槽型光耦合器如图 2-28 所示，光敏二极管（发射）和光敏晶体管（接收）分开，槽的宽度随型号的不同而不同，一般是 5～20mm。各类光电隔离器件的输入/输出参数有所不同，实际使用时可参考有关资料。

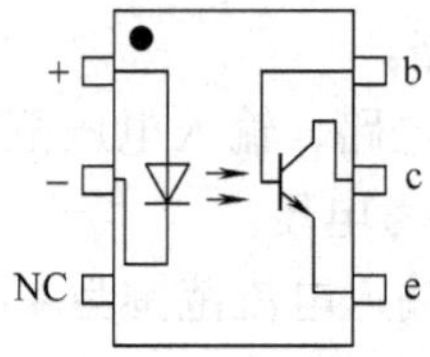

图 2-27　光耦合器的内部结构

图 2-28　槽型光电开关结构

2.3.1　模拟信号隔离电路

对模拟信号隔离传输，要求使用线性光耦，采用的光耦合器型号如 PC817、SFH600－2、HCNR201、CNY75GA、MOC8102、精密线性光耦 TIL300，高速线性光耦 6N135/6N136 等。为了使信号传输不失真，要求器件工作在线性区，另外线性光耦构成的隔离放大器，其发光管需要用电流来驱动。当输入信号较小时，驱动电流也较小，发出的光微弱到可能不足以被光敏管检测到。为防止被测信号有可能落在这一区间，在信号进入隔离放大器前应由偏置电路将原始信号抬高，使得综合之后的信号不可能落在这一区间。

一种模拟信号隔离电路如图 2-29 所示，由图可看出，输入信号经运算放大器 A_1 放大后，驱动晶体管 VT，光耦合器的发光管作为负载，经过光耦合器，信号到达了光电接收端，运算放大器 A_2 将信号放大、输出。从供电电压来看，电路需要两个独立的电源，一个电源供左边的电路，另一个电源供右边的电路，由于两个电源不共地（从图中接地的符号也可以看出），实现了输入和输出间的电气隔离。

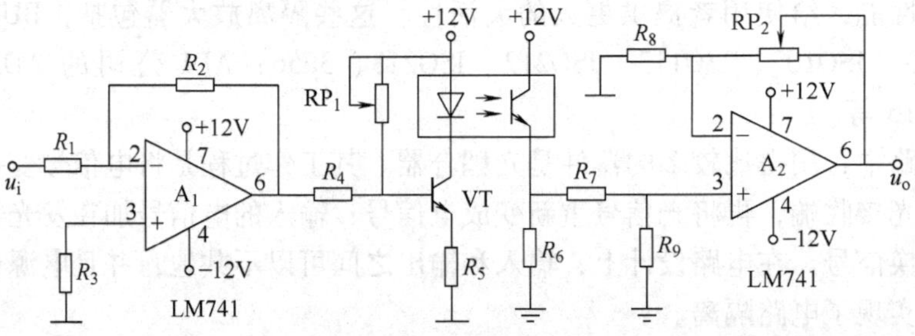

图 2-29　模拟信号隔离传送电路

实验电路参数选取如下：运算放大器为 OP07，$R_1=R_3=5.1\text{k}\Omega$，$R_2=10\text{k}\Omega$，$R_4=3\text{k}\Omega$，$R_5=500\Omega$，$R_6=R_7=R_8=R_9=10\text{k}\Omega$，$\text{RP}_1=50\text{k}\Omega$，$\text{RP}_2=100\text{k}\Omega$，晶体管 VT 为 9013，选择上面介绍的槽型光耦合器。电路调试时，在运算放大器 A_1 的输出端，幅值 U_{pp} 为 2V 左右，可以调节输入信号或 R_2 的值来调整 A_1 输出信号的大小；测量晶体管的发射极信号，看正弦波信号是否失真，如果失真，调节可变电阻 RP_1；输出信号的大小，可以通过可变电阻 RP_2 调整。

光耦合器的输入端是发光二极管，因此它的输入特性可用发光二极管的伏安特性来表示；光耦合器输出端是光敏晶体管，因此光敏晶体管的伏安特性就是它的输出特性，可见，光耦合器存在着非线性工作区域，直接用来传输模拟量时精度较差。

解决精度的方法之一是选用两个具有相同非线性传输特性的光耦合器进行补偿，例如选用光耦合器是同型号同批次的，如果两个发光二极管的电流一致，基本可以认为它们的传输特性是完全一致的。

图 2-30 所示为一种光耦合的补偿电路，电路由两个运算放大器和晶体管组成发射、接收环节，中间由光耦合器隔离开，输入信号通过晶体管驱动，同时带动两个发光二极管（串联，电流 i_1），进行信号发射；在光耦合器 P_1 的接收端，电流 i_2 通过电阻 R_9 得到电压信号，同时在光耦合器 P_2 的接收端，电流 i_3 通过电阻 R_4 得到反馈的电压信号。利用两个光耦合器电流传输特性的对称性，可以很好地补偿它们原来的非线性。

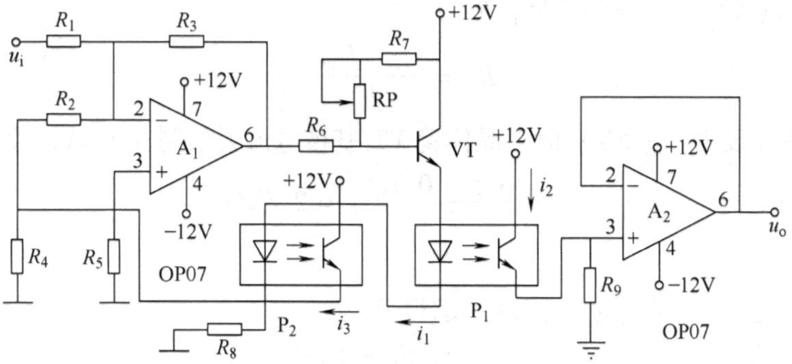

图 2-30　光耦合线性补偿电路

实验电路参数选取如下：运算放大器选 OP07，$R_1=R_2=R_3=R_5=5.6\text{k}\Omega$，$R_4=R_9=7.5\text{k}\Omega$，$R_6=10\text{k}\Omega$，$R_7=3\text{k}\Omega$，$R_8=300\Omega$，$\text{RP}=50\text{k}\Omega$，晶体管 VT 选 8050，光耦合器选同批次的普通光耦合器。输入信号为幅值 $U_{\text{pp}}=2\text{V}$、频率 1～2kHz 的正弦波，可使用两个电源进行电路隔离。

另一种模拟量传输精度的解决方法，就是采用电压/频率转换方式，如图 2-31 所示。模拟信号经过电压/频率转换器将电压信号转换成脉冲序列，通过光耦合器隔离后送出。在光接收侧，通过一个频率/电压转换电路将脉冲序列还原成模拟信号。此时，相当于光耦合器隔离的是数字量，可以消除光耦合器非线性的影响。这是一种有效、简单易行的模拟量传输方式。

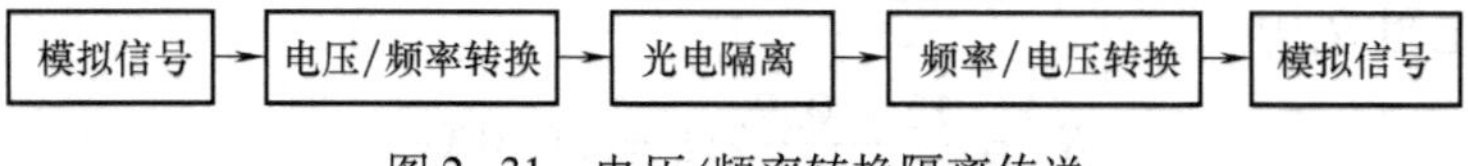

图 2-31　电压/频率转换隔离传送

2.3.2 数字信号隔离电路

常见的数字光耦合器型号有 4N25、4N26、4N27 和 TIL113、TIL117、TIL119 等，根据用途不同，也有槽形或反射结构（如测量机械转动和位移等）。

1. 数字隔离电路

一种数字信号隔离电路如图 2-32 所示，隔离部分是典型的继电器驱动电路。输入为 TTL 电平的开关控制信号，通过光电隔离电路，可实现电流驱动，比如控制电源的切断与接通、电机的起动与停止等。需要注意的是，光电发射端电流一般在 15~30mA 之间，设计电路时应考虑限流电阻 R_2 的选取。实验时，可以选择直流小电机进行隔离控制。

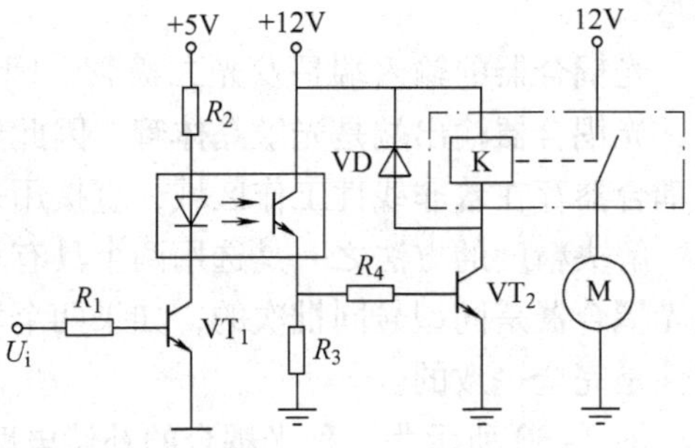

图 2-32　继电器驱动电路

图 2-32 中的 K 为继电器线圈，它控制触点开关，电路是通过继电器控制 12V 直流电动机的起动的。

2. 设计举例

以图 2-32 为例，光耦合器选用 4N25，晶体管 VT_1、VT_2 为 9013。首先设计输入信号端。晶体管 VT_1 输入信号为开关信号，R_1 为

$$R_1 = \frac{U_i - U_{BE}}{I_b}$$

当输入是高电平（设 $U_i = 3.5V$）时，晶体管 VT_1 基极电流 I_b 限制在 1mA，代入值后，得

$$R_1 = \frac{3.5 - 0.7}{1}k\Omega = 2.8k\Omega$$

取 $R_1 = 3k\Omega$。

晶体管 VT_1 饱和时，U_{CE} 约等于 0V，求得 R_2 为

$$R_2 = \frac{U_C - U_F}{I_F}$$

式中，U_C 为电源电压；U_F 为光耦正向压降；I_F 为光耦正向电流。

4N25 光耦正向电流工作在 10mA 左右，正向压降为 1.5V 左右，若取 $I_F = 12mA$，$U_F = 1.5V$，则

$$R_2 = \frac{5 - 1.5}{10}k\Omega = 0.35k\Omega$$

取 $R_2 = 330\Omega$。

驱动侧电路，R_3 为负载电阻，光耦饱和压降约为 0V，光电流 I_{CE} 为 1~3mA，若取 $I_{CE} = 2mA$，晶体管 VT_2 基极电流 I_b 限制在 1mA，则 R_3 为

$$R_3 = \frac{12}{2 - 1}k\Omega = 12k\Omega$$

取 $R_3 = 12k\Omega$，电阻 R_4 为

$$R_4 = \frac{12 - 0.7}{1}k\Omega = 11.3k\Omega$$

取 $R_4 = 11\text{k}\Omega$。

电路中的 VD 为续流二极管，继电器线圈中的反向电流通过二极管 VD 泄放，否则，线圈产生的高压会击穿晶体管。晶体管导通电流一般为几十毫安，可选取 1N4001 二极管。

3. 电压变换电路

图 2-33 所示为一个利用光耦合器进行隔离及电压变换电路，左边电路的电源电压为 +5V，右边的电源电压为 +12V，两个电路通过光隔离开。由此可以看出，隔离电路不仅能够防止信号的干扰，而且利用它还可以进行不同电源的转换，如 TTL 电平转换为 +12V 电平。

实验电路参数选取如下：$R_1 = 3\text{k}\Omega$，$R_2 = 300\Omega$，$R_3 = 10\text{k}\Omega$，晶体管 VT 为 9013，光耦合器选 TIL113；输入电压 0V，输出电压约为 12V；输入电压 5V，输出电压约为 0V。

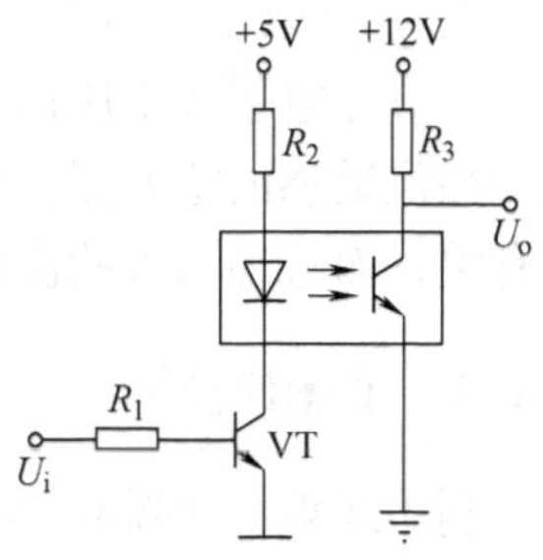

图 2-33　电压变换电路

当采用光耦合器隔离数字信号时，光耦合器的传输特性，即传输速度，往往成为系统最大数据传输速率的决定因素。在许多总线式结构的工业测控系统中，为了防止各模块之间的相互干扰，同时不降低通信波特率，则采用高速光耦合器来实现模块之间的相互隔离，常用的高速光耦合器有 6N135/6N136、6N137/6N138 等。

4. 单片机信号传输隔离电路

图 2-34 所示为一种单片机信号传输隔离电路。单片机（P2 端口）接收来自各类传感器的信号，如果是模拟信号需配合 A/D 转换，将模拟信号变换成数字信号，经过数据处理，由程序控制将数据送到单片机的 P1 端口，信号经过光耦合器隔离输出。图中，只画出两路输出信号，74LS07 是集电极开路的驱动器。

该电路可以将单片机与现场控制电路完全隔离起来，因为中间完全是数字信号加隔离传输，所以能够较好地解决传输干扰。

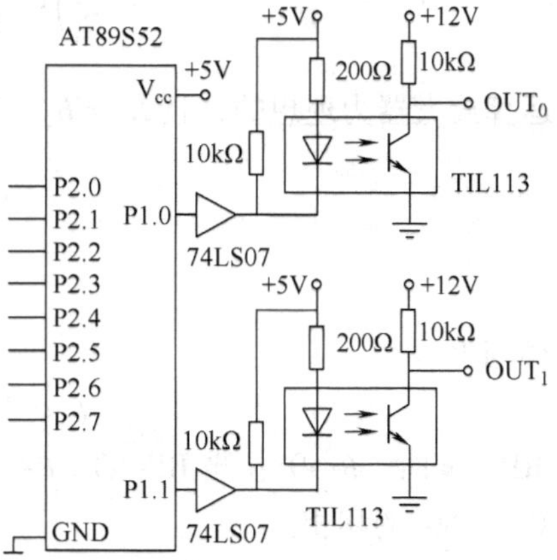

图 2-34　单片机信号传输隔离电路

随着集成电路的广泛应用，出现了一些专用的隔离放大器芯片，隔离放大芯片能在噪声环境下以高阻抗、高共模抑制能力测量小信号及传送信号，并防止数据采集器件遭受远程传感器出现的潜在破坏性电压的影响。隔离放大器芯片还可以用于在多通道电路中放大信号，它们也可以消除由接地环路引起的测量误差。

2.3.3　设计与实践

1. 选用线性光耦合器件，设计一个隔离传输电路，要求模拟信号工作在线性区。输入信号可以是正弦波，提高整输入信号的频率，测试光耦合器件的频率特性。

2. 利用电压/频率、频率/电压转换，设计一个线性隔离传输电路。要求输出的信号与原信号进行比较，达到信号不失真。

3. 利用数字光耦合器设计一个电压隔离变换电路，要求电压从 +5V 转到 +24V。

4. 选用隔离放大芯片，如 ADI 公司的 AD210、AD260 芯片等，设计隔离放大电路。

2.4 移相电路与相敏检波电路

在电子线路应用中，有时需要对信号进行移相处理，如信号的比较、鉴相等，目前阻容移相环节在电子技术应用中被广泛采用。相敏检波器，又称为鉴相器或相敏整流器，它是一种对相位敏感的检波器。和普通检波器不同，相敏检波器输出信号不仅与参考信号的直流电位有关，而且还与被检测信号和参考信号的相位差有关。

2.4.1 移相电路

利用运算放大器和 RC 网络就可以设计出移相范围在 0°～360°的移相电路。移相电路有多种形式，下面介绍两种常见的移相电路。

1. 超前 0°～180°的移相电路

超前 0°～180°的移相电路如图 2-35 所示，可调电阻 RP 和电容 C 构成超前 RC 网络，该电路的输出特性为

$$\dot{U}_o = -\frac{R_2}{R_1}\dot{U}_i + \left(1 + \frac{R_2}{R_1}\right)\dot{U}_i \frac{j\omega C\mathrm{RP}}{1 + j\omega C\mathrm{RP}} \quad (2\text{-}28)$$

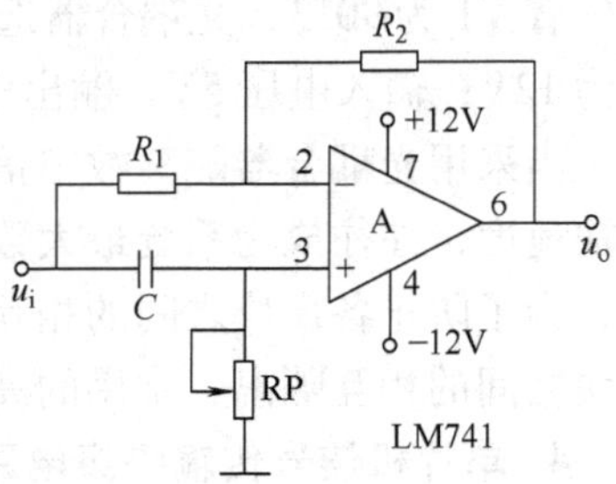

图 2-35 超前 0°～180°的移相电路

设运算放大器为理想的，且 $R_1 = R_2$，整理可得

$$\frac{\dot{U}_o}{\dot{U}_i} = -\frac{1 - j\omega C\mathrm{RP}}{1 + j\omega C\mathrm{RP}} \quad (2\text{-}29)$$

其移相为

$$\theta = 180° - 2\arctan(\omega \mathrm{RP} C) \quad (2\text{-}30)$$

当 RP→∞ 时，$\theta \to 0°$；当 RP→0，$\theta \to 180°$。由此可知，改变可变电阻 RP 的值，可以得到超前 0°～180°的移相。

由式（2-29）可以看出，不论 RP 如何变化，其模值为 1，即电路的输出电压幅度不会随 RP 发生变化。

实验电路参数选取如下：运算放大器取 LM741，$R_1 = R_2 = 10\mathrm{k\Omega}$，$\mathrm{RP} = 10\mathrm{k\Omega}$，$C = 0.01\mu\mathrm{F}$。输入频率为 1kHz、幅值 U_{pp} 为 2V 的正弦波信号，调整可变电阻 RP，用双通道示波器测量输入、输出波形的移相范围。不断增加输入信号的频率，观察输出响应。

2. 滞后 0°～180°的移相电路

滞后 0°～180°的移相电路如图 2-36 所示，该电路是将图 2-35 中的 C 与可变电阻 RP 的位置交换，电路输出特性为

$$\frac{\dot{U}_o}{\dot{U}_i} = \frac{1 - j\omega C\mathrm{RP}}{1 + j\omega C\mathrm{RP}} \quad (2\text{-}31)$$

其移相为

$$\theta = -2\arctan(\omega \mathrm{RP} C) \tag{2-32}$$

当 RP→0 时，θ→0°；当 RP→∞，θ→-180°。由此可知，改变可变电阻 RP 的值，可以得到滞后的 0°～180°移相。同样，通过式（2-31）看出调整电阻 RP 的值，电路的输出电压幅度也不会随 RP 发生变化。

实验电路参数选取如下：运算放大器取 LM741，$R_1 = R_2 = 10\text{k}\Omega$，$\text{RP} = 10\text{k}\Omega$，$C = 0.01\mu\text{F}$。输入频率为 1kHz、幅值 U_{pp}为 2V 的正弦波信号，调整可调电阻 RP，用双通道示波器测量输入、输出波形的移相范围。不断增加输入信号的频率，观察输出响应。

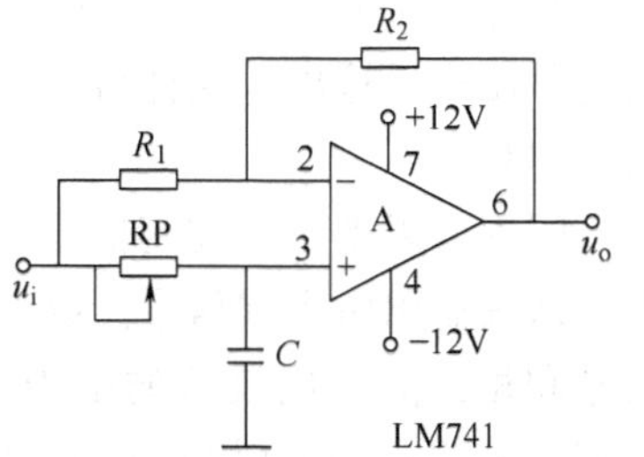

图 2-36　滞后 0°～180°的移相电路

以上介绍的移相电路，理论上可以达到 0°～180°移相，但在实际应用时，RP 不会达到∞。因此，电路有一定的误差，但能够满足一般应用。如果想增加移相范围，可以在其后增加一个移相环节作为补偿。

2.4.2　相敏检波电路

在测量仪器中，为了正确检测被测信号，压制干扰信号，常用相敏检波器。另外，相敏检波器同时还具有选频能力，在信号解调中得到了应用。相敏检波电路有多种，图 2-37 所示的是开关式全波相敏检波器电路。

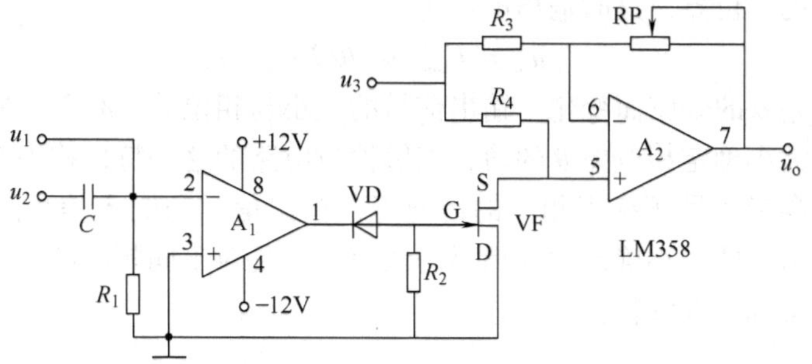

图 2-37　开关式全波相敏检波器电路

图中的相敏检波器电路主要由三部分组成：一是由运算放大器 A_1构成的过零比较电路部分，用于对参考信号的处理，u_1是直流电压参考输入端，u_2是交流电压参考输入端；二是由场效应管 VF 构成的电子开关电路，控制相敏检波器；三是由运算放大器 A_2构成的相敏检波器部分，u_3为信号输入端，u_o为信号输出端。为保证相敏检波器正常工作，对于开关式全波相敏检波器电路，要求开关信号幅度要大于被检测信号，且开关信号前后沿要陡直，最好是方波。

对于参考点选用直流电压时，当 u_1为正电位时，A_1输出 -12V，开关管栅极 G 为低电平，VF 截止，相当开关断开。此时，相敏检波器可视为同相运算放大器，输出信号与输入信号同相；当 u_1为负电位时，A_1输出 +12V，开关管栅极 G 为高电平，VF 导通，相当开关接通。此时，相敏检波器可视为反相运算放大器，输出信号与输入信号反相。

对于参考点选用交流信号时，当 u_2端的控制信号与输入信号同相时，参考信号的正、负半周在 A_1输出端转换为 ±12V 的方波信号，在方波的 -12V 段，开关管截止，输出的信号与输入信号同相，即输出正半周信号；在方波的 +12V 段，开关管导通，输出的信号与输入信号反相，即输入信号的负半周信号反相后输出，这样可以得到全波整流信号。输出信号如图 2-38 所示。

同理可以得到，控制信号与输入信号反相时的相敏检波输出，即只输出负半周信号。因此，可以得出，控制信号与输入信号同相，信号检波后输出为正的最大值（经过滤波后输出的直流电位），而反相时为负的最大值，控制信号与输入信号相差 90°或 270°时输出为零。

实验电路参数选取如下：$R_1 = R_3 = R_4 = 30k\Omega$，$R_2 = 2k\Omega$，RP = 50kΩ，$C = 0.1\mu F$，运算放大器为 LM358，电路的电源电压为 ±12V，场效应管 VF 为 3DJ6，二极管 VD 为 1N4148。直流电压参考信号为 ±2V；交流电压参考信号和输入信号均为正弦波，幅值 U_{pp}为 2V，频率为 4kHz。

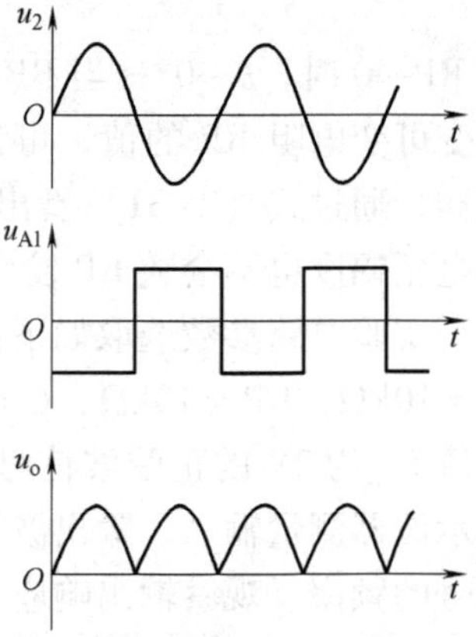

图 2-38　控制信号与输入信号同相时的相敏检波输出

相敏检波器的鉴相特性是将输入的正弦信号同时接到一个移相器的输入端，移相电路输出接相敏检波器参考输入端 u_2，旋转移相器的电位器旋钮，改变参考电压的相位（信号幅度不变），用示波器观察输入、输出波形。

在相敏检波电路中，控制信号与输入信号的振幅一定时，如果输入信号与参考信号为同频率，但存在一定的相位差，这时输出电压为

$$u_o = U_{sm}\cos(\theta/2) \tag{2-33}$$

即输出信号随相位差 θ 的余弦而变化。输出信号的大小与相位差 θ 有确定的函数关系时，可以根据输出信号的大小确定相位差 θ 的值，相敏检波电路的这一特性称为鉴相特性。

在输入信号与参考信号频率不相同的情况下，输出信号与输入信号间无确定的函数关系，不能根据输出信号的大小确定输入信号的频率。只是对不同频率的输入信号有不同的传递关系，这种特性又称为选频特性。

2.4.3　设计与实践

1. 设计一个移相电路，产生余弦信号（相对于输入信号），输入正弦波信号，幅值 U_{pp} 为 4V，频率为 2kHz。

2. 设计一个移相 0° ~ 200°的移相电路（相对于输入信号），输入信号为正弦波，幅值 U_{pp} 为 4V，频率为 1kHz。

3. 参考相敏检波电路，设计一个精密全波整流电路，输入信号为正弦波，幅值 U_{pp} 为 4V，频率为 2kHz。

2.5　信号细分电路

信号细分电路又称为插补器，是采用硬件的手段对周期性的测量信号进行插值，是提高仪器分辨力的一种方法。随着电子技术的发展，细分电路可达到的分辨力越来越高，同时成本却不断降低，电路细分已经成为人们提高仪器分辨力的主要手段之一。

有的电路采用对信号周期进行计数的方法实现对位移的测量，如光栅测量位移的实质是对光栅栅距的测量转换为对莫尔条纹个数的测量。目前高分辨率的光栅尺一般造价较高，为了使一般的光栅尺满足测量精度，即得到分辨率更高的位移信号，需将光栅尺输出信号进行细分，若采用的光栅尺栅线为50线对/mm，其光栅栅距为0.02mm，采用四细分后便可得到分辨率为5μm的计数脉冲，这在一般工业测控中已达到了很高精度。另外，在控制系统中，也有对步进电动机的控制脉冲进行细分，以达到更精确的转速。

由于位移量是一个矢量，即要检测其大小，又要检测其方向。对于光栅尺来说，为了辨别方向，至少需要两路相位不同的光电信号，一般是放置两个光敏元件，两者相距1/4莫尔条纹间距，这样当莫尔条纹移动时，会得到两路信号相位相差 $\pi/2$ 的波形；将输出信号送入鉴向电路，即可判断移动方向。

2.5.1　信号细分电路的分类

按工作原理，细分电路的分类有直传式细分电路和平衡补偿式细分电路。按所处理的信号可分为调制信号细分电路和非调制信号细分电路。

对于直传式细分电路来说，直传系统没有反馈比较过程，电路结构简单、响应速度快，应用广泛。但是，它的缺点是抗干扰能力较差，其精度低于平衡补偿系统。典型的细分电路有：集成细分辨向电路、电阻链分相细分、微型计算机细分等。

对于平衡补偿式细分电路来说，细分电路是一种带负反馈的闭环系统。平衡补偿式细分电路广泛应用于标尺节距大的感应同步器、容栅仪器中，也用于磁栅、光栅式仪器中。这种细分方法可实现高的细分数。平衡补偿式细分电路的响应速度比直传式细分电路低，如果测量速度过快，就会发生跟踪不上等问题，为保证测量精度，要限制测量速度。平衡补偿式细分电路有：相位跟踪细分电路、幅度跟踪细分电路和频率跟踪细分电路等。

2.5.2　直传式细分电路

细分电路的输入量一般是来自位移传感器的周期信号，以一对正、余弦信号或者相移为90°的两路方波最为常见。系统的输出有多种形式，有的为频率更高的脉冲或者模拟信号，有的为可供计算机直接读取的数字信号。其中间环节完成从输入到输出的转换，常由波形变换电路、比较器、模拟数字转换器和逻辑电路等组成。各个环节都依次向末端传递信息，这就是直传的意思，电路的结构属于开环系统。

由于直传系统信号单向传递，故越在前面的环节，其输入变动量所引起的总变动量越大。因此，要保持系统的精度必须稳定各环节的灵敏度，特别是减少靠近输入端的环节的误差。一般来说，直传系统抗干扰能力较差，其精度低于平衡补偿系统，但由于直传系统没有反馈比较过程，电路结构简单、响应速度快，故有着广泛的应用。

在直传式细分的模拟电路中，电阻链分相细分是应用很广的技术，它主要实现对正弦、余弦模拟信号的细分。其工作原理是：将正弦、余弦信号施加在电阻链两端，在电阻链的接点上得到幅值和相位各不相同的电信号。这些信号经比较、形成脉冲，就能在正弦、余弦信号的一个周期内获得若干计数脉冲，实现细分。图2-39a所示为电阻链分相细分原理图，图2-39b所示为电阻链分相细分相量图。

设电阻链由电阻 R_1 和 R_2 串联而成，电阻链两端加有交流电压 u_1、u_2，其中，u_1 =

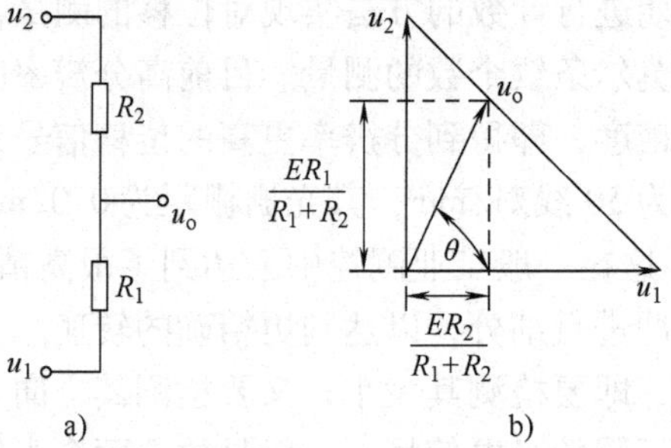

图 2-39　电阻链分相细分原理图及相量图

a）电阻链分相细分原理图　b）相量图

$E\sin(\omega t)$，$u_2 = E\cos(\omega t)$，应用叠加原理求出电阻链接点处输出电压为

$$u_o = R_2 E\sin(\omega t)/(R_1 + R_2) + R_1 E\cos(\omega t)/(R_1 + R_2) \tag{2-34}$$

由相量图 2-39b 求得 u_o的幅值 U_{om}和对 u_1的相位差 θ 分别为

$$U_{om} = E\sqrt{R_1^2 + R_2^2}/(R_1 + R_2) \tag{2-35}$$

$$\theta = \arctan(R_1/R_2) \tag{2-36}$$

输出电压 u_o可写为

$$u_o = U_{om}\sin(\omega t + \theta) \tag{2-37}$$

改变 R_1和 R_2的比值，可以改变 θ，也就改变了输出电压的相位。电阻比的改变也改变了输出电压幅值 U_{om}，相量 u_o的终点沿直线运动，$\theta = 45°$时，u_o有最小值。

上面介绍的是第一象限的情况。同理，电路两端若接 $\cos(\omega t)$ 和 $-\sin(\omega t)$，可以得到第二象限各相输出电压；电路两端若接 $-\cos(\omega t)$ 和 $-\sin(\omega t)$，可以得到第三象限各相输出电压；电路两端若接 $-\cos(\omega t)$ 和 $\sin(\omega t)$，可以得到第四象限各相输出电压。不同相的输出电压信号经电压比较器整形为方波，然后经逻辑电路处理即可实现细分。

图 2-40 所示为电阻链二倍频细分电路，使用运算放大器构成单限电压比较器，从比较器得到的 4 路方波信号经整形电路后，再经过“非门”和“异或”门逻辑组合电路，在 A、B 端获得两路相位差为 90°的二倍频方波信号。

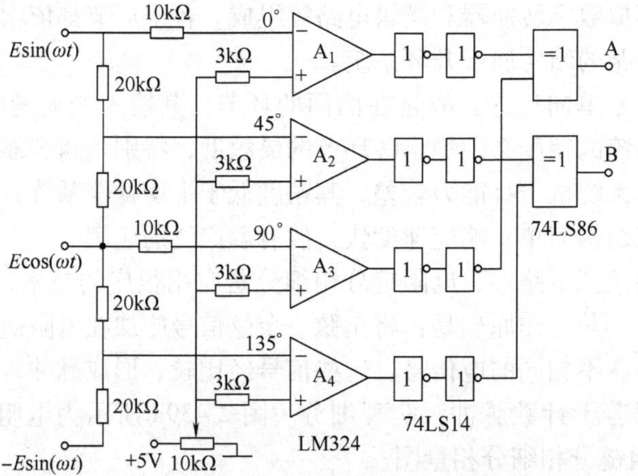

图 2-40　电阻链二倍频细分电路

实验时，选用单电源运算放大器，电源电压为 +5V，可以使用光栅尺的输出作为输入信号，也可以使用信号发生器模拟。使用信号发生器模拟时，用信号发生器产生幅值 U_{pp} 为 2V 的正弦信号 $E\sin(\omega t)$，频率 1 ~ 10kHz，另外设计一个移相器（参考前面介绍的移相电路），使其产生余弦信号 $E\cos(\omega t)$，再用一个反相器，产生 $-E\sin(\omega t)$ 信号。调整电位器，使比较器输出方波信号。

电阻链二倍频细分电路的优点是：具有良好的动态特性，应用广泛；其缺点是：细分数越高所需的元器件数目也成比例地增加，使电路变得复杂，因此电阻链二倍频细分电路主要用于细分数不高的场合。目前也有专用的细分电路芯片，如五细分专用芯片 QA740204 和四细分专用芯片 QA740210。

2.5.3 频率跟踪细分电路

频率跟踪细分电路是一种锁相式数字频率合成技术，用来实现测量信号的 n 倍频，以实现 n 细分。频率跟踪细分电路系统也称为锁相倍频器。其细分系统的原理如图 2-41 所示。

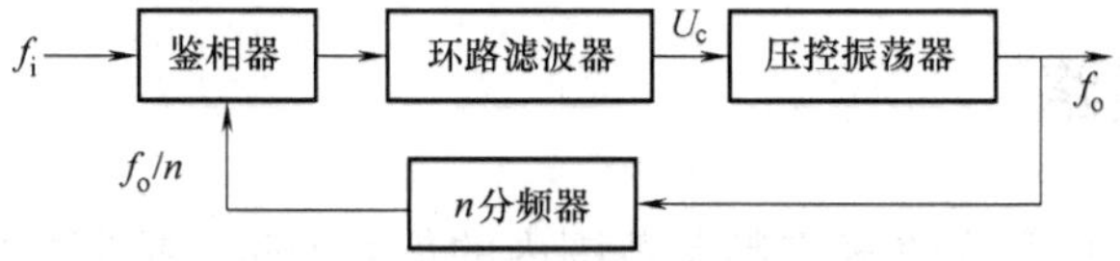

图 2-41　锁相倍频细分电路

此系统由鉴相器、环路滤波器、压控振荡器和 n 分频器四个部件组成。n 分频器是反馈环节，也是细分环节，它将 f_o 进行 n 分频，分频后的信号在鉴相器中与输入信号 f_i 进行相位比较，鉴相器输出一个偏差电压，经环路滤波器抑制其中的高频成分和噪声后，输出电压 U_c。压控振荡器受 U_c 的控制，使其振荡频率 f_o 向 nf_i 趋近，当 $f_o = nf_i$ 时，环路达到平衡而锁定，这样 f_o 与 f_i 之间就实现了 n 倍频。

图 2-42 所示为采用集成电路 CD4046 设计的锁相倍频细分电路。集成锁相环 CD4046 采用 CMOS 电路工艺，特点是电源电压范围宽（3 ~ 18V），输入阻抗高（约 100MΩ），动态功耗小。在电源电压 $V_{DD} = 15V$ 时最高频率可达 1.2MHz；CD4046 内部集成了相位比较器 Ⅰ、相位比较器 Ⅱ、压控振荡器以及线性放大器、源跟随器、整形电路等。电路中的环路滤波由 R_2、R_3 和 C_2 组成，R_1、C_1 是 CD4046 内部压控振荡器所需要的外接元件，再外接一个 n 分频器就构成了锁相倍频电路。改变环路滤波上的电压（电阻分压），控制压控振荡器的频率输出，使 $f_o = nf_i$，在输入信号的一个周期里，输出 n 个细分脉冲。

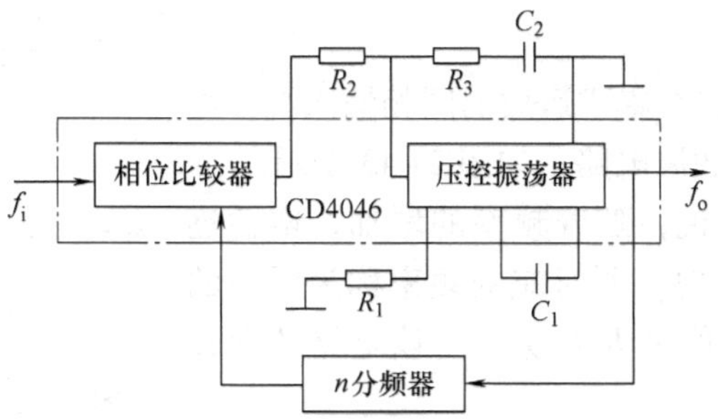

图 2-42　用 CD4046 设计的锁相倍频细分电路

锁相倍频器对输入信号频率的稳定性要求相当高，虽然它能够对输入信号相位变化进行跟踪，但它是一个有差系统，当f_i发生变化后，为使f_o/n能跟踪f_i的变化，要求压控振荡器的控制电压也发生变化，也就是说f_i与f_o/n之间存在不同的相位差，这就是跟踪误差。

2.5.4 设计与实践

1. 电阻链二倍频细分电路参考图2-40，分析电路的细分原理，完成二倍频细分电路实验。可以利用信号发生器产生正弦信号（幅值U_{PP}为2V，频率为1kHz），并通过移相、反相得到$\cos(\omega t)$和$-\sin(\omega t)$输入信号。

2. 利用专用芯片QA740204和QA740210，设计一个二十细分电路。提示：输入信号分别为正弦信号和余弦信号，信号先进行五细分，再进行四细分，从而实现二十细分。

3. 参考图2-42，利用CD4046和计数器芯片设计一个频率跟踪细分电路。输入信号频率1kHz，输出10倍频的细分脉冲。改变输入信号频率，记录输出频率变化，调整电路使频率跟踪细分电路达到最佳状态。

2.6 有源滤波电路

信号滤波电路的作用是允许规定频率范围内的信号通过，抑制规定频率范围之外的信号，或者不能让其通过。信号滤波技术可应用于信号处理、数据传输和抗干扰等方面。按工作频率的不同，滤波电路分为：低通滤波器（允许低频率的信号通过，将高频信号衰减）；高通滤波器（允许高频信号通过，将低频信号衰减）；带通滤波器（允许一定频带范围内的信号通过，将此频带外的信号衰减）；带阻滤波器（阻止或衰减某一频带范围内的信号，而允许此频带以外的信号通过）。

早期，滤波器主要由无源元件R、L、C构成，称为无源滤波器。为了提高无源滤波器的质量，要求所用的电感元件具有较高的品质因数Q，这就必然增加电感元件的体积与质量。在晶体管技术应用阶段，用由电阻、电容与晶体管组成的有源网络替代电感元件，由此产生了有源滤波电路。集成电路技术的出现和迅速发展给有源滤波器赋予了巨大的生命力，由集成器件构成的有源滤波电路充分发挥了集成运算放大器的特性，如输入阻抗高、输出阻抗低和输入/输出隔离较好等。采用运算放大器构成的RC滤波器，不但成本低，而且质量可靠，设计和调整过程更为简便，有更好的滤波效果。

2.6.1 二阶有源低通滤波电路

1. 低通滤波器特性

将无源滤波网络RC接至集成运放的同相输入端，可以简单构成一阶RC有源滤波电路，如图2-43所示。

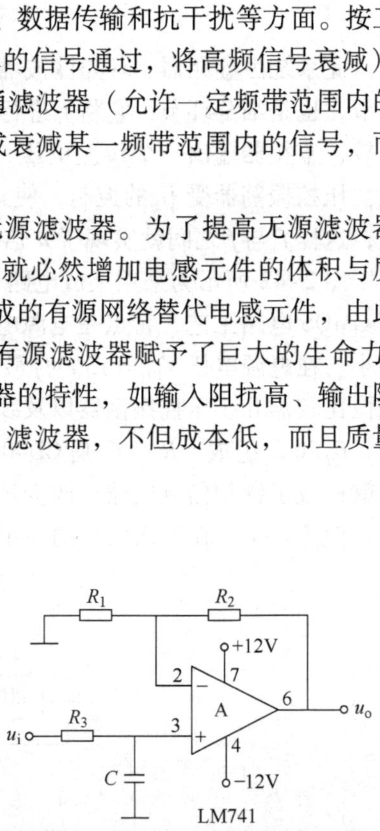

图2-43　一阶RC有源滤波电路

对于低通滤波电路来说，随着频率的增加，增益逐步减小，当增益下降3dB时，所对应的频率称为低通的截止频率，用f_c表示，其值由R_3C决定。该电路的通带截止频率为

$$f_c = \frac{1}{2\pi R_3 C} \tag{2-38}$$

一阶有源低通滤波电路在频率超过截止频率f_c后，增益衰减得不够快，往往不能满足实际应用。为了增加衰减速度，一般采用二阶有源滤波电路，下面以巴特沃斯滤波器压控电压源型二阶有源滤波为主，介绍二阶有源滤波电路。

二阶有源低通滤波电路如图 2-44a 所示，该电路的输入含有两个 RC 网络，通带增益（A_{up}）是指通频带内的电压放大倍数，对于低通滤波是信号频率 $f=0$ 时的电压增益，此时 C_1、C_2可视作开路，通带增益为 A_{up}为

$$A_{up} = 1 + \frac{R_2}{R_1} \tag{2-39}$$

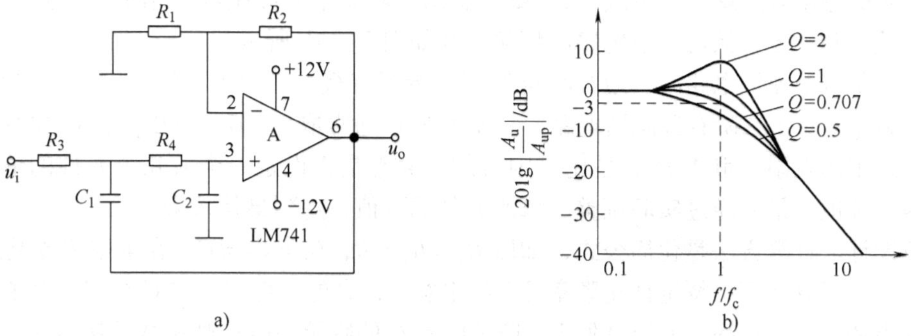

图 2-44　二阶有源低通滤波电路

a）二阶有源低通滤波电路　b）低通滤波电路的幅频特性

电路的截止频率f_c为

$$f_c = \frac{1}{2\pi\sqrt{R_3 R_4 C_1 C_2}} \tag{2-40}$$

品质因数 Q 为

$$Q = \frac{\sqrt{R_3 R_4 C_1 C_2}}{C_2(R_3 + R_4) + (1 - A_{up})R_3 C_1} \tag{2-41}$$

简化公式，可取 $R_3 = R_4 = R$，$C_1 = C_2 = C$，此时

$$f_c = \frac{1}{2\pi RC} \tag{2-42}$$

$$Q = \frac{1}{3 - A_{up}} \tag{2-43}$$

分析电路的频率特性，找出电路输出电压与频率之间的关系。根据电路原理，低通滤波电路的传递函数为

$$A_u(s) = \frac{A_{up}}{1 + (3 - A_{up})sRC + (sRC)^2} \tag{2-44}$$

从式（2-44）可以看到，电路的通带增益应小于3，否则系统将会产生自激振荡。为确定电路的频率特性，将式（2-44）中的 s 换成 $j\omega$ 并由 $\omega = 2\pi f$ 和 $\omega_c = 2\pi f_c = 1/RC$，得到增益的

复数表达式为

$$A_u = \frac{A_{up}}{1 - \left(\frac{f}{f_c}\right)^2 + j(3 - A_{up})\frac{f}{f_c}} \quad (2\text{-}45)$$

随着频率增加，当电路的输入频率等于截止频率，即$f=f_c$时，增益的复数表达式为

$$A_u = \frac{A_{up}}{j(3 - A_{up})} \quad (2\text{-}46)$$

其模为

$$\left|A_u\right| = \frac{A_{up}}{3 - A_{up}} \quad (2\text{-}47)$$

此时，信号的输出幅度最大。由式（2-45）看出，随着信号频率继续增加，电路的输出幅度逐渐降低并趋于零，低通滤波电路的幅频特性如图2-44b所示。

设计二阶有源滤波电路时，通常给定的性能指标有截止频率f_c、带内增益A_{up}和滤波器的品质因数Q。对于二阶有源滤波电路，品质因数Q通常取0.707。仅由f_c、A_{up}和Q这三个参数求电路中的电阻R和电容C是比较困难的，通常是先设定一个或几个元件的值，然后求解其他元件值，最后通过实验调整、修改元件的取值，达到最佳效果。

简单设计、计算方法是化简公式，如取$R_3=R_4=R$，$C_1=C_2=C$，在电阻R给定一个值的情况下，就可以计算出特定截止频率f_c下的电容C；另外，也可以在C给定一个值的情况下，计算出特定截止频率f_c下的电阻R。通常电容C的容量一般在微法数量级以下，R的值一般在几百千欧以下。

另外，随着计算机的应用，复杂的计算工作也变得容易了。目前，各种类型的有源滤波电路所选用RC元件的值已经制成设计表，设计者也可以通过查找设计表，快速设计有源滤波电路。

2. 设计举例

设计一个二阶有源低通滤波器，指标为：截止频率$f_c=1\text{kHz}$，通带电压放大倍数$A_{up}=1.5$，在$f=10f_c$时，要求幅度衰减大于30dB。

选择图2-44a所示电路作为二阶有源低通滤波器的电路形式，运算放大器选用LM741，采用化简后的公式计算，确定电路的RC参数。

在实际工程中，电阻、电容参数的确定时，一般先选定电容，因为电容的标称值少，难以选配。对于电阻，在选配上就相对容易多了，而且如果需要精确值，还可以使用电位器调节阻值。不同的截止频率对电容值的选择可以参考表2-1。

表2-1　截止频率f_c与电容C的参考关系

f_c/Hz	1~10	10~10^2	10^2~10^3	10^3~10^4	10^4~10^5	10^5~10^6
C	20~1μF	1~0.1μF	0.1~0.01μF	10^4~10^3pF	10^3~10^2pF	10^2~10pF

取$R_3=R_4=R$，$C_1=C_2=C$，初选$C=0.01\mu\text{F}$，根据式（2-42）得

$$R = \frac{1}{2\pi f_c C} = \frac{1}{2\pi \times 1000 \times 0.01 \times 10^{-6}}\text{k}\Omega = 15.92\text{k}\Omega$$

R_1和R_2值的计算过程如下：根据通带电压放大倍数为1.5，得到$R_2=0.5R_1$，由运算放

大器两输入端的外接电阻满足平衡条件，有 $R_2//R_1 = R + R = 31.84\text{k}\Omega$。由 $R_2//R_1 = 31.84\text{k}\Omega$ 和 $R_2 = 0.5R_1$联解，可求得 $R_1 = 95.52\text{k}\Omega$ 和 $R_2 = 47.76\text{k}\Omega$。

电阻取标称值，$R_3 = R_4 = 15\text{k}\Omega$，$R_1 = 100\text{k}\Omega$，$R_2 = 51\text{k}\Omega$，电容取 $C_1 = C_2 = 0.01\mu\text{F}$，计算出 $Q = 1/(3-1.5) = 0.699$。实验过程是在输入端接入幅值 U_{pp}为 2V 的正弦波信号，并从小到大不断调整信号的频率，测量输入、输出波形，记录输出信号的衰减过程。通过实验表明，电路设计基本符合要求，如果需要更高的滤波质量，可在此基础上继续校正 RC 参数。由于滤波器性能对元件的误差比较灵敏，电路宜选用稳定而精密的电阻和电容。注意，如果信号的截止频率较高，则需要选用工作频率较高的运算放大器。

2.6.2 二阶有源高通滤波电路

1. 高通滤波器特性

高通滤波与低通滤波的特性相反，即高通滤波的通带为低通滤波的阻带，高通滤波的阻带又为低通滤波的通带。高通滤波电路如图 2-45a 所示。

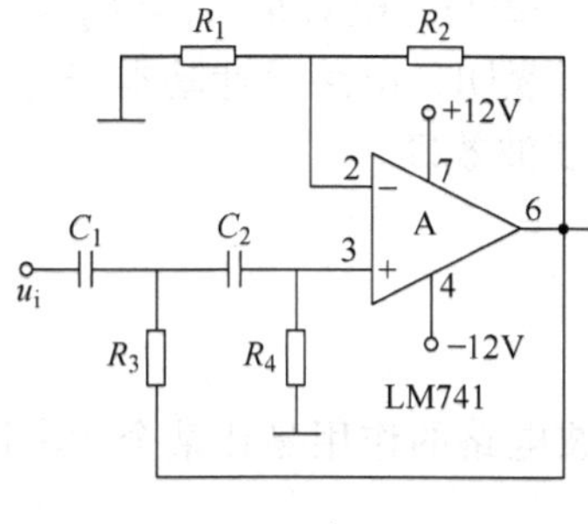

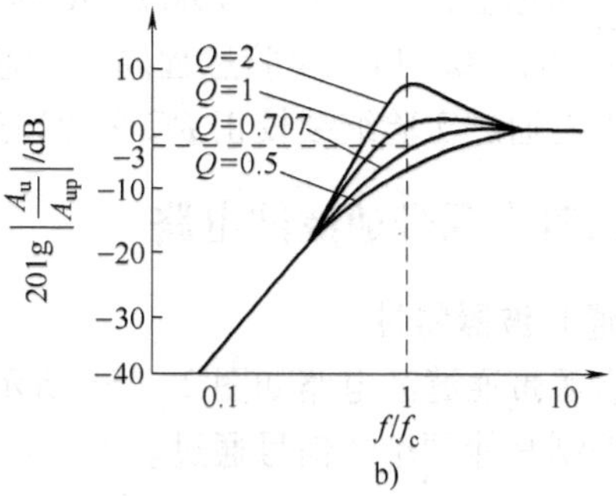

图 2-45 二阶有源高通滤波电路及其幅频特性
a）二阶有源高通滤波电路 b）高通滤波电路的幅频特性

从图 2-45a 可以看出，它是将二阶低通滤波电路起滤波作用的 R 和 C 位置互换，该滤波电路的幅频特性如图 2-45b 所示。电路的通带放大倍数 A_{up}为

$$A_{up} = 1 + \frac{R_2}{R_1} \tag{2-48}$$

高通滤波电路的截止频率 f_c为

$$f_c = \frac{1}{2\pi\sqrt{R_3R_4C_1C_2}} \tag{2-49}$$

品质因数 Q 为

$$Q = \frac{\sqrt{R_3R_4C_1C_2}}{R_3(C_1+C_2)+(1-A_{up})R_4C_2} \tag{2-50}$$

简化公式，取 $R_3 = R_4 = R$，$C_1 = C_2 = C$，此时

$$f_c = \frac{1}{2\pi RC} \tag{2-51}$$

$$Q = \frac{1}{3-A_{up}} \tag{2-52}$$

同样，若给定高通截止频率f_c、通带放大增益A_{up}或品质因数Q，通过简化公式，可以计算出电路的RC参数。为保证电路稳定，放大增益一般小于3。

2. 设计举例

设计一个二阶有源高通滤波器，指标为：截止频率$f_c=500\text{Hz}$，通带电压放大倍数$A_{up}=1.6$，在$f=0.1f_c$时，要求幅度衰减大于30dB。

选择图2-45a所示电路作为二阶有源高通滤波器的电路形式，运算放大器选用LM741。采用化简后的公式计算，确定电路的RC参数，取$R_3=R_4=R$，$C_1=C_2=C$，C值的选取也可以由$C=10T_c$确定，即$C=10/f_c$，由此得出$C=0.022\mu\text{F}$，根据式（2-51）得

$$R=\frac{1}{2\pi f_c C}=\frac{1}{2\pi\times 500\times 0.022\times 10^{-6}}\text{k}\Omega=14.48\text{k}\Omega$$

R_1和R_2值的计算过程如下：根据滤波电路的通带电压放大倍数为1.6，得到$R_2=0.6R_1$，由运算放大器两输入端的外接电阻满足平衡条件，有$R_2//R_1=R=14.48\text{k}\Omega$。由$R_2//R_1=14.48\text{k}\Omega$和$R_2=0.6R_1$联解，可求得$R_1=38.61\text{k}\Omega$，$R_2=23.17\text{k}\Omega$。

电阻取标称值，$R_3=R_4=15\text{k}\Omega$，$R_1=39\text{k}\Omega$，$R_2=22\text{k}\Omega$，电容取$C_1=C_2=0.022\mu\text{F}$，$Q=1/(3-1.6)=0.714$。实验过程同上，通过实际测量表明，电路设计基本符合要求，也可在此基础上通过实验继续校正RC参数，达到更好的滤波效果。

2.6.3 二阶有源带通滤波电路

1. 带通滤波器特性

二阶有源带通滤波电路如图2-46a所示。带通滤波电路的作用是让某个频率段的信号通过，而抑制其他频率的信号通过。

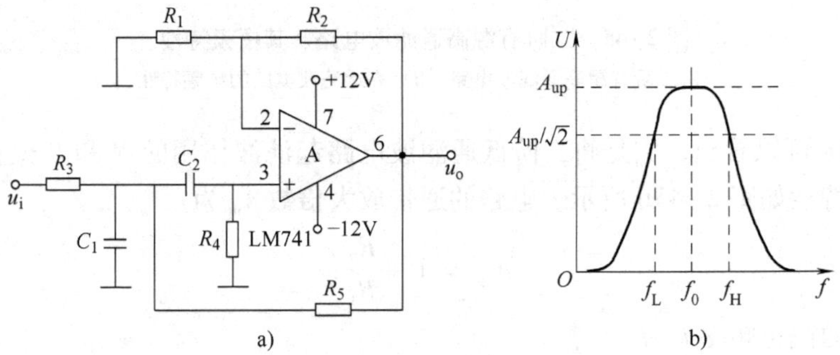

图2-46 二阶有源带通滤波电路

a）二阶有源带通滤波电路 b）带通滤波电路的幅频特性

可以看出，在电路的输入端连接了一个低通滤波网络和一个高通滤波网络，该滤波电路的幅频特性如图2-46b所示。电路的通带放大倍数A_{up}为

$$A_{up}=1+\frac{R_2}{R_1} \tag{2-53}$$

取$C_1=C_2=C$时，电路的带通中心频率f_0为

$$f_0=\frac{1}{2\pi C}\sqrt{\frac{R_3+R_5}{R_3R_4R_5}} \tag{2-54}$$

通带带宽 BW 为

$$BW = \frac{1}{C}\left(\frac{1}{R_3} + \frac{2}{R_4} - \frac{R_2}{R_5 R_1}\right) \tag{2-55}$$

品质因数 Q 为

$$Q = \frac{2\pi f_0}{BW} \tag{2-56}$$

从式（2-55）看出，改变 R_2、R_1的比例，可以改变带宽，而不影响中心频率。从式(2-56)看出，通带带宽越小，Q 值越大，曲线越尖锐，表明有二阶有源滤波器的选择性越好。

当 $C_1 = C_2 = C$，同时取 $R_3 = R_5 = R$，$R_4 = 2R$ 时，电路的通带中心频率为

$$f_0 = \frac{1}{2\pi RC} \tag{2-57}$$

$$BW = \frac{1}{RC}\left(2 - \frac{R_2}{R_1}\right) = \frac{1}{RC}(3 - A_{up}) \tag{2-58}$$

$$Q = \frac{1}{3 - A_{up}} \tag{2-59}$$

若已知带通中心频率 f_0，在 C 值给定的情况下，就可以计算出电阻 R。另外，通过放大倍数可以调整 Q 值，也可以通过 Q 值调整放大倍数。为使电路稳定，通带放大倍数一般要小于 3。

2. 设计举例

设计一个二阶有源带通滤波器，指标为：中心频率 $f_0 = 800\text{Hz}$，通带电压放大倍数 $A_{up} = 1.7$。

选择图 2-46a 所示电路作为二阶有源带通滤波器的电路形式，运算放大器选用 LM741。采用化简后的公式计算确定 RC 参数，取 $R_3 = R_5 = R$，$R_4 = 2R$，$C_1 = C_2 = C$，由 $C = 10/f_c$，得出 $C = 0.01\mu\text{F}$，根据式（2-57）得

$$R = \frac{1}{2\pi f_0 C} = \frac{1}{2\pi \times 800 \times 0.01 \times 10^{-6}}\text{k}\Omega = 19.90\text{k}\Omega$$

R_1和 R_2值的计算过程如下：根据通带电压放大倍数，得到 $R_2 = 0.7R_1$，由运算放大器两输入端的外接电阻满足平衡条件，有 $R_2//R_1 = R_4 = 2R = 39.80\text{k}\Omega$；由 $R_2//R_1 = 39.80$ 和$R_2 = 0.7R_1$联解，可求得 $R_1 = 96.66\text{k}\Omega$，$R_2 = 67.66\text{k}\Omega$。

电阻取标称值，$R_3 = R_5 = 20\text{k}\Omega$，$R_4 = 40\text{k}\Omega$，$R_1 = 100\text{k}\Omega$，$R_2 = 68\text{k}\Omega$，电容取 $C_1 = C_2 = 0.01\mu\text{F}$，$Q = 1/(3 - 1.7) = 0.769$。通过实验表明，电路设计基本符合要求，也可在此基础上通过实验继续校正 RC 参数，以达到更好的效果。

2.6.4 二阶有源带阻滤波电路

1. 带阻滤波器特性

带阻滤波电路如图 2-47a 所示。从图中可以看出，该电路是基于 RC 双 T 形网络的二阶带阻滤波电路。滤波电路的幅频特性如图 2-47b 所示。

信号不受阻时的放大倍数 A_{up}为

$$A_{up} = 1 + \frac{R_2}{R_1} \tag{2-60}$$

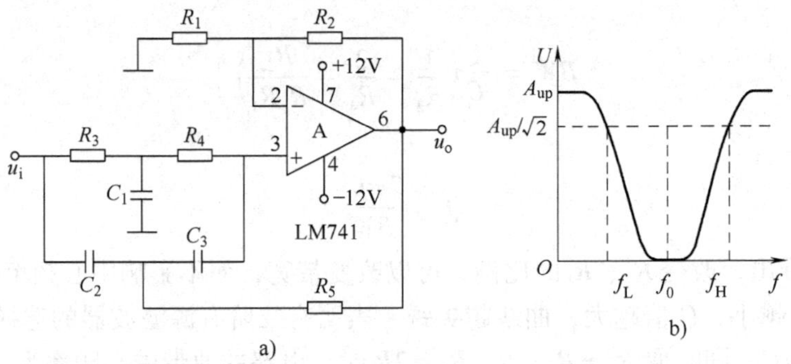

图 2-47　二阶有源带阻滤波电路

a）二阶有源带阻滤波电路　b）带阻滤波电路的幅频特性

为使双 T 形网络有平衡式结构，要求 $R_5 = R_3 /\!/ R_4$，$C_1 = C_2 /\!/ C_3$。当 $R_3 = R_4 = R$ 时，$R_5 = R/2$；当 $C_2 = C_3 = C$ 时，$C_1 = 2C$，此时电路的带阻中心频率为

$$f_0 = \frac{1}{2\pi RC} \tag{2-61}$$

阻带带宽 BW 为

$$BW = \frac{2\pi f_0}{Q} = \frac{2}{RC}(2 - A_{up}) \tag{2-62}$$

品质因数 Q 为

$$Q = \frac{1}{2(2 - A_{up})} \tag{2-63}$$

若已知带阻中心频率 f_0，在 C 值给定的情况下，可以计算出电阻 R。另外，也可以通过放大倍数调整 Q 值。为使电路稳定，放大倍数应小于 2。

2. 设计举例

设计一个二阶有源带阻滤波器，指标为：阻带中心频率 $f_0 = 1000\text{Hz}$，电路放大倍数 $A_{up} = 1.8$。

选择图 2-47a 所示电路作为二阶有源带阻滤波器的电路形式，运算放大器选用 LM741。采用化简后的公式计算确定 RC 参数，取 $R_3 = R_4 = R$，$R_5 = R/2$，$C_2 = C_3 = C$，$C_1 = 2C$，由 $C = 10/f_c$，选 $C = 0.01\mu\text{F}$，根据式（2-61）得

$$R = \frac{1}{2\pi f_0 C} = \frac{1}{2\pi \times 1000 \times 0.01 \times 10^{-6}}\text{k}\Omega = 15.92\text{k}\Omega$$

R_1 和 R_2 值的计算过程如下：根据阻带电压放大倍数为 1.8，得到 $R_2 = 0.8R_1$，由运算放大器两输入端的外接电阻满足平衡条件，有 $R_2 /\!/ R_1 = R + R = 31.84\text{k}\Omega$；通过 $R_2 /\!/ R_1 = 31.84\text{k}\Omega$ 和 $R_2 = 0.8R_1$ 联解，可求得 $R_1 = 71.64\text{k}\Omega$，$R_2 = 57.31\text{k}\Omega$。

电阻取标称值后，$R_3 = R_4 = 16\text{k}\Omega$，$R_5 = 8.2\text{k}\Omega$，$R_1 = 68\text{k}\Omega$，$R_2 = 56\text{k}\Omega$，电容取 $C_2 = C_3 = 0.01\mu\text{F}$，$C_1 = 0.022\mu\text{F}$，$Q = 1/(3 - 1.8) = 0.833$。通过实验验证，电路基本达到设计要求。

在滤波电路中，有时需要阻止某个频率信号通过，也就是陷波电路。因为在信号测量中，往往有干扰信号含在被测量的信号中，如 50Hz 的工频干扰信号，通过陷波电路可以达

到消除干扰信号的作用。

图2-48所示为一个实际的陷波电路，A_1和A_2分别构成全通网络，A_3则构成一个加法电路。当$\tau=R_1C_1=R_2C_2$时，整个电路构成一种对角频率$\omega=1/\tau$的信号陷波电路。

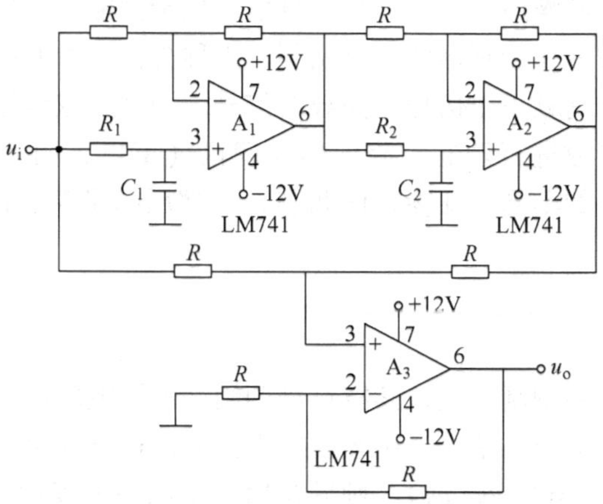

图2-48　陷波电路

2.6.5　设计与实践

1. 实现一个低通滤波电路，要求截止频率$f_c=500\text{Hz}$，品质因数$Q=0.8$。连接并调试电路，输入U_{pp}为2V的幅值U_{pp}为2V的正弦波信号，频率从低到高变化，测量记录输入、输出数据并作出幅频特性图（输出的幅值与频率的对应变化值）。

2. 实现一个高通滤波电路，要求截止频率$f_c=1\text{kHz}$，品质因数$Q=0.9$。连接并调试电路，输入U_{pp}为2V的正弦波信号，记录输入、输出数据并作出幅频特性图。

3. 实现一个带通滤波电路，要求通带中心频率$f_0=1\text{kHz}$，电路的品质因数$Q=0.5$。连接并调试电路，输入U_{pp}为2V的正弦波信号，记录输入、输出数据并作出幅频特性图，求出通带电路的带宽。

4. 实现一个带阻滤波电路，要求阻带中心频率$f_0=500\text{Hz}$，电路的品质因数$Q=1$。连接并调试电路，输入U_{pp}为2V的正弦波信号，记录输入、输出数据并作出幅频特性图，求出带阻电路的带宽。

5. 参考图2-48，实现一个陷波电路，自选元件参数实现对50Hz信号的陷波，理论计算并通过实验验证电路的幅频特性；分析影响陷波频率的准确度以及影响陷波效果的因素并加以实验验证。注意，设计时要将角频率要换算成频率。

2.7　信号的调制/解调

信号的调制和解调一般用于通信中，信号的长距离传输需要将低频信号调制成高频信号，以便更有效地传输。另外，在通信中有许多路信号需要同时传输，为了使它们能得以区别，需要赋予不同的特征，例如选用不同频率的载波信号，这就是调制的主要作用。经调制的通信信号传输到接收端以后，需要对已调信号解调、恢复被调制信号，以获得所传输的原信息，这就是解调的主要作用。

在测量电路中，传感器输出的测量信号还往往有各种噪声，通常噪声含有各种频率。这时赋予测量信号一个特定的载波频率，只让以载波频率为中心的一个很窄的频带范围内的信号通过，就可以有效地抑制噪声。为了提高测量信号抗干扰能力，常要求从信号一形成就已经是调制的信号，因此常常在传感器中进行调制，也称为传感器调制。

信号调制中常以一个高频正弦信号作为载波信号。一个正弦信号有幅值、频率、相位三个参数，可以对这三个参数进行调制，分别称为调幅（AM）、调频（FM）和调相（PM）。另外，也可以对脉冲信号的不同特征参数作调制，最常用的是对脉冲信号的宽度进行调制，称为脉宽调制（PWM）。

2.7.1 调幅电路

调幅是通信中最常用的调制方式，其特点是调制和解调电路比较简单。实际过程就是用低频信号去控制高频载波信号的幅值。调幅波携带原调制信号信息。设调制信号和载波信号分别为 $u_x = U_x\cos(\Omega t)$，$u_c = U_c\cos(\omega t)$，则调幅信号 u_s的一般表达式可写为

$$\begin{aligned} u_s &= (U_c + U_x\cos(\Omega t))\cos(\omega t) \\ &= U_c(1 + m\cos(\Omega t))\cos(\omega t) \end{aligned} \tag{2-64}$$

式中，ω 为载波信号的角频率；Ω 为调制信号的角频率；m 为调制度，$m = U_x/U_c$。

在信号调制中，必须要求载波信号的变化频率远高于调制信号的变化频率，即 $\omega \gg \Omega$，通常至少要求 $\omega > 10\Omega$。图 2-49 示出了调幅信号的合成。

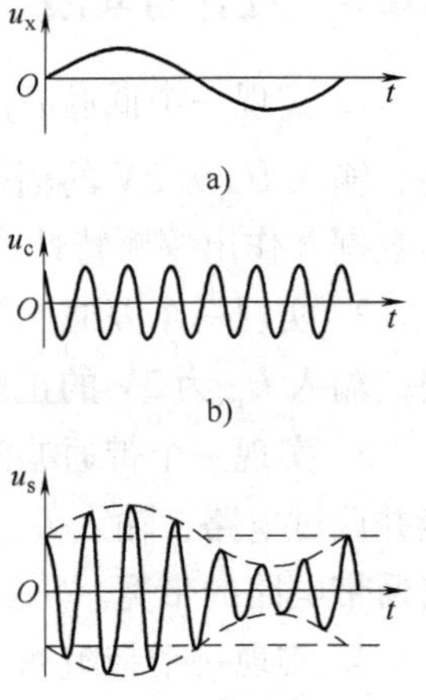

图 2-49　调幅信号的合成

a）调制信号波形

b）载波信号波形

c）调幅信号波形

由于载波本身不包括信息，因此为了提高设备的利用率，可以不传送载波而只传送两个边带信号，这种调制方式称为双边带调制（DSB），双边带调制信号可用调制信号电压与载波信号电压相乘获得。另外，为了节省占有的频带，提高波段利用率，也可以传送两个边带信号的一个，这种调制方式称为单边带调制（SSB），单边带调制的振幅与调制信号的振幅成正比，它的频率随调制信号频率的不同而不同。

1. 模拟乘法器调制电路

对信号进行调制，其中一种是乘法器调制，是用调制信号电压与载波信号电压相乘，就可以实现双边带调幅。用 MC1496 乘法器构成的双边带调幅电路如图 2-50 所示。

载波信号 u_c通过 C_2接到芯片的 u_x输入端（MC1496 芯片的 10 脚），C_3为高频旁路电容，高频时可使 8 脚接地；调制信号 u_x通过 C_1接到芯片的 u_y输入端（芯片的 1 脚）；调幅信号由芯片的 6 脚经电容 C_4输出；电阻 R_6、RP_2用来分压，提供模拟乘法器内部偏置电压；电阻 R_5接在芯片的 5 脚，用来控制恒流电路的电流值；接在芯片的 2、3 脚的电阻 R_8用来扩大 u_x的线性动态范围，同时也控制乘法器的输出增益；电阻 R_1、R_2和RP_1为芯片提供静态偏置电压。

电路中的 MC1496 采用双电源，即 +12V 和 −8V，一般的直流稳压电源除去 +12V 电压

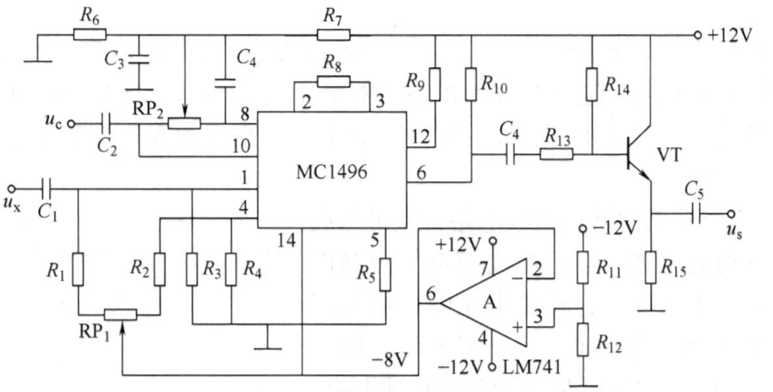

图 2-50 用 MC1496 乘法器构成的双边带调幅电路

外，还有输出 0 ~ 10V 可调电压，这样可以接出一个 −8V 电压。如果没有，则需要设计一个电压转换电路，图 2-50 中用 LM741 组成的电压跟随器电路，该电路是通过电阻 R_{11}、R_{12} 分压，得到 −8V 电压。由于电压跟随器的输入电阻很大，输出电阻很小，可以视作电压源，这种转换电路结构简单，输出稳定，带负载能力强，方便实用。

电路实验参数选取如下：$R_1 = R_2 = R_3 = R_4 = R_6 = R_7 = R_8 = 1\text{k}\Omega$，$R_5 = R_{15} = 6.8\text{k}\Omega$，$R_9 = R_{10} = R_{13} = 4.7\text{k}\Omega$，$R_{11} = 10\text{k}\Omega$，$R_{12} = 20\text{k}\Omega$，$R_{14} = 150\text{k}\Omega$，$RP_1 = 10\text{k}\Omega$，$RP_2 = 5\text{k}\Omega$，$C_1 = 1\mu\text{F}$，$C_2 = C_3 = C_4 = C_5 = 0.1\mu\text{F}$。电路实验时，注意可变电阻滑动端的初始位置，应调到在中间位置。

在 u_c端输入载波信号 $u_c(t)$，波形为正弦波，其频率为 100kHz，幅值 U_{pp}为 200mV；在 u_x端输入调制信号 $u_x(t)$，波形为正弦波，其频率为 500Hz，幅值 U_{pp}为 2V。调试时，先使调制信号 u_x幅值为 0V，调节平衡可变电阻 RP_1，使输出端 $u_0 = 0$，此时 MC1496 芯片的 1、4 脚的电位相等，加入调制信号，使输出端出现抑制载波的双边带调幅信号波形，幅值 U_{pp}约 1V，调整可变电阻 RP_2，可改变输出信号的线性度。抑制载波的双边带调幅波如图 2-51a 所示。

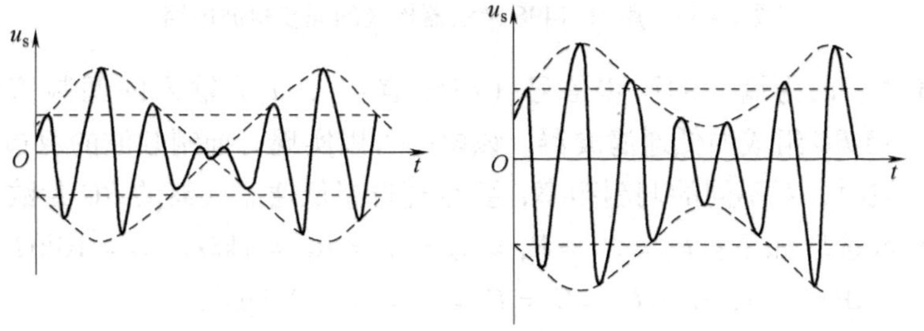

a) b)

图 2-51 模拟乘法器输出波形

a）抑制载波的双边带调幅波 b）有载波调幅波

出现抑制载波的双边带调幅波后，如果继续调节平衡可变电阻 RP_1，输出端的幅度增大，出现有载波调幅信号波形，幅值约 3V，波形如图 2-51b 所示。这是因为，调节平衡可变电阻 RP_1实际上是使 MC1496 芯片的 1、4 脚的电位不等，这相当于在 u_y端加了一个固定的直流电压，使双差分电路不对称，载波信号不能互相抵消。

2. 解调电路

调幅波的解调又称为振幅检波，它是调幅的反过程。振幅检波有多种形式，总的分为包络检波和同步检波两大类。包络检波是指检波器输出电压与输入的包络线成正比的检波方式，包络检波只适用于有载波调幅波的解调。对于抑制载波的双边带和单边带调幅波的解调，需用同步检波电路。

利用二极管及 RC 无源低通滤波电路，就可构成简单的峰值包络检波电路，电容对高频信号短路而对低频信号阻抗趋于无穷大，输出电压随包络线而变化。二极管包络检波电路属于大信号检波，输入电压一般在1V以上。图2-52所示为包络检波电路。

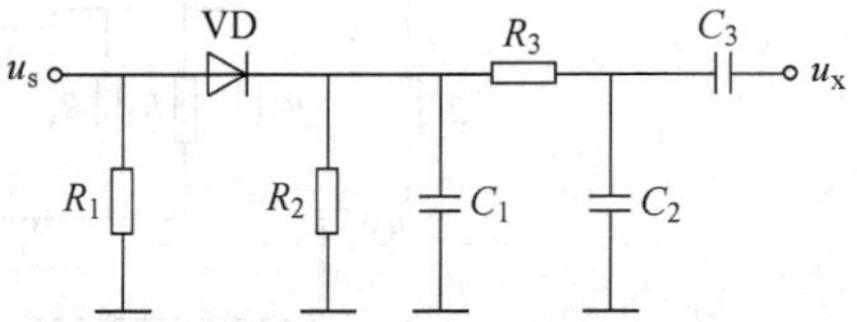

图2-52　包络检波电路

电路实验参数选取如下：$R_1=2\text{k}\Omega$，$R_2=R_3=1\text{k}\Omega$，$C_1=C_2=C_3=0.1\mu\text{F}$，VD为1N4148。将图2-50所示电路输出调成有载波调幅波信号，波形如图2-51b所示，幅值约3V，接入包络检波电路的输入端，解调后的信号（正弦波）与原载波信号一致，只是幅值有所降低。

对于抑制载波的双边带调幅波的解调，需要利用模拟乘法器实现同步检波。图2-53所示为利用MC1496乘法器构成的同步检波电路。

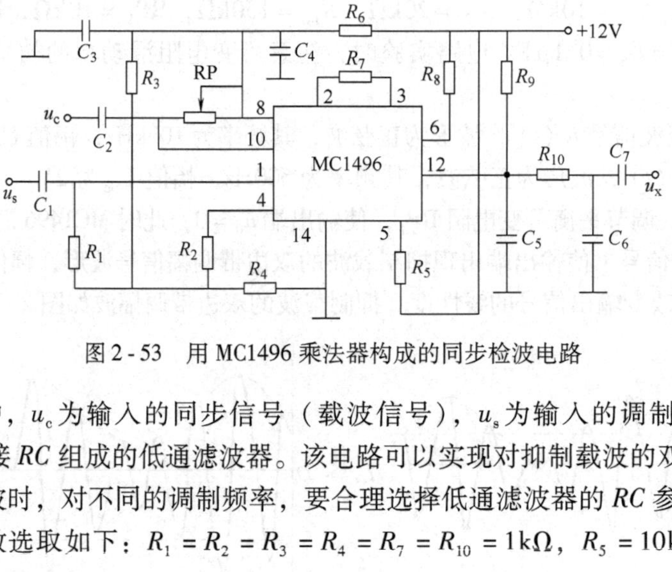

图2-53　用MC1496乘法器构成的同步检波电路

在图2-53中，u_c为输入的同步信号（载波信号），u_s为输入的调制信号，输出信号（芯片的12脚）接 RC 组成的低通滤波器。该电路可以实现对抑制载波的双边带调幅波的解调，经过低通滤波时，对不同的调制频率，要合理选择低通滤波器的 RC 参数。

电路实验参数选取如下：$R_1=R_2=R_3=R_4=R_7=R_{10}=1\text{k}\Omega$，$R_5=10\text{k}\Omega$，$R_6=1.2\text{k}\Omega$，$R_8=R_9=4.7\text{k}\Omega$，$\text{RP}=5\text{k}\Omega$，$C_1=C_2=C_3=C_4=C_5=C_6=0.1\mu\text{F}$。

在 u_c端输入载波信号，其频率为10kHz，幅值 U_{pp}为100mV（信号同图2-50所示电路的调制频率）；输入有载波的调幅信号 u_s，在电路的输出端可以测量到解调后的原调制信号，调制与解调实验可以连在一起做。

2.7.2　脉宽调制电路

在测控电路中，常采用脉冲宽度调制（PWM）技术，即通过控制信号（模拟）对脉冲的宽度（占空比不同）进行调制，使其占空比与控制信号的瞬时采样值成比例，等效地获得所需要的控制信号。脉宽调制为数字控制电路建立了一种与模拟信号控制等同的简易方法，为了便于应用许多微控制器都有内置 PWM。另外，PWM 技术也可用于通信系统，因为数字信号有更强的抗噪声能力。

PWM 技术应用在电压调节、功率控制、电机速度控制等方面。随着电子技术的发展，出现了多种 PWM 技术，其中包括电压控制 PWM、随机 PWM、正弦 PWM 等。

1. 脉宽调制原理

脉冲宽度调制波通常由一列占空比不同的矩形脉冲构成，其占空比与调制信号的瞬时采样值成比例。模拟信号可以控制许多电子装置，例如用一个调光装置控制一光源，调光装置可以是一个普通的可变电阻器，它在电路中增加阻值，就可以减小回路的电流，使光源变暗。另一种方法也可以使用一个通/断开关控制光源，如果减少开关在“通”位置的时间，灯光也将会变暗。控制光源的开关信号分为许多个周期，一个周期就是开关从“断”到“通”再到“断”，如果用占空比表征，占空比就是“通”时间与周期时间之比。高占空比信号会产生明亮的灯光，低占空比信号则产生暗淡的灯光。

用占空比变化的信号控制光源时，信号的开关频率是一个重要指标。就光源控制来说，光强与频率无关，但与占空比成正比，在图 2-54 中可看到不同频率的两个脉宽调制波形，但两者会产生同样的光强。

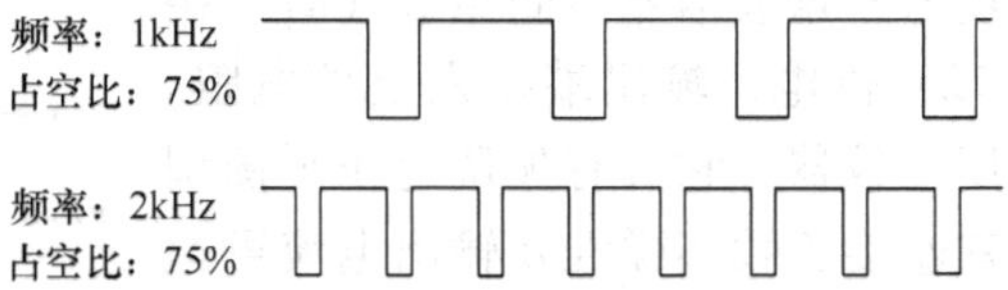

图 2-54　不同频率的两个脉宽调制波形

由于控制信号频率受电路响应时间的限制，在上面的例子中，低频会造成灯光亮度的闪烁，而高频则可能因感性负载而饱和，例如变压器的有效传输能量要在一个有限频率范围内。在电路设计中，PWM 频率的谐波会造成有害的噪声，但如果选择合适的频率，受控负载将会是一个稳定的系统，若是控制电灯亮或暗，可以达到连续变化的效果；若是控制电机，可以使电机平稳地改变转速。

相比模拟信号控制，脉宽调制有许多优点，用 PWM 控制灯光暗淡所产生的能量低于模拟信号控制方法。使用 PWM 控制的电机可在更低的速度下运转，当用模拟电流控制电机时，它不能在低速下产生足够的转矩，小电流所产生的磁场对于转子的旋转太弱了，而 PWM 电流能产生全强度的短脉冲磁通，使转子以极慢的速度旋转。随着微控制器融入 PWM 控制，这项技术已变得更为普及，微控制器提供改变 PWM 控制信号占空比和频率的简单命令。

2. 正弦波 PWM 技术

对于正弦波 PWM 技术，也称为 SPWM 技术，就是在 PWM 的基础上改变了调制脉冲方式，脉冲宽度时间占空比按正弦规律排列，这样输出波形经过适当的滤波可以做到正弦波输出，它广泛地用于直流交流（DC/AC）逆变器等。

图 2-55 所示为正弦脉冲宽度调制系统的原理框图。该系统由一个三角波发生器、正弦波发生器和比较器组成，正弦波信号幅值控制比较器输出的脉冲宽度，在进行脉宽调制时，使脉冲系列的占空比按正弦规律来排列。双极性 SPWM 波形如图 2-56 所示，当正弦值为最大值时，脉冲的宽度也最大，而脉冲间的间隔则最小；反之，当正弦值最小时，脉冲的宽度也小，而脉冲间的间隔则较大，这样的电压脉冲系列可以使负载电流中的高次谐波成分减小。

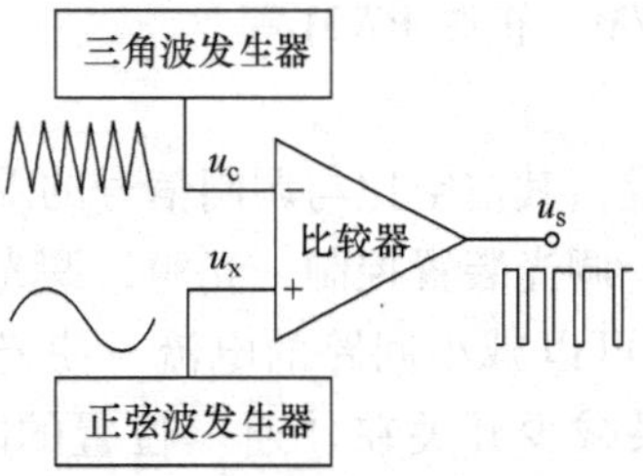

图 2-55　脉冲宽度调制系统的原理框图

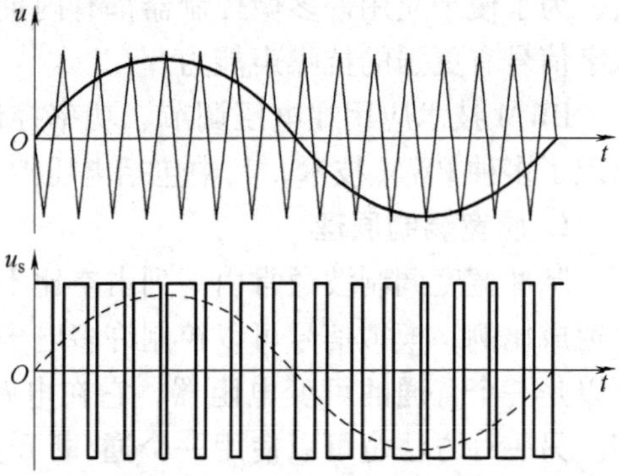

图 2-56　双极性 SPWM 波形

由图 2-56 中的波形可以看出，若三角载波的频率是正弦波频率的 N 倍时，N 称为载波比，则正弦波形在一个周期内被划分为 N 等分，并对应着 N 个宽度不等的矩形脉冲。当 N 足够大（例如 $N>20$）时，这一串矩形脉冲序列的面积将非常接近正弦波形的面积。

图 2-57 所示为双极性 SPWM 电路，比较器采用 LM311，在比较器的反相端（u_1）接入三角波信号，同相端（u_2）接入正弦波信号，双电源 ±12V 供电，输出端接入上拉电阻。LM311 是一种多用途的电压比较器，它具有失调电压平衡调节端（5、6 脚），并且具有连接负载多样性及输出电流可达 50mA 的特点。

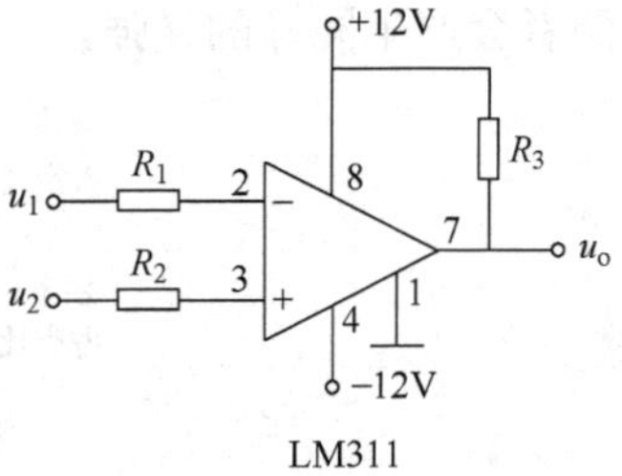

图 2-57　双极性 SPWM 电路

电路实验参数选取如下：$R_1=R_2=5.1\text{k}\Omega$，$R_3=10\text{k}\Omega$，三角波信号频率为 3kHz，幅度 U_{pp} 为 2V，正弦波信号频率为 300Hz，幅度 U_{pp} 为 1V。

由硬件电路生成 SPWM 波的方法往往控制精度难以保证，随着微型控制器技术的发展和普及，可以方便地对变频器进行直接数字控制，从而获得调节灵活、稳定可靠、性能优越的控制效果，因而得到普遍应用。

采用微控制器软件编程的方法来生成 SPWM 波，其原理仍然是基于正弦波和三角波相交以确定开关通断时刻。用软件生成 SPWM 波一般有两种方法：查表法和计算法。实用中多数是采用两者结合的方法，既可避免全部在线计算造成的计算量过大、精度受影响的缺点，又使系统因有在线计算而具有相当的灵活性。

另外，还可采用大规模专用集成芯片生成 SPWM 波，这样可大大减化电路结构，提高可靠性，降低成本。目前，生成 SPWM 波的大规模专用集成芯片有 HEF4752、SLE4520 和 MA818 等。

2.7.3　设计与实践

1. 利用模拟乘法器 MC1496 设计信号调幅电路，调制信号频率 200Hz，载波信号频率 200kHz，调制与载波信号均为正弦波，记录实验数据及信号波形。

2. 利用模拟乘法器 MC1496 和包络检波电路进行调幅信号的解调实验，包括抑制载波的双边带调幅波和有载波调幅波的解调。可利用上题的调制信号进行解调，记录实验数据及信号波形，解调信号与原信号进行比较。

3. 用一可调直流电压控制脉宽调制信号。LM311 比较器（采用 ±12V 供电）同相端接可调直流电压（用电位器调出电压信号，+2 ~ −2V），比较器反相端接三角波信号（用信号发生器输出，$f=1\text{kHz}$，$U_{pp}=4\text{V}$ 信号），记录实验数据及信号波形。用比较器输出信号控制 LED（注意串联限流电阻），对照占空比波形，观察 LED 的明暗变化。

4. 利用 LM311 比较器芯片实现单极性 SPWM 电路，记录实验数据及信号波形。

2.8 函数发生电路

信号发生电路通常称为振荡电路，用于产生一定频率和幅度的变化信号。在电子线路实验和调试中，需要信号发生器输出各种波形信号，而且要求频率、幅度可调。按输出信号波形，信号发生器分为两大类，即正弦波振荡器和非正弦波振荡器，非正弦波振荡器按信号形式来分，可分为方波发生器、三角波发生器和锯齿波发生器等。由于信号发生电路能产生上述形式的波形，因此又称其为函数发生电路。信号发生电路的主要有两个要求：第一是信号的幅度保持稳定；第二是信号的频率保持稳定。

2.8.1 正弦波信号发生电路

正弦波信号发生电路能自动产生有一定频率和一定电压幅度的正弦波形。根据正弦波发生电路选频网络的不同，正弦波发生电路可分为由电阻和电容构成的 *RC* 正弦波发生电路、以及由电感和电容构成的 *LC* 正弦波发生电路，另外还有石英振荡器组成的正弦波发生电路。

1. RC 正弦波振荡电路结构

正弦波产生电路的基本结构是在放大电路中引入正反馈。为使其产生稳定可靠的振荡，电路有以下几个条件：接入正反馈是产生振荡的首要条件，它又被称为相位条件；产生振荡信号必须满足振荡幅度条件，同时它还应具有稳幅特性；要保证输出波形为单一频率的正弦波，必须具有选频特性。因此，正弦波产生电路一般包括：放大电路、正反馈网络、稳幅电路和选频网络四个部分。

图 2-58 所示为常见的文氏桥正弦波振荡电路，设电路中 $R_1=R_2=R$，$C_1=C_2=C$，由 *RC* 串并联构成选频网络的幅频特性和相频特性为

$$|F| = \frac{1}{\sqrt{3^2+(\omega/\omega_0-\omega_0/\omega)^2}} \tag{2-65}$$

$$\varphi_f = -\arctan\left(\frac{\omega/\omega_0-\omega_0/\omega}{3}\right) \tag{2-66}$$

式中，$\omega_0=1/RC$。

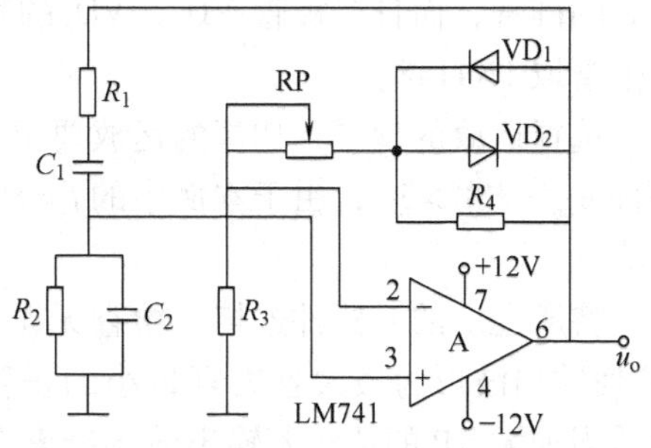

图 2-58 常见的文氏桥正弦波振荡电路

在图 2-58 中 *RC* 串并联网络在此作为选频和反馈网络接在运算放大器的同相输入端，构成具有选频特性正反馈；R_4、RP 和二极管 VD_1、VD_2 接在运算放大器的输出端和反相输入端之间，构成具有稳幅环节的负反馈。电位器 RP 可以用来调节振荡幅度的大小。当 *RC* 选频网络在

$\omega=\omega_0$时，$F_u=1/3$，$\varphi_f=0°$，由此可以看出，只要放大倍数大于3，相位角等于$2n\pi$，就能使 RC 振荡电路满足自激振荡的振幅和相位条件，并产生自激振荡。该 RC 振荡电路的振荡频率为

$$f=\frac{1}{2\pi RC} \tag{2-67}$$

改变 R 和 C 的值就可以获得不同频率的正弦波信号。对频率可调的 RC 振荡电路，要同时切换 R、C 元件，即电路中的 R_1、R_2、C_1、C_2。

2. 设计举例

设计一个振荡频率为800Hz的文氏电桥正弦波振荡电路。根据设计要求，选择图2-58所示电路，根据振荡电路的振荡频率，计算 RC 乘积的值：

$$RC=\frac{1}{2\pi f}=\frac{1}{2\times3.14\times800}\text{s}=1.99\times10^{-4}\text{s}$$

确定 R、C 的值，为了使选频网络的特性不受运算放大器的输入电阻和输出电阻的影响，按 $R_{id}\gg R\gg R_0$的关系选择 R 的值，初选 $R=20\text{k}\Omega$，则

$$C=\frac{1.99\times10^{-4}}{20\times10^3}\text{F}=0.0995\times10^{-7}\text{F}=0.00995\mu\text{F}$$

取 $R_1=R_2=R=20\text{k}\Omega$，$C_1=C_2=C=0.01\mu\text{F}$。确定 R_3 和 R_S（$R_S=R_4+\text{RP}$），在图2-58中 $R_S=\text{RP}+r_d//R_4$，（r_d为二极管的内阻），由振荡的振幅条件可知，要使电路起振，R_S应略大于 $2R_3$，取 $R_S=2.1R_3$，以保证电路能起振和减小波形失真。

另外，为了满足直流平衡条件，以减小运放输入失调电流的影响，取 $R=R_3//R_S$。由 $R_S=2.1R_3$和 $R=R_3//R_S$可求出 R_3和 R_S。

$$R_3=\frac{3.1}{2.1}R=\frac{3.1}{2.1}\times20\times10^3\text{k}\Omega=29.52\text{k}\Omega$$

取标称值，$R_3=30\text{k}\Omega$，$R_S=2.1R_3=2.1\times30\times10^3\text{k}\Omega=63\text{k}\Omega$。

R_4与 RP 的确定过程如下：由于二极管的非线性会引起波形失真，因此，为了减小非线性失真，可在二极管的两端并上一个与二极管导通时的动态电阻相近的电阻 R_4，一般 R_4取几千欧；取 $R_4=3\text{k}\Omega$，RP 选用 100kΩ 的电位器。

稳幅电路由两个接法相反的二极管 VD_1、VD_2 并联而成，稳幅二极管应选用温度稳定性较高的硅管，而且二极管 VD_1、VD_2的特性必须一致，以保证输出波形的正、负半周对称。二极管取 1N4148。

选择运放的型号，选择的运放要求输入电阻高、输出电阻小，而且增益带宽积要满足的条件 $A_{uo}\cdot BW>3f_0$，由于本例中的$f=800\text{Hz}$，故可以选用常用的 LM741 或 OP07 集成运算放大器。

将所选定的元器件连接，检查无误后，接通电源，用示波器观察是否有振荡波形。调整 RP 使输出波形为最大且失真最小的正弦波。若电路不起振，说明振荡的振幅条件不满足，应适当加大 RP 的值；若输出波形严重失真，说明 RP 太大，应减小 RP 的值。所设计的实验参数经过实验调整，可以达到最好效果。

当调出幅度最大且失真最小的正弦波后，可用示波器测出振荡器的频率。若所测频率不满足设计要求，可根据所测频率的大小，判断出选频网络的元件值是偏大还是偏小，从而改变 R 或 C 的值，使振荡频率满足设计要求。

RC 振荡电路的频率主要取决于 *R* 和 *C* 的数值，要想得到较高的频率，必须选择较小的 *R* 和 *C*，但电阻 *R* 的减小将使放大电路负载加重，电容 *C* 的减小受到分布电容的限制。所以，*RC* 振荡电路一般用于 1MHz 以下的低频振荡，要想产生更高频率的正弦信号，需要采用 *LC* 正弦波振荡电路。

2.8.2 矩形波信号发生电路

矩形波信号发生电路也称为多谐振荡电路，矩形波用傅里叶级数分解后可以得出它含有众多的谐波成分。在模拟电路中，矩形波电路可用于开关电路或波形转换等。简单的矩形波信号发生电路如图 2-59a 所示。该电路是由比较器和 *RC* 充电、放电回路构成的。输出用两个二极管并联接地（反接）做限幅。

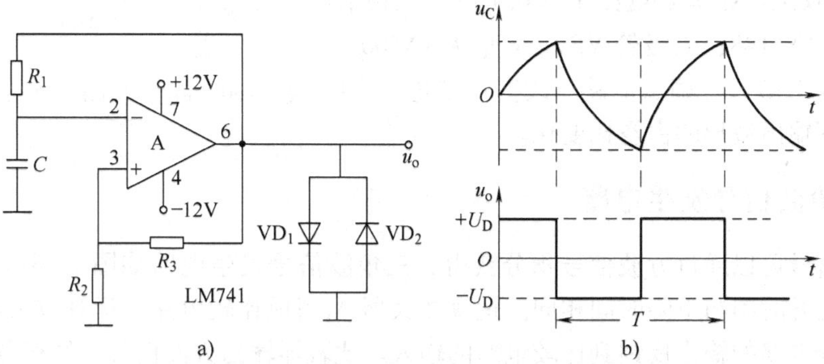

图 2-59　矩形波信号发生电路和波形

a）矩形波信号发生电路　b）矩形波信号波形

电路的工作过程是：电源刚接通时，设 $t=0$，$u_C=0$，$u_o=+U_D$（二极管管压降），此时输出电压通过电阻 R_1 向 *C* 充电，u_C 上升；当 $u_C>U_+$（运放同相端电压）时，输出发生跳变，$u_o=-U_D$，此时电容 *C* 放电，u_C 下降；当 $u_C<U_+$ 时，输出又发生跳变，$u_o=+U_D$，电容又开始充电，重复上述过程。电路如此周而复始地工作，在输出端得到的波形如图 2-59b 所示。矩形波信号的振荡周期 *T* 为

$$T = 2.2R_1C\ln\left(1+\frac{2R_2}{R_3}\right) \tag{2-68}$$

实验电路参数选取如下：$R_1=5.1\text{k}\Omega$，$R_2=15\text{k}\Omega$，$R_3=20\text{k}\Omega$，$C=0.1\mu\text{F}$，二极管为 1N4001，运算放大器为 LM741。连接并调试电路，测量输出频率，并与理论值进行比较。

如果对输出电压信号的幅度有要求，可以选用一个合适电压范围的双向稳压管来代替二极管 VD_1 和 VD_2。

2.8.3 占空比可调的矩形波发生电路

占空比可调的矩形波发生电路如图 2-60 所示。显然，为了改变输出方波的占空比，对电容 *C* 的充电时间常数和放电时间常数应不相同，为此电路增加了两个二极管，以区别充电回路和放电回路。

电容 *C* 充电时，充电电流经过可变电阻 RP 的上半部、二极管 VD_1 和 R_1；电容 *C* 放电时，放电电流经过 R_1、二极管 VD_2 和可变电阻 RP 的下半部。矩形波的占空比为

$$\frac{T_1}{T}=\frac{\tau_1}{\tau_1+\tau_2} \tag{2-69}$$

其中，

$$\tau_1=(\mathrm{RP_A}+r_{D1}+R_1)C \tag{2-70}$$

$$\tau_2=(\mathrm{RP}-\mathrm{RP_A}+r_{D2}+R_1)C \tag{2-71}$$

式中，RP是可变电阻，$\mathrm{RP_A}$是可变电阻滑动端到上端电阻；r_{D1}是二极管VD_1导通电阻，r_{D2}是二极管VD_2导通电阻。改变可变电阻的滑动端位置，矩形波的占空比就可改变。

实验电路参数选取如下：$R_1=5.1\text{k}\Omega$，$R_2=3\text{k}\Omega$，$R_3=20\text{k}\Omega$，$\text{RP}=20\text{k}\Omega$；$C=0.1\mu\text{F}$，二极管$VD_1$、$VD_2$为1N4148，二极管$VD_3$、$VD_4$为1N4001，运算放大器为LM741。调试电路，改变可变电阻RP的阻值，观察输出波形的占空比变化。

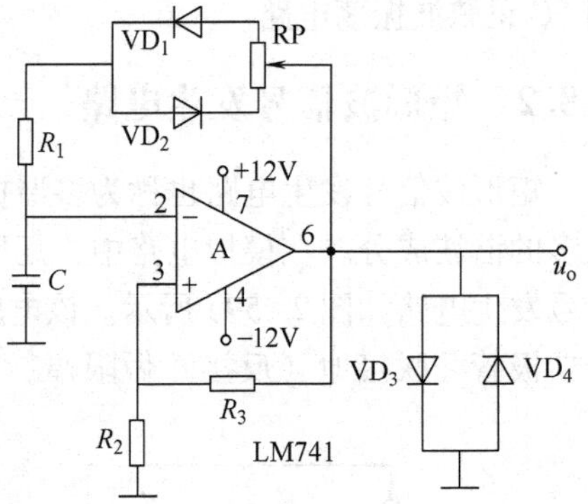

图2-60　占空比可调的矩形波发生电路

2.8.4　三角波信号发生电路

三角波信号可以通过方波信号积分获得，三角波信号发生电路如图2-61a所示。其特点是积分的上升时间与下降时间相同。运算放大器A_1组成比较电路，运算放大器A_2组成积分电路，积分电路的输出反馈到比较电路的输入。比较器输出方波信号，经积分后可得到三角波，三角波信号又触发比较器，翻转方波信号，这样形成连续的三角波信号。由于采用运算放大器组成的积分电路，因此可实现恒流充电，使三角波线性大大改善。比较器A_1输出用两个二极管并联接地（反接）做限幅。三角波信号产生电路波形如图2-61b所示。

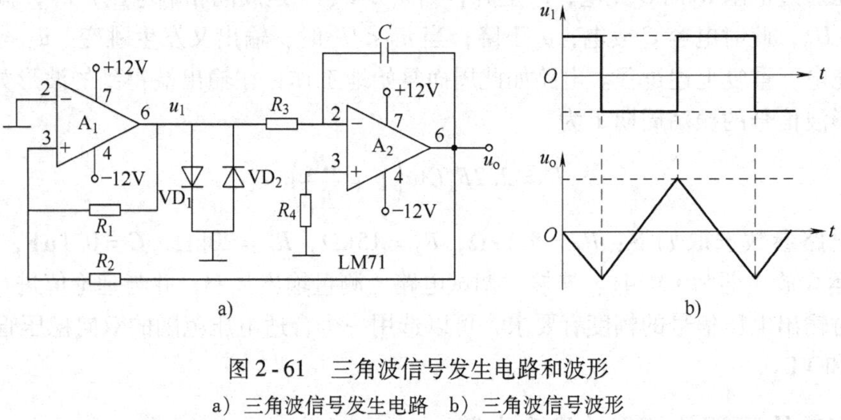

图2-61　三角波信号发生电路和波形

a）三角波信号发生电路　b）三角波信号波形

电路的工作过程是：设A_1输出为高电位，即$u_1=+U_D$（二极管管压降）时，则电容C充电，同时u_o线性逐渐下降，当A_1的同相端低于反相端时，u_1从$+U_D$跳变为$-U_D$。在$u_1=-U_D$后，电容C开始放电，u_o线性上升，当A_1的同相端大于零时，u_1从$-U_D$跳变为$+U_D$，如此周而复始，产生振荡。u_o的上升、下降时间相等，斜率绝对值也相等，三角波信号发生电路振荡周期T为

$$T = 4R_3C\frac{R_2}{R_1} \tag{2-72}$$

改变电阻 R_3或电容 C，可以改变电路的振荡频率。

实验电路参数选取如下：$R_1 = 10\text{k}\Omega$，$R_2 = 20\text{k}\Omega$，$R_3 = 5.1\text{k}\Omega$，$R_4 = 5.1\text{k}\Omega$，$C = 0.1\mu\text{F}$，二极管 VD_1、VD_2 为 1N4148，运算放大器为 LM741。连接并调试电路，观察输出波形，测量输出频率，并与理论值进行比较。

2.8.5 锯齿波信号发生电路

锯齿波信号与三角波不同的地方是积分的上升时间与下降时间不同，一般是下降时间远小于上升时间。为了获得锯齿波，可以改变积分器的充、放电时间常数。

锯齿波发生器的电路如图 2-62a 所示，与三角波电路相比，该电路与三角波电路相比是增加了放电回路，电阻 R_3和二极管 VD_1的接入使积分电路反向积分的时间常数减小，相对而言，正向积分时的时间常数不变，电路输出形成锯齿波形状，输出波形如图 2-62b 所示，其反向脉冲波宽度可通过 R_3调节。若将二极管 VD_1反接，则反向积分时间常数不变，正向积分时间常数变小，使锯齿波及矩形脉冲波的方向变反。

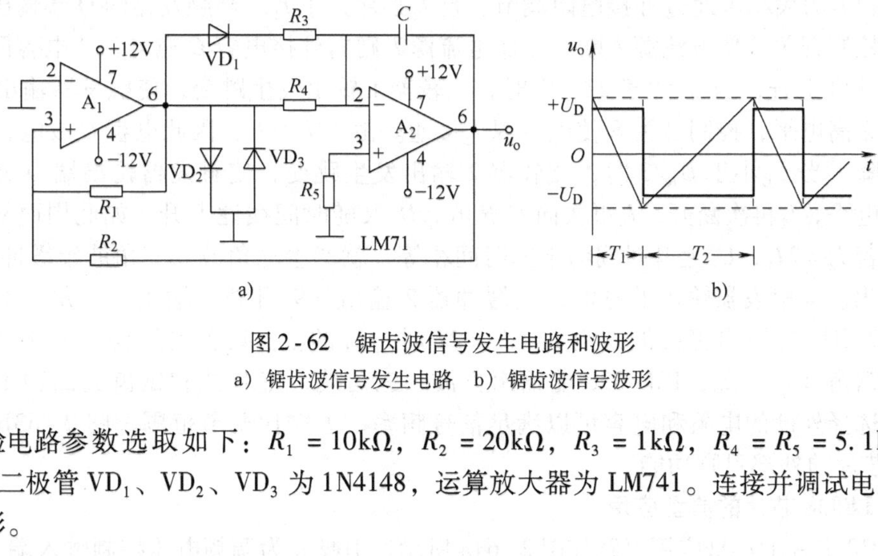

图 2-62 锯齿波信号发生电路和波形

a）锯齿波信号发生电路 b）锯齿波信号波形

实验电路参数选取如下：$R_1 = 10\text{k}\Omega$，$R_2 = 20\text{k}\Omega$，$R_3 = 1\text{k}\Omega$，$R_4 = R_5 = 5.1\text{k}\Omega$，$C = 0.1\mu\text{F}$，二极管 VD_1、VD_2、VD_3 为 1N4148，运算放大器为 LM741。连接并调试电路，观察输出波形。

2.8.6 集成函数发生器芯片 ICL8038 的应用

由分立元器件及运算放大器可以组成正弦波和非正弦波信号发生电路，而用集成函数发生器芯片构成的振荡电路则更简单。集成函数发生器芯片 ICL8038 是一个多函数发生器集成块，通过组合外围电路，可以产生高精度的正弦波、方波、三角波信号。选择不同参数的外围电阻和电容等元件，可以获得频率在 0.01Hz 到 100kHz 范围内的可调信号、占空比在 2% ~98% 之间可调的函数发生信号。

1. ICL8038 芯片的工作原理

ICL8038 芯片由恒流源 I_1、I_2，电压比较器、缓冲器和触发器等组成。其内部原理电路框图和外部引脚功能如图 2-63 所示。

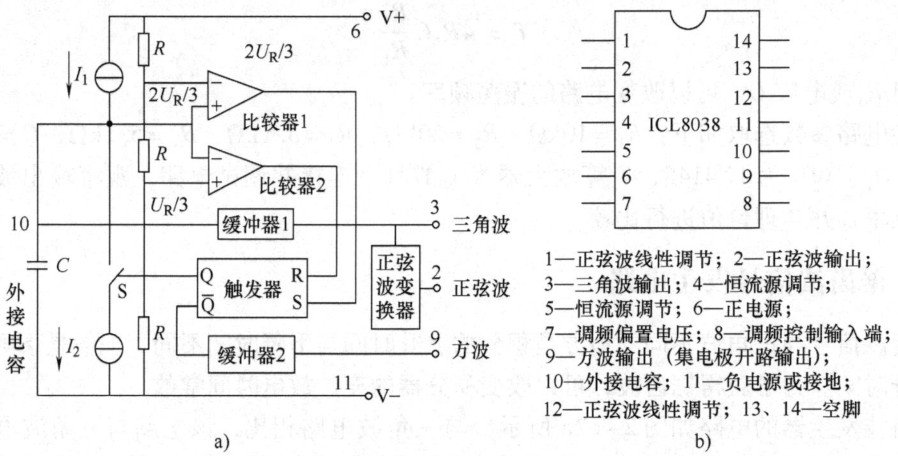

图 2-63　ICL8038 内部原理电路框图和外部引脚功能

a）ICL8038 内部原理电路框图　b）ICL8038 引脚功能

在图 2-63a 中，比较器 1、比较器 2 的门限电压分别为 $2U_R/3$ 和 $U_R/3$（$U_R=U_+-U_-$），电流源 I_1 和 I_2 的大小可通过外接电阻调节，且 I_2 必须大于 I_1。当触发器的 Q 端输出为低电平时，它控制开关 S 使电流源 I_2 断开。而电流源 I_1 则向外接电容 C 充电，使电容两端电压 U_C 随时间线性上升，当 U_C 大于 $2U_R/3$ 时，比较器 1 输出发生跳变，使触发器输出 Q 端由低电平变为高电平，控制开关 S 使电流源 I_2 接通。由于 $I_2>I_1$，因此电容 C 放电，U_C 随时间线性下降，当 U_C 小于 $U_R/3$ 时，比较器 2 输出发生跳变，使触发器输出端 Q 又由高电平变为低电平，I_2 再次断开，I_1 再次向 C 充电，U_C 又随时间线性上升，如此周而复始，产生振荡。若 $I_2=2I_1$，U_C 上升时间与下降时间相等，就产生三角波。三角波经缓冲器 1（3 引脚）输出。而触发器输出的方波，经缓冲器 2 输出（9 引脚）输出，三角波经正弦波变换器（2 引脚）输出正弦波。当 $I_1<I_2<2I_1$ 时，U_C 的上升时间与下降时间不相等，引脚 3 输出锯齿波。因此，ICL8038 能输出方波、三角波、正弦波和锯齿波四种不同的波形。适当选择外部的电阻和电容可以满足信号频率、占空比调节范围。图 2-63b 所示为 ICL8038 芯片的外部引脚功能。

2. ICL8038 芯片的典型应用

ICL8038 芯片的典型应用电路如图 2-64a 所示，引脚 8 为调频电压控制输入端，引脚 7 输出调频偏置电压，它可作为引脚 8 的输入电压。此外，该器件的方波输出端为集电极开路形式，需在正电源与引脚 9 之间外接一个电阻。

当 $R_1=R_2$、RP_1 滑动端在中间位置时，芯片的引脚 9、3 和 2 的输出分别为方波、三角波和正弦波，调节 RP_2、RP_3 可使正弦波的不失真达到较理想的程度。若调整 RP_1，则输出的方波的占空比不同、三角波改为锯齿波。

实验电路参数选取如下：$R_1=R_2=10\text{k}\Omega$，$R_3=5.6\text{k}\Omega$，$RP_1=2\text{k}\Omega$，$RP_2=RP_3=100\text{k}\Omega$。为避免电路输出波形失真或不振荡，注意可变电阻滑动端的初始位置，即在使用前滑动端调到中间。

电路的振荡频率决定于可变电阻 RP_1、电容 C 及电阻 R_1 和 R_2，当电阻确定（$R_1=R_2=10\text{k}\Omega$，$RP_1=2\text{k}\Omega$，RP_1 调整到中间位置）后，电容 C 的取值与输出频率关系见表 2-2。

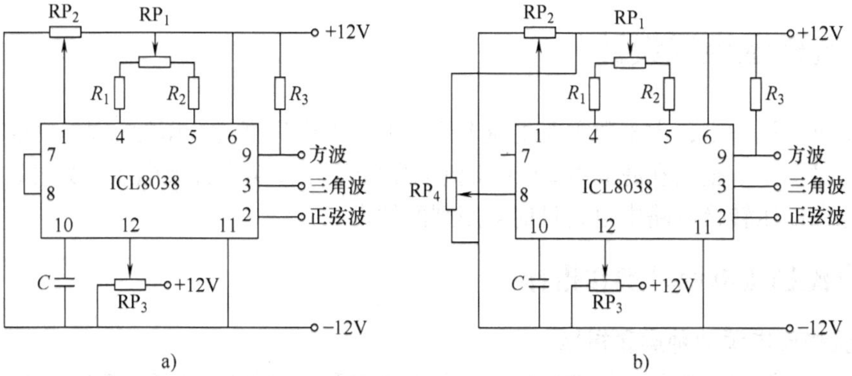

图 2-64 ICL8038 芯片的典型应用

a）典型电路 b）频率可调电路

表 2-2 电容 C 的取值与电路输出频率关系表

$C/\mu F$	1	0.47	0.33	0.22	0.1	0.047	0.033	0.022	0.01
f/Hz	23.5	46.5	82.5	95.5	216.5	428.5	652.5	969.5	2080

函数频率可调电路如图 2-64b 所示，断开引脚 8 与引脚 7 之间的连线，在 +12V 与 -12V之间接一个 50kΩ 的可变电阻 RP_4，并使其滑动端与引脚 8 相连，改变引脚 8 的控制电压（即调频电压），则振荡频率随之变化，因此该电路变为一个频率可调的函数发生器。如果将控制电压按一定规律变化，则可构成扫频式函数发生器。

基于 ICL8038 芯片构成的信号发生器电路设计简单实用，因此在电路设计中广泛应用，但它的不足之处是不能产生高频信号，一般用在低频电子线路中。如果要求更高的工作频率，则可用 MAXIM 公司生产的 MAX038 芯片，该芯片是一种高频精密的函数发生器，可产生三角波、锯齿波、正弦波、方波及脉冲波，且频率及占空比的控制可独立进行，其最高频率可达 20MHz。

2.8.7 设计与实践

1. 设计一个正弦波振荡电路，要求振荡频率 500Hz，输出电压幅值在 2～10V 范围内可调。计算相关的元器件参数，并实验。

2. 设计一个矩形波信号振荡电路，要求输出方波信号（占空比为 50%），振荡频率 2kHz，输出电压幅值 4V。计算相关的元器件参数并实验。改进电路，调节电路中的有关元件参数，使占空比能够变化。

3. 设计一个三角波信号振荡电路，要求振荡频率 1kHz，输出电压幅值 U_{pp} 为 4V。计算相关的元器件参数并实验。改进电路，使三角波变为锯齿波。

4. ICL8038 芯片的电路设计与调试，要求输出信号可以有正弦波、三角波、方波和锯齿波。输出信号频率可调（50Hz～50kHz）。

5. 利用 ICL8038 芯片设计一个扫频式函数发生器。提示：控制电压可以用下降沿时间很短的锯齿波。

2.9 直流稳压电源设计

在电子仪器设备中，大多数需要直流电压供电，而产生直流电压的方法有许多种，常用的方法是通过变压、整流和滤波将220V交流电压降压并转换为直流电压；另外，开关式直流稳压电源在电压转换电路中也是目前常用到的技术。

2.9.1 直流稳压电源种类和指标

1. 直流稳压电源的种类和指标

直流稳压电源的种类分为线性稳压电源和开关型稳压电源。它们有各自的优点和不足，在实际应用中可根据需要选择。

线性稳压电源采用变压器及二极管整流，稳压调整元件工作在线性放大区。它具有电路简单、稳压性能好、纹波电压小和工作可靠等优点。不足之处是转换效率低，而且大功率电源需要带体积很大的散热片。

开关型稳压电路的调整器件以开关状态工作，用开关时间来调整输出电压。开关型稳压电源具有效率高，质量轻，特别是在电路上可以省去变压器，因而得到了广泛应用。不足之处是这种稳压电压的动态性能较差，电路也比较复杂。

2. 直流稳压电源主要性能指标

交流电压发生波动或直流稳压电源的负载发生变化，都将影响直流电源稳定，设计直流电源一般要有稳压电路来控制输出电压，保持电压的稳定。直流稳压电源的主要性能指标有：

1）输出电压，以及电压调节范围。

2）额定输出电流，指正常工作时能输出的最大电流。

3）稳压系数，它是输出电压相对变化量与输入电压相对变化量之比（在负载、环境温度不变的情况下）。

4）输出电阻，它表明负载变化时，输出保持稳定的能力。

5）输出纹波电压，指叠加在输出电压上的交流分量，一般为毫伏（mV）级。

2.9.2 线性直流稳压电源典型电路

1. 整流滤波电路

简单的整流滤波电路如图2-65所示，电路常采取变压器降压，桥式二极管整流，电容滤波。全波整流后得到单方向的脉动直流电压，为了获得平坦的直流电压，在整流电路后加入较大的电容，构成简单的滤波电路。

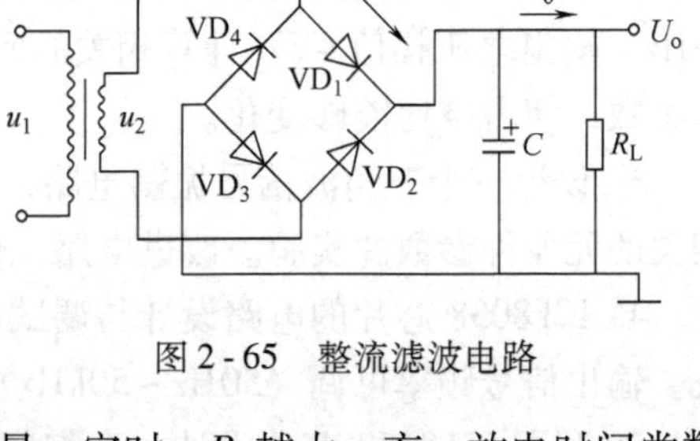

图2-65　整流滤波电路

整流电路接入滤波电容后，不仅使输出直流电压纹波减小，同时输出电压的平均值也增大了。输出电压的平均值与滤波电容和负载电阻有关，C的容量一定时，R_L越大，充、放电时间常数越大，输出电压越平滑，输出电压越大。为了获得较好的滤波效果，一般取

$$R_L C \geqslant (3 \sim 5)\frac{T}{2} \tag{2-73}$$

式中，T 为输入交流电压周期。输出电压的平均值近似为

$$U_o = 1.2u_2 \tag{2-74}$$

由于电容 C 充电的瞬时电流很大，容易损坏二极管，故在设计整流电路时，对二极管必须留有足够的电流余量。一般是输出电流的 2 ~3 倍。根据桥式整流的电路原理，每个二极管的平均电流 I_d是负载电流 I_o的一半。

2. 设计举例

单相桥式整流滤波电路如图 2-65 所示，交流电源电压 220V，频率 $f=50\text{Hz}$，负载电阻 $R_L=100\Omega$，要求输出直流电压 15V。求 u_2及选择二极管和滤波电容。

由式（2-74）得

$$u_2 = \frac{U_o}{1.2} = \frac{15}{1.2}\text{V} = 12.5\text{V}$$

通过二极管的电流为

$$I_d = \frac{1}{2}I_o = \frac{1}{2}\times\frac{U_o}{R_L} = \frac{1}{2}\times\frac{15}{100}\text{mA} = 75\text{mA}$$

二极管承受的最高反向电压为

$$U_{RM} = \sqrt{2}u_2 = \sqrt{2}\times 12.5\text{V} \approx 18\text{V}$$

这样，可以选择正向电流 $I_F>(2\sim3)I_d$，即 $I_F=150\sim225\text{mA}$，反向电压 $U_{RM}>18\text{V}$ 的二极管。也可以选择 1 ~2A 的整流桥。

由 $T=1/f$，根据式（2-73），计算滤波电容为

$$C = \frac{4\times\frac{T}{2}}{R_L} = \frac{4\times 0.01}{100}\text{F} = 400\mu\text{F}$$

根据电容标称值，选取 470μF 电容，考虑到电容耐压，一般是输出电压的 2 ~3 倍，故选耐压 50V 的电解电容。

3. 三端固定输出集成直流稳压电路

三端固定输出集成稳压芯片具有外接元件少、性能稳定和工作可靠等优点，被广泛应用。产品有 78XX 系列（正电源）和 79XX 系列（负电源），输出电压由具体型号的后两位表示，如 LM7805 表示输出 +5V，一般有 5V、6V、9V、12V、15V、18V、24V 几个档次。78XX 系列集成稳压器的额定电流在 78 后面加字母区分，L 表示 0.1A，DL 表示 0.25A，N 表示 0.3A，M 表示 0.5A，无字母表示 1.5A，T 表示 3A，H 表示 5A，P 表示 10A。79XX 系列只有 L、N、M 和 A 四个规格。例如，LM79M12 表示稳压 12V，额定电流 0.5A。图 2-66 所示为三端固定输出集成直流稳压器件图。

图 2-67a 所示为三端固定输出集成直流稳压电路，输出电压为 +5V。图中 U_i是整流滤波后的直流电压，电路的输出电压取决于三端固定输出集成直流稳压芯片，为使电路正常工作，要求输入电压 U_i大于 U_o，一般是高出 3 ~4V。输入端电容 C_1用来抑制输入引线的感抗，防止自激振荡，一般取 0.33μF 左右。输出端电容 C_2用来改善负载的瞬态响应消除高频噪声，一般取 0.1μF 左右，其作用是消除集成稳压器的输出噪声，特别是高频信号，C_3取

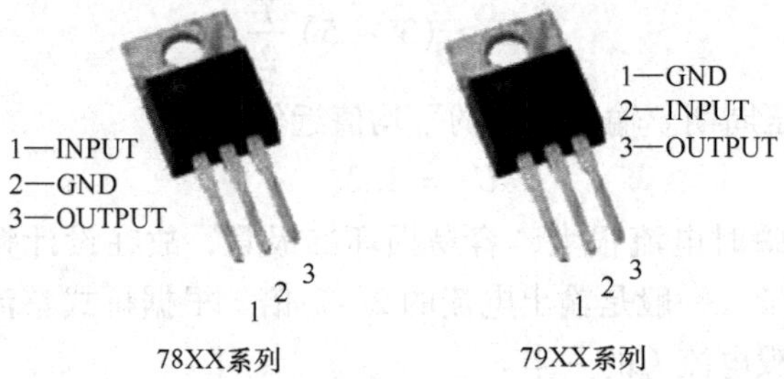

图 2-66　三端固定输出集成直流稳压器件图

10μF 以上。图 2-67b 所示也是三端固定输出集成直流稳压电路，外围参数相同，不过它是要求输入为负电压、输出电压为 -5V。

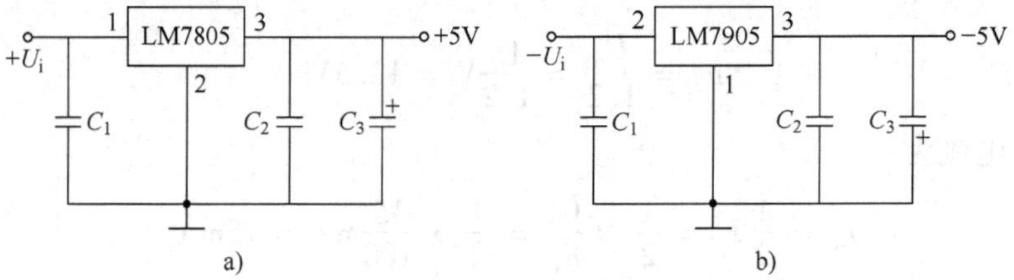

图 2-67　三端固定输出集成直流稳压电路典型应用
a）+5V 直流稳压电路　b）-5V 直流稳压电路

使用三端固定输出集成稳压芯片需要注意的是，在靠近三端集成稳压器输入端、输出端处，接入电容 C_1、C_2，为了获得最佳的效果，电容器应选用频率特性好的陶瓷电容或钽电容为宜。另外，为了进一步减小输出电压的纹波，一般在集成稳压器的输出端并入一个几百微法的电解电容。当输出端接入比较大的电容时，一旦稳压器的输入端出现短路，输出端电容器上存储的电荷将通过集成稳压器内部调整管的发射极 - 基极泄放电荷，因为大容量电容器释放能量比较大，故也可能造成集成稳压器损坏。为了防止这一点，可在稳压芯片的输入和输出之间跨接一个二极管，如 1N4001（对于 78XX 系列，二极管正极接输出端；而 790XX 系列，二极管负极接输出端），稳压器正常工作时，该二极管处于截止状态。如果电路负载较大，需要在三端固定输出集成直流稳压芯片上加散热片。

实验电路参数选取如下：$C_1 = 0.33\mu F$，$C_2 = 0.1\mu F$，$C_3 = 47\mu F/50V$。输入电压 +9V，测量稳压器输出电压。注意 LM7905 需要接负电源。

4. 三端可调输出集成直流稳压电路

三端固定输出集成直流稳压电路的缺点是输出电压不能调节。而三端可调输出集成直流稳压芯片既保留了结构简单的优点，又克服了输出电压不能调节的缺点，且电压稳定度大为提高。三端可调输出集成直流稳压芯片和使用较少的外围元件，就可以组成精密可调的稳压电路，产品有 LM117、LM217 和 LM317 等系列，其输出电压一般在 1.25 ~ 35V 之间连续可调，对应最大输出电流有三种规格，如 LM317L 表示 0.1A、LM317M 表示 0.5A、LM317 表示 1.5A。图 2-68 所示为 LM317 器件及典型应用电路。

二极管 VD 用于防止输出短路，因为 C_2 会通过调整端放电而损坏稳压芯片。R、RP 组成采样电路，改变 RP 可以改变采样比，因此输出电压可通过可变电阻 RP 调节。在三端可

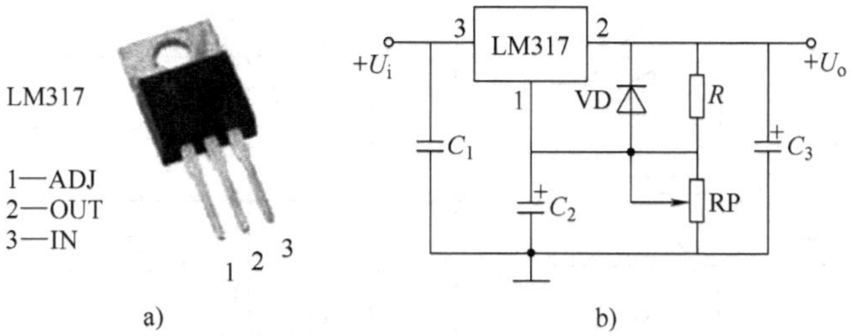

图 2-68 LM317 器件及典型应用电路
a）LM317 器件图 b）LM317 典型应用电路

调输出集成稳压器的内部，输出端和公共端之间是 1.25V 的参考基准电压，由于基准电流很小，仅有 50mA 左右，并且由特性很好的恒流源提供，即不受供电电压的影响，可以略去，所以输出电压的公式为

$$U_o \approx 1.25 \times \left(1 + \frac{RP}{R}\right) \quad (2\text{-}75)$$

当 RP = 0 时，输出电压为 1.25V。在空载情况下，为了给 LM317 的内部电路提供回路，并保证输出电压的稳定，电阻 R 不能选得过大，一般选择 $R = 100 \sim 120\Omega$。调整端上对地的电容 C_2用于旁路电阻 RP 上的纹波电压，改善稳压器输出的纹波抑制特性。一般 C_2的取值在 10mF 左右。

实验电路参数选取如下：输入电压为 $U_i = +12V$，$R = 120\Omega$，$RP = 5k\Omega$，$C_1 = 0.1\mu F$，$C_2 = 10\mu F/50V$，$C_3 = 47\mu F/50V$，二极管 VD 为 1N4001。调节可变电阻 RP，测量稳压电路的输出电压。

图 2-69 所示为由 LM317 组成的 0 ~ 30V 连续可调的稳压电路，图中电阻 R_2、稳压管 VD_Z 组成稳压电路，使 A 点电位为 -1.2V，当 RP = 0 时，A 点电位与芯片内部的参考基准电压相互抵消，便可以使输出 $U_o = 0V$。

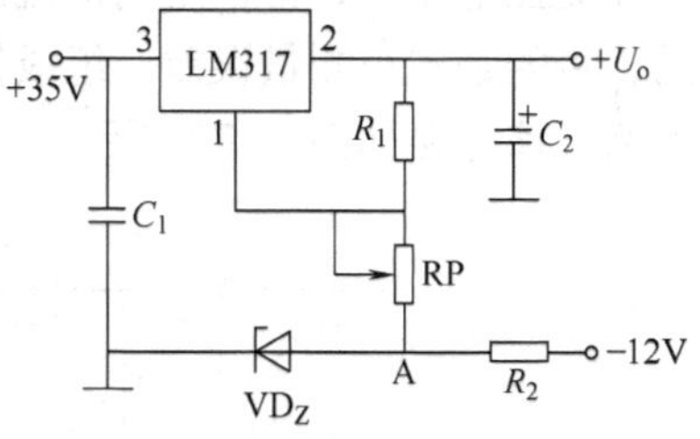

图 2-69 由 LM317 组成的 0 ~ 30V 可调直流稳压电路

实验电路参数选取如下：$R_1 = 120\Omega$，$R_2 = 680\Omega$，$RP = 5k\Omega$，$C_1 = 0.1\mu F$，$C_2 = 47\mu F/100V$，稳压二极管为 LM113。

5. 双电源电路

图 2-70 所示为由 LM7812 和 LM7912 组成的双电源电路，变压器输出两路交流电压，经整流桥整流，电容滤波，得到 ±15V 直流电压。经过 LM7812 和 LM7912 稳压电路，得到 ±12V 直流电压。

实验电路参数选取如下：$C_1 = C_5 = 470\mu F/100V$，$C_2 = C_6 = 0.33\mu F$，$C_3 = C_7 = 0.1\mu F$，$C_4 = C_8 = 100\mu F/100V$。变压器一次侧电源电压 220V，二次侧有两路输出，均为 15V。注意，实验时 220V 接线部分要用胶布或塑料套管绝缘。

6. 单电源变双电源电路

图 2-71 所示为由 LM324 组成的单电源变双电源电路，输出电压比取决于电阻 R_1、R_2 的比值，若 $R_1 = R_2$，则输出电压相等，注意输入的直流电压不能超过芯片的电源电压范围。若对电路输出功率有要求，可以选择功率较大的运算放大器。

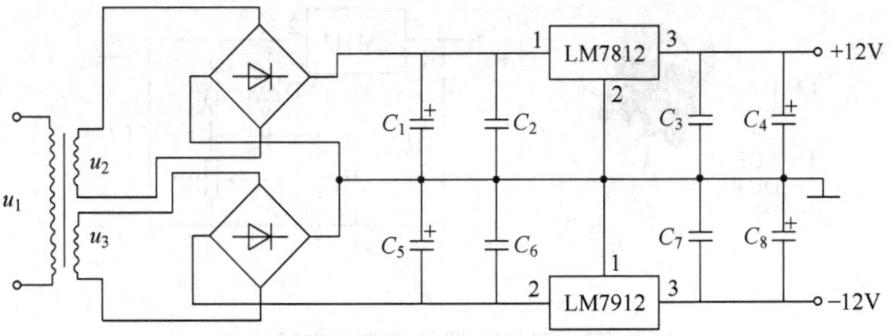

图 2-70　双电源电路

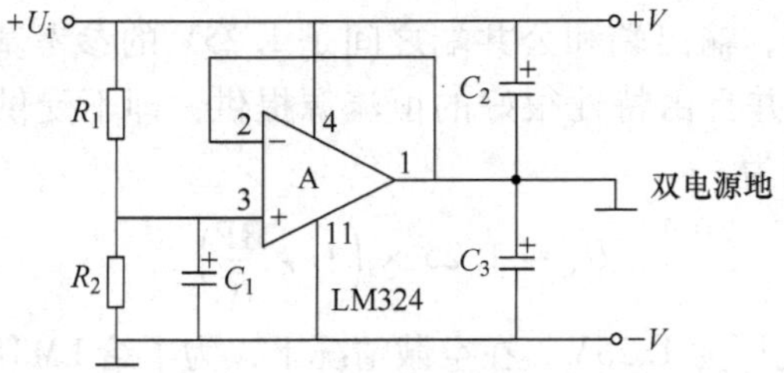

图 2-71　单电源变双电源电路

实验电路参数选取如下：$R_1=R_2=10\text{k}\Omega$，$C_1=10\mu\text{F}/50\text{V}$，$C_2=C_3=100\mu\text{F}/50\text{V}$。输入电压 $U_i=+12\text{V}$，输出电压 $U=\pm6\text{V}$，注意电路输出端的地线位置。

2.9.3　恒流源电路

在测控电路中，常常用到恒流源电路，如有的电阻应变片组成的测量桥路是用恒流源供电的，目的是减小测量误差。组成恒流源电路有多种，可以利用三端集成稳压器件组成恒流源电路，该电路如图 2-72 所示。

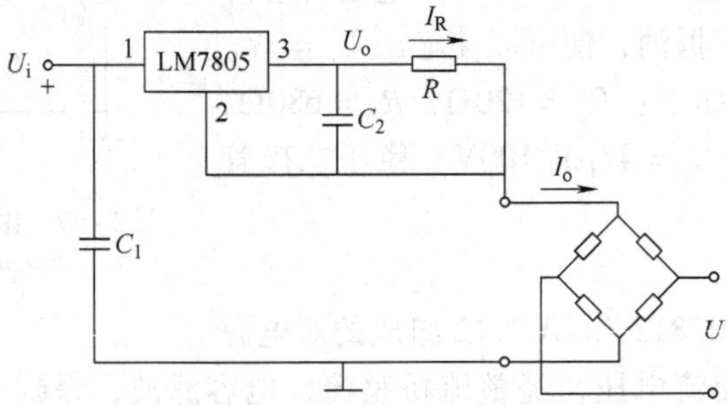

图 2-72　三端集成稳压器件组成的恒流源电路

图中三端集成稳压器 LM7805 工作于悬浮状态，接在输出端和公共端之间的电阻 R 决定了恒流源的输出电流 I_o。从图 2-72 中可知，流过电阻 R 的电流 I_R 为

$$I_R=\frac{U_o}{R}=\frac{5}{R}\tag{2-76}$$

流过负载的电流为

$$I_o=I_R+I_Q=\frac{5}{R}+I_Q\tag{2-77}$$

式中，I_Q为集成稳压器的静态工作电流。当电阻 R 较小，I_R较大的情况下，I_Q的影响可忽略不计。可见，改变电阻 R 的大小，可以改变恒流源电流的大小。

实验电路参数选取如下：$R=100\Omega$，$C_1=0.33\mu F$，$C_2=0.1\mu F$。输入电压 +12V，恒流源电路输出给一个传感器电桥供电。

另外，也可以用三端可调集成稳压器 LM317 组成恒流源电路，该电路如图 2-73 所示。由于集成可调稳压器 LM317 的调整端电流非常小，故该恒流源的电流恒定性及效率均比较高。该恒流源电路的输出电流 I_o为

$$I_o = \frac{1.25}{R} \tag{2-78}$$

若将电阻 R 用电位器代替，便可得到输出电流可调的恒流源。该恒流源的最小输出电流大于 5mA，恒流源的最大输出电流将受到 LM317 最大输出电流的限制。

实验电路参数选取如下：$R=56\Omega$，输入电压 +12V。恒流源电路输出接一组 LED 阵列，该阵列可作为光源使用。

图 2-74 所示为由 LM317 组成的充电器。当电源正常时，+12V 通过二极管 VD_1、VD_2 向电路供电，而二极管 VD_3 处于反相截止。同时，由稳压器 LM317 和电阻 R 组成的恒流源电路向镍-镉电池组充电，当遇到停电时，VD_1、VD_2 截止，VD_3 导通，镍-镉电池组通过 VD_3 向电路供电，实现后备电源自动切换。

实验电路参数选取如下：$R_1=1k\Omega$，$R_2=56\Omega$，二极管 VD_1、VD_2、VD_3均为 1N4007。

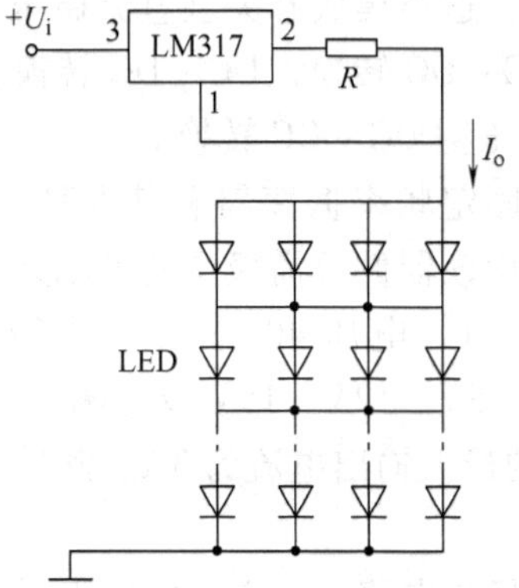

图 2-73　用三端可调集成稳压器构成恒流源电路

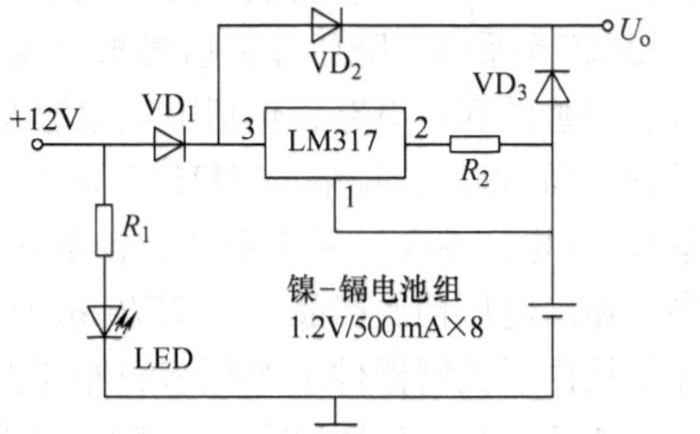

图 2-74　由 LM317 构成的恒流充电器

2.9.4　开关型直流稳压电路

线性直流稳压电源功耗较大、效率低，同时存在电源变压器，因此它的体积较大，而且笨重。随着电子技术的发展，出现了开关型直流稳压电源。开关型直流稳压电源稳压范围宽，效率可达 90% 以上；由于省去了电源变压器，电源的体积小、质量轻。目前开关型稳压电源技术已经比较成熟，广泛应用于电子线路中。开关型稳压电源的缺点是输出纹波电压较大，用于小信号放大电路时，还要采取稳压措施。

1. 开关型直流稳压电路的工作原理

开关型直流稳压电路的原理图可用图 2-75 所示的电路说明。该电路由调整管 VT、*LC*

滤波电路、取样电路、放大电路（误差放大）、比较电路、三角波发生器和基准电源等构成。在控制电路的作用下，调整管 VT 工作在开关状态，将输入电压 U_i变成矩形波，再经滤波电路变为直流电压输出。输出电压的反馈信号经放大、比较后，控制调整管的通、断时间，使输出电压能自动调整，达到稳压的效果。

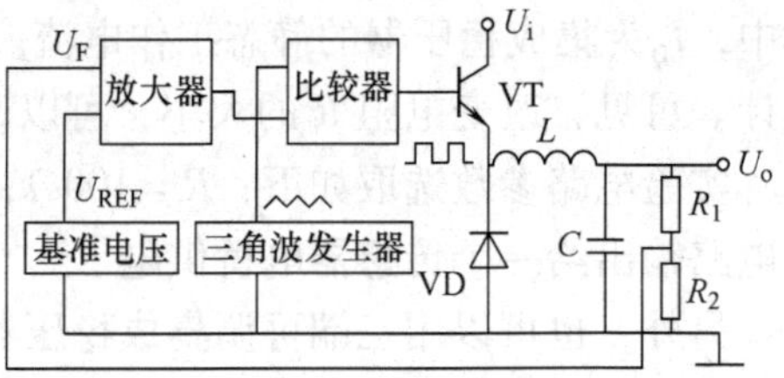

图 2-75　开关型直流稳压电路的原理图

当放大器的输出电压大于三角波的幅度时，比较器输出高电平，对应调整管的导通；反之，比较器输出为低电平，对应调整管的截止。在输入电压一定时，输出电压与占空比成正比，矩形波高电平的时间占整个周期的百分比称为占空比，可以通过改变比较器输出方波的宽度（占空比）来控制输出电压值。

为了稳定输出电压，电路按电压负反馈方式引入反馈。设输出电压 U_o减小，反馈电压 U_F减小，比较器方波输出的占空比增大，调整管导通时间增大，输出电压 U_o上升，因此电路起到了稳压作用。

调整管导通时，向电感充电，当调整管截止时，必须给电感中的电流提供一个泄放通路，续流二极管 VD 即可起到这个作用，有利于保护调整管。

2. 集成开关型直流稳压电路

目前常用的集成开关型直流稳压器有两类：一类是单片式脉宽调制器，这类芯片需要外接功率管；另一类是脉宽调制器和功率管制作在一个芯片上，这类集成开关型直流稳压器使用更方便，目前广泛应用。集成开关型直流稳压器也称为 DC-DC 转换，DC-DC 转换分为三类：升压型 DC-DC 转换、降压型 DC-DC 转换以及升降压型 DC-DC 转换。

LM2576 系列是降压开关型集成直流稳压芯片，它内含固定频率振荡器和基准稳压器，并具有完善的保护电路，包括电流限制及热关断电路等，利用该器件只需极少的外围元器件便可构成高效稳压电路。LM2576 系列包括 LM2576（最高输入电压 40V）及 LM2576HV（最高输入电压 60V）两个系列。各系列产品均提供有 3.3V、5V、12V、15V 及可调（ADJ）等多个输出电压档次产品。LM2576 系列开关稳压集成电路的最大输出电流为 3A。此外，该芯片还提供了控制器件工作状态的外部引脚。

图 2-76 所示为由 LM2576-5.0 构成的集成开关型直流稳压电路。该电路的特点是开关功率管集成在芯片内，外围电路元器件少，输出电压为 5V，输出电流为 3A。输入电压 U_i经 C_1滤波，由芯片的 1 脚接入，芯片的 3、5 脚接地，2 脚通过 L、C_2滤波后输出，VD 是续流二极管，4 脚是反馈输入端（接 +5V 电压）。LM2576 的 5 脚输入电平可用于控制 LM2576 的工作状态，输入电平与 TTL 电平兼容。当输入为低电平时，LM2576 正常工作；当输入为高电平时，LM2576 停止输出，进入低功耗状态。

实验电路参数选取如下：$C_1 = 100\mu F/50V$，$C_2 = 1000\mu F/50V$，$L = 100\mu H$，二极管 VD 为 1N5822。输入电压 12～15V，输出电压 +5V。

图 2-77 所示为采用 LM2576-ADJ 构成可调的直流稳压电路。芯片控制端 4 脚接于可变电阻 RP 和电阻 R 组成的分压电路上，改变 RP 即可改变分压比，就能调节其输出电压大小。$U_o = U_{REF}(1 + RP/R)$，其中 U_{REF}为稳压芯片内部取样电路基准电压，电压值为 1.23V。

实验电路参数选取如下：$R = 1.2k\Omega$，$RP = 50k\Omega$，$C_1 = 100\mu F/50V$，$C_2 = 1000\mu F/50V$，

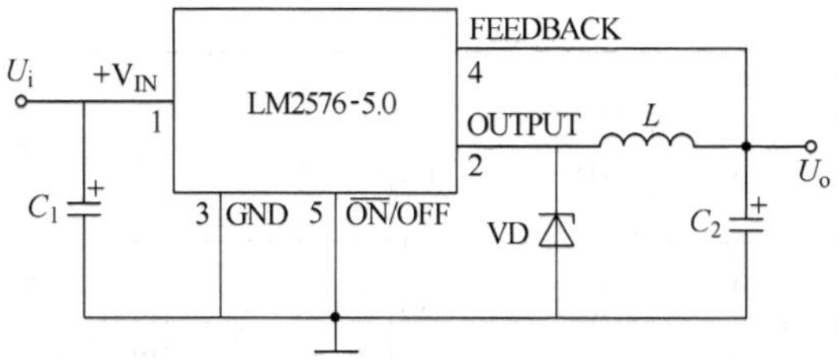

图 2-76　采用 LM2576-5.0 构成的集成开关型直流稳压电路

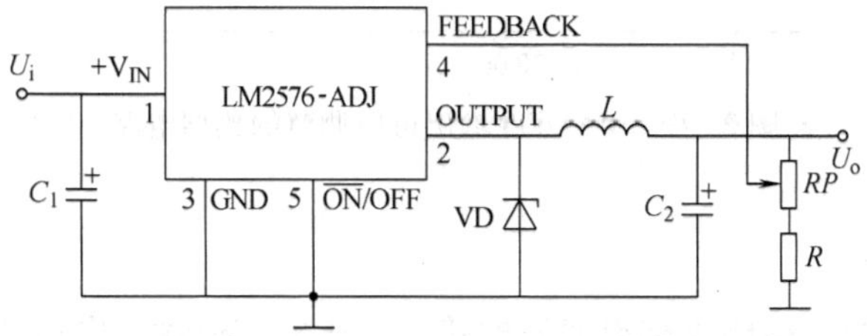

图 2-77　采用 LM2576-ADJ 构成可调的直流稳压电路

$L=100\mu H$，二极管 VD 为 1N5822。输入电压 12～15V，通过调整电位器，使得输出电压在 1.23～+9V 范围。

MAX606/MAX607 是可调升压式 DC-DC 变换器，输入电压范围 +3～+5.5V，输出电压 +5、+12V 或可调，静态电流分别为 250μA(MAX606) 和 150μA(MAX607)，输出电流在 60mA 时，输出电压 12(1±4%)V，掉电电流的典型值为 1μA。采用 MAX606 输出 +12V 的典型电路如图 2-78 所示，该电路输入电压为 +5V，输出电压 +12V，芯片的反馈输入端（2 脚）接地。

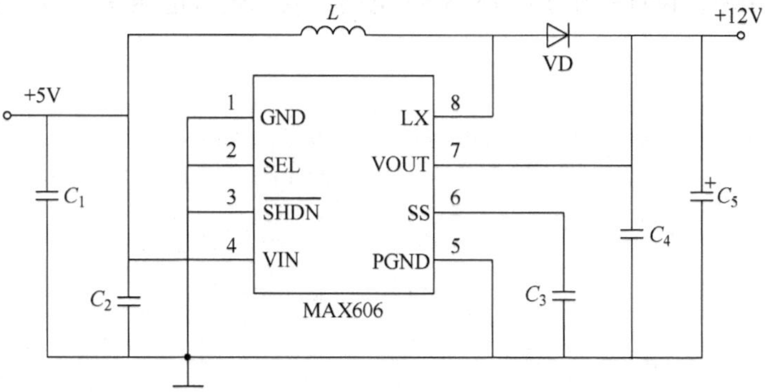

图 2-78　采用 MAX606 输出 +12V 典型电路

实验电路参数选取如下：$C_1=C_4=0.1\mu F$，$C_2=1\mu F$，$C_3=0.01\mu F$，$C_5=10\mu F/50V$，电感 $L=10\mu H$，二极管 VD 为 1N4719。

图 2-79 所示为输出可调的典型电路。该电路输入电压为 +5V，输出电压 +5～+12V 可调，通过调节可变电阻 RP，可以设定输出电压。

实验电路参数选取如下：$R=10k\Omega$，$RP=10k\Omega$，$C_1=C_4=0.1\mu F$，$C_2=1\mu F$，$C_3=0.01\mu F$，$C_5=10\mu F/50V$，电感 $L=10\mu H$，二极管 VD 为 1N4719。

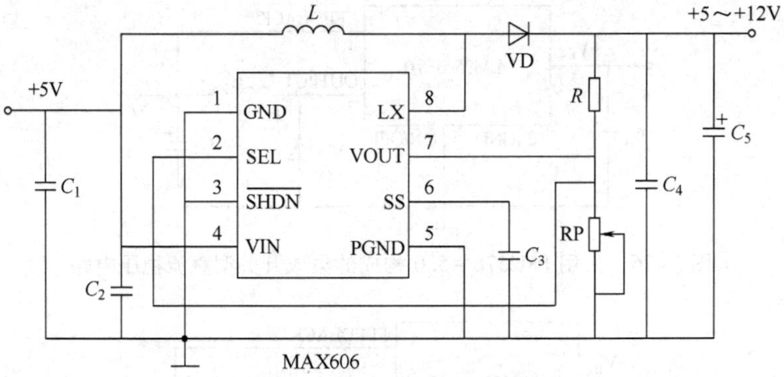

图 2-79　MAX606 输出可以调节的典型电路

2.9.5　设计与实践

1. 设计一个简单的单相桥式整流滤波电路，变压器交流输入电压 220V，频率 50Hz，要求输出直流电压 +12V，电流 0.5A。

2. 利用三端固定输出集成稳压器，设计一个双路直流稳压电路，要求输出电压 ±5V，电流 3A。输入端采用桥式整流和滤波。

3. 利用三端可调输出集成稳压器，设计一个直流稳压电路，要求输出电压 +3 ~ +9V，连续可调，电流 0.5A。

4. 利用三端可调输出集成稳压器件，设计一个恒流源电路，输入电压 +12V，最大输出电流 500mA。

5. 采用 LM2576 芯片设计、制作一个 +12V 转换 +6V 的电路。

6. 选用 MAX606，设计一个 DC/DC 转换电路，要求输入电压 +3.3V，输出电压 +5V。

第 3 章　数字电路技术

能够对数字信号进行算术运算、逻辑运算、存储、传输及显示的电路称为数字电路。由于数字电路有逻辑运算功能，所以又称为数字逻辑电路。数字信号的特点是离散的，它用一系列高、低电位组合表示相关信息，高电位用 1 表示，低电位用 0 表示，可以看出数字信号可以用二进制代码表示。数字电路广泛应用于计算机和逻辑控制领域，数字电路虽然工作在开关状态，通过模拟/数字转换电路，也可以实现对模拟信号的量化。

数字电路技术应用是利用电路的脉冲计数、算数运算、逻辑判断和数码显示等功能，完成信息处理等任务，如逻辑判断电路、数字式石英钟电路和数字通信电路等。

3.1　基本应用电路

现代的数字电路是由若干数字集成器件构成的，逻辑门是数字逻辑电路的基本单元。从整体上看，数字电路可以分为组合逻辑电路和时序逻辑电路两大类。组合逻辑电路由最基本的逻辑门电路组合而成，特点是输出值只与当时的输入值有关，电路没有记忆功能，输出状态随着输入状态的变化而变化，如加法器、译码器、编码器、数据选择器等都属于此类；时序逻辑电路是由最基本的逻辑门电路加上反馈逻辑回路或器件组合而成的电路，与组合电路最本质的区别在于时序电路具有记忆功能。时序电路的特点是输出不仅取决于当时的输入值，而且还与电路过去的状态有关，如触发器、锁存器、计数器、移位寄存器等都属于此类。

3.1.1　触发器与移位寄存器

1. 触发器

触发器具有两个稳定状态，用以表示逻辑状态“1”和“0”，在一定的外界信号作用下，可以从一个稳定状态翻转到另一个稳定状态，它是一个具有记忆功能的二进制信息存储器件，是构成多种时序逻辑电路的基本器件之一。触发器按功能可分为 RS 触发器、D 触发器、JK 触发器和 T 触发器；按电路的触发方式可分为主 - 从触发器和边沿触发器（包括上升边沿触发器和下降边沿触发器）两类。目前 TTL 集成触发器主要有边沿 D 触发器（74LS74）、边沿 JK 触发器（74LS112）与主 - 从 JK 触发器（74LS76）等。利用这些触发器可以转换成其他功能的触发器，但转换成的触发器其触发方式并不改变。图 3 - 1 所示为触发器的逻辑符号图。

集成触发器通常有的异步置位/复位输入端、时钟输入端和控制输入端。异步置位、复位输入端一般用$\overline{S_D}$、$\overline{R_D}$表示，低电平有效。当$\overline{S_D}$或$\overline{R_D}$端有驱动信号时，触发器的状态不受时钟脉冲与控制输入端所处状态的影响；集成触发器的时钟输入端，用 CP 表示，在$\overline{S_D}=\overline{R_D}=1$情况下，只有 CP 脉冲作用时才能使触发器根据控制输入端的信号进行状态更新，在数字逻辑器件的符号图上，输入端没有圆圈，表示在高电位有效，若输入端有圆圈，则表示

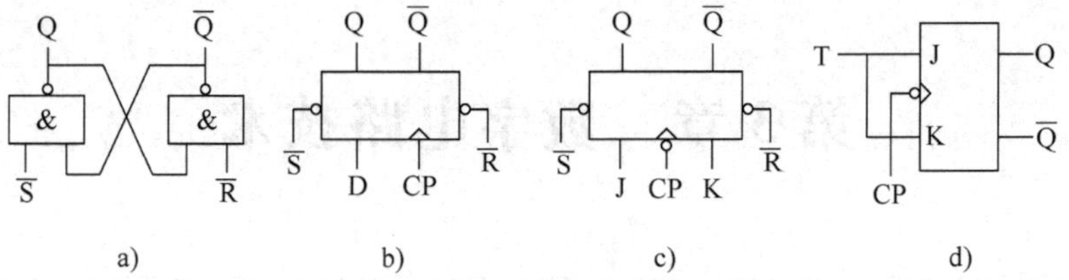

图 3-1　触发器的逻辑符号

a）基本 RS 触发器　b）D 触发器　c）JK 触发器　d）由 JK 触发器构成的 T 触发器

低电位有效，如在图 3-1b 中，是用 CP 脉冲的上升沿更新触发器状态；集成触发器的控制输入端，用 D、J、K 等表示。在异步置位、复位输入端对电路没有影响的情况下，加在控制输入端的信号通过时钟使触发器状态更新，即触发器的输出根据它来变化。

2. 寄存器/移位寄存器

具有暂时存储数据（操作数或运算的中间结果）功能的逻辑电路称为寄存器，寄存器由触发器组成。一个触发器只能存放一位二进制数，因此如果要存放 N 位二进制数，就得使用 N 个触发器，N 位二进制数可以在时序的控制下并行输入、输出。如果前一级触发器的输出与后一级的输入相连，并且各个触发器都受同一个时钟脉冲的控制，那么寄存器中的二进制信息就能够进行逐位左移或右移，该功能电路称为移位寄存器。移位寄存器是电子计算机、通信设备和其他数字系统中广泛使用的基本逻辑部件之一，常常用于串行通信、计数及二进制数的乘除运算等。

图 3-2 所示为利用两片 74LS194 构成的 8 位双向移位寄存器电路，左边芯片的 Q_3 接右边芯片的 DSR，右边芯片的 Q_0 接左边芯片的 DSL，信号 S_0、S_1、CP、$\overline{CR}$分别接到两个芯片上。在$\overline{CR}=1$ 的前提下，按照 74LS194 的工作模式，S_0、$S_1=00$ 时，各触发器保持原态不变；S_0、$S_1=01$ 时，数据右移；S_0、$S_1=10$ 时，数据左移；S_0、$S_1=11$ 时，并行置数。移位寄存器对数据的写入、读出，可以是串行输入，串行输出；可以是串行输入，并行输出；也可以并行输入，并行输出。

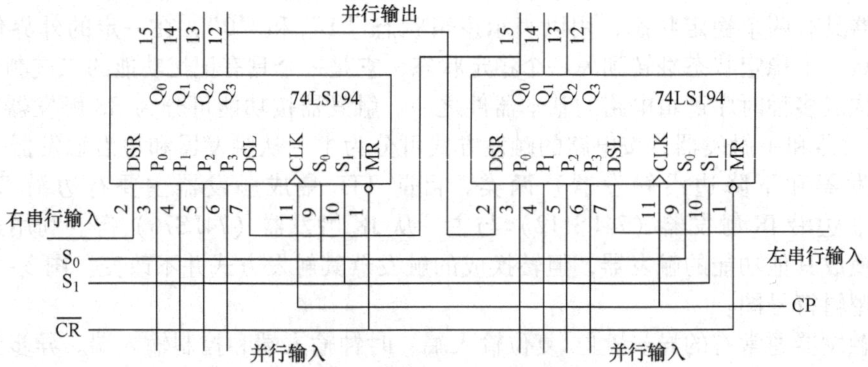

图 3-2　8 位移位寄存器电路

电路实验时，注意参考集成电路考芯片手册，一般在数字电路的原理图中，V_{CC}和 GND 是隐含的，实际使用时需要给芯片提供 +5V 电源。

3.1.2 编码/译码电路

1. 编码电路

在数字电路中一般采用二进制编码。所谓二进制编码，是用二进制代码表示相关对象信息的过程，如计算机的键盘上的数字或字符都定义了编码，当某个键按下，内部编码电路就将该键的二进制编码输入到计算机。n 位二进制代码有 2^n 种状态，可以表示 2^n 个信息。所以，对 N 个信号进行编码时，可用公式 $2^n \geqslant N$ 来确定需要使用的二进制代码的位数 n。

编码器是实现编码操作的电路，按照被编码信号的特点和要求，有二进制编码器，如用门电路构成的 4 线 -2 线编码器、8 线 -3 线编码器等；二 - 十进制编码器，是将十进制的 0 ~ 9编成 BCD 码，如 10 线十进制到 4 线 BCD 码编码器 CD40147 等；优先编码器按输入信号的优先级进行编码，如 8 线 -3 线优先编码器 74LS148 等。编码器的输出状态与输入的编码对应，或者说从输出到输入有唯一的对应关系。

（1）二进制编码器

将信号编为二进制代码的电路称为二进制编码器，图 3-3 所示为 8 线 -3 线编码器的逻辑图，该电路由三个或门组成，输入 I_1 ~ I_7，输出 Y_0 ~ Y_2。

3 位二进制编码器（$2^3=8$ 种状态）可以编制 8 种信息。该电路 I_0 被隐含了，即 I_7 ~ I_1 全为 0 时，输出就是 I_0 的编码。表 3-1 是它的真值表。

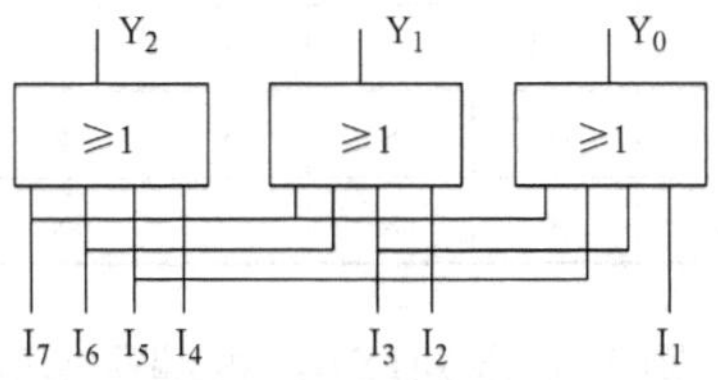

图 3-3　8 线 -3 线编码器逻辑电路图

表 3-1　8 线 -3 线编码器的真值表

输入								输出		
I_7	I_6	I_5	I_4	I_3	I_2	I_1	I_0	Y_2	Y_1	Y_0
0	0	0	0	0	0	0	×	0	0	0
0	0	0	0	0	0	1	×	0	0	1
0	0	0	0	0	1	0	×	0	1	0
0	0	0	0	1	0	0	×	0	1	1
0	0	0	1	0	0	0	×	1	0	0
0	0	1	0	0	0	0	×	1	0	1
0	1	0	0	0	0	0	×	1	1	0
1	0	0	0	0	0	0	×	1	1	1

常见的 8 线 -3 线集成电路芯片有 74LS148 和 CD4532。设计编码器时，一般应考虑“优先级”问题，由此产生优先编码器的概念。优先编码器的设计原则是当多个输入端同时有信号时，电路只对其中优先级别最高的输入信号进行编码，即对下标号最大的位进行编码。

（2）二 - 十进制编码器

二 - 十进制编码是用 4 位二进制数对十进制数的 0 ~ 9 进行编码，该逻辑电路称为二 - 十进制编码器。常用的二 - 十进制编码是 8421 加权码，也简称 BCD 码，输入是十进制数

0～9 的信息码，输出是 4 位二进制代码 0000～1001。10 线－4 线（8421 码）优先编码器常见的集成电路型号有 74LS147 和 CD40147，对于 74LS147 优先编码器的真值表见表 3-2。

表 3-2　74LS147 优先编码器真值表

输入信号									输出信号			
I_9	I_8	I_7	I_6	I_5	I_4	I_3	I_2	I_1	Y_3	Y_2	Y_1	Y_0
1	1	1	1	1	1	1	1	1	1	1	1	1
1	1	1	1	1	1	1	1	0	1	1	1	0
1	1	1	1	1	1	1	0	×	1	1	0	1
1	1	1	1	1	1	0	×	×	1	1	0	0
1	1	1	1	1	0	×	×	×	1	0	1	1
1	1	1	1	0	×	×	×	×	1	0	1	0
1	1	1	0	×	×	×	×	×	1	0	0	1
1	1	0	×	×	×	×	×	×	1	0	0	0
1	0	×	×	×	×	×	×	×	0	1	1	1
0	×	×	×	×	×	×	×	×	0	1	1	0

图 3-4 是 74LS147 的编码实验电路，该器件有 9 个输入端和 4 个输出端，输入低电位有效、输出是反码形式，如 9 的编码是 0110，取反后得 1001。

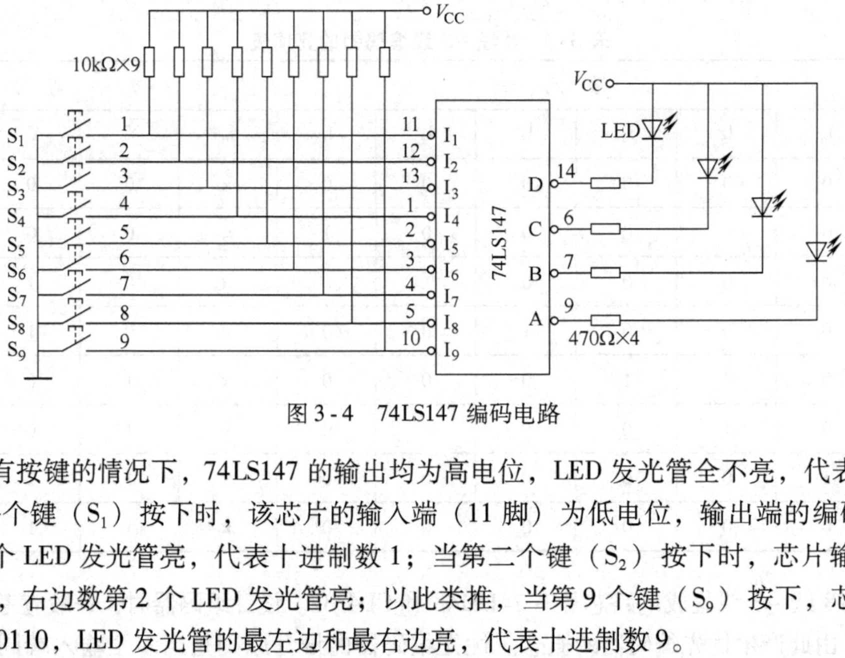

图 3-4　74LS147 编码电路

在没有按键的情况下，74LS147 的输出均为高电位，LED 发光管全不亮，代表十进制数 0。当第一个键（S_1）按下时，该芯片的输入端（11 脚）为低电位，输出端的编码为 1110，右边第一个 LED 发光管亮，代表十进制数 1；当第二个键（S_2）按下时，芯片输出端的编码为 1101，右边数第 2 个 LED 发光管亮；以此类推，当第 9 个键（S_9）按下，芯片输出端的编码为 0110，LED 发光管的最左边和最右边亮，代表十进制数 9。

2. 译码电路

译码是编码的反过程。译码电路输入的是二进制或二－十进制代码，输出则是对应事件的代码，它包括：变量译码器，如 3 线－8 线译码器 74LS138；码制变换译码器，如 4 线－10 线译码器 74LS42；数码显示译码器，如共阳极的 74LS47 与共阴极的 74LS48 译码器等。

译码电路在数字系统中有广泛的用途，不同功能的电路可选用不同类型的译码电路。

变量译码器又称为二进制译码器，用以表示输入变量的状态，电路有 2 线 –4 线、3 线 –8 线和 4 线 –16 线译码器。图 3-5 所示为利用译码器和三态门在总线上进行不同频率信号传输电路，该电路有 74LS125 所含的 4 个独立的三态门和 74LS139 译码器（2 线 –4 线译码器）。三态门的各输入端分别接 1kHz 到 1MHz 的方波信号，其控制端受 2 线 –4 线译码器输出 $Y_0 \sim Y_3$ 的控制，各三态门的输出接到同一个总线上。若译码器的输入端 A_1、A_0 为 00，则 Y_0 为低电平，三态门 A 选通，1kHz 频率通过，若译码器的输入端 A_1、A_0 为 01，则 Y_1 为低电平，三态门 B 选通，10kHz 频率通过，依此类推，通过通道选择可在总线上观察到不同频率的方波信号。注意，使用函数发生器输入方波信号时，应调整信号的直流偏置，幅度取 4V。

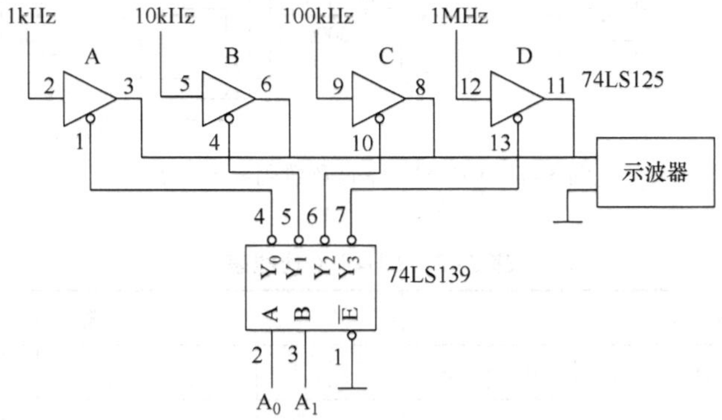

图 3-5　三态门频率选择电路

码制变换译码器的一个应用是把 BCD 码翻译成十进制数字信号，也称为二 – 十进制译码器。二 – 十进制译码器的输入是 4 位二进制 BCD 码，分别用 A_3、A_2、A_1、A_0 表示；输出的是与十进制数字相应的 10 个信号，用 $Y_9 \sim Y_0$ 表示。由于二 – 十进制译码器有 4 根输入线，10 根输出线，所以又称为 4 线 –10 线译码器。

数码显示译码器是将 BCD 码变成七段发光数码管所对应的代码。一位数码管可用来显示一位十进制数和一个小数点。七段发光数码管有共阴极和共阳极之分。对于共阴极数码管，公共端接地，七段发光二极管引脚（a ~ g）接高电位时，数码管才会发光；对于共阳极数码管，公共端接高电位，七段发光二极管引脚接低电位时，数码管才会发光。数码管每段发光二极管的正向压降，为 1.5 ~ 2V，每段发光二极管的点亮电流在 10 ~ 20mA，因此在使用数码管时，注意加限流电阻。

数码管要显示 BCD 码所表示的十进制数字就需要有一个专门的译码器，该译码器不但要完成译码功能，还要有相当的驱动能力。此类译码器型号有 74LS47（共阳）、74LS48（共阴）和 CD4511（共阴）等。

图 3-6 所示为由 CD4511 和七段发光数码完成的译码显示电路。CD4511 芯片具有 BCD 码锁存、共阴极译码和七段数码驱动功能，其内部接有上拉电阻，故只需在输出端与数码段之间串入限流电阻（300Ω 左右）即可驱动数码管工作。CD4511 芯片的 3 脚是测试端，为低电平时数码管显示字符 8，即全亮；芯片的 4 脚是消除显示端，为低电平时数码管不亮；芯片 5 脚是锁存端，为高电平时字符锁存，即输出不随输入变化。译码器还有消除伪码功能，当输入码超过 1001 时，输出位全为“0”，此时数码管熄灭。CD4511 的 A、B、C、D

是 BCD 码输入端，a、b、c、d、e、f、g 为译码输出端，输出“1”有效。七段发光数码管采用共阴极 LED 数码管，显示数字为 0 ~ 9，dp 为小数点显示位，公共端接地，输入端接低电位时，数码管不显示。表 3 - 3 是 CD4511 功能表。

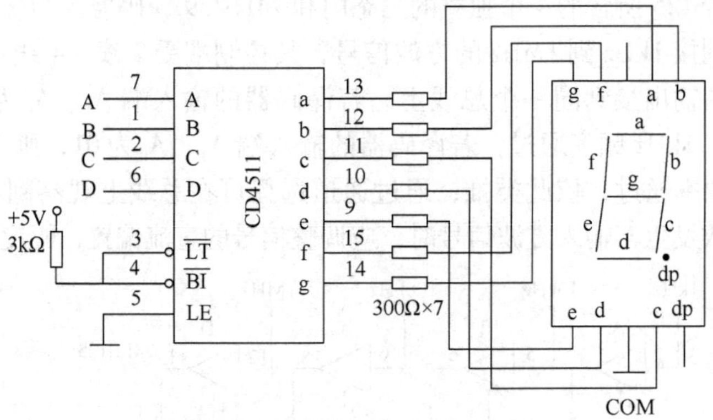

图 3 - 6　CD4511 译码及数码显示电路

表 3 - 3　CD4511 功能表

输　入							输　出							
LE	$\overline{BI}$	$\overline{LT}$	D	C	B	A	a	b	c	d	e	f	g	显示字形
×	×	0	×	×	×	×	1	1	1	1	1	1	1	8
×	0	1	×	×	×	×	0	0	0	0	0	0	0	消隐
0	1	1	0	0	0	0	1	1	1	1	1	1	0	0
0	1	1	0	0	0	1	0	1	1	0	0	0	0	1
0	1	1	0	0	1	0	1	1	0	1	1	0	1	2
0	1	1	0	0	1	1	1	1	1	1	0	0	1	3
0	1	1	0	1	0	0	0	1	1	0	0	1	1	4
0	1	1	0	1	0	1	1	0	1	1	0	1	1	5
0	1	1	0	1	1	0	0	0	1	1	1	1	1	6
0	1	1	0	1	1	1	1	1	1	0	0	0	0	7
0	1	1	1	0	0	0	1	1	1	1	1	1	1	8
0	1	1	1	0	0	1	1	1	1	0	0	1	1	9
0	1	1	1	0	1	0	0	0	0	0	0	0	0	消隐
0	1	1	1	0	1	1	0	0	0	0	0	0	0	消隐
0	1	1	1	1	0	0	0	0	0	0	0	0	0	消隐
0	1	1	1	1	0	1	0	0	0	0	0	0	0	消隐
0	1	1	1	1	1	0	0	0	0	0	0	0	0	消隐
0	1	1	1	1	1	1	0	0	0	0	0	0	0	消隐
1	1	1	×	×	×	×	锁　存							锁存

该译码、显示电路仅完成了译码器 CD4511 和数码管之间的连接，电路实验时，可以用 BCD 码（0000～1001）接至译码器 CD4011 的输入端，在数码管上显示 0～9 数字。

3.1.3 算术逻辑电路

1. 全加器

电子数字计算机最基本的任务之一是进行算术运算，在计算机中的四则运算——加、减、乘、除都可以化成加法运算，因此加法器变成了计算机中最基本的运算单元。

实际的二进制数加法，加数和被加数都不仅是一位数，因此电路需要考虑多位运算和有低位向高位进位的功能。如果用 A_i、B_i表示 A、B 两个数的第 i 位，C_{i-1}表示低位来的进位，C_i是进位位，则根据全加运算的规则可以列出真值表，见表 3-4。

表 3-4 全加器的真值表

A_i	B_i	C_{i-1}	S_i	C_i
0	0	0	0	0
0	0	1	1	0
0	1	0	1	0
0	1	1	0	1
1	0	0	1	0
1	0	1	0	1
1	1	0	0	1
1	1	1	1	1

利用卡诺图化简可以得到 S_i和 C_i的简化函数表达式

$$S_i = A_i \oplus B_i \oplus C_{i-1} \quad (3-1)$$

$$C_i = (A_i \oplus B_i)C_{i-1} + A_iB_i \quad (3-2)$$

图 3-7 是实现式 3-2、式 3-3 表达式的全加器逻辑图。

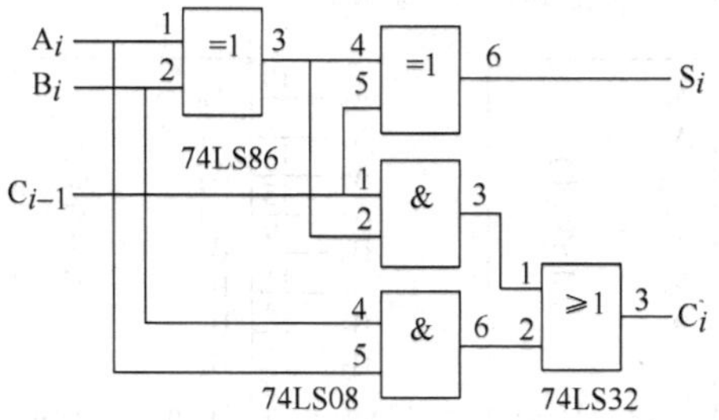

图 3-7 一位全加器逻辑图

要实现两个 n 位二进制数的加法电路，则需要用 n 个一位全加器连接，其方法是进行级联，即最低位的 C_{i-1}接“0”，该位的 C_i接次低位的 C_{i-1}，依次类推，即可完成 n 位二进制数的加法电路。

图 3-8 所示为用两片 74LS283 构成的 8 位二进制加法运算电路，74LS283(Ⅱ)的 C_0接地，C_4接 74LS283(Ⅰ)的 C_0端。电路中，被加数为 $A_8 \sim A_1$，加数为 $B_8 \sim B_1$，相加结果可在 $S_8 \sim S_1$获得。

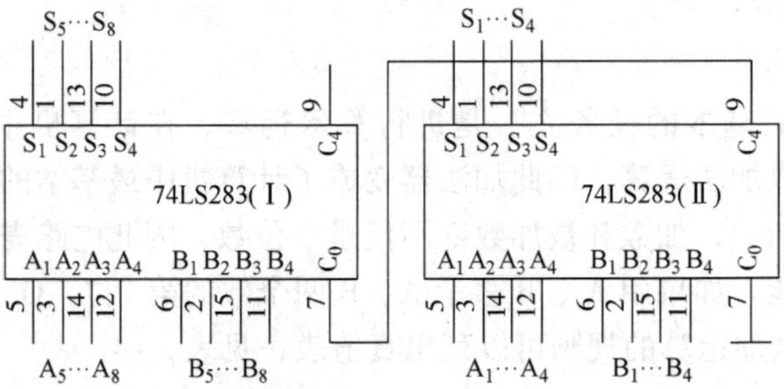

图 3-8　用两片 74LS283 构成的 8 位二进制加法运算电路

2. 数据比较器

数据比较器是用来比较两个二进制数并判别其大小的电路。常用的 4 位集成比较器有 74LS85、CD4585 等，它是将两个 4 位二进制数 $A_3A_2A_1A_0$与 $B_3B_2B_1B_0$进行比较，比较结果通过 $O_{A>B}$、$O_{A<B}$、$O_{A=B}$端输出。若要扩展比较器的位数，就要用到级联输入端 $I_{A>B}$、$I_{A<B}$和 $I_{A=B}$。

4 位比较器的工作原理是由高位往低位逐级比较的，当 $A_i>B_i$时，输出端 $O_{A>B}=1$，其他输出端都输出 0；当 $A_i<B_i$时，输出端 $O_{A<B}=1$，其他输出端都输出 0；当 $A_i=B_i$时，则比较下一位，直到全等时，输出端 $O_{A=B}=1$，其他输出端都输出 0；当比到最低位还相等时，再比级联输入端输入的数据，这时输出就等于级联输入的结果。若在比较的过程中，出现 $A_i \neq B_i$，则级联输入端的信息无效。

图 3-9 所示为用两片 74LS85 构成 8 位二进制数据比较器，两个 8 位二进制数分为高四位 $A_7 \sim A_4$、$B_7 \sim B_4$和低四位 $A_3 \sim A_0$、$B_3 \sim B_0$，它们各用一片芯片进行比较处理。将低四位的级联比较输入端设为 $I_{A>B}$端接地、$I_{A<B}$端接地，$I_{A=B}$端接高电位（低四位全部相等时，不会有错误的输出），将低四位的比较结果分别对应地输出到高四位的级联输入端，即 $O_{A>B}$端接 $I_{A>B}$端、$O_{A=B}$端接 $I_{A=B}$端和 $O_{A<B}$端接 $I_{A<B}$端。

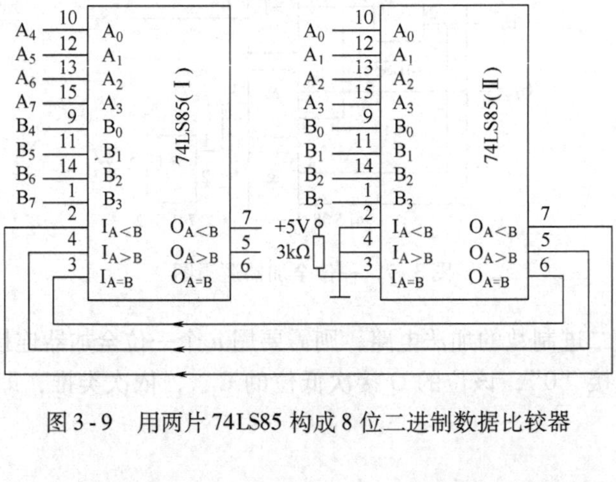

图 3-9　用两片 74LS85 构成 8 位二进制数据比较器

3.1.4 多路选择器与数据分配器

1. 多路选择器

多路选择器又称为“多路开关”。多路选择器在地址码控制下，从若干个数据输入中选择一个，并将其送到公共的输出端。多路选择器的功能类似一个多掷开关，如图 3-10 所示，图中有四路数据 $D_0 \sim D_3$，通过设定控制信号 A_1、A_0（地址码）从四路数据中选择某一路送至输出端 Q。

多路选择器是逻辑设计中应用十分广泛的逻辑部件，它有 2 选 1、4 选 1、8 选 1、16 选 1 等类型。数据选择器的电路结构一般由与或门阵列组成，常用的集成电路数据选择器有 74LS151（8 选 1）和 74LS153（双 4 选 1）等。

74LS151 为互补输出的 8 选 1 数据选择器，电路引脚如图 3-11 所示，其真值表见表 3-5。选择控制端（地址端）为 A、B、C，按二进制译码，从 8 个输入数据 $D_0 \sim D_7$中，选择一个需要的数据送到输出端，$\overline{E}$ 为使能端，低电平有效。当使能端 $\overline{E}=1$ 时，不论 A、B、C 状态如何，均无输出（$Z=0$，$\overline{Z}=1$），多路开关被禁止。当使能端 $\overline{E}=0$ 时，多路开关正常工作，根据地址码 A、B、C 的状态选择 $D_0 \sim D_7$中某一个通道的数据输送到输出端 Z。

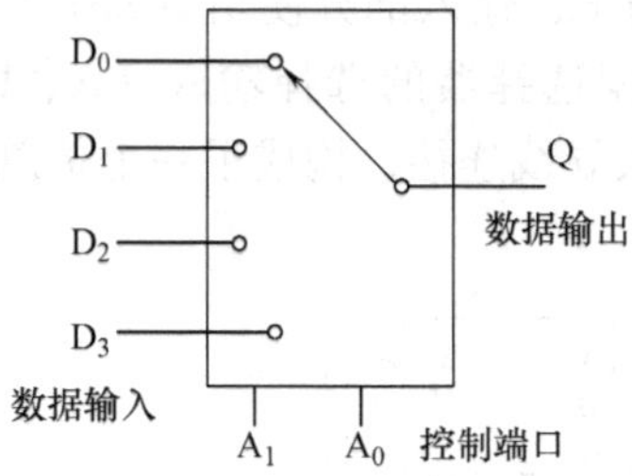

图 3-10　多路选择器电路示意图

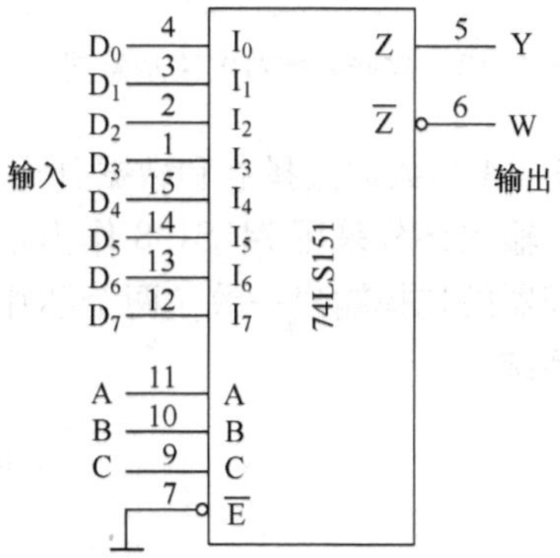

图 3-11　数据选择器 74LS151

表 3-5　数据选择器 74LS151 的真值表

输　入				输　出	
$\overline{E}$	C	B	A	Z	$\overline{Z}$
1	×	×	×	0	1
0	0	0	0	D_0	$\overline{D_0}$
0	0	0	1	D_1	$\overline{D_1}$
0	0	1	0	D_2	$\overline{D_2}$
0	0	1	1	D_3	$\overline{D_3}$
0	1	0	0	D_4	$\overline{D_4}$
0	1	0	1	D_5	$\overline{D_5}$
0	1	1	0	D_6	$\overline{D_6}$
0	1	1	1	D_7	$\overline{D_7}$

2. 数据分配器

数据分配器的作用与数据选择器恰好相反，它有一个数据输入端，有多个数据输出端。地址码控制输入数据从多个输出端的某一路输出，其电路示意图如图 3-12 所示，图中有一路输入信号 D，通过选择控制信号 A_1、A_0（地址码），在 4 路数据输出端（Y_0 ~ Y_3）中选择某一路输出。

常用的集成电路数据分配器有 74LS137（8 选 1 锁存译码器/多路转换器）、74LS138（3 线 -8 线译码器/多路转换器）、74LS139（双 2 线 -4 线译码器/多路转换器）等。图 3-13 所示为 74LS138 多路转换器的应用，74LS138 是数字电路常用的 3 线 -8 线译码器，是带有"使能"端的译码器，从这一点可以看出多路分配器也是一种译码器。

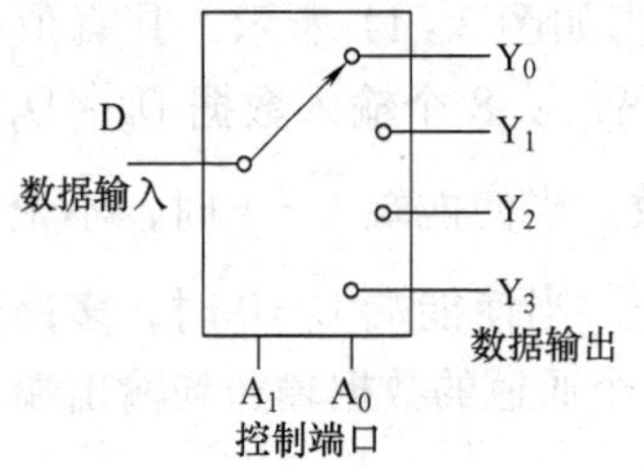

图 3-12　数据分配器电路示意图

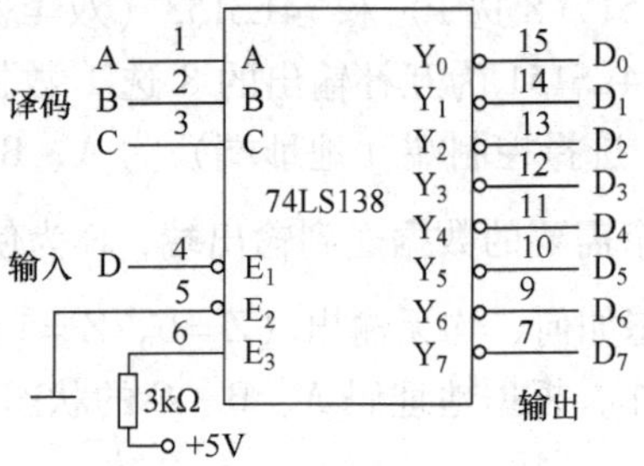

图 3-13　多路转换器 74LS138

图 3-14 是数据选择器和数据分配器联合使用的例子，输入部分使用 74LS151 作为数据选择器，输出部分采用 74LS138 作为数据分配器，数据选择器的选择输入（A、B、C）与数据分配器的选择输出一致，两个芯片的传输通过一根导线连接，构成了一个单总线串行数据传输系统。

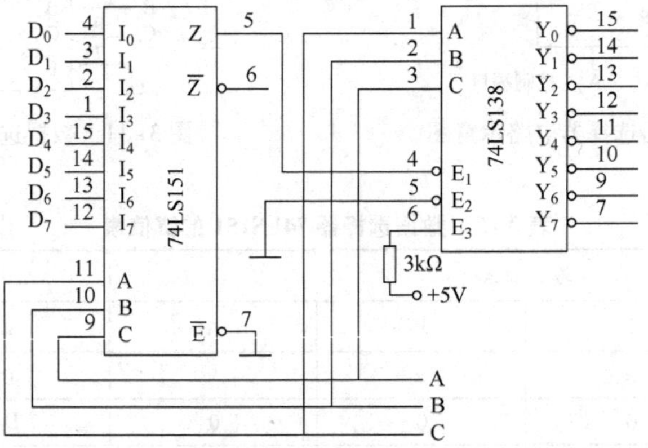

图 3-14　数据选择器和数据分配器联合使用

输入通道的数据 D_i 被多路开关的选通信号选通，送到单总线上传输。在数据分配器一侧，使能端 E_1 接收串行数据，在选通信号的作用下分配到相应的输出通道上。多路数据的选择与分配，完全由地址变量（选通信号）决定，只要数据输入与地址输入同步，则选择器与分配器的开关在相应位置上同时接通或断开。

例如，将电路的 A、B、C 都接地（地址选择编码为 000），则发送端选通 D_0 位数据传送；在接收端，由于 A、B、C 同时接地，74LS138 由 Y_0 输出信号，这样，D_0 的变化（高、低电位）直接传送到 Y_0 端。如果变换地址选择编码为 001，将会把 D_1 的信号传到 Y_1 端，以此类推。

3.1.5 加、减计数器

计数器的应用十分广泛，不仅可用来计数，也可用于数字系统的分频、定时、数字运算以及其他特定的逻辑功能。计数器种类很多，根据计数体制不同，计数器可分为二进制计数器和非二进制计数器两大类。在非二进制计数器中，最常用的是十进制计数器，其他的称为任意进制计数器。根据计数器的增减趋势的不同，计数器可分为加法计数器和减法计数器。根据计数脉冲引入方式不同，计数又可分为同步计数器和异步计数器。

目前，无论是 TTL 还是 CMOS 集成电路，都有品种较齐全的中规模集成计数器。使用者只要借助于器件手册提供的功能表和工作波形图以及引出端的排列，就能正确地运用这些器件。

1. 用 D 触发器构成异步二进制加/减计数器

图 3-15 所示为用 4 个 D 触发器（74LS74）构成的 4 位二进制异步加法计数器，它的连接特点是将每个 D 触发器接成 T 触发器，再由低位触发器的 $\overline{Q}$ 端与高一位的 CP 端相连接。$\overline{R_D}$是清零信号，与每个触发器的清零端相连。

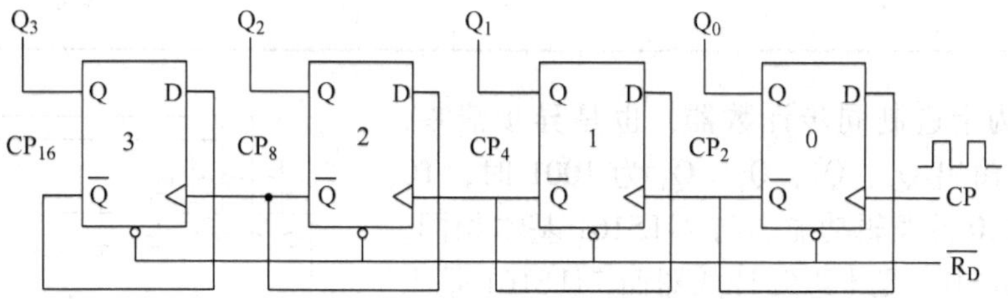

图 3-15　4 位二进制异步加法计数器

若将图 3-15 稍加改动，将低位触发器的 Q 端与高一位的 CP 端相连接，即构成一个 4 位二进制减法计数器。

4 位二进制加法计数器从起始状态 0000 到 1111 共 16 个状态，因此，它是一个十六进制加法计数器，也称为模 16 加法计数器。根据触发器的功能可以得出，Q_0的周期是 CP 脉冲周期的 2 倍，Q_1的周期是 CP 脉冲周期的 4 倍，Q_2的周期是 CP 脉冲周期的 8 倍，Q_3的周期是 CP 脉冲周期的 16 倍。所以 Q_0、Q_1、Q_2、Q_3分别实现了 2、4、8、16 分频，这就是计数器的分频作用。

2. 集成计数器

在实际应用中，一般很少使用单个触发器组成计数器，而是直接选用中规模集成计数器，如 74LS160、74LS161、74LS90、74LS290、CD4017 和 CD4020 等。

74LS161 是同步置数、异步清零的 4 位二进制加法计数器，具有计数、保持、预置、清 0 功能。CLK 为计数脉冲输入端，上升沿有效；$\overline{MR}$为异步清 0 端，低电平有效，只要$\overline{MR}=0$，立即有 $Q_3Q_2Q_1Q_0=0000$，与 CLK 无关；$\overline{PE}$为同步预置端，低电平有效，当$\overline{MR}=1$，$\overline{PE}=0$，在 CLK 上升沿来到时，才能将预置输入端的数据送至输出端；CEP、CET 为计数器允许控制端，高电平有效，只有当$\overline{MR}=\overline{PE}=1$，CEP = CET = 1，在 CLK 作用下计数器才能正常计数。当 CEP、CET 中有一个为低时，计数器处于保持状态，CEP、CET 的区别是 CET 影响进位输出，而 CEP 则不影响；TC 为串行进位输出，$TC = Q_3Q_2Q_1Q_0CET$，仅当 CET = 1 且计数状态为 1111 时，TC 才变高，并产生进位信号。74LS161 的功能见表 3-6。

表 3-6　74LS161 的功能表

输入									输出			
$\overline{MR}$	$\overline{PE}$	CEP	CET	CLK	P_3	P_2	P_1	P_0	Q_3^{n+1}	Q_2^{n+1}	Q_1^{n+1}	Q_0^{n+1}
L	×	×	×	×	×	×	×	×	L	L	L	L
H	L	×	×	↑	D_3	D_2	D_1	D_0	D_3	D_2	D_1	D_0
H	H	H	H	↑	×	×	×	×	计数			
H	H	L	×	×	×	×	×	×	保持			
H	H	×	L	×	×	×	×	×	保持			

74LS160 为十进制同步计数器，也是异步清零，当 74LS160 的输出 Q_3、Q_2、Q_1、Q_0 为 1001 时，TC 输出 1，74LS160 的逻辑功能表与 74LS161 基本相同，所不同的是 74LS160 是十进制计数器而 74LS161 是十六进制计数器。另外，74LS90、74LS290 是二－五－十进制计数器，它由二进制计数器和五进制计数器构成，通过组合可以构成十进制计数器。

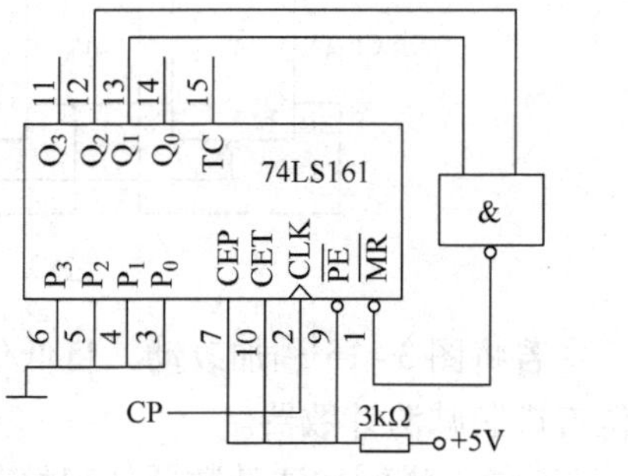

图 3-16　由 74LS161 构成六进制计数器

图 3-16 所示为由 74LS161 及 74LS00 构成的六进制计数器，该电路是借助异步清零的功能，实现六进制计数器。设计数器初态为 0000，在前 5 个脉冲作用下，计数器按 4 位二进制规律正常计数，当第 6 个计数脉冲到来后，计数器的状态为 0110，通过与非门，使$\overline{MR}$从“1”变为“0”，通过异步清零的功能，使芯片内部 4 个触发器被清零，从而实现了六进制计数。如果要观察计数效果，可以在输出端接入 CD4511 译码芯片和七段共阴极数码管。

3. 任意 *M* 进制计数器

当 *M* 值小于集成计数芯片本身计数的最大值时，通过输出端到复位端的逻辑设定即可以实现。当 *M* 值大于集成计数器本身计数最大值时，可采用级联法，即用多个计数芯片构成任意进制计数器。计数芯片级联的方式有两种：一是串行进位方式，以低位芯片的进位输出信号 TC 作为高位片的时钟输入信号 CP；二是并行进位方式，计数脉冲同时给到各芯片的 CP 端，以低位芯片的进位输出信号 TC 作为高位片的工作状态控制信号 EP 和 ET。

图 3-17 所示为 56 进制计数器电路，它用两片 74LS160 分别构成十进制计数器，然后进行级联。计数器的高位的 Q_2、Q_0 和低位的 Q_2、Q_1 分别接到通过 74LS20 输入端，其输出接计数器的清零端。这样，在前 55 个脉冲作用下，计数器按十进制规律正常计数，当第 56 个 CLK 脉冲到达后，两个 74LS160 同时被置成 0 状态。

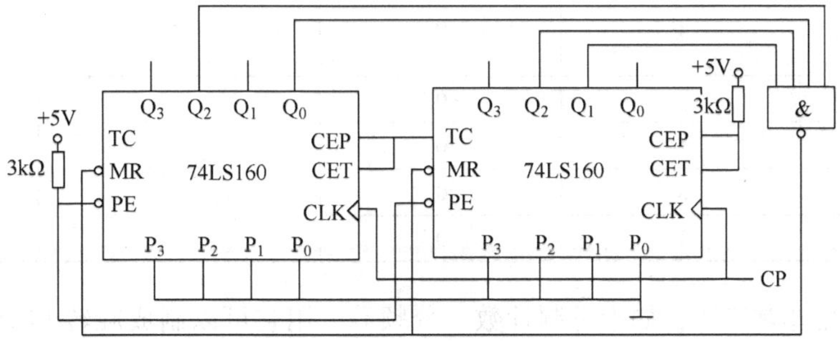

图 3-17　实现 56 进制的计数电路

该电路如果不接清零信号（MR = 1），可以实现 100 进制计数，即计数值在 0 ~ 99 之间变化。该电路如果变换清零回路，把计数器输出进行组合，并配合相应的“与非”门电路，可以实现任意 M 进制电路（$M < 100$）。

3.1.6　脉冲分配器

在数字控制电路中，需要不同节拍出现的脉冲信号，用来控制和协调数字电路系统各部分有序的工作。脉冲分配器的作用是产生多路顺序脉冲信号，一般由计数器和译码器组成，输入的脉冲信号，经二进制计数器和译码器之后，输出 2^n 路顺序脉冲输出。常见的时序脉冲发生器有 CD4017、CD4022 和 74LS142 等。

1. CD4017 脉冲分配器

CD4017 所示为十进制计数器/脉冲分配器，有 Q_0 ~ Q_9 共 10 个输出端。计数器有时钟输入端 CLK 和使能端 $\overline{\text{ENA}}$。当 $\overline{\text{ENA}}$ = 0 时，计数脉冲由 CLK 端输入，在脉冲上跳沿时触发计数。另外，该计数器有清零功能，当清零端 RST = 1 时，输出端 Q_0 输出高电平，Q_1 ~ Q_9 输出低电平。CD4017 的芯片引脚图如图 3-18 所示。

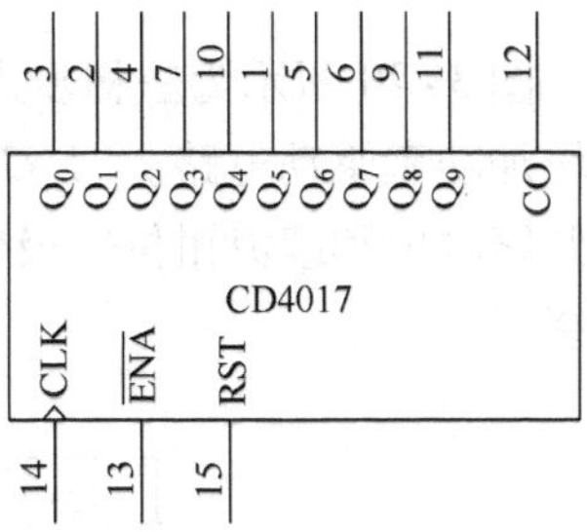

图 3-18　CD4017 的引脚图

CD4017 的功能见表 3-7，CD4017 的基本功能是对输入脉冲进行十进制计数，并按照输入脉冲的顺序，将脉冲分配到 Q_0 ~ Q_9 十个输出端。计满 10 个脉冲后，计数器复位，同时输出一个进位脉冲。

表 3-7　CD4017 的功能表

输　入			输　出	
CLK	ENA	RST	Q_0 ~ Q_9	CO
×	×	1	Q_0 = 1，Q_1 ~ Q_9 = 0	CO = 1

（续）

输 入			输 出	
↑	0	0	计 数	计数脉冲 $Q_0 \sim Q_4$： CO = 1 $Q_5 \sim Q_9$： CO = 0
1	↓	0		
0	×	0	保 持	CO = 1
×	1	0		
↓	×	0		
×	↑	0		

CD4017 应用非常广泛，如十进制计数、分频等，用它可以制成旋转 LED 流水灯电路、多路切换开关电路等。

2. CD4017 与步进电动机的环形脉冲分配器

CD4017 与 ULN2803 配合可用于步进电动机的控制，ULN2803 是 8 路 NPN 达林顿连接晶体管阵系列芯片，特别适用于逻辑数字电路（如 TTL、CMOS 等）和大电流、电压电路之间的接口，广泛应用于继电器、步进电动机控制等。图 3 - 19 所示为 ULN2803 的内部结构图。

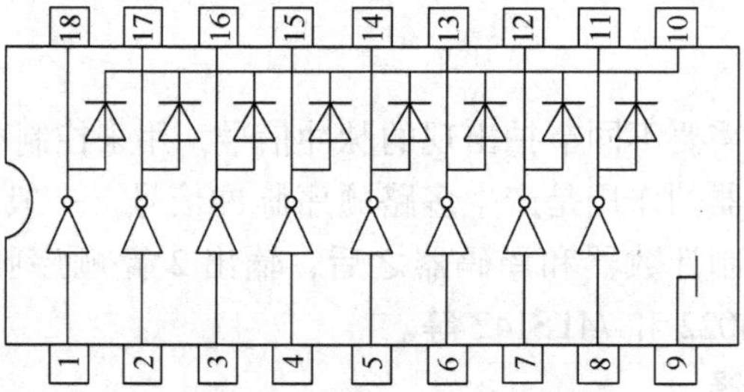

图 3 - 19　ULN2803 的内部结构图

图 3 - 20 所示为三相步进电动机的驱动电路图，为使数字电路能够驱动步进电动机，需要增加功率驱动电路。ULN2803 的驱动负载电流为 500mA，驱动电压达 50V，器件具有集电极开路输出和续流钳位二极管，用于抑制跃变。图中，A、B、C 分别表示步进电动机的三相绕组。

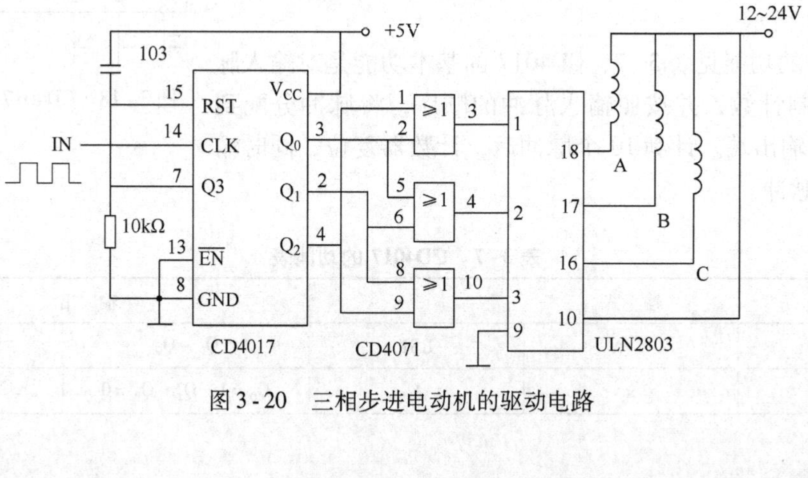

图 3 - 20　三相步进电动机的驱动电路

三相步进电动机的工作方式有多种。当通电顺序为 A→B→C→A 循环过程时，步进电动机 A、B、C 各相顺次接通的过程是整步工作方式，也称为“三相单三拍”方式，该方式每步只有一相通电，一个循环换相三次，该方式虽然能使步进电动机工作，但缺点是不够稳定，容易产生丢步。通常采用的是 AB→BC→CA→AB 方式循环通电，此时步进电动机每步有两相同时通电，也称为“三相双三拍”方式。图 3-20 就是采用“三相双三拍”的方式控制步进电动机。

该驱动电路的工作原理是：Q_0 为高电位时，A、B 两相同时通电；Q_1 为高电位时，B、C 两相同时通电；Q_2 高电位时，C、A 两相同时通电；Q_3 为高电位时，CD4017 电路复位，又重复上述循环过程。注意，该电路没有控制步进电动机反转装置，如果需要反转，需要把 ULN2803 的 2 脚和 3 脚的连接线交换。

3. JK 触发器与步进电动机控制

三相步进电动机还有“三相六拍”运行方式，即在两相中间插入一个中间相，电动机三相绕组的通电顺序为 A→AB→B→BC→C→CA，要求步进电动机反转时，三相绕组的通电顺序改为 A→AC→C→CB→B→BA。此时完成一个循环需要六拍，每次转过的角度是三拍的一半，也是实现了二细分。

图 3-21 所示为由三个 JK 触发器构成的按三相六拍通电方式的脉冲环形分配器的逻辑电路。三个触发器的置位端、复位端加入复位脉冲之后，其状态是：QA =1，QB =0，QC =0，在 D =1 时，输入一个 CP 脉冲，使 QA =1，QB =1，QC =0，再输入 CP 脉冲，使 QA =0，QB =1，QC =0，依此下去，实现步进电动机的正转状态转换关系。当 D =0 时，步进电动机反转运行。

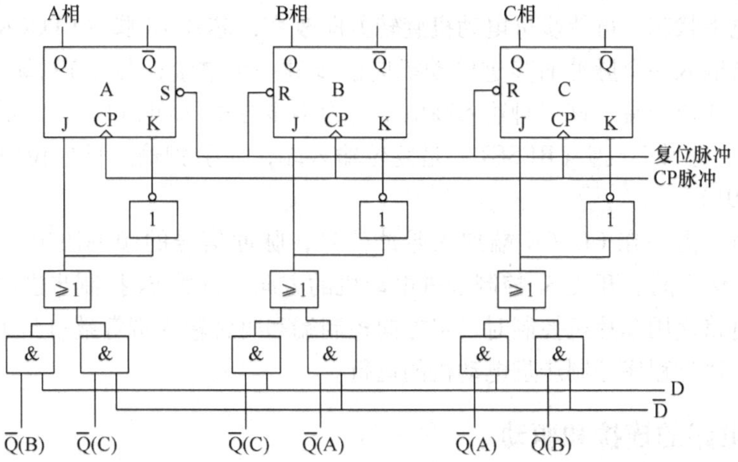

图 3-21　三相六拍通电方式的脉冲环形分配器的逻辑电路

步进电动机在工作时，三相绕组任何时刻都不得出现 A、B、C 三相同时通电或同时断电的情况，所以，脉冲分配器的三路输出不允许出现 111 和 000 两种状态，为此，在给触发器设置初态时，三路输出的预置状态是 100。步进电动机的驱动电路除去使用 ULN2803 外，也可由大功率晶体管、续流二极管组成，另外也可以增加光电隔离电路等。

4. L297 与步进电动机控制

图 3-22 所示为利用 L297 和 L298 芯片实现驱动步进电动机的一种方法，L297 是步进电

动机控制器，适用于双极性两相步进电动机或单极性四相步进电动机的控制，可以设置半步或整步驱动模式。L297 器件的一个显著特点是仅需时钟、方向和模式输入信号，步进电动机所需相位由器件内部产生。L298 芯片是电动机驱动芯片，由连接方式的不同，即可以驱动步进电动机，也可以驱动直流电动机。图中是用 L298 驱动一个二相四线步进电动机，A、B、C 和 D 表示步进电动机的绕组。

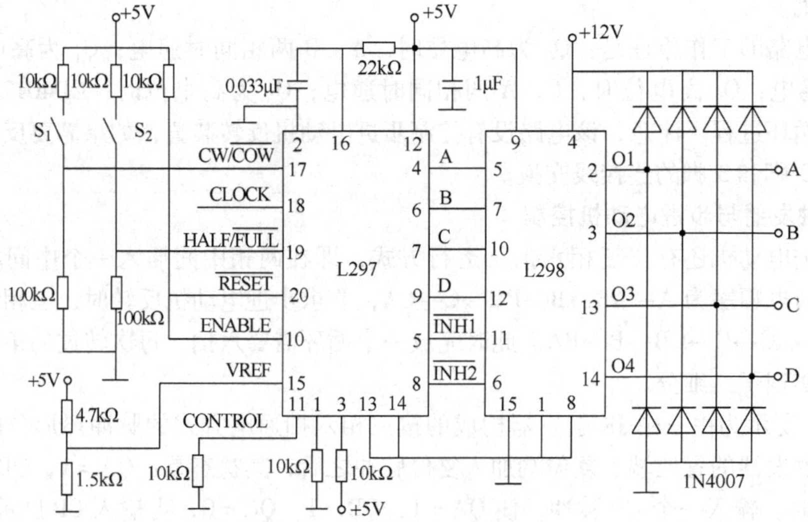

图 3-22　利用 L297 和 L298 芯片实现的驱动步进电动机

L297 芯片的 17 脚（CW/CCW）是方向控制端，当步进电动机四线绕组与 L298 连接后，改变此该脚的电平状态，可使步进电动机旋转方向改变；芯片 18 脚（CLOCK）是步进时钟输入端，该引脚输入一个脉冲时步进电动机向前步进一个增量；芯片 19 脚（HALF/FULL）是半步或全步方式选择端，该引脚输入高电平时为半步方式（四相八拍），低电平时为全步方式（单四拍）；芯片 20 脚（RESET）是复位输入端，此引脚输入低电位时，恢复初始状态（ABCD = 0101）。

电路实验时，需要在 CLOCK 端加入脉冲信号，脉冲信号的频率决定步进电动机的速度，100Hz ~ 3kHz 之间。开关 S_1 控制步进电动机的方向，开关 S_2 控制步进电动机的半步或全步方式。该电路使用单片机控制时，将方向控制端和时钟输入端等端口与单片机 I/O 端口直接连接即可，通过程序控制步进电动机的运行。

3.1.7　逻辑电路的连接和驱动

逻辑电路通常是采用多个集成门电路，并按一定的规律连接起来完成所设计的逻辑功能。随着芯片数量的增加，在实际应用需要考虑输入电压及输出负载的要求。

1. TTL 电路的输入/输出性质

当输入端为高电平时，输入电流是反向二极管的漏电流，电流极小。其方向是从外部流入输入端。当输入为低电平时，电流由电源 V_{CC} 经内部电路流出输入端，电流较大，当与上一级电路衔接时，将决定上级电路应具的负载能力。

高电平输出电压，在负载不大时为 3.5V 左右。低电平输出时，允许后级电路灌入电流，随着灌入电流的增加，输出低电平将升高，一般 LS 系列 TTL 电路允许灌入 8mA 电流，即可吸收后级 20 个 LS 系列标准门的灌入电流，最大允许低电平输出电压为 0.4V。

2. CMOS 电路的输入/输出性质

一般 CMOS 系列芯片的输入阻抗可高达 $10^{10}\Omega$，输入电流一般小于 0.1μA，输入电容一般在 5pF 左右。输入高电平通常要求在 3.5V 以上，输入低电平通常为 1.5V 以下。

CMOS 电路的输出结构具有对称性，故对高、低电平具有相同的输出能力。由于 CMOS 集成电路的输入阻抗极高，因此电路的输出能力仅受输入电容的限制，但是用 CMOS 集成电路驱动同类型器件时，如不考虑速度，一般可以驱动 50 个以上的输入端。当输出端负载很轻时，输出高电平接近电源电压；输出低电平时接近地（公共端）电位。

3. 集成逻辑电路的连接和驱动

在数字电路中，前级电路的输出将与后级电路的输入相连，并驱动后级电路工作。这就存在着电平的配合和负载能力这两个需要妥善解决的问题。

对于 TTL 与 TTL 的连接，由于电路结构形式相同，TTL 集成逻辑电路的所有系列中电平配合比较方便，不需要外接元件可直接连接，不足之处是在低电平时，受低电平时负载能力的限制。

对于 TTL 驱动 CMOS 电路，由于 CMOS 电路的输入阻抗高，故此驱动电流一般不会受到限制。但在电平配合问题上，低电平是可以的，高电平时有困难，因为 TTL 电路在满载时，输出高电平通常低于 CMOS 电路对输入高电平的要求，因此为保证 TTL 输出高电平时，后级的 CMOS 电路能可靠工作，常外接一个上拉电阻 R，使输出高电平达到 3.5V 以上，R 的取值为 5.1～10kΩ 较合适，这时 TTL 后级的 CMOS 电路的数目实际上是没有什么限制的。图 3-23 所示为电位不同驱动电路和电压不同驱动电路。

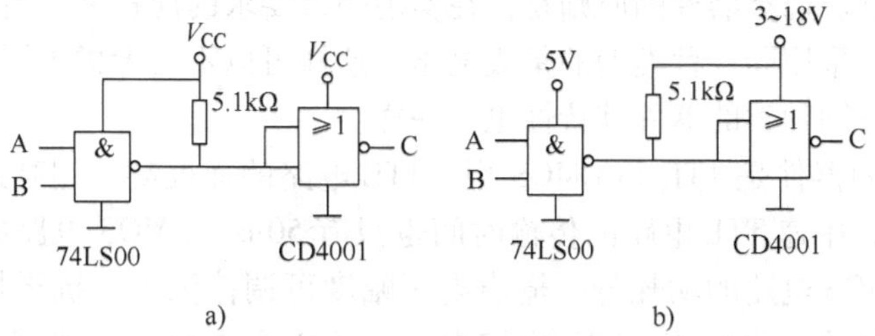

图 3-23　TTL 电路驱动 CMOS 电路
a）电位不同驱动电路　b）电压不同驱动电路

对于 CMOS 驱动 TTL 电路，CMOS 的输出电平能满足 TTL 对输入电平的要求，而驱动电流将受限制，主要是低电平时的负载能力。既要使用此系列芯片又要提高其驱动能力时，可采用两种方法：一是用 CMOS 驱动芯片，如 CD4049、CD4050 是专为有较大驱动能力而设计的 CMOS 芯片；二是几个同功能的 CMOS 电路并联使用，即将其输入端并联，输出端并联（注：TTL 电路是不允许并联的）。

对于 CMOS 与 CMOS 的连接，器件的使用十分方便，不需另加外接元件。对直流参数来讲，一个 CMOS 门电路可带动的 CMOS 门电路数量是不受限制的，但在实际使用时，应当考虑后级门输入电容对前级门传输速度的影响。电容太大时，传输速度要下降，因此在高速使用时要从负载电容来考虑。

除 OC 门和三态门外，普通门电路输出不能并接，否则可能烧坏器件，门电路的输出带同类门的个数不得超过扇出系数，否则可能造成状态不稳定。

3.1.8 逻辑电路的设计

进行数字电路设计时，首先要对设计题目做认真分析，明确任务和性能指标，然后做总体方案设计。在设计过程中，要根据具体情况改进，以求方案最佳。在整体方案确定后，便可设计单元电路，选择元器件，实验进行性能测试，最后画出确定的总体电路图。

1. 设计总方案

为了完成设计任务，将有一定功能的若干单元电路构成一个整体，满足题目的各项性能指标，这个过程就是总体设计的过程。因为设计的途径不是唯一的，满足要求的方案也不是一个，所以为得到一个满意的设计方案，往往要针对要求，网上查阅资料，阅读手册、工具书等，经过设计、验证、改进设计，几次反复过程，才能达到目的。

2. 设计单元电路

单元电路的设计是整个电路设计的实质部分。将每一部分按照总体框图的要求设计好，才能保证整体电路的质量。单元电路的设计步骤分为两步：一是根据总体方案对单元的要求，明确单元电路的性能指标，注意各单元电路之间的输入－输出信号关系，尽量避免使用电平转换电路；二是选择设计单元电路的结构形式，通常选择学过的熟悉的电路，或者通过查阅资料选择更合适的更先进的电路，在此基础上调试改进，使电路的结构形式最佳。另外，还需要考虑数字电路的竞争冒险问题。

3. 元器件的选择

数字电路设计时器件的选择是很重要的，因为器件的选择是否合理直接影响着电路的稳定性以及成本等问题。选择器件的原则是：在实现题目要求的前提下，所选的器件少、可靠性强、成本低。最好采用同一种类型的集成电路，这样可以不去考虑不同类型器件之间的连接匹配问题，因为不同种类的器件其特性也不一样。

数字电路常用的器件是 TTL 和 CMOS 型。TTL 电路的速度高，超高速 TTL 电路的平均传输时间约为 10ns，中速 TTL 电路的传输时间也只有 50ns。CMOS 电路的速度慢于 TTL 电路的速度，但是 CMOS 电路的功耗低，输出电压幅度可调范围大，抗干扰能力也比 TTL 电路强。如果要求一定的输出电流，TTL 电路要强于 CMOS 电路。一般情况下，当要求高速时，多选用 TTL 器件，带负载数尽可能少；当要求低功耗时，多选用 CMOS 器件。

3.1.9 设计与实践

1. 用 D 触发器设计一个 8 位并行输入/输出寄存器。

2. 移位寄存器实验，实验内容及步骤：用 74LS76、74LS04 及 74LS00 芯片设计 4 位、串行输入（右移）、并行输出数码的移位寄存器。并测试逻辑功能，设原先存在寄存器中的 4 位数码为 0110，输入数码为 0101。

3. 用 74LS74、74LS04、74LS00，设计 4 位并行输入、右移串行输出的移位寄存器。在仪器上测试其逻辑功能，设原先存在寄存器中的 4 位数码为 1001，输入数码为 1010。

4. 设计一个一位全加器，要求用与门、或门及非门实现。

5. 设计一个逻辑电路，对两个两位无符号的二进制数进行比较；根据第一个数是否大于、等于、小于第二个数，用三个逻辑输出信号表示，条件成立时输出为“1”，要求用与门、与非门及或非门实现。

6. 用两片 74LS138 组合成一个 4 线 - 16 线译码器。

7. 数据选择器实验，用 8 选 1 数据选择器 74LS151 设计三输入多数表决电路，写出设计过程，画出接线图，验证逻辑功能。

8. 设计一个可逆运行的三相六拍环形分配器线路，并增加步进电动机驱动电路。

9. 设计一个电子拨码盘电路，通过一个按键切换十进制数值，其范围是 0 ~ 9，电路输出 4 位二进制数，对应十进制的范围是 0000 ~ 1001，并用数码管显示。

3.2 脉冲电路

3.2.1 矩形脉冲产生电路

在数字电路中，常常需要一种不需外加触发脉冲就能够产生具有一定频率和幅度的矩形波电路，即矩形脉冲产生电路，它常常用作脉冲信号源。由于矩形波中除基波外还含有高次谐波成分，因此称这种电路为多谐振荡器。

1. 有 *RC* 调节电路的环形多谐振荡器

有 RC 调节电路的环形多谐振荡器如图 3 - 24 所示，图中 R_1C 为定时电路，用以调节振荡频率。电路利用电容 C 的充、放电过程，从而控制与非门的自动启闭，形成多谐振荡，电路的振荡周期 $T = 2.2R_1C$，改变 R_1 和 C 的大小可改变电路输出的振荡频率。为保证电路可靠起振，R_1 值不能太大，$R_1 < 1\text{k}\Omega$，R_2 为限流电阻，一般取 100 ~ 200Ω。

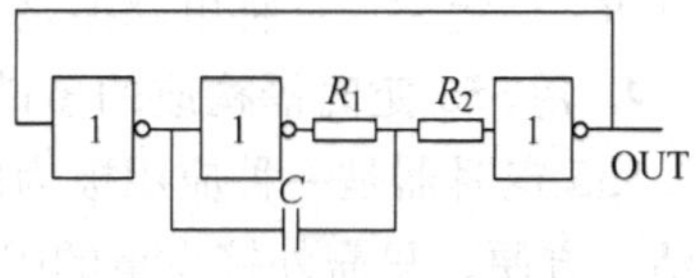

图 3 - 24　有 RC 调节电路的环形多谐振荡器

实验电路参数选取如下：$R_1 = R_2 = 200\Omega$，$C = 0.01\mu\text{F}$，集成门电路芯片为 74LS04。连接电路并实验，用示波器测量输出频率。

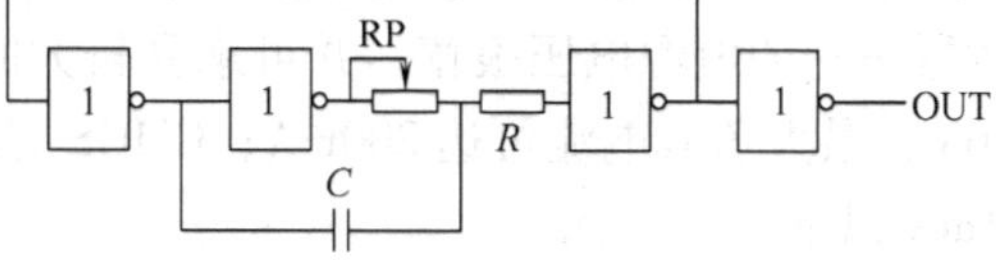

图 3 - 25　频率连续可调的环形振荡器

振荡频率连续可调的环形多谐振荡器电路是改变的 R_1 的阻值，如图 3 - 25 所示，该电路是将 R_1 换成电位器 $\text{RP} = 1\text{k}\Omega$，其中最后一个非门用于整形，以改善输出波形。

2. 对称型多谐振荡器

对称型多谐振荡器如图 3 - 26 所示，由于电路完全对称，电容器的充、放电时间常数相同，故输出为对称的方波。改变 R 和 C 的值，可以改变输出振荡频率。在输出端再加一个“非”门，可实现对输出波形的整形。当 $R_1 = R_2 = R$，$C_1 = C_2 = C$ 时，电路的振荡周期 $T \approx 1.2RC$。

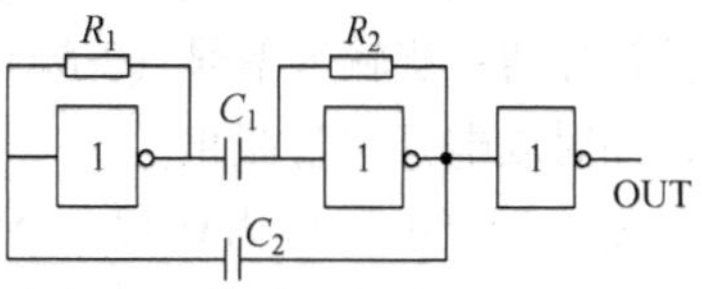

图 3 - 26　对称型多谐振荡器

实验电路参数选取如下：$R_1=R_2=1\text{k}\Omega$，$C_1=C_2=0.01\mu\text{F}$，集成门电路芯片为74LS04。连接电路并实验，用示波器测量输出频率。可以在输出端增加一个非门，作为整形门电路，观察输出信号的波形。

3. 石英多谐振荡器

在多谐振荡器应用中，往往对稳定性有一定要求，而前面所讲的TTL振荡电路和RC器件组成的环行多谐振荡器都难以满足要求。对频率稳定性要求比较高的系统，普遍采用石英多谐振荡器，即在多谐振荡器电路中接入石英晶体。

石英串联式多谐振荡器电路如图3-27所示，它是在对称多谐振荡器的电容回路中换了一个石英晶体。电路中，电阻R_1、R_2的作用是保证两个反相器在静态时都能工作在线性放大区。

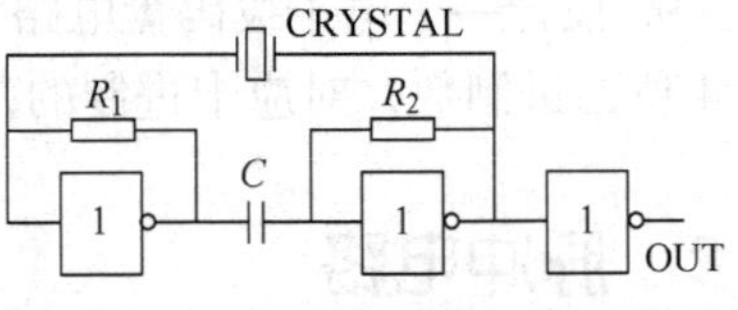

图3-27　石英串联式多谐振荡器电路

实验电路参数选取如下：$R_1=R_2=1\text{k}\Omega$，$C=0.01\mu\text{F}$，集成门电路芯片为74LS04，石英晶体振荡频率为4MHz。连接电路并实验，用示波器测量输出频率。

石英晶体工作在串联谐振频率时，电路频率为串联谐振频率，晶体的等效电抗接近零，这个频率信号通过两级反相后形成反馈振荡。同时，晶体同时也担任着选频作用。也就是说，在工作于串联谐振状态的振荡电路，它的频率取决于晶体本身具有的频率参数，与外接元件R、C无关，这种电路振荡频率的稳定度很高。

4. 用555定时器构成的多谐振荡器

555定时器是一种应用极为广泛的数字、模拟混合型中规模集成电路，该电路芯片使用灵活、方便，只需外接少量的阻容元件就可以构成单稳、多谐振荡器和施密特触发器，因而广泛用于信号的产生、变换、控制与检测。

由于555定时器内部参考电压使用了三个5kΩ电阻分压，故取名555定时器。目前生产的定时器有双极型和CMOS两种类型，几乎所有的双极型产品型号最后的三位数码都是555，所有的CMOS产品型号最后四位数码都是7555，二者的逻辑功能和引脚排列完全相同，易于互换。通常，双极型定时器具有较大的驱动能力，而CMOS定时器具有低功耗、输入阻抗高等优点。555定时器工作的电源电压很宽，并可承受较大的负载电流。双极型定时器的电源电压范围为5～16V，最大负载电流可达200mA；CMOS定时器的电源电压范围为3～18V，最大负载电流在4mA以下。

555定时器内部含有两个电压比较器、一个基本RS触发器、一个放电开关管T，比较器的参考电压由三个5kΩ的电阻器构成的分压器提供，如图3-28所示。它们分别使高电平比较器C1的同相输入端和低电平比较器C2的反相输入端的参考电平为$(2/3)V_{CC}$和$(1/3)V_{CC}$。比较器C1与C2的输出端控制RS触发器状态和放电管开关状态。当输入信号（6脚，即高电平触发输入）超过参考电平$(2/3)V_{CC}$时，触发器复位，555定时器的3脚输出低电平，同时放电开关管导通；当输入信号（2脚）低于$(1/3)V_{CC}$时，触发器置位，555定时器的3脚输出高电平，同时放电开关管截止。

复位端（4脚）为0时，555输出低电平，平时芯片的4脚接V_{CC}。控制电压端（5脚）平时输出$(2/3)V_{CC}$作为比较器C1的参考电平，当5脚外接一个输入电压，即改变了比较器的参考电平，在不接外加电压时，通常接一个$0.01\mu\text{F}$的电容到地起滤波作用，以消除外

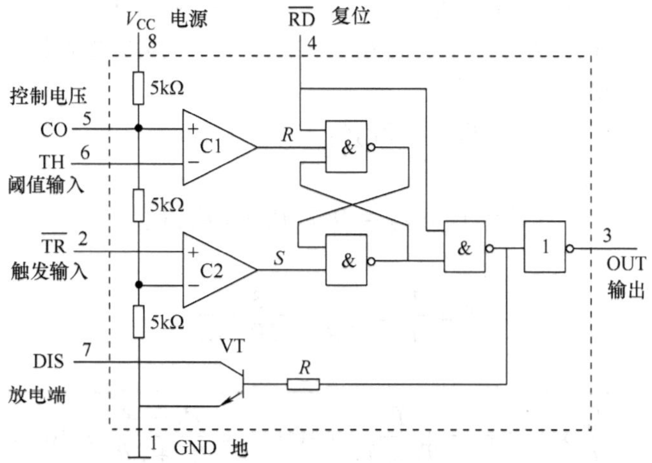

图 3-28　定时器的内部框图

来的干扰，从而确保参考电平的稳定。VT 为放电晶体管，当 VT 导通时，外部放电回路通过 7 脚接地。

555 定时器主要是用芯片与电阻、电容构成充、放电电路，并由两个比较器来检测电容器上的电压，以确定输出电平的高低和放电开关管的通断。这就很方便地构成从微秒到数十分钟的延时电路，可方便地构成多谐振荡器、单稳态触发器、施密特触发器等脉冲产生或波形变换电路。

由 NE555 定时器构成多谐振荡器的电路如图 3-29a 所示，它是利用电容器的充、放电来代替外加触发信号，所以，电容器上的电压信号应该在两个阈值之间按指数规律转换。充电回路是 R_1、R_2和 C_1，若是充电过程此时相当输入是低电平，输出是高电平；当电容器充电高于$(2/3)V_{CC}$，即输入达到高电平时，电路的状态发生翻转，输出为低电平，电容器开始放电。当电容器放电低于$(1/3)V_{CC}$时，电路的状态又开始翻转。如此不断循环。电容器之所以能够放电，是由于有放电端（7 脚）的作用，因为 7 脚的状态与输出端一致，所以 7 脚为低电平时，电容放电。其工作波形如图 3-29b 所示。

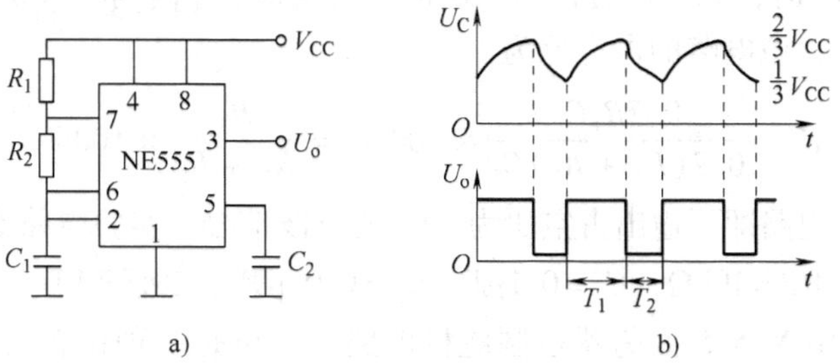

图 3-29　由 NE555 构成的多谐振荡电路

a）电路图　b）波形图

由波形图可以看到多谐振荡器的振荡周期 T 包括 T_1和 T_2两部分，且 $T=T_1+T_2$。T_1对应充电时间，时间常数 $\tau_1=(R_1+R_2)C_1$，初始值 $U_C=(1/3)V_{CC}$，当充电结束时，$U_C=(2/3)V_{CC}$，代入过渡过程公式，可得

$$T_1 = \ln 2(R_1 + R_2)C_1 = 0.7(R_1 + R_2)C_1 \tag{3-3}$$

T_2对应放电，时间常数 $\tau_2 = R_2C_1$，初始值 $U_C = (2/3)\ V_{CC}$，当放电结束时，$U_C = (1/3)\ V_{CC}$，代入过渡过程公式，可得

$$T_2 = \ln 2R_2C_1 = 0.7R_2C_1 \tag{3-4}$$

由此可以得到振荡周期为

$$T = T_1 + T_2 = 0.7(R_1 + 2R_2)C_1 \tag{3-5}$$

振荡频率为

$$f = \frac{1}{T} = \frac{1.43}{(R_1 + 2R_2)C_1} \tag{3-6}$$

占空比为

$$D = \frac{T_1}{T} \times 100\% = \frac{T_1}{T_1 + T_2} \times 100\% = \frac{R_1 + R_2}{R_1 + 2R_2} \times 100\% \tag{3-7}$$

NE555 定时器配以少量的元件即可获得较高精度的振荡频率和较强的功率输出，而且外部元件的精度决定了多谐振荡器的性能。

在 555 电路设计中，根据时间常数 τ 确定电阻和电容。可以先取电容值，如果时间常数较小，电容的取值范围为 0.01 ~ 0.47μF；如果时间常数较大，电容的取值范围为 1 ~ 100μF。根据公式计算出电阻的阻值，电阻的取值不能太小，若电阻太小，当放电管导通时，灌入放电管的电流太大，会损坏放电管，一般在 1kΩ 以上。

实验电路参数选取如下：$R_1 = 100\text{k}\Omega$，$R_2 = 47\text{k}\Omega$，$C_1 = 0.1\mu\text{F}$，$C_2 = 0.01\mu\text{F}$。根据实际用途，变换 R_1、R_2和 C_1的值，以获得需要的输出频率。

对于图 3-29 所示的多谐振荡器电路，因 $T_1 > T_2$，它的占空比大于 50%，要想使占空比可调，应该从充、放电通路上想办法。

图 3-30 所示为用 NE555 组成占空比可调的多谐振荡器，它比图 3-29 所示电路增加了一个可变电阻和两个二极管 VD_1、VD_2，二极管用来决定电容充、放电时电流流经电阻的途径（充电时，VD_2 导通，VD_1 截止；放电时，VD_1导通，VD_2截止），该电路的占空比为

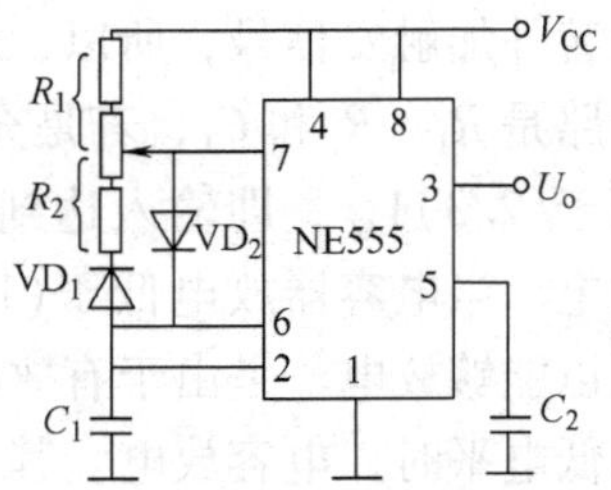

图 3-30　占空比可调的多谐振荡器

$$D = \frac{0.7R_1C_1}{0.7(R_1 + R_2)C_1} \times 100\% = \frac{R_1}{R_1 + R_2} \times 100\% \tag{3-8}$$

可见，若取 $R_1 = R_2$，电路即可输出占空比为 50% 的方波信号。实验电路参数选取如下：$R_1 = 100\text{k}\Omega$，$R_2 = 100\text{k}\Omega$，$RP = 10\text{k}\Omega$，$C_1 = 0.1\mu\text{F}$，$C_2 = 0.01\mu\text{F}$，二极管 VD_1、VD_2为 1N4148。

图 3-31 所示为用 NE555 振荡器控制舵机电路。舵机是一种位置（角度）伺服的驱动器，适用于机器人、机械手和航模等动作控制的部件。舵机的外部接线有电源线、地线和信号控制线，小型舵机的供电在 4.8 ~ 6V。舵机控制信号需要一个周期为 20ms、占空比可变的时基脉冲，其 0.5 ~ 2.5ms 的脉宽调制信号（PWM）对应着 0° ~ 180°的工作转角，它根据控制脉冲的占空比转动相应的角度。

在接入舵机之前，先调整电路，调节电位器使电路输出频率为 50Hz（20ms），在不闭合开关 S 时，NE555 输出的正脉宽为 2.5ms；闭合开关 S 后，输出的脉宽是 0.5ms。接入舵

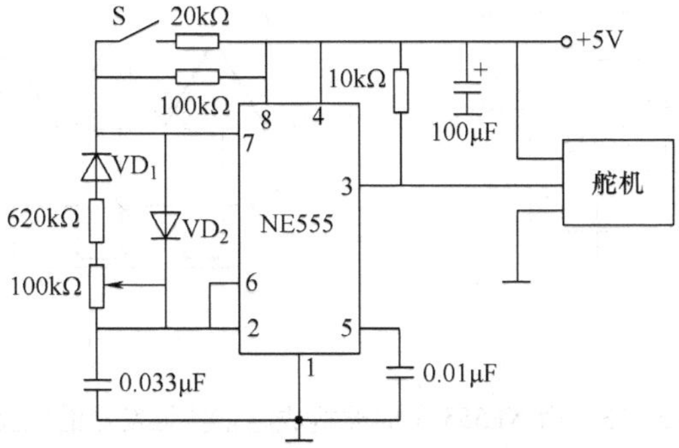

图 3-31　用 NE555 振荡器控制舵机电路

机后，随着开关 S 的闭合、打开，舵机往返旋转 180°。图 3-32 所示为机器人或机械手常使用的舵机。

图 3-32　机器人或机械手常使用的舵机

舵机的引出线按颜色区分，不同型号的舵机其引出线的颜色也不尽相同。表 3-8 列出了常用舵机引线颜色代表的功能。

表 3-8　常用舵机引线颜色代表的功能

颜色	功能	颜色	功能	颜色	功能	颜色	功能	颜色	功能
红色	+	红色	+	红色	+	红色	+	红色	+
黑色	-	黑色	-	蓝色	-	棕色	-	黑色	-
黄色	S	白色	S	白色	S	橙色	S	棕色	S

3.2.2　整形电路

1. 施密特触发器整形电路

由 NE555 定时器构成施密特触发器的电路如图 3-33a 所示，施密特触发器的工作原理和多谐振荡器基本一致，只不过多谐振荡器是靠电容器的充、放电去控制电路状态的翻转，而施密特触发器是靠外加电压信号去控制电路状态的翻转。所以，在施密特触发器中，外加信号的高电平必须大于 $(2/3)V_{CC}$，低电平必须小于 $(1/3)V_{CC}$，否则电路不能翻转，其工作波形如图 3-33b 所示。

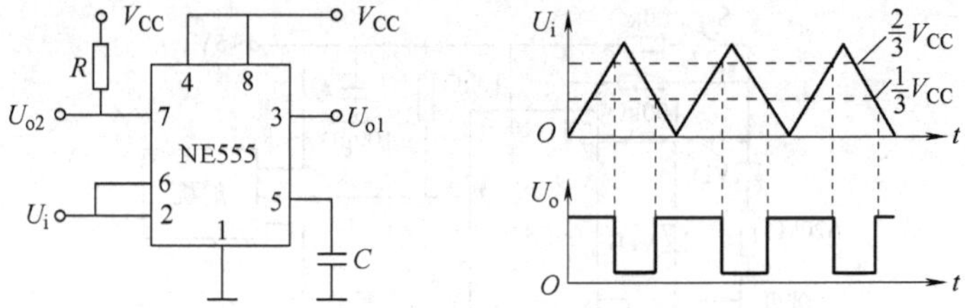

图 3-33　由 NE555 定时器构成施密特触发器的电路

a）电路图　b）波形图

施密特触发器主要用于对输入波形的整形。图 3-33 表示的是将三角波整形为方波，其他形状的输入波形也可以整形为方波，需要注意的是，当输入信号的幅度小于 $1/3V_{CC}$时，施密特触发器将不能工作。由于施密特触发器采用外加信号，所以放电端 7 脚空闲出来。利用 7 脚加上一个上拉电阻，就可以获得一个与输出端 3 脚一样的输出波形。如果上拉电阻接的电源电压不同，7 脚输出的电平与 3 脚输出的电平会有所不同。

实验电路参数选取如下：$R=10\text{k}\Omega$，$C=0.01\mu\text{F}$，用信号发生器产生的三角波作为输入信号（注意调整信号的直流偏置），用双路示波器测量输入、输出信号。

集成施密特触发器有 CD40106、CD4093、74LS14 及 74LS132 等。施密特触发器 CD40106 可用于波形的整形，也可作反相器或构成单稳态触发器和多谐振荡器。图 3-34 所示为由 CD40106 组成的正弦波转换为方波的电路，R_2与 R_3的比值可以改变信号的直流偏移。

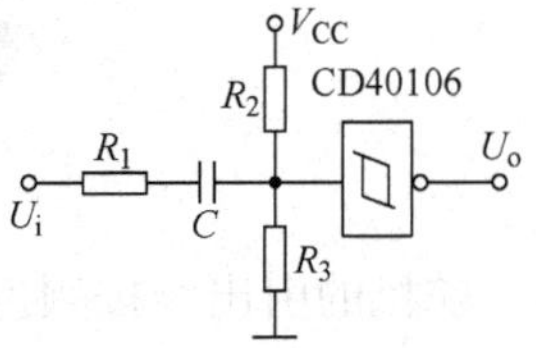

图 3-34　正弦波转换为方波的电路

实验电路参数选取如下：$R_1=1\text{k}\Omega$，$R_2=10\text{k}\Omega$，$R_3=4.7\text{k}\Omega$，$C=0.1\mu\text{F}$，用信号发生器产生正弦波，信号幅度 $U_{pp}=4\text{V}$，信号频率 $f=1\text{kHz}$，用双路示波器测量输入、输出信号。

2. 单稳态整形电路

单稳态触发器在数字电路中一般用于定时（产生一定宽度的矩形波）、整形（把不规则的波形转换成宽度、幅度都相等的波形）以及延时（把输入信号延迟一定时间后输出）等。

单稳态触发器具有下列特点：

1）电路有一个稳态和一个暂稳态。

2）在外来触发脉冲作用下，电路由稳态翻转到暂稳态。

3）暂稳态是一个不能长久保持的状态，经过一段时间后，电路会自动返回到稳态。

4）暂稳态的持续时间与触发脉冲无关，仅决定于电路本身的参数。

单稳态触发器能够把不规则的输入信号整形成为幅度和宽度都相同的标准矩形脉冲。输出的幅度取决于单稳态电路输出的高、低电平，宽度取决于暂稳态时间。

集成单稳态触发器有 74LS121、74LS221、74LS122 和 74LS123 等。74LS121 和 74LS221 的输出脉冲宽度 $t_w\approx0.7RC$；74LS122 的输出脉冲宽度 $t_W\approx0.32RC$；74LS123 的输出脉冲宽度 $t_W\approx0.45RC$。单稳态触发器持续的时间长短取决于定时电阻 R 和定时电容 C 的大小，适当选取或改变 R 和 C 的数值，可使持续时间在几十纳秒到几十秒范围内变化。

目前使用的集成单稳态触发器有不可重复触发型和可重复触发型两种。不可重复触发的单稳态触发器一旦被触发进入暂稳态以后，再加入触发脉冲不会影响电路的工作过程，必须在暂稳态结束以后，它才能接受下一个触发脉冲而转入暂稳态。而可重复触发的单稳态触发器就不同了，在电路被触发而进入暂稳态以后，如果再次加入触发脉冲，电路将重新被触发，使输出脉冲再继续维持一个 t_W宽度。

74LS121、74LS221 都是不可重复触发的单稳态触发器。属于可重复触发的触发器有 74LS122、74LS123 等。有些集成单稳态触发器上还设置有复位端，例如 74LS221、74LS122 和 74LS123。通过在复位端加入低电平信号能立即终止暂稳态过程，使输出端返回低电平。

由 NE555 定时器构成的单稳态触发器如图 3-35 所示，该电路的触发信号在 2 脚输入，R 和 C_1是外接定时电路。在未加入触发信号时，U_i为高电位，所以 U_o为低电位。当加入触发信号时，U_i为低电位，U_o变为高电位，芯片的 7 脚内部的放电管关断，电源经电阻 R 向电容 C_1充电，电容两端电压按指数规律上升。当电容电压上升到$(2/3)V_{CC}$时，相当输入是高电平，555 定时器的输出电压 U_o回到低电位。同时，芯片的 7 脚内部的放电管饱和导通时，电容 C_1经放电管迅速放电。从加入触发信号开始，到电容上的电压充到$(2/3)V_{CC}$为止，单稳态触发器完成了一个工作周期。输出脉冲高电平的宽度称为暂稳态时间，用 t_W表示。

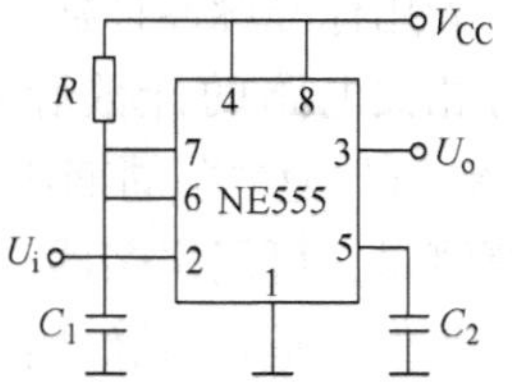

图 3-35　由 NE555 定时器构成的单稳态触发器电路

单稳态触发器输出脉冲宽度 t_W可视为电容 C_1由 0 充电到$(2/3)V_{CC}$所需时间，代入 RC_1过渡过程计算公式，可得

$$t_W = RC_1\ln3 = 1.1RC_1 \tag{3-9}$$

这里有两点需要注意：一是触发输入信号的逻辑电平，无触发时是高电平，必须大于$(2/3)V_{CC}$，触发时低电平必须小于$(1/3)V_{CC}$，否则触发无效；二是触发信号的低电平宽度要窄，其低电平的宽度应小于单稳暂稳的时间，否则当暂稳时间结束时，触发信号依然存在，输出与输入反相，此时单稳态触发器成为一个反相器。

实验电路参数选取如下：$R=100\text{k}\Omega$，$C_1=0.1\mu\text{F}$，$C_2=0.01\mu\text{F}$。用信号发生器产生占空比可调的方波信号作为触发脉冲，用双通道示波器分别测量输入、输出端信号，计算脉冲宽度。需要注意的有三点：一是信号发生器输出脉冲的周期要大于单稳态触发器输出脉冲宽度；二是需要调整信号发生器的占空比，使负脉冲信的周期要小于单稳态的稳定时间 t_w；三是需要调整信号发生器的 DC 电平，使触发信号的幅度为 0～4V。另外，该电路也可以外接其他触发信号。

3.2.3　设计与实践

1. 设计一个由 NE555 定时器构成的三角波发生电路。
2. 利用 NE555 芯片，设计一个 1min 到 20min 的定时电路。
3. 利用晶体振荡器设计一个频率为 12MHz 的方波信号发生电路。
4. 设计一个将正弦波信号整形成为幅度和宽度都相同的矩形电路，输出方波幅度 0～4V。
5. 用 NE555 定时器设计一个舵机控制电路，要求随着控制开关的闭合、打开，能使舵机往返旋转 45°。

3.3 数字式电容测量电路设计

电容测量一般有两种方式实现：一是利用多谐振荡电路产生脉冲宽度与电容值成正比信号，通过低通滤波输出的电压判断电容值；二是利用单稳态触发电路产生与电容值成正比的门控脉冲，控制计数器通过标准计数脉冲的个数，即根据脉冲数判断电容值。

3.3.1 电容测量电路的设计思想及结构

利用标准脉冲计数方式的电容测量电路，是利用电容的充、放电特性，通过测量与被测电容相关电路的计数脉冲来确定电容值。根据 *RC* 电路的时间常数，可设计电路使 $T=A\cdot RC$（T 为振荡周期或触发时间；A 为电路常数，与电路参数有关）。在电路上，因为要重复测量，可用振荡器产生系列工作脉冲信号；用被测电容与定时芯片组成一个单稳态触发器，其作用是在窄脉冲触发器的作用下产生测量脉冲；为了产生稳定的计数脉冲，可用晶体振荡电路产生标准计数脉冲信号；另外电路设有计数器、锁存器、译码器和显示电路。测量脉冲实现计数控制和清零，标准计数脉冲给到计数器，经过锁存、译码电路和数码管，显示被测电容值，通过设计合理的电路常数，使计数值与被测电容相对应。其原理框图如图 3-36所示。

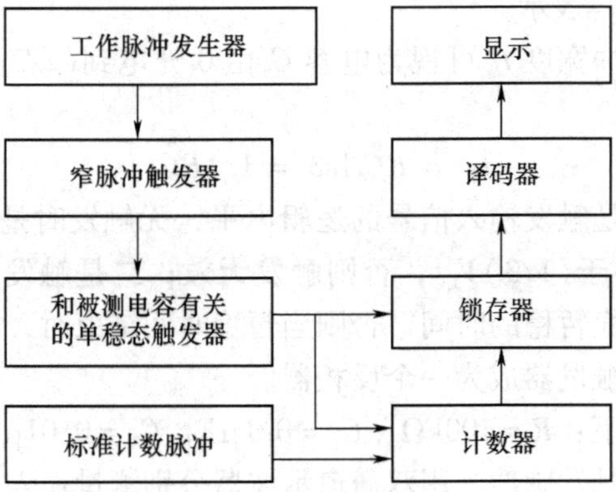

图 3-36　电容测量仪原理框图

电路的时序脉冲如图 3-37 所示，从上至下分别为工作脉冲信号、窄脉冲信号、测量脉冲信号（与被测电容相关的门控脉冲）和标准计数脉冲。

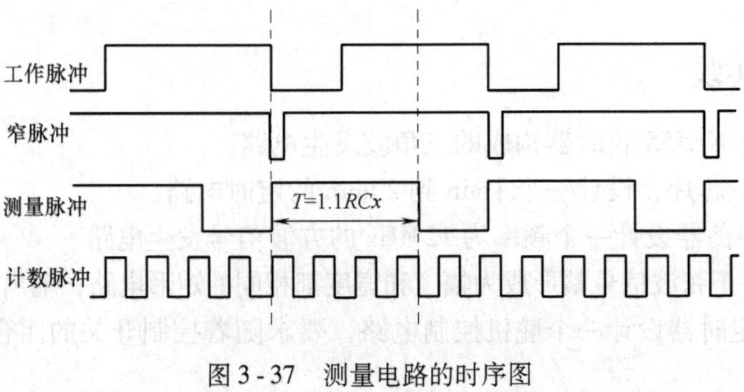

图 3-37　测量电路的时序图

需要说明的是，计数脉冲的频率在1000Hz以上，高于工作脉冲和测量脉冲上千倍，为了显示清楚，图中的计数脉冲波形仅是示意图。

3.3.2 电容测量电路设计

根据电容测量原理框图，设计一个利用标准脉冲计数方式的电容值的测量电路，电容测量范围为0.01～10μF。

1. 工作脉冲发生电路

工作脉冲发生电路是用以产生周期性的脉冲信号，使测量电路完成触发、清零、计数、锁存及稳定显示。该电路由NE555定时器及相关电阻、电容组成，如图3-38所示，电路产生周期可调的方波振荡信号。

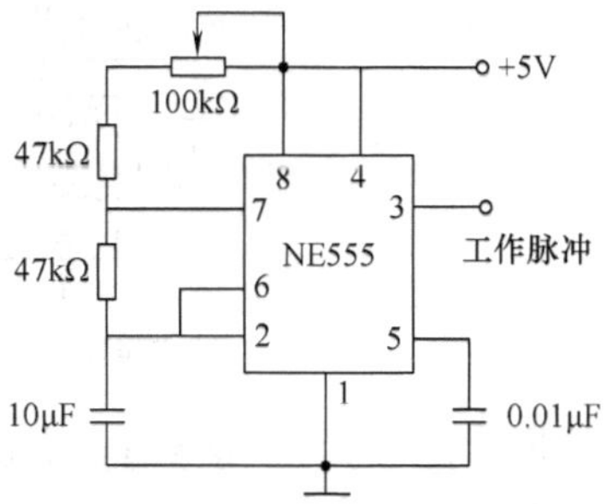

图3-38 工作脉冲发生电路

调节电路中的电位器，使NE555振荡器输出信号的周期为1.2s，该时间与被测电容的量程有关，在增加量程时，工作脉冲的周期也要相应增加。因工作脉冲的频率比较低，测量脉冲周期时，可将示波器的扫描时间旋钮TIME/DIV转到500ms，动态观察光点的运行时间，以确定信号周期。

2. 计数脉冲发生电路

计数脉冲是用来量化测量脉冲的脉宽（脉宽与被测电容值有关），该脉冲是计数的最小单位。根据工作脉冲的宽度和显示位数，设定本项目的计数脉冲频率为1000Hz。设计电路时，考虑到计数精度，采用晶体振荡电路，由晶体振荡器、74LS04、74LS74和CD4017组成的振荡、分频电路，如图3-39所示。

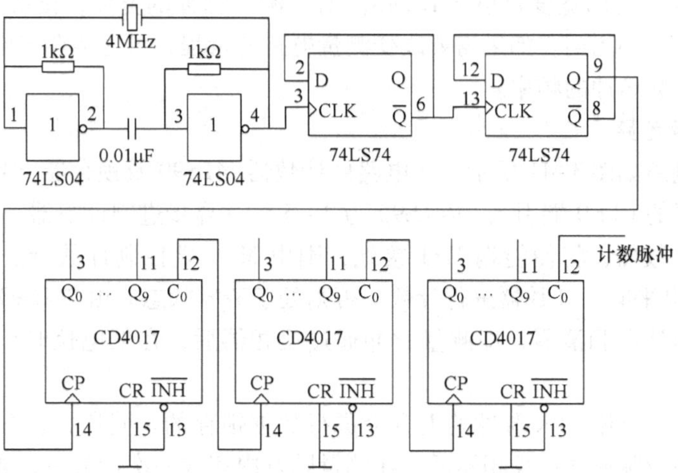

图3-39 计数脉冲发生电路

74LS04和4MHz石英振荡器组成串联式多谐振荡器电路，经过74LS74组成的4分频电路得到1MHz的频率，再经过三片CD4017十进制计数器级联，得到1000Hz的计数脉冲。

3. 窄脉冲发生电路及与被测电容有关的单稳态触发电路

窄脉冲发生器电路及与被测电容有关的单稳电路如图 3 - 40 所示。窄脉冲发生器和单稳态电路（与被测电容有关）构成的电路产生“测量脉冲”信号。窄脉冲发生器由 74LS123 及外围 *RC* 电路组成，“工作脉冲”信号经 74LS123 的 1 脚输入，下降沿触发，74LS123 的 4 脚输出产生周期性窄脉冲信号 T_P，其宽度为

$$T_P \approx 0.45RC = 0.45 \times 10\text{k}\Omega \times 0.022\mu\text{F} = 0.099\text{ms}$$

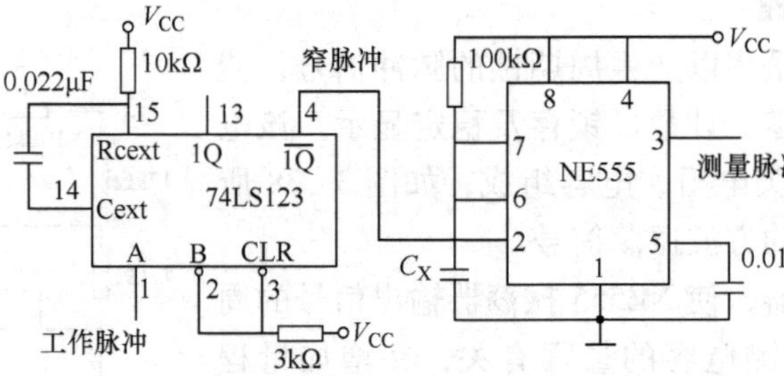

图 3 - 40　窄脉冲发生电路及与被测电容有关的单稳态电路

由被测电容 C_X 与 NE555 构成一个单稳电路，其产生与被测电容值有关的正脉冲信号，即测量脉冲 T_W，其脉冲宽度为

$$T_W \approx 1.1 \times 100\text{k}\Omega \times C_X$$

当 $C_X = 0.01\mu\text{F}$ 时，$T_W = 1.1\text{ms}$；当 $C_X = 10\mu\text{F}$ 时，$T_W = 1.1\text{s}$。因为计数脉冲周期等于 1ms，是该电路设计的最小时间单位，而工作脉冲周期设定为 1.2s，所以可以看出该电路的电容测量范围是 0.01 ~ 10μF。

在电路中，为保证 NE555 单稳态电路在输出最小脉宽（即被测电容 $C_X = 0.01\mu\text{F}$）时工作仍然正常，窄脉冲 T_P 的宽度要小于 1.1ms。对于测量脉冲的宽度，则要求 T_W 大于计数脉冲宽度，小于工作脉冲周期。如果需要改变测量电路的量程，可适当调整电路参数，即调整工作脉冲周期或计数脉冲的频率。

4. 计数和锁存电路

计数和锁存电路如图 3 - 41 所示，该电路由计数器 74LS90 及锁存器 74LS175 组成。计数脉冲由个位计数器的 CLK0 端引入，74LS90 为 2 - 5 - 10 异步进制计数器，将 Q_0 与 CLK1 连接即组成十进制计数器，将使能端 MS1 接地，则由 MR1 端控制计数器进行计数及清零工作，当 MR1 为低电平时，计数器进行计数，否则处于清零状态。由 74LS90 的特性，可以利用测量脉冲来控制计数和清零，即测量脉冲通过反相器后，在低电位时计数，在高电位时清零。

锁存器 74LS175 是用 CLK 脉冲的上升沿进行数据锁存的。同样，锁存器也可以由测量脉冲进行控制，测量脉冲通过反相器后，在测量脉宽内完成一次计数后，通过脉冲的上升沿进行锁存，以使数码管显示稳定。

74LS90 实际上由两个独立的计数器组成，即芯片内含有一个二进制计数器和一个五进制加法计数器，将二进制计数器的输出与五进制计数器的输入连接，形成十进制计数器。注意，该芯片的电源连接端是 5 脚，地线是 10 脚，与一般的 74 系列芯片的电源和地线接法不同。

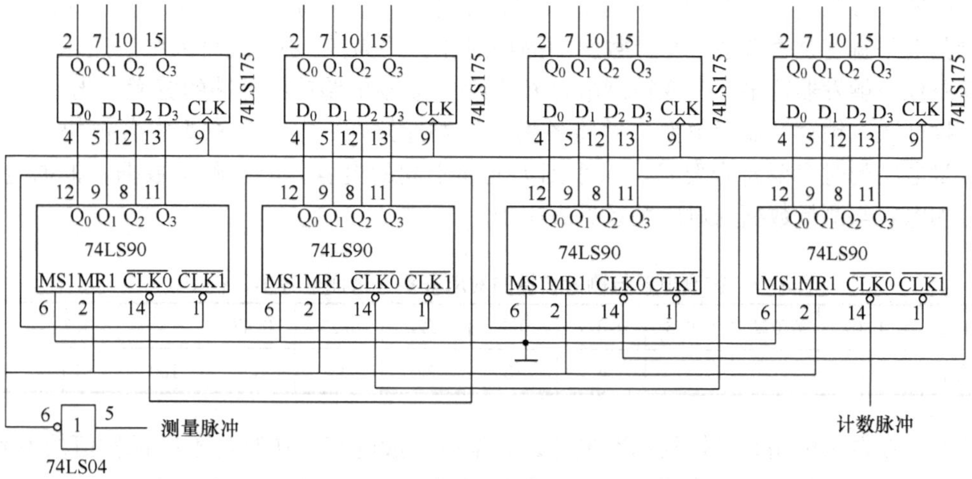

图 3-41　计数和锁存电路

5. 译码和显示电路

译码器将锁存器输出端信号进行 BCD－七段数码转换，74LS48 是输出高电平有效的译码器，其内部有上拉电阻，可直接驱动共阴极数码管工作。74LS48 除了有实现七段显示译码器基本功能的输入和输出外，它还引入了测试输入端（LT）和动态灭零输入端（RBI）、以及既有输入功能又有输出功能的消隐输入/动态灭零输出（BI/RBO）端。图3-42所示为译码显示电路。

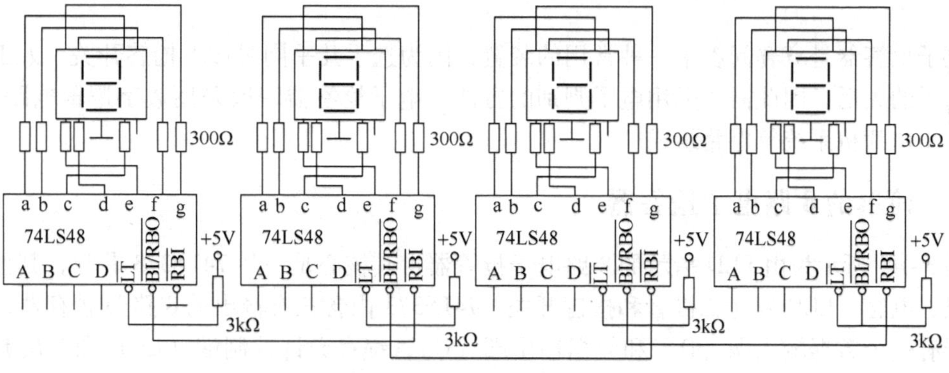

图 3-42　译码显示电路

将锁存器 74LS175 的输出（$Q_0 \sim Q_3$）接译码电路的输入（A、B、C、D），便可显示测量的数据。在显示控制上，译码芯片的高位的动态灭零输出（BI/RBO）端接低位的动态灭零输入（RBI）端，其目的是控制数码管显示位，即自动灭掉高位的 0。为了起到限流作用，在共阴极数码管各输入端串接一个 300Ω 的电阻。

6. 电容测量电路的安装调试

首先连接各振荡模块电路，被测电容 C_X 取 10μF，用示波器同时观测工作脉冲和测量脉冲，要求工作脉冲的周期要略大于测量脉冲的宽度，注意是 C_X 取最大值时的测量脉冲宽度，可以通过工作脉冲电路中的电位器来调整。示波器观测计数脉冲发生器电路输出信号，要求频率为 1kHz，而且稳定。

窄脉冲信号测量，在 74LS123 的输入端接工作脉冲，用示波器观察 74LS123 的输出信号，看其电平宽度是否合适，与计数脉冲周期对比，约为其 1/10 或略大些。用示波器测量 NE555 单稳态触发器输出，改变被测电容 C_X的值，观察电路输出脉冲的宽度变化。

连接计数、锁存及显示电路，并将各模块电路连接在一起。注意观察各模块的输出波形，测量电路的时序要符合要求。从小到大变换不同的电容，记录测量数据，根据电路参数，被测电容与测量数据的对应关系见表 3-9。

表 3-9 被测电容与测量数据的对应关系（被测电容单位：μF）

被测电容	0.01	0.022	0.033	0.047	0.1	0.22	0.33	0.47	1	4.7	10
测量数据	1	2	3	4	10	22	33	47	100	470	1000

注意，在调试电路时最好找标准电容，如果取一般电容，在测量不同标称值的电容时，可以多取些电容，如每个标称值的电容各找 10 个为一组，分别测量并计算平均值。

3.3.3 设计与实践

1. 将书中电容测量电路的计数脉冲的频率改成 10kHz，完成电容测量仪制作。测量 0.01～10μF 的电容，记录电路的测量值，分析测量精度。
2. 参考有关电容测量电路，设计一个微小电容测量电路。

3.4 多路电子抢答器设计

电子抢答器是竞赛问答中一种常用的装置，因为选手几乎同时按下抢答开关，人工很难判别选手的先后，因此需要采用电子判别的方法。电子抢答器一般采用数字逻辑电路形式，也可以用单片机系统等电路组成。

3.4.1 简单的 8 路电子抢答器

图 3-43 所示为由 LED 指示的 8 路电子抢答器，其核心是一片 74LS373 芯片，其他器件有电阻、电容、LED 发光二极管和按键开关。74LS373 内含三态输出的 8 路 D 锁存器，每个锁存器有一个数据输入端（D）和数据输出端（Q），锁存允许控制端（LE）和输出允许控制端（$\overline{OE}$）为 8 个锁存器公用。当$\overline{OE}$为高电平时，所有输出为高阻状态；当$\overline{OE}$为低电位，LE 为高电平时，芯片的 Q 将随着 D 变化，当 LE 为低电平时，Q 锁存 D 的输入电平。

该电路的工作原理是：当开关 S_1～S_8 及 S_9 都不按下时，芯片的 D_0～D_7 为高电位，由于$\overline{OE}$（1 脚）接地，以及锁存器允许控制 LE（11 脚）为高电平，输出 Q_0～Q_7 随 D_0～D_7 的输入变化，即都为高电平，8 个 LED 指示灯均不亮。当开关 S_1～S_8 有一个开关 S_i按下时，在芯片输入通道中则有一路 D_i接地为低电平，对应的 Q_i也为低电平，对应的 LED 指示灯发光。由于 LED 发光，引起 74LS373 芯片的 LE 电位降低，即输出被锁存（Q 不能随 D 再发生变化），达到抢答的目的。只有当 S_9 键按下时，LE 恢复高电平，输出 Q_0～Q_7 随 D_0～D_7 的输入变化（S_1～S_8 均不闭合），即全为高电平，原来亮的 LED 指示灯熄灭，恢复到电路的初始状态。

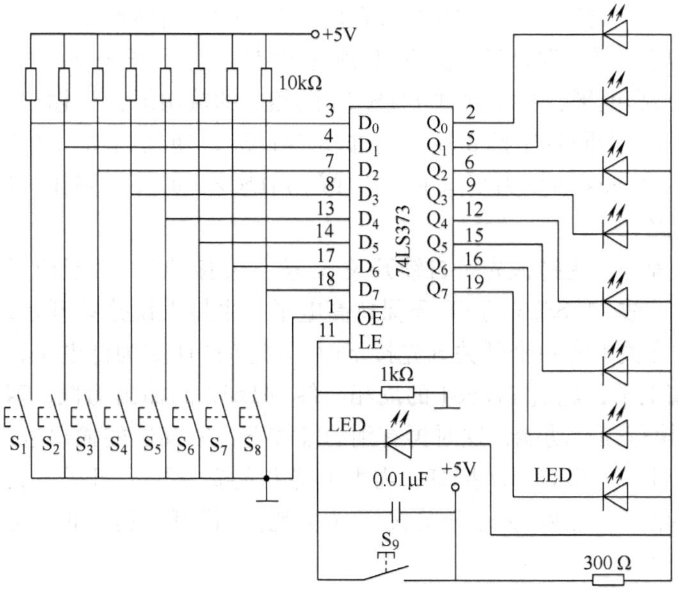

图 3-43　由 LED 指示的 8 路电子抢答器

电子抢答器的使用过程是：主持人首先按复位键（S_9），当说开始的时候，8 个选手快速抢答，谁按的最快，谁的 LED 指示灯亮，同时将锁存允许控制端 LE 变为低电平，封锁其他的选手（即使再按键后，信号也不能输出）。由于电子的速度比机械速度快得多，即使看似同时按下开关，也能判别出获胜选手。只有当主持人再一次按下 S_9 开关（复位开关）后，方可以进行下一轮的抢答。

3.4.2　带数字显示的 8 路多功能电子抢答器

带数字显示电子抢答器的作用是用数码管显示第一个按键人的代码，如 8 路抢答器则显示 1～8 号，多功能抢答器还包括可预置数值的倒计时电路、发声电路等。

1. 抢答器输入电路

抢答器输入电路包括按键开关 S_1～S_8、自锁按键开关 S_9、数据锁存芯片 74LS373、8 输入与非门芯片 74LS30、或门芯片 74LS32 和非门芯片 74LS04 等。其电路如图 3-44 所示。

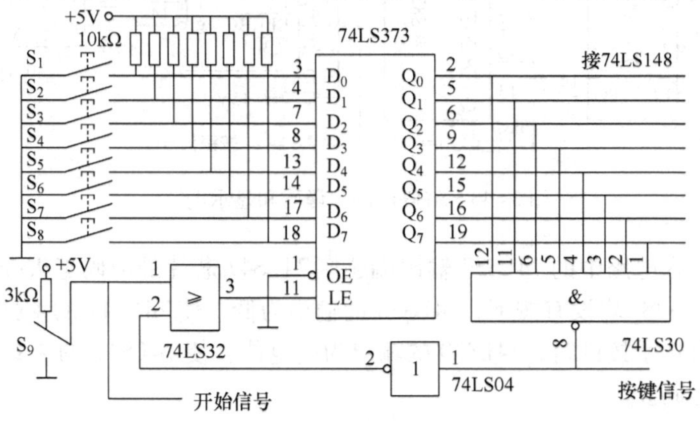

图 3-44　抢答器输入电路

主持人开关为S_9（自锁开关），不按时它接高电位时起清零作用，经过或门74LS32，使74LS373的LE为高电平，74LS373处于不锁定状态。选手开关S_1 ~ S_8键没有按下时，74LS373的输入均为高电平，并反映到74LS373的相应的输出端，该输出端接编码、译码等电路。74LS373的输出端同时还接8输入与非门74LS30，使其的输出为低电平，74LS30输出有一路经过非门74LS04后变为高电平，接或门74LS32；另外一路作为控制信号，接数字显示、倒计时等电路。

电路的工作过程是：主持人先将自锁开关S_9按下（接地），由于或门74LS32的另一个输入端仍为高电平，故74LS373的LE还保持高电平；主持人说抢答开始，选手可以按抢答开关，当8个按键开关中有一个开关S_i先按下时，对应的D_i端为低电平，Q_i端也为低电平，74LS30的输出为高电平，经过74LS04的反相，使74LS32的输出为低，74LS373的LE端为低电平，74LS373执行锁存功能，这时再有别的键按下，锁存器的输出也不会发生变化，保证了抢答者的优先性。如果有再次抢答，需由主持人先按一下S_9开关，此时自锁开关抬起，并接高电位，电路清零，然后将S_9开关按下（接地），说开始抢答时，选手可以进行下一轮的抢答。

2. 编码电路、译码和显示电路

编码电路、译码和显示电路包括8线-3线八进制优先编码器芯片74LS148、4位二进制全加器74LS83、四线-七段译码/驱动器芯片74LS47和七段共阳极数码管。

编码电路、译码和显示电路如图3-45所示。抢答电路的输出首先送优先编码器芯片74LS148进行编码，输出3位二进制数000 ~ 111，数码管显示的数是0 ~ 7。由于选手的编号一般为1 ~ 8，为了解决按键号码与显示一致问题，在编码器和译码器之间加了一个4位全加器74LS83。由图可以看出，74LS83的B_1 ~ B_4和A_4接地，C_0接高电位，所以A_1 ~ A_3实现加1功能。74LS83输出的二进制数编码送到4线-7段译码/驱动芯片74LS47，最后送到共阳极七段数码管显示。为了起到限流作用，在共阳极数码管的每个输入脚接300Ω电阻。

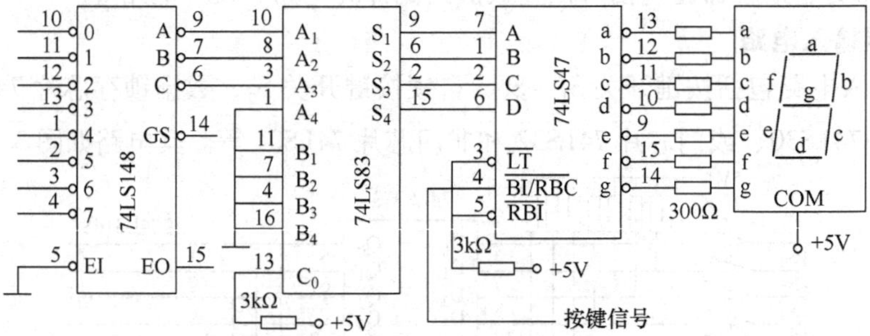

图3-45　编码电路、译码和显示电路

由于抢答器输入电路中的74LS30输出端还接74LS47芯片的数码熄灭控制端，当选手没有按键时，开关S_1 ~ S_8均没有按下，74LS30的输出为低，使74LS47的4脚为低电平，数码管没有显示。当有选手按键时，74LS30的输出为高电位，使74LS47的4脚也为高电平，数码管显示选手的号码。

3. 可预置时间的倒计时电路

在抢答的环节中，有的题目是要规定时间的，在主持人宣布开始抢答时，如果长时间没有选手回答提问，则自动停止本轮抢答。在操作上，主持人可以根据问题的难易程度设定时间长短。具体的可预置时间的倒计时电路如图 3 - 46 所示。

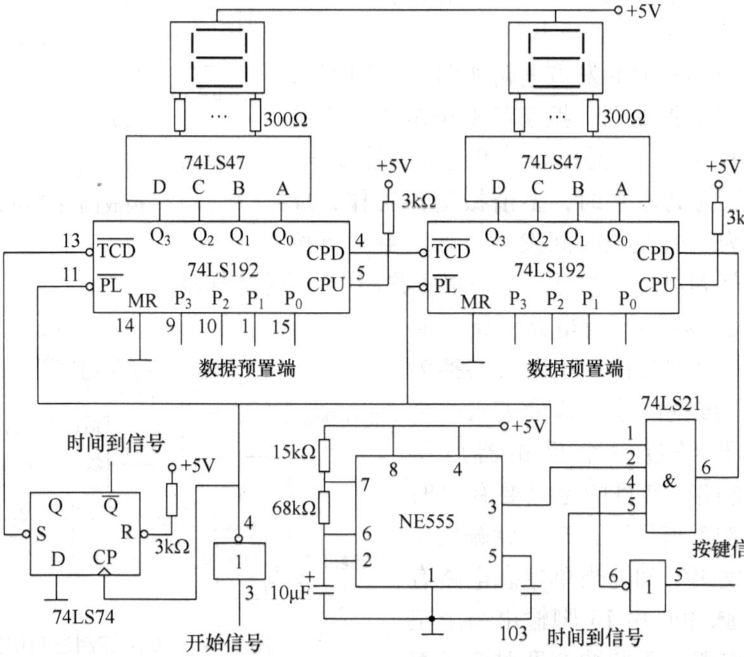

图 3 - 46　可预置时间的倒计时电路

可预置时间的倒计时电路由 NE555 定时器、十进制计数芯片 74LS192、译码芯片 74LS47、四输入与门芯片 74LS21 和共阳极数码管等组成。一般抢答的时间，一般是十几秒到几十秒，所以设定两位数码显示（十进制）。电路的倒计时功能，是将十进制同步加减计数器芯片设置定为减 1 计数形式，用 NE555 定时芯片产生秒脉冲信号，并通过与门电路，给 74LS192 提供脉冲信号。让秒脉冲信号经过一个与门，目的是用“开始信号”、“时间到信号”和“选手按键”信号控制计数脉冲的通行。

该电路工作过程是：首先要设置倒计时时间，二进制数在 74LS192 并行输入端接入，此时该芯片 11 脚为低电位，将置数值装入；抢答开始时，开关 S_9 接地并产生“开始信号”，经过非门后变为高电位，给到 74LS192 和 74LS74，该信号同时也接到与门（74LS21）；此时“时间到信号”为高电位，“按键信号”经过非门后也为高电位，秒脉冲通过与门进入减 1 计数器，即 74LS192 开始减 1 计数。有三种情况会使减 1 计数停止：一是当有选手按键时，“按键信号”经过非门输出低电位，封闭秒脉冲信号，使减 1 计数停止；二是当倒计时为 0 时（没有选手抢答），“时间到信号”输出低电平，该信号也封闭秒脉冲信号，减 1 计数停止；三是主持人按动 S_9 开关（结束抢答），“开始信号”变成高电位，该信号经过非门后输出的低电位，封闭秒脉冲信号。译码芯片 74LS47 和共阳数码显示电路与前面的译码、显示电路相同，注意要加限流电阻。

4. 发声电路及控制

在电子抢答器电路中，设置发声电路可以提示主持人等相关人员注意有人抢答，另外在无人抢答时，由时间到信号控制发声电路，提示可以进行下一轮抢答。可利用抢答输入电路中的 74LS30 的输出信号和时间到信号控制发声电路。

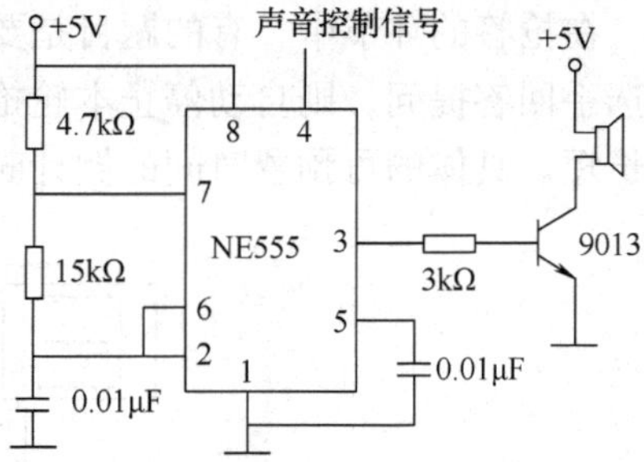

图 3-47　由 NE555 定时器构成的发声电路

由 NE555 定时器构成的发声电路如图 3-47 所示，其中 NE555 构成多谐振荡器，振荡频率决定了声音的高低，电路的输出端接一个晶体管，推动扬声器发声。"声音控制信号"为高电平时，多谐振荡器工作，反之，电路停振。为了避免长时间发声，可以由"有按键信号"和"时间到信号"组合一个逻辑电路产生发音控制信号。

图 3-48 是发声控制逻辑电路，让"时间到信号"经过一个"非门"电路（转换为高电位），再和"按键信号"信号进入一个"或门"电路，再经过一个反相器后接 74LS123 单稳态电路，其目的是只要有"时间到信号"或"按键信号"出现，就触发单稳态电路，控制发声时间。当单稳态电路有信号触发时（负脉冲）由 13 脚输出一个正脉冲，接到发声电路，正脉冲宽度对应发声的时间长短，74LS123 输出脉冲的宽度与 *RC* 的取值有关。

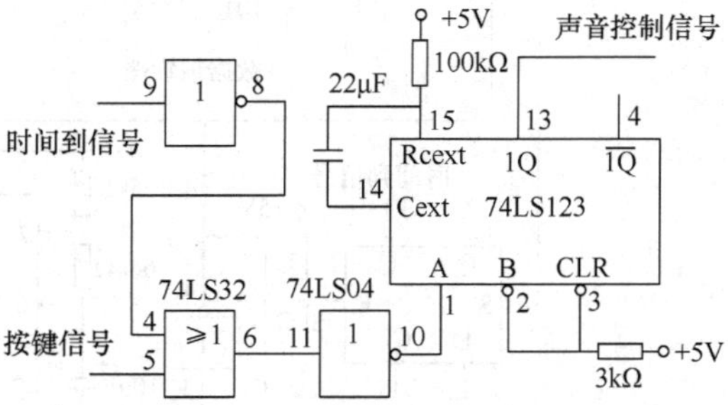

图 3-48　发声控制逻辑电路

5. 码盘输入

在可预置时间的倒计时电路中，时间数值的设定是采用二进制数，即用开关设置 74LS192 并行置数端（1、9、10、15 脚）的高电位或低电位。这样的电子抢答器给使用者带来不便，因为对于不同时间的设定，需要有二 - 十进制的换算。为了解决这一问题，可以采用置数码盘，其功能是转动码盘设定十进制数 0 ~ 9，码盘会对应输出二进制数，即 000 ~ 1001。

码盘的外形如图 3-49 所示，其十进制位数有 1 位、2 位或多位，每位都对应 4 位二进制码输出。码盘输出的编码是用高、低电位表示，使用时码盘需要接 +5V 电压。在该抢答器电路中，可采用两位的码盘，每位的输出端分别与 74LS192 的并行置数端连接（注意高位和低位顺序），这样主持人可以很方便地设定抢答时间。

6. 组装调试抢答器电路

组装定时抢答电路时，应先将各部分电路安装、调试好，可以按书中介绍的顺序。需要注意的有三个方面：一是输入电路由多个开关所组成，每一竞赛者与一个按键开关相对应，要有标号与其对应，按键开关应为常开型，当按下开关时，开关闭合，松开时，开关自动断开；二是主持人使用自锁式按键开关，按下时开关闭合，并锁住，再按时开关断开；三是开始调试时，可以先接入两路实验，电路调试成功后，再连接全部电路。

图 3-49 码盘的外形

在各部分电路工作正常后，再把各部分电路组合在一起，形成一个完整的带数显的电子抢答电路。实际应用时，应将所有电路制成一块印制电路板，按键开关到控制电路距离较远时，可以利用光电隔离的方法提高传输线路的电压（高、低电位转换），使其满足使用要求。

3.4.3 设计与实践

1. 设计制作一个简单的 16 路电子抢答器，要求：用 LED 显示抢答结果，有清零和抢答控制开关。

2. 设计制作一个 24 路电子抢答器，要求：抢答器锁存选手相应的编号，并在数码管上显示，一直保持到主持人将电路清零为止；抢答器具有倒计时功能，且一次抢答的时间由主持人设定，10 ~ 99s 可调，码盘时间设定；有声音控制功能，选手按键或定时时间到时有声音提示。

3.5 数字定时器电路设计

在日常生活、工作中，经常要用到定时器，如在答辩等环节需要规定时间，时间到时定时器发出声音提示；在有些场合需要在无人操作的情况下定时开、关电器设备等。数字电路中的定时器实际上是一个脉冲加 1 或减 1 计数器，当计数器达到设定的值时，电路发出声音提示，有的定时器配有继电器等控制器件，可以直接驱动电器设备，如室内照明、空调开关等。

3.5.1 数字定时器的设计思想及结构

数字定时器电路的设计主要有三个方面：一是要有标准的时钟振荡脉冲，利用脉冲分频和计数电路，得到精确的时间；二是要有时间设定电路和时间到的判断电路，判断电路要在定时时间到时输出一个控制信号；三是定时电路有提示音，考虑到实用性，还可以加入指示灯和继电器电路，继电器主要启动或关闭电器设备。图 3-50 所示为数字定时器的原理框图。

定时器一般由时钟振荡电路、分频电路、置数开关、计数器、译码器、数码显示、声音

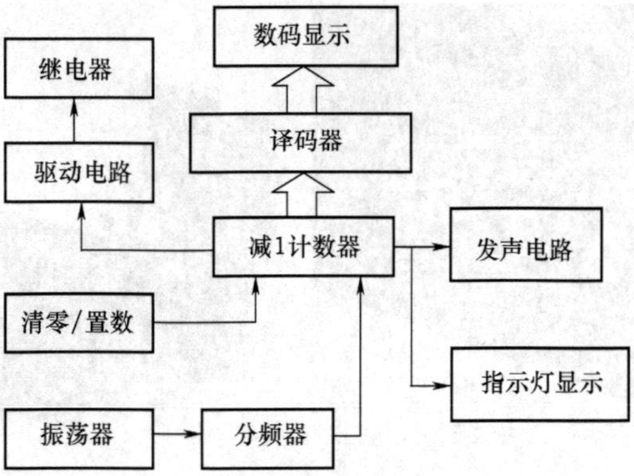

图 3-50　数字定时器的原理框图

提示电路和继电器电路组成。

3.5.2　数字定时器电路设计

根据数字定时器的结构及各模块功能，设计各部分电路。在电路设计过程中，可以参考已掌握的典型的电路，逐步完成各模块电路的组装和调试。下面是按定时时间范围：1～99min，电路输出有数码显示、声音、指示灯和继电器控制的要求，设计一个电子定时器电路。

1. 秒信号发生电路

图 3-51 所示为秒脉冲发生电路，考虑到定时器的计时精度，振荡电路采用石英振荡器，配合 CD4060 集成电路芯片产生精确的振荡脉冲信号，电路增加了 CD4040 芯片，目的是进一步分频，产生秒信号输出。为显示电路在正常工作，在电路的输出端接了一个 LED 发光二极管，使其按 1Hz 的频率闪动。

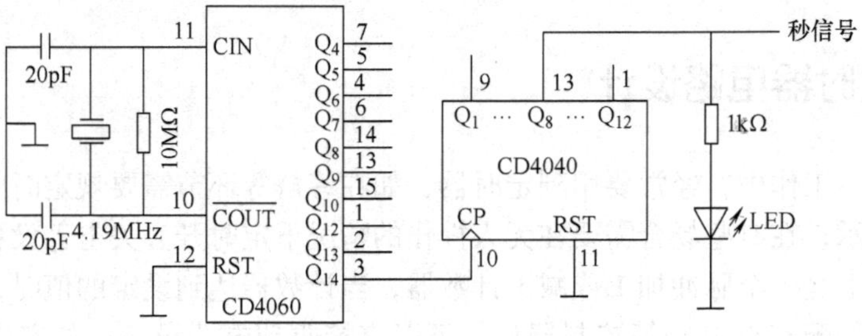

图 3-51　秒脉冲发生电路

CD4060 是 14 级分频，注意该芯片的 Q_1、Q_2、Q_3、Q_{11} 是不引出的，4.19MHz 的石英振荡器经 CD4060 的 Q_{14} 输出得到的频率是 256Hz。CD4040 是 12 位二进制串行计数器，256Hz 再经过 8 分频后，在 CD4040 的 13 脚（Q_8）输出 1Hz 的秒脉冲信号。

2. 产生 60s 周期信号

为得到 60s 周期信号，电路采用 CD4024、CD4073 和 CD4082 芯片组成 60 进位电路，CD4024 是七位串行计数器，当计数器的 Q_6～Q_3 为高电位、Q_2～Q_1 为低电位时，即对应二进制为 111100（十进制为 60），与门 CD4082 输出信号，对计数器清零，与门 CD4073 的 10 脚生成以 60s 为周期的振荡信号，如图 3-52 所示。

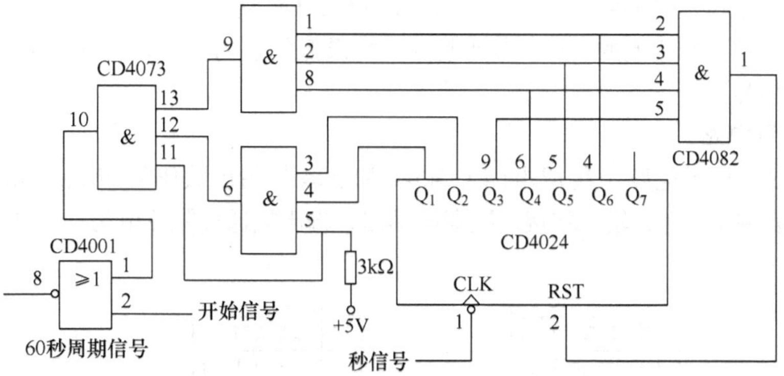

图 3 - 52　60s 周期信号产生电路

CD4001 是有 2 个输入端的或非门，电路的“开始信号”来自启动开关，该信号平时为高电位，当开关接地时，" 开始信号" 为低电位，三输入与门 CD4073 的第 10 脚产生的 60s 进位信号通过或非门电路输出。三输入与门 CD4073 的第 5 和 11 脚是空闲脚，接高电位。秒脉冲输入信号接 CD4024 芯片的第 1 脚。

3. 置数、计数电路

置数、计数电路如图 3 - 53 所示，由于定时时间为 1 ~ 99min，而且要有并行置数环节，电路选用两片可预置 BCD 码的同步 1/*N* 计数器 CD4522 芯片。定时器采用倒计时方式，CD4522 实际构成一个减法计数器，其特点是减到全零后，当下一个 CP 脉冲的上升沿来到时，计数器从 0000 直接跳变成 1001，即从十进制数 0 跳变成 9。定时时间设定方法采用拨码盘，十进制 0 ~ 9 对应二进制码为 0000 ~ 1001。开关 S 断开时，“开始信号”为高电位，拨码盘输出的编码输入到 CD4522 计数器。

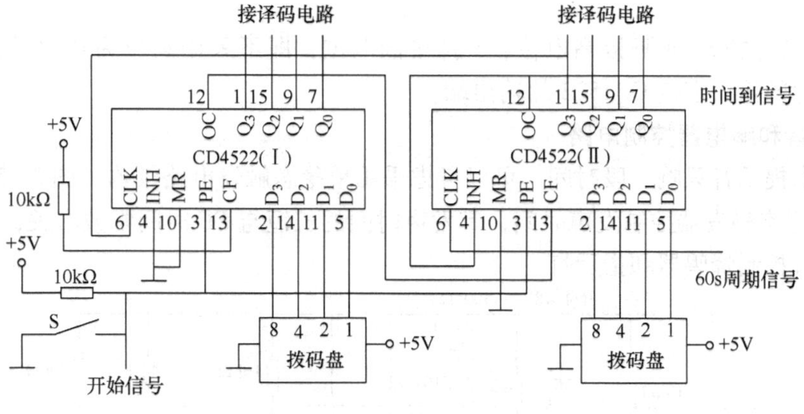

图 3 - 53　置数、计数电路

CD4522 的复位端 MR 接地（均不清零），复位端 MR = 1 时计数器清零；CD4522(Ⅰ)禁止端 INH 接地（不禁止），CD4522(Ⅱ)禁止端 INH 接“时间到信号”，平时为低电平，计数为 0 时，产生高电平并禁止该芯片工作；PE 是预置并行数据允许端，初始为高电位，即 PE = 1；接通开关 S，PE = 0，CD4522 正常计数；OC 为全零信号输出端，平时 OC = 0，当计数器呈全零状态（0000）且 CF = 1 时，OC = 1。CF 是级联反馈端，CF = 0 时，计数器即使呈现全零状态，OC 也不输出信号。

电路的级联方式是 CD4522(Ⅰ)的 CF 接高电位，OC 接 CD4522(Ⅱ)的 CF。这样，当高位上的数据为 0 时，低位上的 CF 才为高电位，如果低位上的数据再为 0，低位上的 OC 就会输出“时间到信号”。

4. 数字显示电路

定时器的数字显示电路由集成电路 CD4511 和七段共阴极数码管组成，如图 3 - 54 所示。CD4511 为译码及驱动芯片，输入端接计数器的输出，输出端通过限流电阻（300Ω）接共阴极数码管。

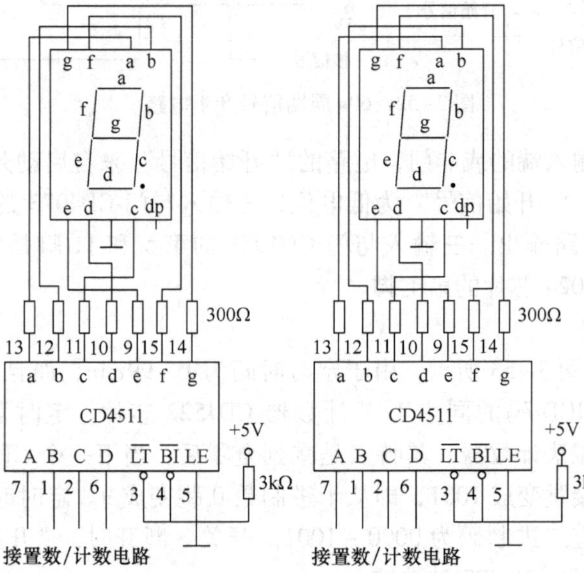

图 3 - 54　定时器的数字显示电路

CD4511 芯片的 3、4 脚接高电位，5 脚接低电位，即不采用高位为 0 时灭灯和锁存方式。译码芯片的输入端接 CD4522 的输出端。

5. 提示音和继电器控制电路

如果要求提示音只响一段时间，可以考虑采用单稳态触发电路结构。图 3 - 55 所示为通过 NE555 单稳态触发器控制发声时间，其发声时间的长短与 *RC* 时间常数有关，单稳态的输出通过晶体管控制蜂鸣器和指示灯。

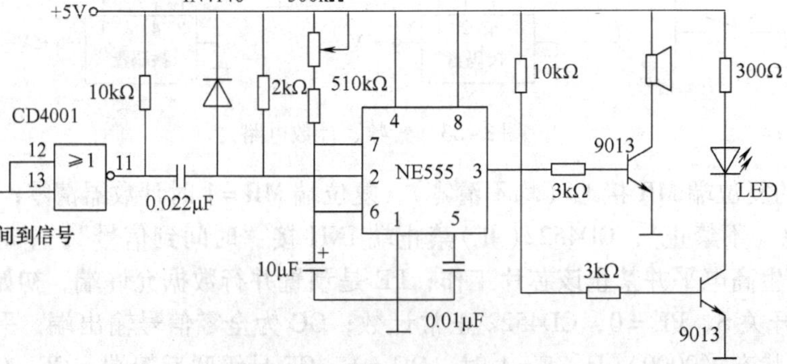

图 3 - 55　提示音和指示灯控制电路

定时器到达设定的时间后，“时间到信号”通过“或非门”变为低电位，再经过微分电路在 NE555 的输入端产生一个负的脉冲信号，继而触发单稳态电路，在 NE555 的输出端产生高电位，此时两个晶体管导通，蜂鸣器发出声音，LED 指示灯亮。经过一段时间，单稳态电路又返回原状态，此时 NE555 的 3 脚输出低电位，两个晶体管截止，蜂鸣器停止发出声音，LED 指示灯停止发光。调整电位器的阻值，可以调节发声和显示时间的长短，选用 6V 长声或短声蜂鸣器，发光二极管可选用常亮或自闪式 LED。

图 3-56 所示为继电器控制电路。定时器到达设定的时间后，“时间到信号”为高电位，经过 CD4082“与门”使晶体管导通，继电器线圈通电，控制继电器开关闭合（常开触点）或断开（常闭触点）。由于“时间到信号”一直维持高电位，继电器控制信号将一直保持下去，直到重新启动下一次定时。继电器参数选取如下：DC5V，230VAC/5A。

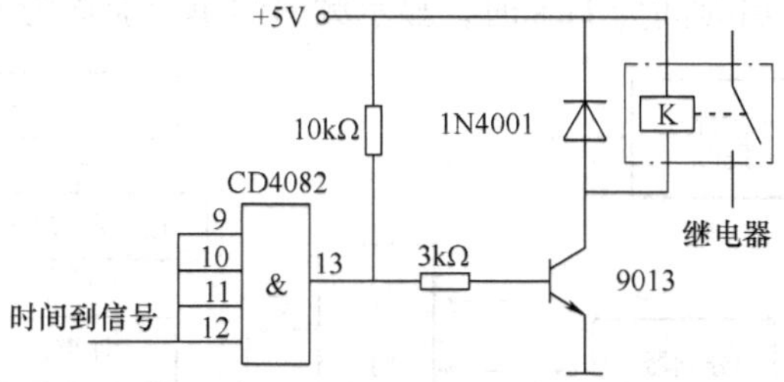

图 3-56　继电器控制电路

6. 电路调试

从秒信号发生电路开始完成各模块电路，电路组装好后，用示波器观测各振荡信号，设定定时时间为 1min，用示波器观测 NE555 的输入端口的脉冲信号，正常为一个窄脉冲。当出现信号时，此时蜂鸣器发出声音，指示灯亮，同时听到继电器接通的声音。

改变 NE555 单稳态电路的电位器阻值，观察提示音（或 LED 灯亮）的时间长短。由拨码盘改变定时时间，并与标准时间对比。

继电器控制实验，可用继电器控制一个台灯。实际应用时，要注意继电器是否符合控制电器的标准，最好有隔离电路，而且在电路板上有良好的接线端子。

3.5.3 设计与实践

1. 设计一个定时电路，要求定时时间为 1 ~ 99min，可以设定定时时间，计数器同时显示分、秒信息，时间到给出长鸣提示音，并控制一个 LED 指示灯。

2. 设计一个可以定时 1 ~ 24h 电路，可以设定定时时间，计数器同时显示小时、分钟信息，时间到给出提示音，并控制一个继电器工作。

3.6 数字频率计电路设计

在电子电路应用中，经常要用到数字频率计。数字频率计实际上就是一个脉冲计数器，用来记录 1s 内的脉冲个数。在实验室通常有示波器、频率计等仪器测量脉冲信号的频率，但在某些测控现场为了随时显示信号频率而长期放一台示波器或频率计是不太适宜的，这时就需要设计一个能够实时测量及显示的频率测量电路。

数字频率计一般由输入整形电路、时钟振荡电路、分频器、量程选择开关、计数器、译码器和显示器等组成。

3.6.1 数字频率计原理

图 3-57 所示为数字频率计的原理框图，其基本原理是时间门限测量法。被测信号首先经整形电路变成规则的脉冲信号，且频率不能改变；时钟振荡电路产生时间基准信号，分频后得到不同时间单位的门控信号；门控信号控制“与门”的开启和关闭，得到被测脉冲信号，如果选择不同的量程开关，可以得到不同单位（频率）的测量值。例如，控制“与门”开启的时间为 1s，就能检测到待测信号在 1s 内通过与门的脉冲个数，测量的频率单位为 Hz；如果控制“与门”开启时间为 1ms 时，显示频率的单位应该为 kHz。

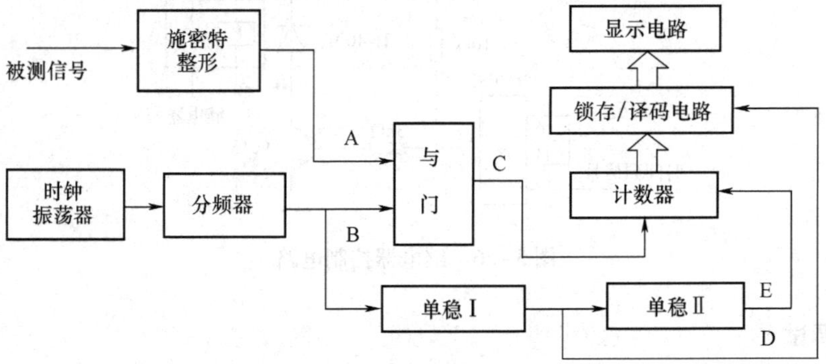

图 3-57 数字频率计原理框图

通过“与门”的被测信号，经计数器、锁存器和译码器送到数码管显示，当门控信号为低电平时，计数脉冲被切断，同时使时序发生电路发出锁存信号，将测量的结果锁存，数码管显示固定数值，在时序发生电路发出的清零信号后，使计数器复位，等待下一周期测量。

数字频率计各级信号波形如图 3-58 所示，设被测信号 A 的周期为 T_X，“与门”开启时间为 T。当门控信号 B 为高电平时，被测信号 A 通过“与门”，形成计数脉冲信号 C，直到门控信号 B 变为低电平，“与门”关闭，计数停止。门控信号 B 变为低电平的同时，使单稳态触发器Ⅰ输出锁存信号 D，将计数值锁存。另外，单稳态触发器Ⅰ的下降沿又使单稳态触发器Ⅱ产生清零信号 E，其作用是将计数器清零，等到当门控信号 B 再次变为高电平时，开始下次计数。

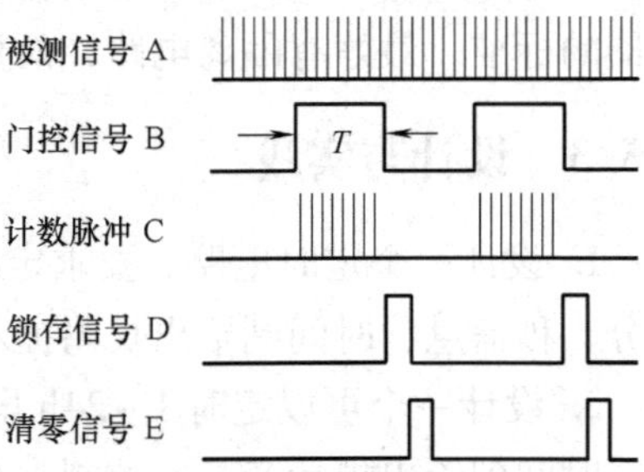

图 3-58 数字频率计各级信号波形

若“与门”开启时间为 T，在开启时间内计数器所计的脉冲数为 N，则被测信号的频率 f_X 为

$$f_X = \frac{N}{T} \tag{3-10}$$

为了准确地测量信号频率，应满足 $T \gg T_X$，T_X 是 f_X 对应的周期。

3.6.2 数字频率计电路设计

本项目设定测量信号的频率范围在 1 ~ 9999Hz，根据数字频率计电路的结构及各级功能，按模块化原则设计各部分电路。在电路设计过程中，可以运用已学过的知识，参考典型的应用电路等，另外也结合现代电子技术的发展，设计出更新颖的电路。

1. 整形电路

被测信号是多种多样的，有方波、三角波和正弦波等波形，信号幅度也有大小，要使计数器准确计数，必须将输入的信号整形，达到符合数字电路标准的方波信号。图 3 - 59 所示为将三角波和正弦波转换成方波的电路。

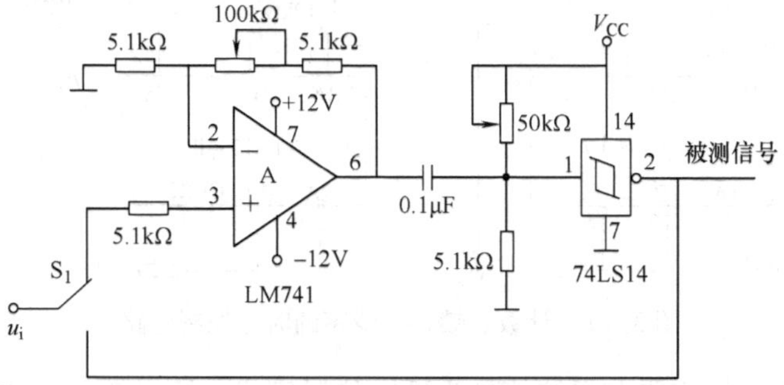

图 3 - 59 三角波和正弦波转换成方波的电路

运算放大器是将小信号放大，可使输出信号幅度 U_{pp} 到达 3.5 ~ 4V。如果信号太小，可以增加反馈电阻的阻值，放大后的信号经过直流电位偏移，接入 74LS14 施密特反相器。如果被测的是标准的数字信号，则可以直接引入到计数器电路。

2. 时基电路

根据题目要求，采用 4 位数码显示，产生 1s 脉宽的门控信号。时基信号是标准测量的基础，可采用晶体振荡电路方案。图 3 - 60 所示为由晶体振荡器、集成电路芯片 CD4060 和 CD4040 组成的振荡和分频电路。

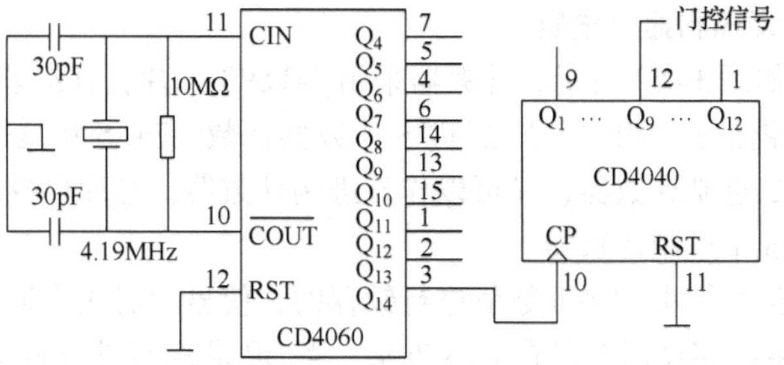

图 3 - 60 振荡分频电路

4.19MHz 经过 23 级分频，产生 1s 的门控信号，即信号的高电位时间为 1s。由于 CMOS 电路的输入阻抗极高，因此 CD4060 的反馈电阻选为 10MΩ，较高的反馈电阻有利于提高振荡频率的稳定性。

3. 时序控制电路

计数、锁存、清零的时序控制电路如图 3-61 所示，根据数字频率计的原理框图及各级电路波形，设计相应的时序控制电路。门控信号结束时产生负跳变，此时计数完成，可以用该信号控制单稳态触发器Ⅰ的 Q 端产生一个正跳变的信号，其 $\overline{Q}$ 端通过与非门输出信号锁存数据；状态结束时，单稳态触发器Ⅰ的 Q 端产生负跳变，用该信号再控制单稳态触发器Ⅱ，使其 $\overline{Q}$ 端产生负跳变的信号，该信号经过与非门对计数器清零。

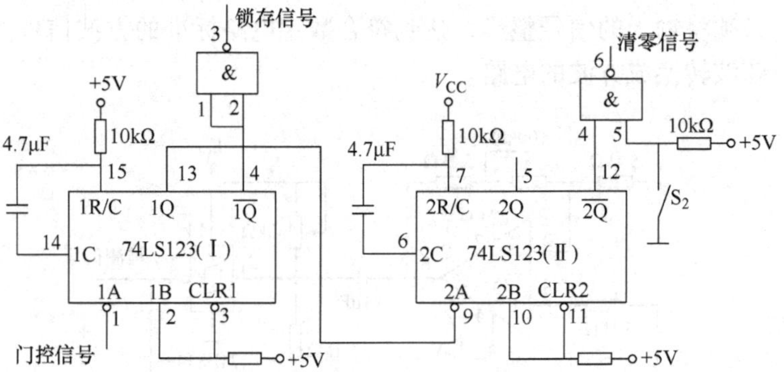

图 3-61　计数、锁存、清零的时序控制电路

因为锁存、清零信号均要在门控信号为低电位时完成，所以要求这两个信号的脉冲宽度很小。74LS123 芯片内部有两个单稳态触发电路，门控信号从 1A 触发端接入，由 74LS123 的功能表可得，由触发脉冲的负跳变，在 1Q 输出端可获得一个正脉冲，脉冲宽度由电路中的 *RC* 时间常数决定。1Q 输出端接另一个单稳触发器的输入，正脉冲结束时的负跳变会使 2Q 端输出一个正脉冲。

设计锁存信号和清零信号的脉冲宽度相同，并等于 0.2s，则单稳态电路的脉宽为 $t_P = 0.45RC = 0.2\text{s}$，若电阻取 10kΩ，则 $C = t_P/(0.45R) = 44.44\mu\text{F}$，取标称值后 $C = 47\mu\text{F}$。S_2 是手动清零开关，S_2 闭合时接低电平，计数器清零，显示为 0。

若测量频率以 kHz 为单位，门控信号宽度应为 1ms，此时的锁存信号和清零信号的脉冲宽度要小于 1ms，因此要重新计算 *RC*。

4. 计数、锁存、译码和显示电路

计数和锁存电路如图 3-62 所示。计数器采用 74LS90 芯片，并级联成为 4 位计数电路，“被测信号”和“门控信号”相“与”后进入计数器计数。74LS90 是二－五－十进制异步计数器，它既可以作二进制计数器，又可以作五进制计数器，芯片自身的二进制计数器与五进制计数器级联后形成十进制计数器。

锁存器是在门控信号结束时将计数值进行锁存的，使显示器能稳定地显示此时计数器的值。电路选用 8D 锁存器 74LS273 完成上述功能，当 CP 端的时钟脉冲为正跳变时，锁存器的输出等于输入，即 Q = D，从而将计数器的输出值送到锁存器的输入端；CP 端正脉冲结束后，即当 CP 端从高到低电平时，将数据锁存，无论 D 为何值，输出端 Q 的状态仍保持原来的状态不变，继而得到稳定的显示。

图 3-63 所示为译码和显示电路，电路使用 74LS48 芯片和共阴极数码管。74LS48 的每个输出端通过 300Ω 限流电阻接数码管，其输入端接 74LS273 的输出。

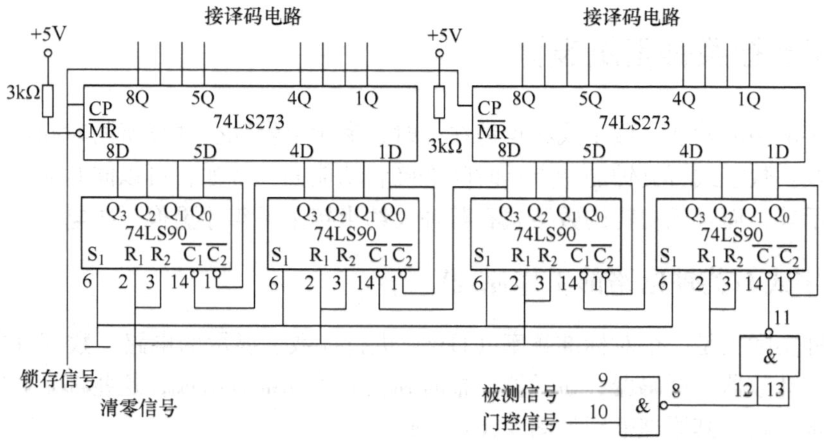

图 3-62　计数和锁存电路

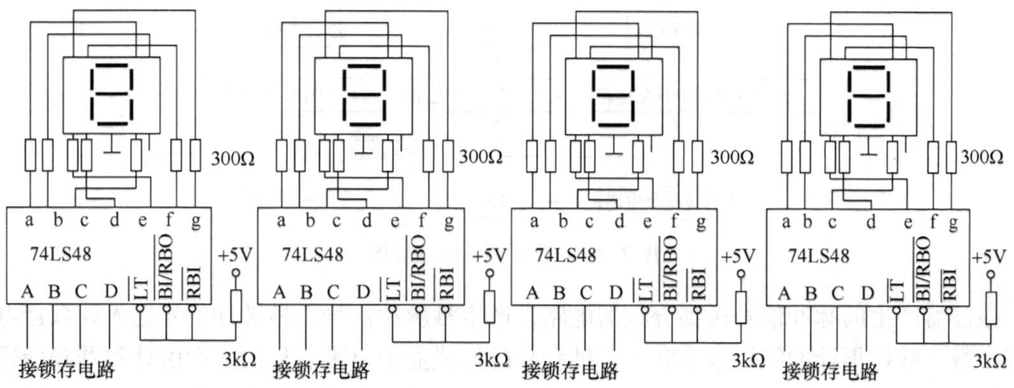

图 3-63　译码和显示电路

5. 电路调试

按模块进行电路连接、调试，之后再进行电路总调试。用示波器观察时基电路、时序控制电路的输出波形，其中清零、锁存的脉冲宽度为 $t_W = 0.2s$，调整 *RC* 的值，使其满足要求。

从脉冲输入端，接入标准数字脉冲信号，如 1000Hz 方波信号，测量、显示标准信号频率。在放大电路输入端，加入 $U_{pp} = 200mV$、$f = 2kHz$ 的正弦信号，用示波器观察放大电路和整形电路的输出波形，经过放大、整形，输出应是与被测信号同频率的方波信号。

3.6.3　设计与实践

1. 设计制作一个数字频率计，设计要求：测量频率范围为 1 ~ 9999kHz，显示单位 kHz，被测信号为 TTL 电平的方波信号。

2. 设计制作一个数字频率计，设计要求：测量频率范围 1Hz ~ 9999kHz，量程分为 4 挡，即 ×1、×10、×100、×1000，被测信号为 TTL 电平的方波信号。设计提示：需要产生 1ms、10ms、100ms 和 1000ms 的时基信号。

3.7 数字式石英钟电路设计

随着数字电路的发展，数字式石英钟在计时、家用电器和公共场所的时间显示等方面的应用非常普及。数字式石英钟的特点是时间准确和功能齐，例如，可以同时显示年月日、定时和音乐提示等，而且低功耗的数字式石英钟大约半年至一年才更换一次电池。

3.7.1 数字式石英钟电路的工作原理

数字式钟实际上是一个对标准频率（1Hz）进行计数、显示的电路。数字钟主要由振荡器、分频器、计数器、译码器、显示器、报时和校时等几部分组成，这些都是数字电路中应用最广的基本电路，其原理框图如图 3-64 所示。

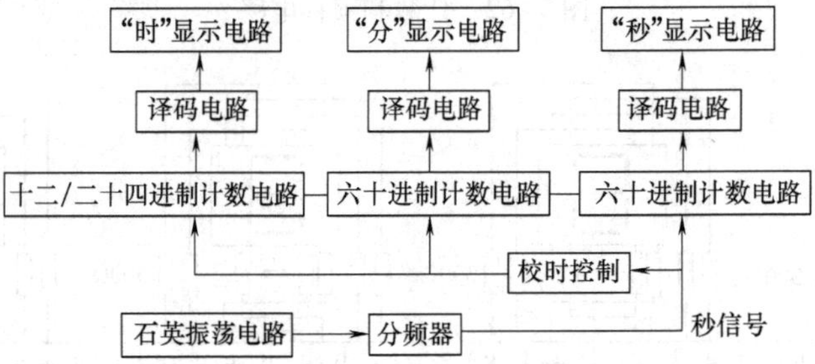

图 3-64　数字钟的原理框图

振荡器产生的脉冲信号送到分频器电路，产生秒脉冲信号，秒脉冲信号送入计数器电路进行计数，并把累计的结果以小时、分钟和秒的形式显示出来。秒的显示由计数器和译码器组成的六十进制计数电路实现；分钟的计数、显示电路与秒相同，小时数字的显示由计数器和译码器组成的十二或二十四进制计数电路实现。所有计时结果由 6 位（秒、分钟和小时各占 2 位）数码管显示。由于计数的起始时间不可能与标准时间一致，故需要在电路上有对分钟、小时校对的电路。

3.7.2 数字钟电路设计

根据数字钟的原理框图，设计一个数字式电子石英钟，小时进位采用十二进制，时、分、秒用数码管显示，带时间校对功能和报时功能。

1. 石英晶体振荡与分频器

由于晶体振荡器输出频率较高，为了得到 1Hz 的秒信号输入，需要对振荡器的输出信号进行分频。通常实现分频器的电路是采用多级二进制计数器来实现。

图 3-65 所示为石英晶体振荡器电路，晶振的频率为 32 768Hz，如果将 32 768Hz 的振荡信号分频为 1Hz，其的分频倍数为 32 768（2^{15}），即实现该分频功能的计数器相当于 15 级二进制计数器。CD4060 计数为 14 级二进制计数器，可以将 32768Hz 的信号分频为 2Hz，再经过 74HC390 二分频，可以得到 1Hz 的秒脉冲。

在应用电路中，石英钟分频器电路的功能主要有两个：一是产生标准的秒脉冲信号，并送到计数电路或校正电路；二是提供功能扩展电路所需要的脉冲信号，如仿电台报时用的

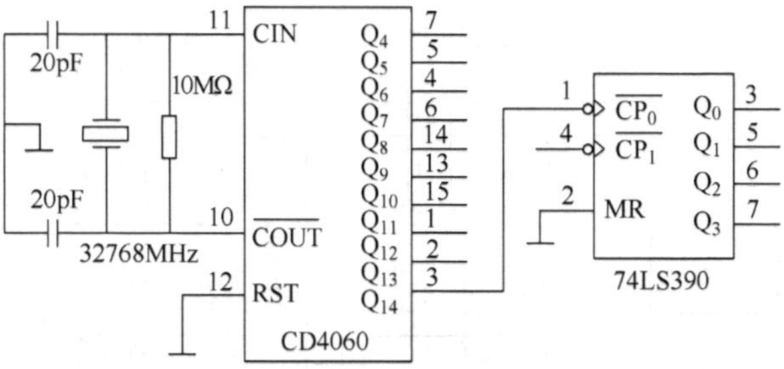

图 3-65　石英晶体振荡器电路

1kHz 的高音频信号和 500Hz 的低音频信号等。

2. 小时、分钟和秒计数器电路

时间计数单元有小时、分钟和秒计数三个部分。小时计数单元可采用十二进制或二十四进制计数器，其输出为两位 8421BCD 码形式；分钟计数和秒计数单元为六十进制计数器，其输出也为两位 8421BCD 码形式。

电路选用十进制计数芯片 74LS390 来实现时间计数单元的计数功能，该器件为双 2－5－10 异步计数器，并且每一计数器均提供一个异步清零端（高电平有效）。

秒计时器的个位单元电路为十进制计数器，无需进制转换，只需将 Q_0 与 $\overline{CP_1}$ 相连即可，其 $\overline{CP_0}$ 端与 1Hz 输入信号相连，Q_3 作为向上的进位信号，与秒计时器的十位单元电路的 $\overline{CP_0}$ 相连。秒计时器的十位单元电路为六进制计数器，需要进制转换，芯片的 Q_2、Q_1 通过与门和计数器的清零端 MR 连接，实现六进制转换。74LS21 与门的输出作为向上的进位信号，与分钟计时单元电路的输入相连，六十进制计数器的电路如图 3-66 所示。

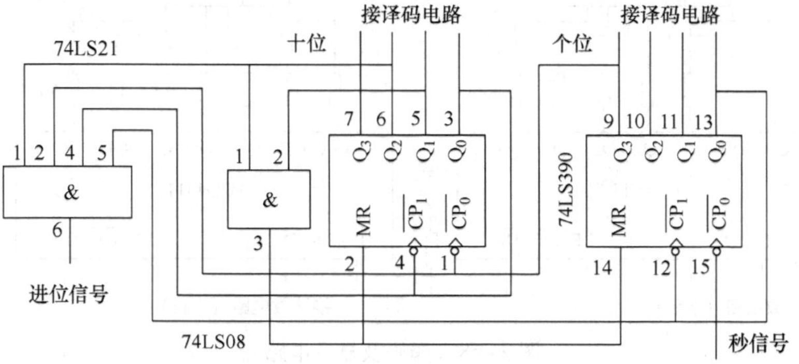

图 3-66　六十进制计数器电路

分钟计数器的个位和十位单元电路的结构与秒计数器的个位和十位单元电路完全相同，即采用六十进制。需要注意的是，分钟计时电路的输入信号接秒计数电路的进位信号，分钟计时电路的进位信号接小时计数电路的输入端。

小时计数单元采用十二进制计数器，需将两个计数芯片合并为一个整体进行十二进制转换。十二进制计数器电路如图 3-67 所示，小时计数器的个位单元电路连接形式不变，Q_3 作为计数进位输出，连接十位计数单元的 $\overline{CP_0}$ 端；十位计数单元电路的 Q_0 和个位计数单元电路的 Q_1 经过与门（74LS08）电路，其输出分别接两个计数单元的清零端，这样构成一个十二进制计数电路。

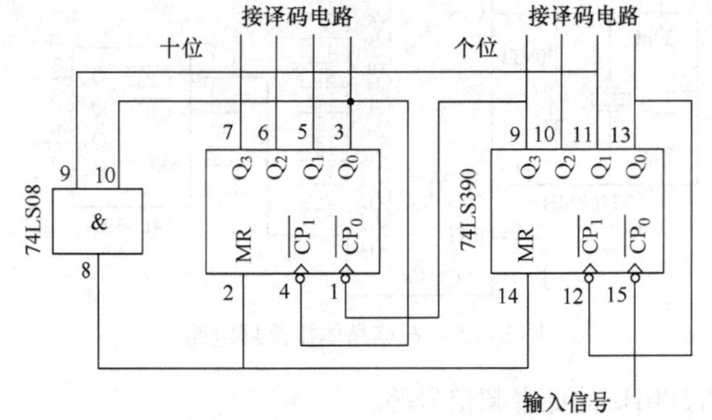

图 3-67　十二进制计数器电路

3. 译码、驱动及显示电路

石英钟电路的各计数单元实现了对时间的累计，并从 $Q_3 \sim Q_0$ 端以 8421BCD 码的形式输出，译码电路是将计数器的输出数据转换为数码显示器件所需要的逻辑代码。图 3-68 所示为使用 CD4511 芯片和共阴极数码管构成译码、显示电路，由于小时、分钟和秒计数单元电路输出形成完全一致，图中仅给出一个单元电路。实际电路需要 6 片 CD4511 和 6 个数码管，并分别对应小时、分钟和秒的计数单元。数码管每段需要串接 300Ω 限流电阻。

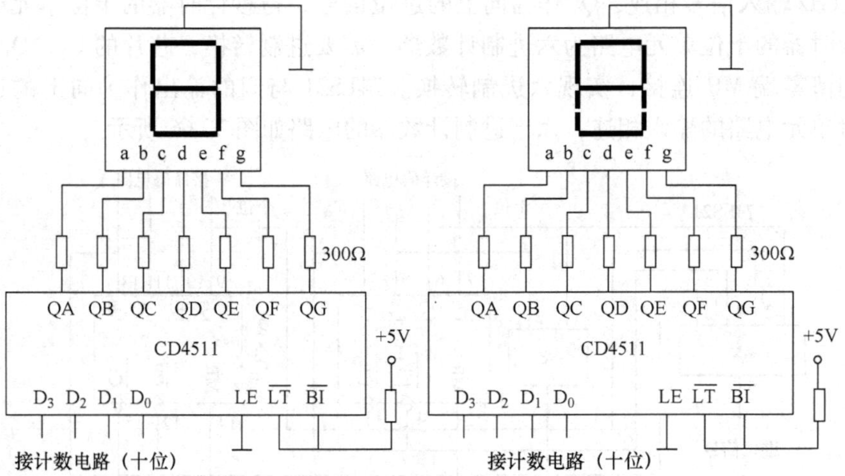

图 3-68　译码及显示电路

4. 电子石英钟校准电路

图 3-69 所示为一个分钟校准电路，它是由基本 RS 触发器和与门、或门组成，基本 RS 触发器的功能是产生单脉冲，主要是起防止开关抖动的作用。未拨动开关 S_1 时，与非门 G_2 的一个输入端接地，基本 RS 触发器处于“1”状态，这时数字钟正常工作，进位信号脉冲进入分钟计数器。拨动开关 S_1 时，与非门 G_1 的一个输入端接地，于是基本 RS 触发器翻转为“0”状态，秒脉冲可以直接进入分钟计数器，而正常进位脉冲被阻止进入，因而能很快地校准分计数器的计数值。时间校准后，将校正开关恢复原位，数字钟继续进行正常的计时工作。

小时校准电路与图 3-69 基本一致，人为控制进位信号，拨动校时开关，则秒脉冲可以

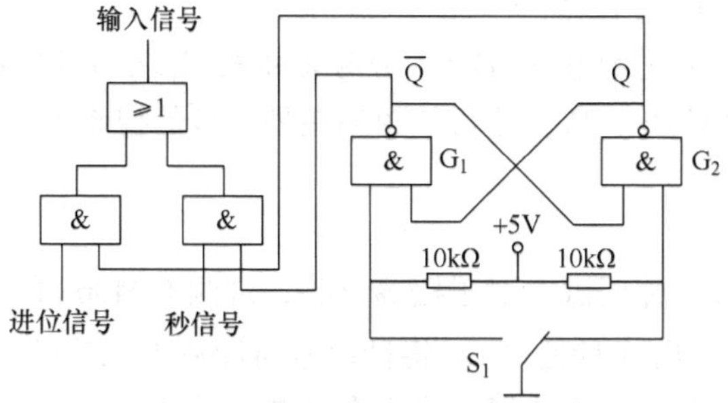

图 3-69　电子石英钟校准电路

直接进入时计数器，因此能够较快地对时计数器值进行校准。校准后，将校正开关恢复原位，数字钟继续进行正常的计时工作。

5. 整点报时电路

多功能数字式电子时钟都具备整点报时电路功能，即在时间出现整点前数秒内，数字钟会自动报时，以示提醒。其报时方式是发出连续的或有节奏的音频信号，也可以是语音提示。观察实际电子时钟的报时，一般是在整点前 5s 内开始，当时间在 59min 55s 时启动报时，扬声器发出有节奏的音频信号。

图 3-70 所示整点报时的具体电路。分钟计数单元电路个位的（Q_3、Q_0）与十位的（Q_2、Q_0）分别接 74LS30（Ⅰ）和 74LS30（Ⅱ）输入端，目的是在 59min 时产生高电位信号；将秒计数单元电路个位的（Q_2、Q_0）与十位的（Q_2、Q_0）接 74LS30（Ⅰ）的输入端，目的是在 55s 时产生高电位信号；将秒计数单元电路个位的（Q_3、Q_0）与十位的（Q_2、Q_0）接 74LS30（Ⅱ）的输入端，目的是在 59s 时产生高电位信号。

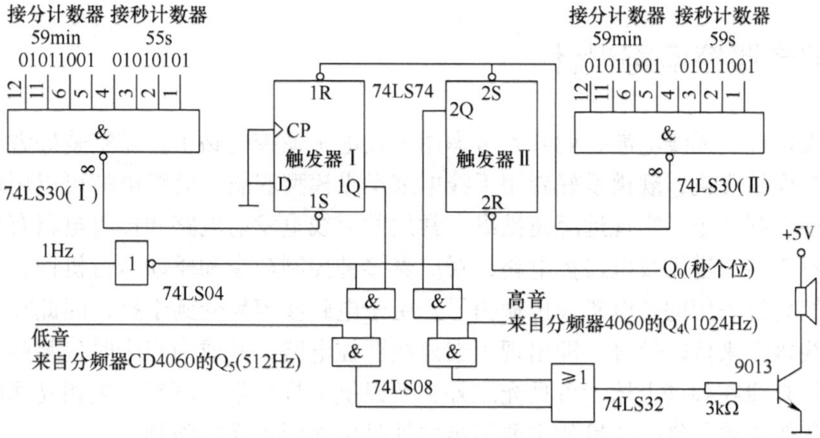

图 3-70　整点报时电路

当分钟计时到 59min 时，且秒计时到 55s 时，74LS30（Ⅰ）输出低电平，将触发器Ⅰ置“1”，1Q 端输出高电平，在秒信号作用下打开与门，让 512Hz 的信号通过，使扬声器发出低音的滴滴声响。当分钟计时到 59min，且秒计数到 59s 时，74LS30（Ⅱ）输出为低电平，它将触发器Ⅰ清零，低音滴鸣声停止，同时该信号还将触发器Ⅱ置“1”，其 2Q 端输出高电平，在秒信号作用下打开与门，让 1024Hz 的信号通过，使扬声器发出高音的滴声，当分钟、秒计数器从 59:59 变为 00:00 时，通过秒计数脉冲，使 2Q＝0，完成整点报时，在这过程中低音声响4次，高音声响1次。

电路中的高、低音信号分别由CD4060分频器的输出端Q_5和Q_6产生。Q_5输出频率为1024Hz，Q_6输出频率为512Hz。高、低两种频率在秒信号的控制下，通过或门和晶体管带动喇叭发出报时声音。

6. 电路调试

完成各模块电路连接，并调试。对于振荡电路，观测CD4060的Q_5、Q_6和Q_{14}的脉冲信号，观测74LS390的Q_0输出（秒信号）。将秒信号与计数单元连接，并连接数码显示单元，看各单元进位是否正确。为了观测快捷，可以在计数单元的输入端接入高频率的信号，如接CD4060的Q_{12}。将整点报时电路接入，即分钟和秒计数器的输出与整点报时模块连接，观察59min55s时的发声。接入校准电路，调整数字式石英钟的时间，让电路长时间运行，并与标准计时表校对时间。

振荡器是电子钟的核心，用它产生标准频率信号，振荡器的稳定度及频率的精确度决定了数字钟计时的准确程度。一般来说，振荡器的频率越高，计时精度越高。在电路设计中，可以改变石英振荡电路，进一步提高石英钟的精度。

3.7.3 设计与实践

1. 设计制作带数码显示的数字式石英电子钟，设计要求：有时、分、秒的显示功能；有整点报时的功能，每隔1小时报时一次；能快速校准时、分；小时计数器为二十四进制。

2. 设计制作带数码显示的数字式石英电子钟，设计要求：有时、分、秒的显示功能；每隔1小时报时一次，能快速校准时、分；有“闹表”功能，可以设定时间，带音乐提示，有声音清除按键。

3.8 数字式遥控电路设计

自从人类发现了无线电波，就开始考虑用无线电来遥控电路了。航空爱好者用无线电收发装置来操纵模型飞机，舰模爱好者用无线电来操纵模型舰艇。无线电波可以用作传递信号的媒体，传递控制命令，实现远距离操纵。常用的无线电发射电路和接收电路有单通道或多通道之分，对于多通道无线电遥控电路，对应着多种控制命令和驱动执行机构。

无线遥控装置采用的是电磁波传输信号，由于电磁波容易受到干扰，因此在某些领域逐渐采用红外线媒介来传输信号，即出现了红外线遥控电路，并成为当今时代某些遥控领域的主流。由于红外线在频谱上居于可见光之外，所以抗干扰性强，不易产生相互间的干扰，是很好的信息传输媒体。红外传输的主要不足之处是传播距离受到限制。

3.8.1 无线遥控电路

1. 单通道无线遥控电路

单通道无线电遥控发射电路如图3-71所示，电路由NE555构成的多谐振荡器和无线发射模块组成。发射信号时，按下按钮S，此时多谐振荡器工作，产生1500Hz的方波，并由无线发射模块发射出去。电路调试时，按下开关S（保持住），调整电位器，测量NE555芯片的3脚，使输出频率达到要求。

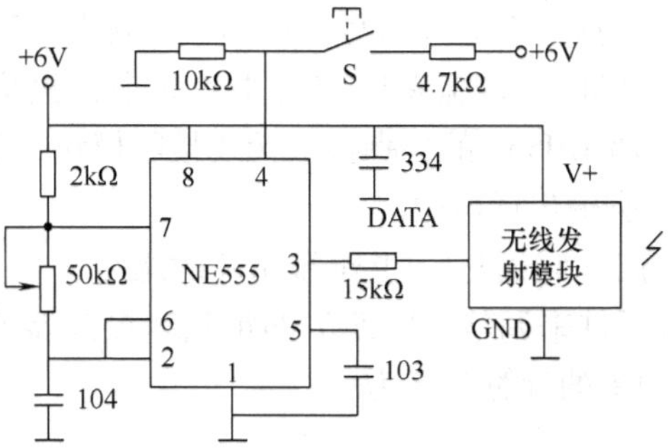

图 3-71 单通道无线遥控发射电路

无线发射/接收模块使用 315M 发射/接收套件，该套件体积小，不带编码与解码，其工作频率为 315MHz，可传送数字信号或模拟信号，适用于各种无线遥控、通信装置。该模块具有遥控距离远，抗干扰能力强等特点。315MHz 发射/接收套件如图 3-72 所示。

图 3-72 无线发射/接收套件

无线发射模块的主要技术指标有：工作电压 3～12V，工作电流 10～15mA，工作方式 AM，传输速率 3kb/s，发射功率 10mW，实际工作距离 50～100m，引脚标志有 DATA、V+、GND。无线接收模块的主要技术指标有：通信方式调幅 AM，工作频率 315MHz/433MHz，静态电流≤5mA，工作电压 DC5V，输出 TTL 电平，引脚标志有 VCC、OUT、GND。

图 3-73 所示为单通道无线遥控接收电路。遥控信号经无线接收模块送到 LM567 锁相环电路，当接收到的信号频率与芯片的本振信号一致时，LM567 的 8 脚输出低电位，对其他频率信号拒之门外，LM567 的输出信号经晶体管驱动继电器电路，每发射一次信号，LM567 的 8 脚就输出一次低电平，使继电器吸合（常开触点）或释放（常闭触点），继电器开关可以接其他控制电路。在接收电路中，可以通过 LM567 的 5 脚实际测量芯片的中心频率。

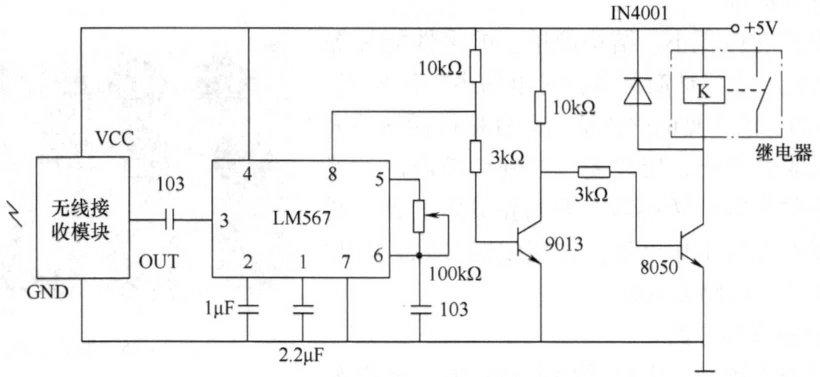

图 3-73 单通道无线遥控接收电路

电路调试时，LM567 的 3 脚先不接入信号，用示波器测量 LM567 的 5 脚，因发射电路的信号频率为 1500Hz，所以 LM567 的振荡频率（中心频率）也应与其对应，调整电位器，使其信号频率达到 1500Hz。将 LM567 的 3 脚接入无线接收模块，如果能接收到 1500Hz 频率的发射信号，则 LM567 的 8 脚输出低电位。

LM567 是一片锁相环电路，它通过一些外部元件的组合，自身可产生十分稳定的音频振荡信号，且频率可由外接元件来调整，LM567 的锁相环振荡器的频率 f_0 取决于接在 5 脚、6 脚的 RC 时间常数，中心频率的计算公式为

$$f_0 = \frac{1}{1.1RC} \tag{3-11}$$

LM567 的 8 脚是逻辑输出端，其内部是一个集电极开路的晶体管，允许最大灌电流为 100mA，工作电压为 4.75 ~9V，工作频率最大为 500kHz，静态工作电流约 8mA。实际应用时，通过调节 RC 值可以使频率锁定在接收频率的附近，以便可靠解码。

另外，采用声波信号遥控时，也可以利用 LM567 的锁频功能对声波信号进行选频，例如在机器人比赛中，有时采用声音控制启动，如选用 1000Hz 的正弦声波信号作为启动音，当机器人采集到该声音信号时开始行走，为了区别现场其他的声音信号，可将 LM567 的工作频率设定在 1000Hz。图 3-74 所示为声波采集、放大和选频电路。驻极话筒将声音信号转换成电信号，经过两级放大，接入 LM567 的输入端，当收到启动音信号后，电路输出低电位，该信号可接入单片机的 I/O 端口，通过查询或中断方式做出响应。

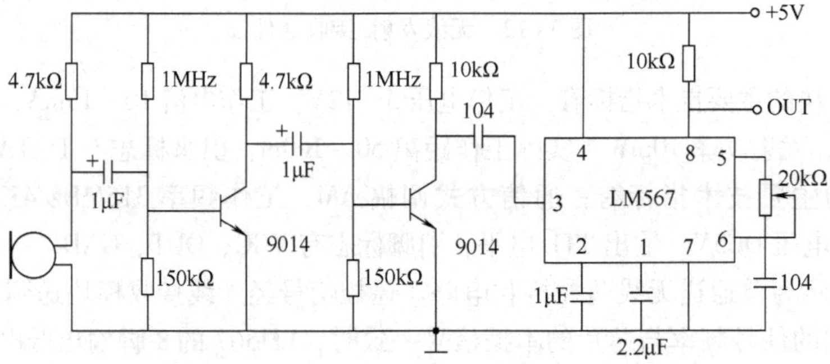

图 3-74　声波采集、放大和选频电路

声源测试时，可用信号发生器输出幅度为 1V、频率为 1000Hz 的正弦波信号，并接入有源音箱发出音频信号。

驻极话筒具有体积小、结构简单、电声性能好等优点，在录音机、无线话筒及声控等电路中广泛使用。图 3-75 所示为目前常见的驻极话筒。驻极体话筒的输入阻抗和输出阻抗很高，所以要在这种话筒内部设置一个场效应管作为阻抗转换器，为此驻极体电容式话筒在工作时需要直流工作电压。在接线时注意，与驻极话筒外壳相连的引脚为负端。

图 3-75　驻极话筒

2. 多路无线遥控电路

在一些遥控电路中，需要采用多路控制，如汽车

的遥控车锁等。图 3-76 所示为一个四通道无线遥控发射电路，其发射部分使用无线发射模块（与单通道无线发射模块相同），多路控制电路使用了数字编码芯片 PT2262（与其对应的解码芯片是 PT2272）。按键开关有 4 路，接到 PT2262 的数据输入端（10 ~ 13 脚），按下开关时为高电位，同时也接通编码芯片的电源电压。发射电路的工作过程是，设定好编码芯片的地址编码（1 ~ 8 脚），当按下 S_1 ~ S_4 键中的一个开关（可以几个键同时按下）时，编码芯片 PT2262 工作，相应的数据端口也得到数据，17 脚输出编码脉冲，并通过无线发射模块发射出去。

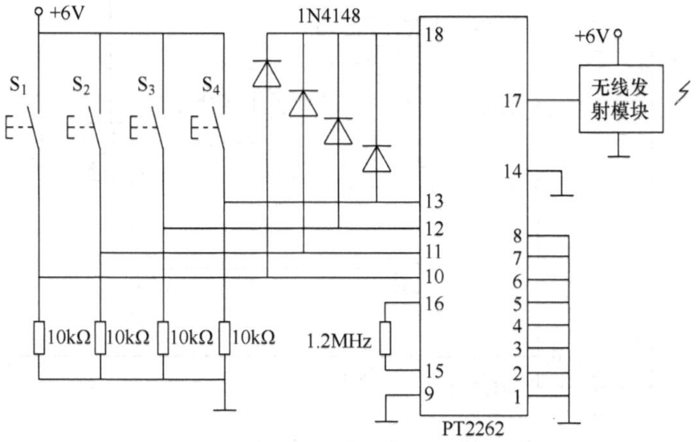

图 3-76　四通道无线遥控发射电路

PT2262/PT2272 的芯片引脚排列如图 3-77 所示，它是一种低功耗、低价位的通用编码、解码芯片，工作电压 3 ~ 12V。PT2262/PT2272 最多可有 12 位（A_0 ~ A_{11}）三态地址引脚（悬空、接高电平和接低电平），任意组合可提供 531441 地址码；PT2262/PT2272 最多有 6 位（D_0 ~ D_5）数据线，并与地址端口 A_{11} ~ A_6 复用，若作为数据编码时，只能进行 0、1 编码。PT2262/PT2272 一般应用于无线、红外遥控电路。

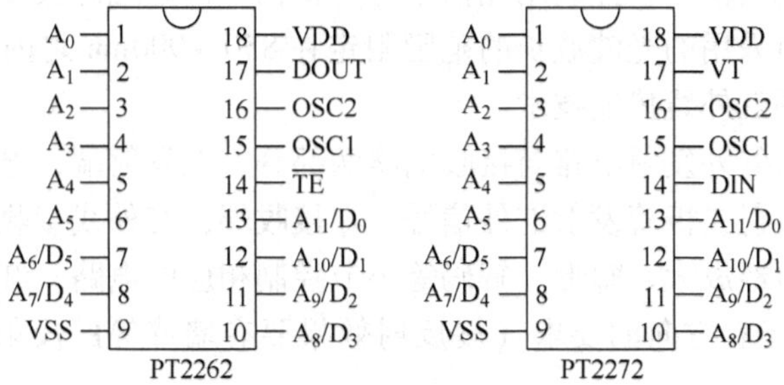

图 3-77　PT2262/PT2272 的芯片引脚排列

编码芯片 PT2262 发出的编码信号由地址码、数据码和同步码组成一个完整的字码，并从 17 脚串行输出；解码芯片 PT2272 接收到信号后，若芯片的地址码设定与发射端的芯片相同，经过比较核对后，VT（17 脚）才输出高电平，与此同时，相应的数据端口也输出与发射端口数据相对应的信号。

PT2272/PT2272 芯片的 OSC1 和 OSC2 是芯片振荡器的外接电阻，PT2262 和 PT2272 的振荡器外接电阻取值不同，并有严格的匹配，其匹配值有：1. 2MΩ 对应 200kΩ、1. 5MΩ 对应 270kΩ、2. 2MΩ 对应 390kΩ、3. 3MΩ 对应 680kΩ 和 4. 7MΩ 对应 820kΩ。

图 3 - 78 所示为四通道无线遥控接收电路。无线接收模块（与单通道无线接收模块相同）接收、解调信号后，送到译码芯片 PT2272 进行解码，因为芯片的址码与发射端 PT2262 芯片的地址完全对应（全 0），所以芯片解码通过，并在数据端口输出与发射端对应的信号。接收电路的数据端口通过电阻与四个晶体管连接，当数据输出端为高电平时，对应的晶体管导通，驱动继电器工作，通过常开或常闭触点，可以控制四路电器设备。

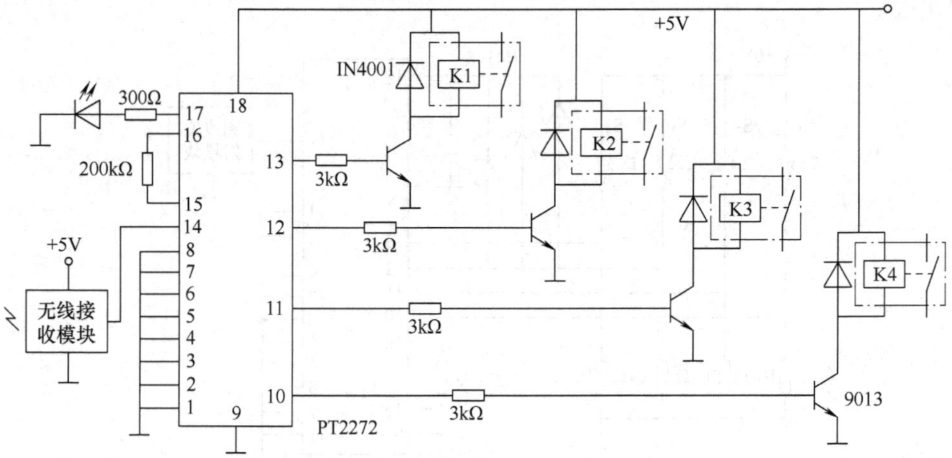

图 3 - 78　四通道无线遥控接收电路

PT2272 芯片型号的后缀符号有所不同，分为数据暂存型 M 和锁存型 L，暂存型功能是编码信号消失后，对应输出端输出低电平；锁存型功能是编码信号消失后，对应输出端保持原来的电平不变。

3. 8. 2　红外遥控电路

电信号可以调制成光信号，并利用光信号进行传输，例如红外线传输技术等，红外通信协议将红外数据通信所采用的光波波长的范围限定在 850 ~ 900nm 之内，目前广泛使用的家电遥控器几乎都是采用红外线传输技术。

红外遥控电路包括红外发射电路与接收电路两部分，在发射端，电信号是不同频率的脉冲或编码，通过红外发射二极管发射红外信号；在接收端，红外线接收管接收红外信号，并将其转换成电信号，再经放大、整形、解码等环节控制相应的电路。红外遥控电路的遥控距离一般有 5 ~ 10m，由于有方向的要求（漫反射效果要有墙壁等的反射），一般用于室内电器的控制。

1. 单通道红外遥控电路

图 3 - 79 所示为单通道红外遥控发射电路，该电路由振荡和发射两部分组成。由非门、与非门、电阻和电容组成脉冲振荡控制电路，按键开关 S 控制脉冲的发射与否，振荡电路的频率取决于 RC 的参数，其中心频率为

$$f_0 = \frac{1}{2.2RC} \tag{3-12}$$

由于红外遥控常用的载波频率为 38kHz，调整电位器，使电路的振荡频率为 38kHz。

红外发射管、驱动晶体管和电阻组成光发射电路，按下开关 S，与门打开，电路发射红外脉冲信号，即 38kHz 的方波信号。可以用数码相机观察到红外发射光管的光亮（观察不可见光）。红外发射管使用的是 TSAL6200。

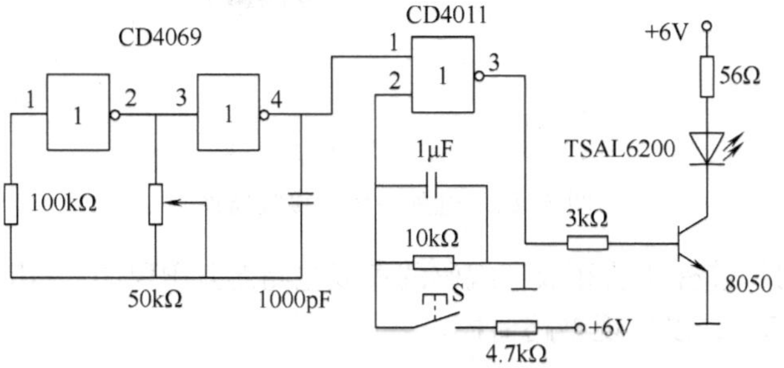

图 3-79　单通道红外遥控发射电路

图 3-80 所示的是红外接收电路，电路包括一体化红外接收管 HX1838、双稳态触发器 CD4013 和继电器控制电路。由于红外接收头内部电路设定的接收频率为 38kHz，所以当其接收到红外脉冲光信号后，输出端为低电平，由此也可以看出发射电路的频率必须符合红外接收头的要求。另外，由于一体化的红外线接收器件的放大倍数极高，容易产生干扰，一般在电源接入端串联几百欧姆的电阻，器件的电源对地端需要并联 22μF 以上的电容。

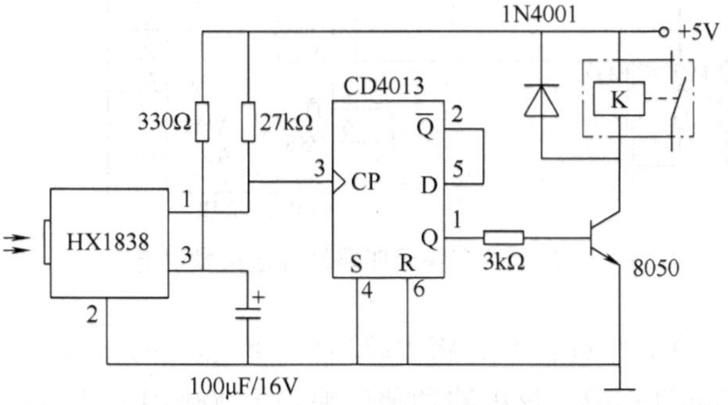

图 3-80　单通道红外遥控接收电路

在发射端，按一下开关 S（只接触一次），进行红外发射，在接收头的输出端会有一个脉冲，该脉冲作用到触发器的 CP 端，使 CD4013 输出端 Q 翻转，当低电平翻转为高电平时，晶体管 9013 饱和导通，从而带动继电器动作，可控制相应电路。再按一次开关 S 时，接收端的晶体管截止，继电器恢复原状态。通过发射端的开关，可以反复切换接收端继电器的工作状态。

接收电路采用的一体化的红外线接收器件种类很多，其内部是将红外接收管、放大电路和解调电路集成在一起，该器件的体积小，密封性好，灵敏度高，并且价格低廉。各种红外一体化线接收器件的引脚定义不尽相同，一般有三个引脚，分别是电源正极、地和信号输出端，其工作电压在 2.5 ~ 5.5V，只要给它接上电源即是一个完整的红外接收放大器，使用十分方便。图 3-81 所示为目前市场常见的 HX1838 和 HS0038 红外一体化接收器件。

2. 多路红外遥控电路

图 3-82 所示为数字编码四路红外遥控发射电路。红外发射电路与单路的基本相同，多

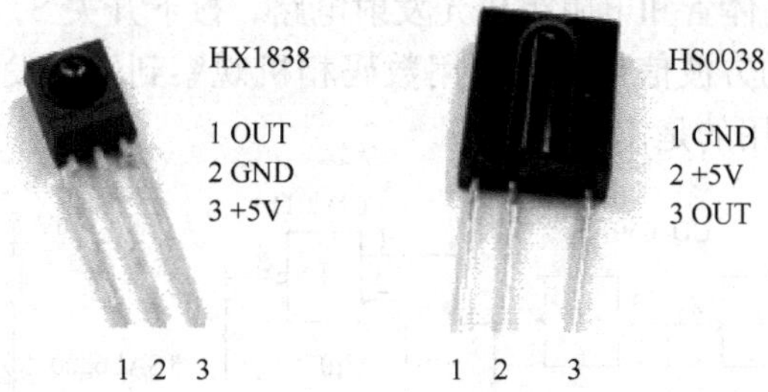

图 3-81　红外一体化接收器件

通道信号区分是使用了带有地址和数字编码的集成电路芯片 PT2262－IR（红外专用），对应解码芯片型号为 PT2272，以实现多路遥控。

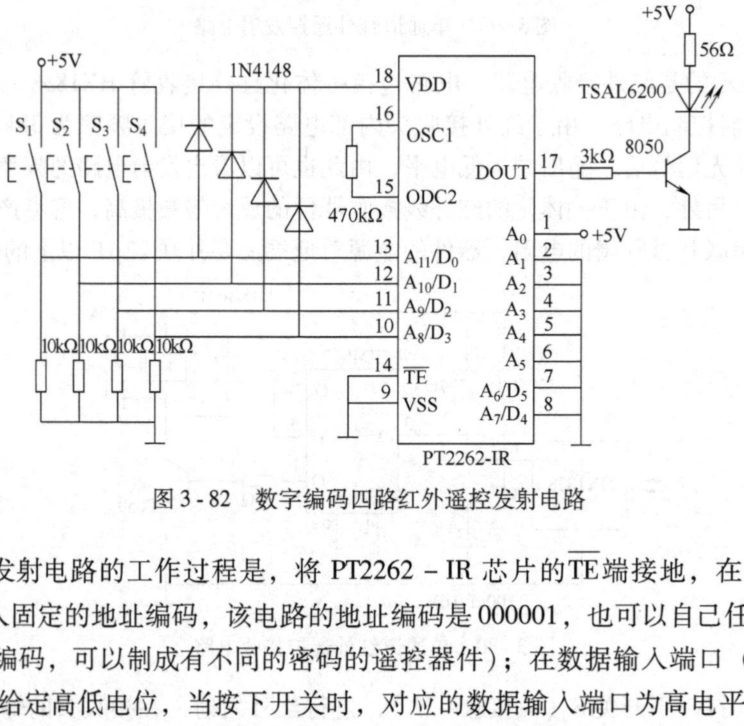

图 3-82　数字编码四路红外遥控发射电路

红外遥控发射电路的工作过程是，将 PT2262－IR 芯片的 $\overline{TE}$ 端接地，在地址控制端口（$A_5 \sim A_0$）加入固定的地址编码，该电路的地址编码是 000001，也可以自己任意选择地址编码（利用地址编码，可以制成有不同的密码的遥控器件）；在数据输入端口（$D_3 \sim D_0$），通过 $S_1 \sim S_4$ 按键给定高低电位，当按下开关时，对应的数据输入端口为高电平，同时给芯片供电，经过编码的信号从芯片的 DOUT 端输出，由晶体管驱动红外发射二极管发出红外信号。

图 3-83 所示为带数字编码的四路红外遥控接收电路。在接收端，红外接收管将光信号转换为电信号，经过晶体管 9013，送至译码芯片 PT2272 的输入端 D_I，可以看到译码芯片 PT2272 的地址端口（$A_5 \sim A_0$）的固定编码也对应是 000001（与发射端相同），所以芯片工作，并在数据端口输出与 PT2262－IR 数据端口对应的代码，同时 VT 端输出高电平信号，也可以利用它来控制一个 LED 发光管或控制其他电路。例如，在发射端数据口输入的编码是 0001（S_1 键按下），在接收端的输出对应数据为 0001。PT2272 的输出可接后续控制电路，如接驱动晶体管及继电器等，进而控制四路电器设备。

另外，在发射端，允许多个键同时按下，数字编码芯片 PT2262－IR 将该编码通过发射电路传给 PT2272，在接收端可以收到该编码信号。

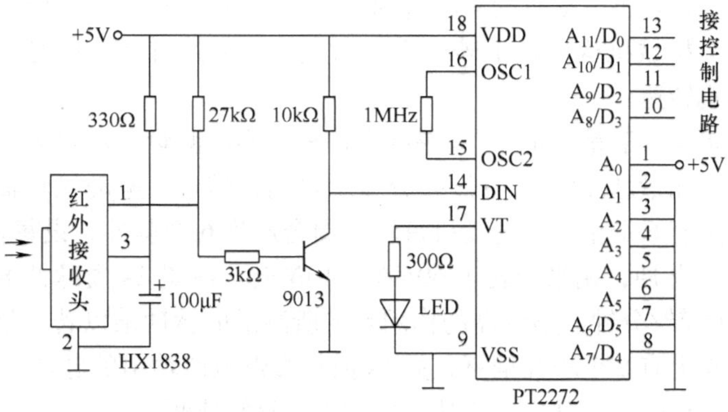

图 3-83　数字编码四路红外遥控接收电路

3.8.3　设计与实践

1. 计一个带编码的无线电遥控发射机和接收机，要求：工作频率在 6 ~ 10MHz，遥控距离 10m 以上，遥控对象四个，遥控器控制继电器工作。

2. 计一个带编码的多路红外遥控系统，要求：遥控距离大于 3m，工作频率为 38kHz，遥控六路继电器工作。

3.9　电动机转速测量电路设计

电动机在一些机械传动中作为动力源起到重要作用，为了使电动机运行平稳，即不受负载变化的影响，在自动控制系统中，常需要测量电动机转速并与给定值比较，对电动机的转速进行控制。测量电动机转速的方法很多，对于无接触测量，采用光电转换的方式是比较实用的一种。

3.9.1　电动机转速测量原理

电动机转速测量系统主要由光电开关、脉冲整形电路、倍频电路、计数电路、定时控制电路、译码电路和显示电路组成，电动机转速测量系统框图如图 3-84 所示。

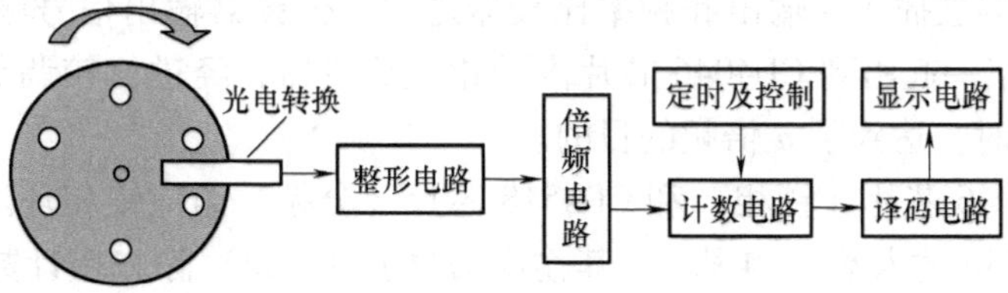

图 3-84　电动机转速测量系统框图

用光电转换的方法测量电动机转速，主要是利用红外光电开关元件，其基本原理是：在电动机的轴上连接一个码盘，码盘上面有若干个通孔，并可以在槽型光电开关中旋转，每个通孔都能对准光电发射/接收管，红外光线通过或遮挡一次，光电转换器产生高电平或低电位，如果电动机连续转动，便产生连续的电脉冲信号。测量光电转换器单位时间内脉冲的个数，通过换算就可以计算出电动机的实际转速。另外，也可以用反射型红外光电耦合器件，在电动机轴或旋转的机械机构上贴上若干个反射光片，通过有无反射光信号，产生脉冲信号，进而测量电动机转速。

电动机转速的单位一般是 r/min，如果要求快速、实时测量电动机转速，就要考虑倍频的问题，即按秒单位测量脉冲频率，按转/分显示电动机转速。电动机转轴上的码盘设计有多种方式，如果设定有 6 个小孔，电动机每转一周会产生 6 个脉冲，设每秒内有 N 个脉冲，则每分钟内有 $60N$ 个脉冲，相当于转了 $60N/6=10N$ 转，测量 1s 内脉冲的个数 N，即可转换成电动机转速 $10N$ 转/分钟。倍频器的作用是将所测量的脉冲乘以若干倍，以便换算出每分钟的转速。按码盘上有 6 个小孔推算，如 1s 内从整形电路输出的脉冲数乘以 10，即为该瞬间的电动机转速（r/min），从而实现快速实时电动机转速测量。

3.9.2 电动机转速测量电路设计

设计一个电动机转速测量电路，要求：采用光电转换方式，用 4 位数码管显示转数，单位是转/分钟。

1. 光电转换及整形电路

图 3-85 所示为光电转换及整形电路。传感器件采用的是槽型光电耦合器件，由于不考虑电路隔离的问题，光电开关的发射端和接收端使用同一个电源。码盘转动时，光电器件输出脉冲信号，经过整形电路再送入计数器，整形电路采用 74LS14 施密特反相器。在码盘周边等距离排列 6 个小孔，其直径均为 5mm，当有光照射到光电接收管时，其输出为低电平，经反相器后变为高电平；当没有光照射到光电接收管时，其输出为高电平，经反相器后变为低电平。在设计加工码盘时，码盘的大小、通孔的位置与红外槽型光电开关的外形尺寸有关。

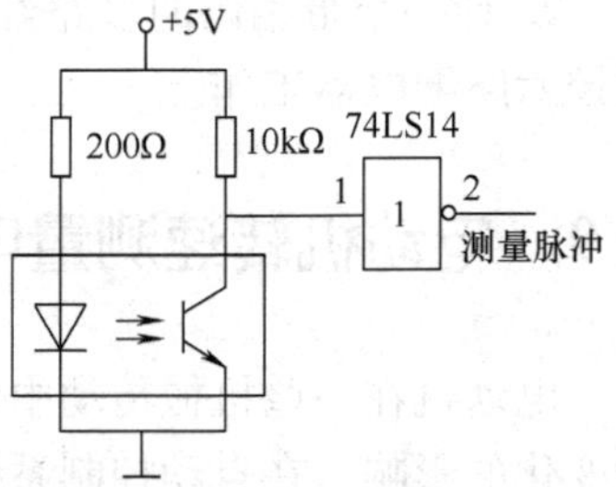

图 3-85 光电转换及整形电路

2. 倍频电路

倍频电路可以考虑由锁相环路（PLL）构成，锁相环路具有频率跟踪特性，使输出和输入的频率达到相等。实际的倍频电路如图 3-86 所示，它是利用锁相环的特性，由锁相环和分频器组成，分频器被插入在输出和频率比较器之间，分频器输出信号频率 $f=f_o/n$，和锁相环输入信号频率 f_i 一起给到 CD4046 芯片内的相位比较器，经过比较调节等，从而使 $f_o=f_in$，当锁相环锁定时，达到了 n 倍频的目的。

该电路由 CD4046 芯片（锁相）和 CD4518 芯片（分频）组成锁相环。光电变换、整形后的信号 f_i 接 CD4046 输入端（14 脚），其输出信号 f_o（4 脚）除去接计数器外，还要接分频电路，经过 10 分频后信号 f 从 Q_3 输出，接 CD4046 的频率比较输入（3 脚），经过频率跟踪，使输出得到稳定的倍频信号。

3. 计数电路

电动机转速测量电路的计数部分由集成电路芯片 CD4518 完成，电路使用了两个 CD4518 芯片实现四位 BCD 码计数，如图 3-87 所示。电路连接方法为：倍频信号接计数器个位计数单元的 CLK（1 脚），同时 Q_0、Q_3 接 CD4011 与非门的输入端，其输出接计数器十

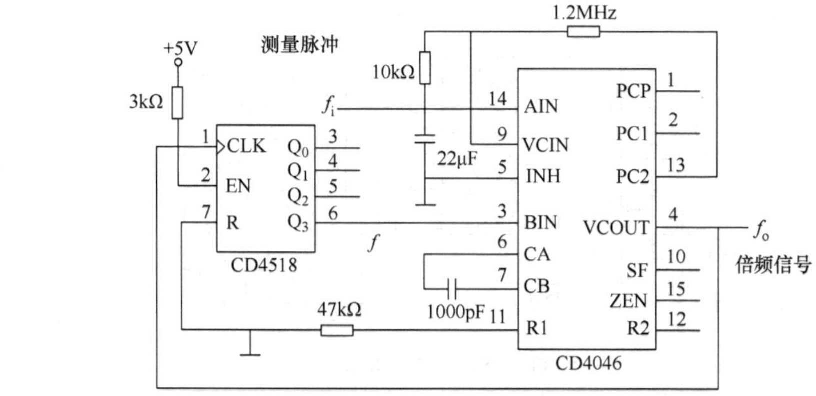

图 3-86　倍频电路

位计数单元的输入（9 脚），同样方法，一直接到计数器的千位计数单元，构成四位十进制计数器，以实现 0000～9999 计数。每个计数单元的输出端 Q_0～Q_3 接译码、显示器电路。

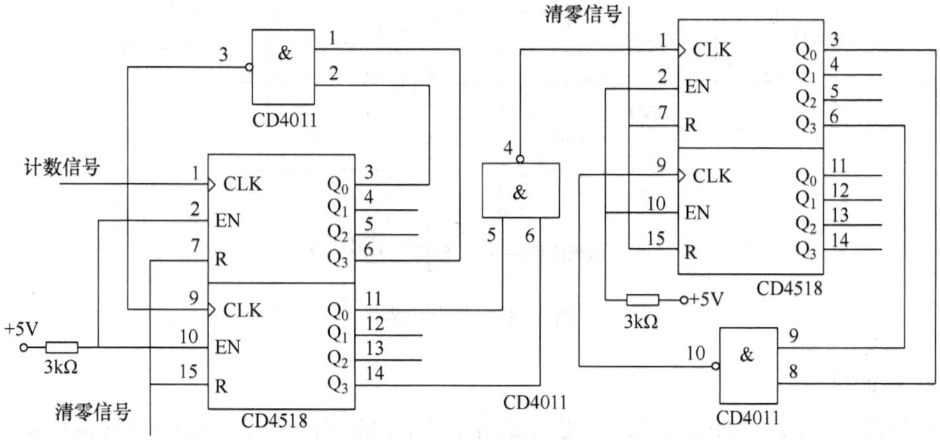

图 3-87　脉冲计数电路

由于电动机不同，其转速范围也不尽相同，常用的电动机一般是每分钟几千转，所以要根据电动机的实际转速来确定电路计数器的范围及数码管显示的位数。

4. 译码、显示电路

译码、显示电路如图 3-88 所示，该电路由 CD4511 芯片和数码管完成，整个电路需要四片 CD4511 和四个共阴极数码管。图中只给出了一组电路，每组电路相同。每个 CD4511 芯片的 A、B、C、D 对应计数电路的 Q_0、Q_1、Q_2、Q_3，限流电阻的阻值均为 300Ω，显示器件为共阴极数码管。

5. 控制电路

控制电路的作用是产生秒脉冲及清零信号，它控制电动机转速测量电路周而复始地有序工作。用两个 555 芯片构成定时电路和单稳态电路，定时器的作用之一是产生秒脉宽信号，并控制与门的开启，使倍频信号通过；其作用之二是为单稳态电路提供一个触发信号，使其产生一个与闸门信号同步的脉冲，用于控制计数电路的清零，单稳态电路的输出经反相器接

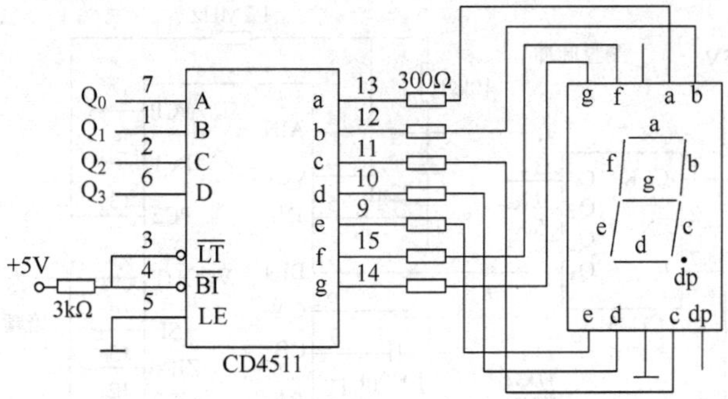

图 3-88　译码、显示电路

CD4518 的清零端，控制电路如图 3-89 所示。

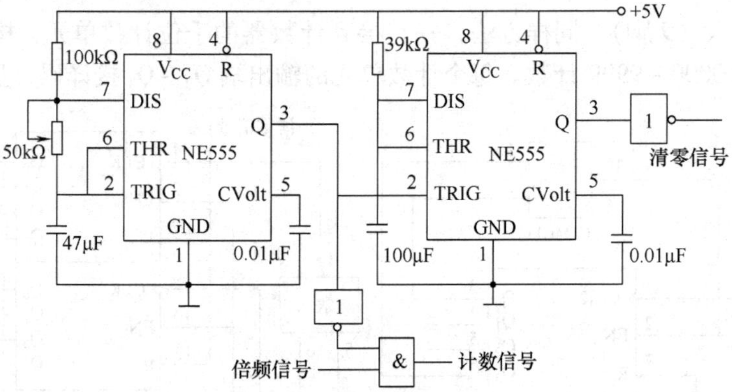

图 3-89　控制电路

6. 电路调试

组装各部分电路，调试定时器，使它输出 1s 脉宽的脉冲信号，定时器的输出触发单稳态电路，使其产生约 4s 脉宽的信号，控制电路中各脉冲时序如图 3-90 所示。

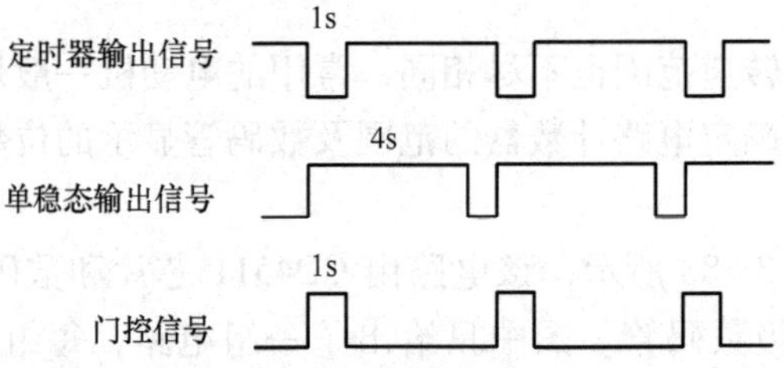

图 3-90　控制电路中各脉冲时序

将系统各部分电路连接在一起调试，如果暂没有电动机，可以用信号发生器来模拟脉冲信号，即使用信号发生器输出各种不同频率的方波信号（注意 DC 电平的调整），观察计数、译码、显示及控制电路能否满足设计的要求。可以用标准信号来标定电动机转速测量电路的测量精度。

3.9.3 设计与实践

1. 设计一个电动机的转速测量电路，采用光电转换方式。测速对象为直流 12V 的电动机，用改变电压的方法变化电动机速度，数码管显示电动实际机转速。

2. 设计一个光电转速测量电路，测量自行车轴的转速，十进制数码显示。提示：可利用反射式的红外发射、接收装置，并配合若干个反光片，根据单位时间内的脉冲数，换算出车子的转速。

第 4 章　传感技术及转换电路

传感器能感受被测对象的信息并能够按照一定的规律转换及输出，通过转换电路，可以满足被测信息的处理、传输、显示、记录和控制等要求。传感器电路是实现自动检测和自动控制的首要环节。

4.1　电阻式传感器及转换电路

电阻式传感器的基本原理是将被测对象物理量的变化转换成电阻值的变化，再经过转换电路变成电信号输出。电阻式传感器常用来测量压力、位移、力矩、加速度等，是目前使用最广泛的传感器之一。

电阻式传感器的传感元件有应变片、半导体膜片、导电塑料电位器等，对应传感器有压力应变式传感器、气体压阻式传感器和角度（或位移）式传感器等。

4.1.1　应变式传感器

应变式传感器是将应力变化转换为电量变化的传感器。这类传感器结构简单，使用方便，性能稳定可靠，分辨率高，灵敏度高，价格便宜，工艺较成熟。

1. 工作原理及结构

应变式传感器的工作原理是利用金属的电阻应变效应。当金属丝在外力作用下发生机械变形时，其电阻值发生变化，这种效应也称为电阻应变效应。利用电阻应变效应，很容易实现非电量到电量的转换。应变式传感器主要有电阻丝式应变片和金属箔式应变片。

电阻丝式应变片的结构如图 4 - 1 所示，它是用直径为 0. 025mm、具有高电阻率的电阻丝制成的。为了获得高的阻值，将电阻丝排列成栅网状，称为敏感栅，并粘贴在绝缘的基片上，电阻丝的两端焊接引线。敏感栅上面粘贴有保护用的覆盖层。

金属箔式应变片的结构如图 4 - 2 所示，它是利用照相制版或光刻技术将厚为 0. 003 ~ 0. 01mm 的金属箔片制成图形状的敏感栅，也称为应变花。金属箔式应变片的优点是可制成多种形状复杂、尺寸准确的敏感栅；与被测件粘贴面积大，以适应不同的测量要求等。目前，金属箔式应变片已逐步成为应力测量主要的传感器之一。

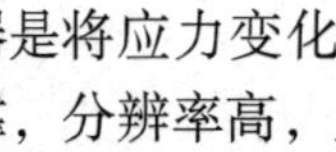

图 4 - 1　电阻丝式应变片结构

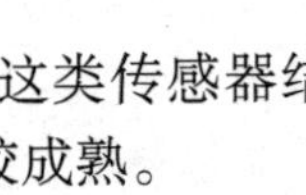

图 4 - 2　金属箔式应变片结构

另外，随着膜技术的发展，产生了金属薄膜应变片，它是采用真空蒸发或真空沉积等方法在薄的绝缘基片上形成厚度在 0. 1μm 以下的金属电阻材料薄膜的敏感栅，最后再加上保护层，其优点是应变灵敏系数大。

应变片的优点有：测量应变的灵敏度和精度高，性能稳定、可靠，测量 1 ~ 2με，误差小于1%；测量速度快；测量时对被测件的工作状态和应力分布基本上无影响；既可用于静态测量，又可用于动态测量；测量范围大，适应性强；可在高温、超低温、高压、水下、强磁场以及核辐射等恶劣环境下使用；便于多点测量、远距离测量和遥测。

2. 测量原理及转换电路

可以使用应变片测量物体变形，如通过弹性敏感元件，将位移、力、力矩、加速度、压力等物理量转换为电阻应变信号，测量方法是将应变片粘贴在被测对象表面上，如悬臂梁等，当被测对象受力变形时，应变片的敏感栅也随同变形，其电阻值发生相应变化，通过转换电路将应力的变化转换为电信号的变化。电信号经放大、采集、处理等，可以换算成对相应物理量的变化。

应变传感器能够把机械应变信号转换成电阻变化，但由于应变信号（应变电阻）的变化一般都很微小，既难以直接精确测量，又不便直接处理。因此，必须采用转换电路，把应变的变化转换成电压或电流变化，通常采用电桥电路实现这种转换。根据电源的不同，电桥分直流电桥和交流电桥。

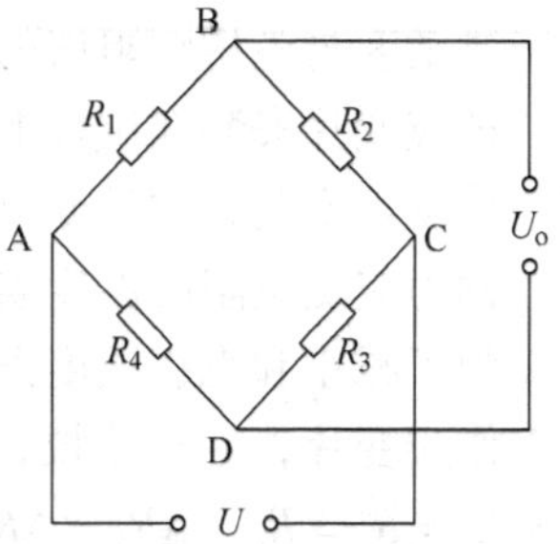

图4-3　直流电桥

直流电桥电路如图4-3所示，图中U为电桥电源电压，R_1、R_2、R_3和R_4为桥臂，U_o为输出电压。根据电桥平衡的条件，若$R_1R_3=R_2R_4$，电桥输出为零，则这说明要使电桥平衡，其相邻两臂电阻的比值应相等或相对两臂电阻的乘积相等。

利用直流电桥电路的特点，可以将应变片作为桥路臂上的电阻，设定初始状态，即没有应变时，电桥处于平衡状态；当应变电阻发生变化时，电桥的输出将产生电压信号。

3. 直流电桥电压灵敏度

应变片工作时，其电阻变化很小，电桥相应输出电压也很小。要测量应变信号，必须将输出电压进行放大。在电桥中，一个电阻变化或多个电阻同时变化，对应的输出电压是不一样的，为此必须了解电阻变化与电桥输出电压的关系。

设R_1为工作应变片，R_2、R_3和R_4为固定电阻，当应变电阻R_1变化为ΔR_1时，根据电桥输出公式得

$$U_o = \frac{n}{(1+n)^2}\frac{\Delta R_1}{R_1}\cdot U \tag{4-1}$$

式中，n是桥臂比，因为电桥灵敏度可定义为

$$S_u = \frac{U_o}{\Delta R_1/R_1} \tag{4-2}$$

因此可得单臂工作应变片的电桥电压灵敏度为

$$S_u = \frac{n}{(1+n)^2}U \tag{4-3}$$

显然，S_u与电桥电源电压成正比，同时与桥臂比n有关，与桥路中的电阻无关。

桥路电压U的选择受应变片功耗的限制。U值确定后，对电桥电压灵敏度求导，计算其最大值，设

$$\frac{dS_u}{dn} = 0$$

即

$$\frac{1-n}{(1+n)^3}=0$$

当 $n=1$ 时，即 $R_1=R_2$，$R_3=R_4$时，电桥的电压灵敏度 S_u最高。此时，由式（4-1）得

$$U_o=\frac{U}{4}\frac{\Delta R_1}{R_1} \tag{4-4}$$

由式（4-3）得

$$S_u=\frac{U}{4} \tag{4-5}$$

由式（4-4）和式（4-5）可知，当电源电压及电阻相对变化一定时，电桥的输出电压及其电压灵敏度与各桥臂阻值的大小无关。

把应变片安装在试件上，即使试件不受任何外力作用，如果温度发生变化，应变片的阻值也将发生变化，这种变化叠加在测量中将会产生很大误差。这种由环境温度变化带来的误差，称为应变电阻的温度误差。在实际电路中，温度误差有时能够达到很大的程度。

为了减小和克服温度误差，常采用差动电桥，如图 4-4 所示。方法是在试件上安装两个工作应变片，一片受拉，一片受压，然后接入电桥相邻桥臂，跨在电源二端。设初始时 $R_1=R_2=R_3=R_4$，$\Delta R_1=\Delta R_2$，则电桥输出电压为

$$U_o=\frac{U}{2}\frac{\Delta R_1}{R_1} \tag{4-6}$$

可见输出电压 U_o与 $\Delta R_1/R_1$成严格的线性关系，电桥灵敏度为

$$S_u=\frac{U_o}{\Delta R_1/R_1}=\frac{U}{2} \tag{4-7}$$

与式（4-5）相比，显然灵敏度提高了一倍，还具有温度补偿作用。

为了提高电桥灵敏度或进行温度补偿，在电桥臂中往往采用四臂电桥。图 4-5 所示为四臂电桥，同理可得电桥输出电压为

$$U_o=U\frac{\Delta R_1}{R_1} \tag{4-8}$$

电桥灵敏度为

$$S_u=U \tag{4-9}$$

由此可以看到，四臂电桥的灵敏度为单臂桥的 4 倍。

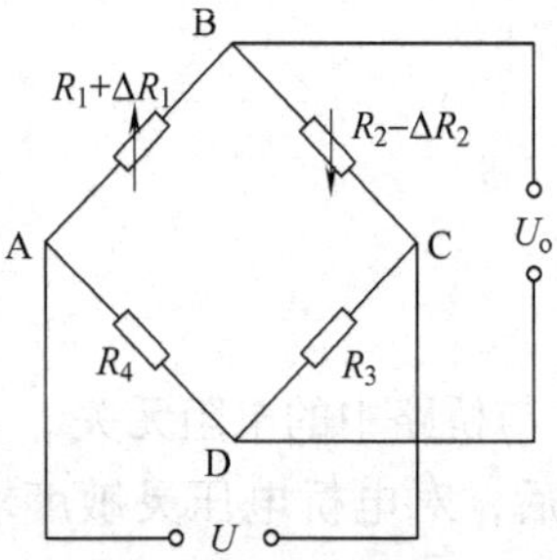

图 4-4　差动电桥

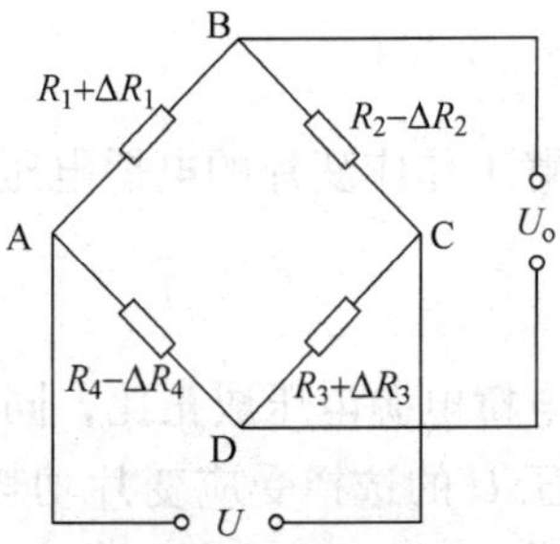

图 4-5　四臂电桥

在四臂电桥中，阻值增加的两个电阻和阻值减小的两个电阻分别对接。这样既提高了输

出灵敏度，又部分地消除了阻值随温度而变化的影响。利用电桥的特性不仅可以提高灵敏度，还可以抑制干扰信号，因为当电桥的各臂或相邻两臂同时有某一个增量时，对电桥的输出没有影响。

4. 应用举例

设计一个数字式人体称，量程100kg，数字电路显示。数字式人体电子秤是日常生活中很常见的一种器具，与普通秤具相比，它具有精度高、性能稳定、测试准确、使用方便等优点，广泛地用于家庭、医院等场所。

（1）数字式人体秤结构

数字式人体秤的测量过程是通过压力传感器将被测物体的重量转换成电压信号输出，放大电路把来自传感器的微弱信号放大，放大后的电压信号经过模数转换变成数字量，再通过数字显示电路显示人体重量。因此，其结构可以由以下几个部分组成：传感器、信号放大电路、A/D 转换电路和显示电路。其原理框图如图 4-6 所示。

传感器 → 信号放大电路 → A/D 转换电路 → 显示电路

图 4-6　数字式人体秤的原理框图

另外，为了起到节约能源的效果，可以设计为当人站到秤盘上时触动电路开关，电源接通；当人从秤盘上下来时，延时电路发挥作用，使电源延时几秒钟后自动断电，起到节能的效果。

（2）传感器及测量桥路

根据称重量程，可选用传感器结构为双孔平行梁式，传感器的主要参数如下：

- 量程：100kg；
- 过载范围：150%；
- 温度范围：−10 ~ +50℃；
- 灵敏度：1.8（1 ±10%）mV/V；
- 非线性：0.02% F · S；
- 桥路电源：10V（可变范围：5 ~ 12V）；
- 输入阻抗：（405 ±15）Ω；
- 输出阻抗：（350 ±5）Ω。

电阻应变片粘贴在传感器的平行梁上，当垂直正压力作用在弹性梁上时，电阻应变片随金属弹性梁一起变形，应变使电阻应变片的阻值变化，R_1、R_3受拉，R_2、R_4受压。要使传感器成为悬臂梁结构，还需要设计、加工机械部件及组装，组装后的称重传感器的机械结构示意图如图 4-7 所示。

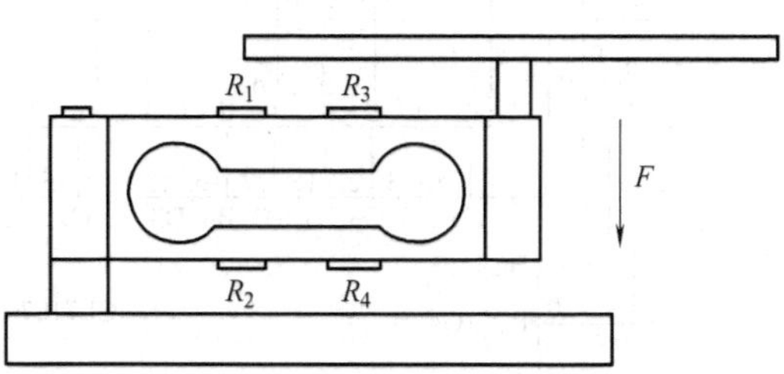

图 4-7　称重传感器的机械结构示意图

传感器桥路如图 4-8 所示，数字式人体秤传感器采用电阻应变式称重传感器，其测量电路使用的是电桥测量电路，图中R_1、R_2、R_3、R_4为应变电阻，桥路的 B 点和 D 点接电源，A 点和 C 点接放大电路，它将应变电阻值的变化转换为电压的变化。

数字式人体秤的传感器在不加负荷时，桥路的电阻应平衡，也就是电桥初始平衡状态输出应为零，但实际上桥路各臂阻值不可能绝对相同，接触电阻及导线电阻也存在差异，致使输出不为零。因此，必须设置调零电路，使初始状况达到平衡，即输出为零。

传感器（桥路）电源电压接入±5V，该传感器（桥路）对电压数值要求不高，但对稳定性要求较高，故在精度要求比较高时，要使用专用的电源。

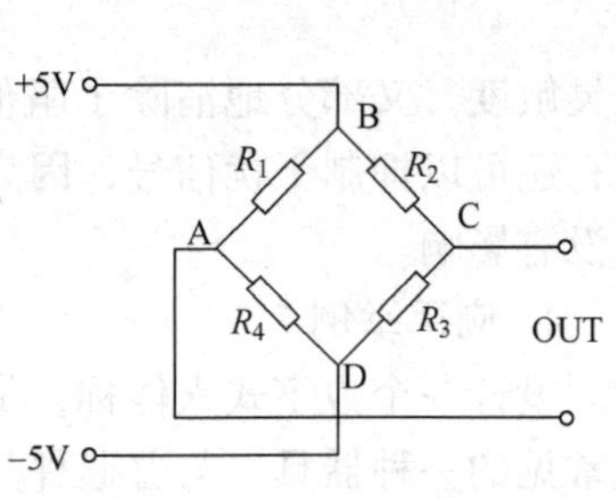

图 4-8　传感器桥路

（3）测量放大电路

测量放大电路如图 4-9 所示，它有两级放大：第一级为差动放大电路，将桥路差压信号引入；第二级增加调零结构，当人体称空载时，要求电路输出为零，如果输出不为零，则需要调零。由于后续电路使用 A/D 转换电路，且设定输入模拟电压最大为 +2V，故在空载和满载情况下，调节第二级运放的反馈电位器改变电路的放大倍数，使输出在 0～1V 范围之内（过载电压不超过 2V）。

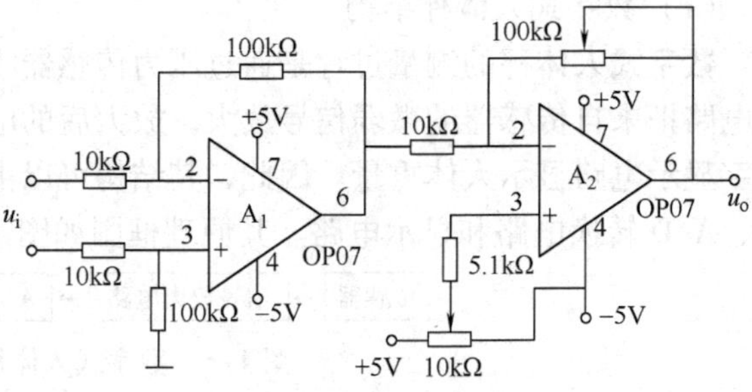

图 4-9　测量放大电路

（4）A/D 转换及显示电路

放大后的传感器信号，需要通过模数转换器把模拟量转换成数字量。电路采用 ICL7107 双积分型的 A/D 转换器，ICL7107 是常用的三位半 A/D 转换器，其输出可以直接用于驱动共阳极数码管显示器，误差小于 1 个字。该 A/D 转换器具有大规模集成的优点，即只需外接少量的电阻、电容元件和显示器件，就可以完成模拟量至数字量的转换和显示，ICL7107 的外围电路如图 4-10 所示。

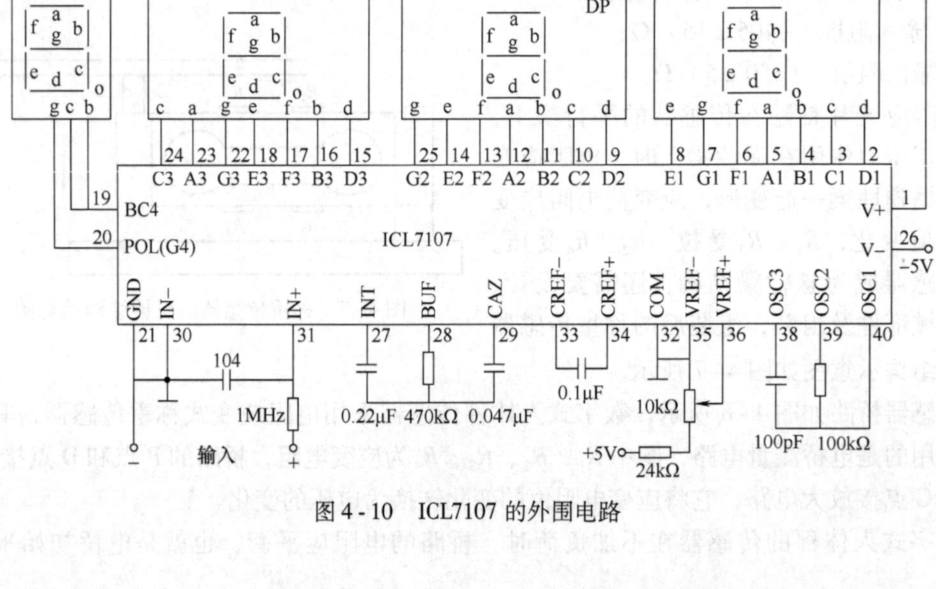

图 4-10　ICL7107 的外围电路

ICL7107 采用双电源，±5V 供电。为了适应不同的量程，其输出满幅度值与参考电压有关，使用时需要调整参考电压，ICL71017 的参考电压的公式为

$$U_{\mathrm{REF}} = \frac{1}{2}U_{\mathrm{FS}} \tag{4-10}$$

当满量程值选为 $U_{\mathrm{FS}}=2\mathrm{V}$ 时，参考电压 $U_{\mathrm{REF}}=1\mathrm{V}$。

由于 A/D 转换芯片对数码管的小数点位没有控制，根据量程，电路将小数位设定在十位上，输出数值范围为 000.0 ~ 100.0。

（5）电路调试

将传感器引出线与放大电路接好，放大器输出接 A/D 转换，检查无误，接通电源，首先调零，然后定标。

调零过程是传感器上不放砝码，放大电路的输出应为零。若不为零，调整放大器的调零环节，使其输出为零。在数码管上显示 000.0。

定标过程是在秤盘放上 10 个 10kg 的标准重块，放大器的输出应为 1V，小于 1V 或大于 1V 时应调整放大器的增益，此时数码管应显示 100.0；每次减少 10kg，记录输出值，直到输出为零，如果电路输出不为零，需要重新调零；再每次增加 10kg，记录输出值，直到增加到 100kg，如果电路输出不为 1V，需要调整放大倍数；继续标定，可能需要标定多次才能确定电路调整完毕。

全部电路调整好之后，还可以对电路进行各种参数测试和分析，包括稳定性实验、重复性实验、线性度实验和误差分析。

4.1.2 压阻传感器

压阻式传感器是根据半导体材料的压阻效应，在半导体材料的基片上经扩散应变电阻而制成的器件。传感器采用周边固定的圆形应力硅薄膜内壁结构，在硅膜片上，用半导体工艺中的扩散掺杂法将四个高精密半导体应变片刻制在其表面应力最大处，并组成惠斯顿测量电桥，再用压焊法与外引线相连。其基片可直接作为测量传感元件，当基片受到外力作用而产生形变时，由于压敏电阻的压阻效应，各电阻值将发生变化，使电桥产生不平衡输出。压阻芯片（传感器）和测量电桥如图 4-11 所示。

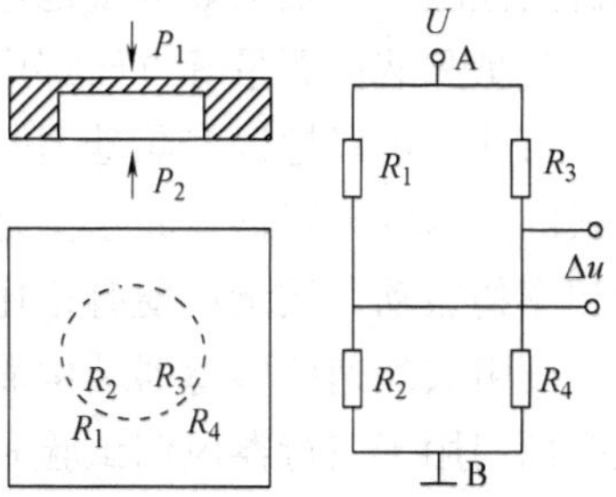

图 4-11　压阻传感器及测量电桥

硅压阻传感器上下两面受不同压力作用时，膜片产生应变。如在桥路 A、B 两端采用电流源供电，电桥就有一个 Δu 信号输出。常见的压阻式力敏元件桥路有低阻和高阻两种，低阻为 0.8 ~ 2.0kΩ，高阻为 3.5 ~ 6.0kΩ，低阻元件工作电流为 2 ~ 5mA，温度漂移小，适合于做压力传感器的转换元件；高阻元件工作电流为 0.78 ~ 1.5mA，温度漂移稍大，灵敏度高，适合于做压力变送器的转换元件。多数压阻式力敏元件在使用时，都需要温度补偿。

用作压阻式传感器的基片（或称膜片）材料主要为硅片和锗片，而用硅片为敏感材料制成的硅压阻传感器越来越受到人们的重视，尤其是以测量压力和速度的固态压阻式传感器的应用最为普遍。硅压阻式压力传感器已经成为集成压力传感器的主流。特别是利用微机械加工技术，可以制成外径 1.6mm 以下的微型压力传感器。

1. 压阻传感器的类型

压阻式传感器的基本应用就是测压，但是根据不同的使用要求，它的结构形式、外形尺寸和材料选择有很大的差异。例如，用于动态或点压力测量，则要求体积很小，生物医学用传感器，尤其是置入式传感器，则更要求微型化，其材料选取还应考虑与生物体相容；化工领域或在有腐蚀性气体、液体中使用的传感器，则要求防爆、防腐蚀；在岩土力学研究中使用的传感器，则应考虑岩土与传感器材料的匹配、以及由于传感器的埋入而对原有应力场的影响等问题；气象部门要用绝对压力传感器，它在结构及形式上要考虑真空腔的设计；石油勘探部门不仅要求量程能达 600 大气压，而且温度要求在 200℃下使用。目前，国内生产扩散硅压力传感器的厂家很多，用户应根据自己的需要，选用合适的产品。

2. 压阻式传感器的应用

压阻式传感器广泛地应用于航天、航空、航海、石油化工、动力机械、生物医学工程、气象、地质、地震测量等各个领域。

在航天和航空工业中压力是一个关键参数，对静态和动态压力、局部压力和整个压力场的测量都要求很高的精度，压阻式传感器是用于这方面的较理想的传感器。在飞机喷气发动机中心压力的测量中，使用专门设计的硅压力传感器，其工作温度达 500℃以上。在波音客机的大气数据测量系统中采用了精度高达 0.05% 的配套硅压力传感器。

在生物医学方面，压阻式传感器也是理想的检测工具，单个压阻式传感器的直径仅 2.36mm，已制成扩散硅膜薄到 10μm，外径仅 0.5mm 的注射针型压阻式压力传感器和能测量心血管、颅内和眼球内压力的传感器。

压阻式传感器还有效地应用于爆炸压力和冲击波的测量、真空测量、监测和控制汽车发动机的性能、以及诸如测量枪炮膛内压力、发射冲击波等兵器方面的测量。此外，在油井压力、流量和液位测量等方面都广泛应用压阻式传感器。

目前，可以把以多晶硅为基片的微机械传感器和测量电路集成在一个芯片上，产生了芯片式的加速度传感器。其结构是由惯性质量块和压电片组成的，振动时传感器受与测量件相同频率的振动，质量块便有正比于加速度的交变力作用在晶片上。

压阻式加速度传感器结构简单，外形小巧，性能优越，尤其可测量低频加速度。它除了航空部门用于飞行器风洞试验和飞行试验等多种过载与振动参数的测试外，在工业部门可用于发动机试车台各段振动参数的测试，特别是对于从零赫兹开始的低频振动。在高速自动绘图仪的笔架上装有消振器，其核心元件就是两只小型压阻式加速度传感器。它在感受抖动信号后可以进行前置控制，从而有效地消除了抖动。在建筑行业，可用它来监测高层建筑在风力作用下顶端的晃动、以及大跨度桥梁的摆动。在体育运动和生物医学等部门，也需要大量的小型加速度传感器，如棒球运动员的挥棒加速度的测量等。

3. 压阻式传感器转换电路

图 4-12 所示是 MPX2050GP 传感器，是带温度补偿的扩散硅压力传感器，其具有良好的线性和温度稳定，并且灵敏度高，是专门用于血压测量的压力传感器。传感器的工作压力为 0～50kPa，工作电源电压为 10V。压阻式传感器在硅膜片做出四个相等的电阻，接成电桥，并与外引线相连。为了给压力传感器提供稳定的电流，以保证压力传感器的线性度，在电路中，恒流源采用 LM334 器件，图 4-13 所示为 LM334 的封装。

图 4 - 12　MPX2050GP 传感器

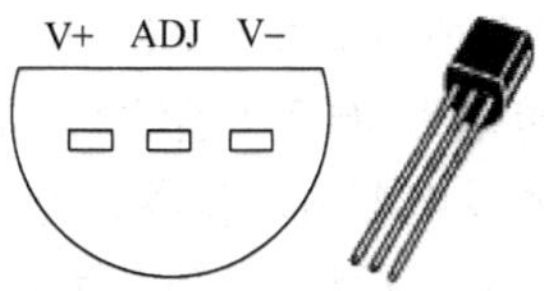

图 4 - 13　LM334 的封装

图 4 - 14 所示为便携式气压传感器的转换电路，传感器的 1 脚和 3 脚接电源，2 脚和 4 脚接测量电路的输入。为了有效地抑制共模信号，去除人体的工频干扰及避免人体皮肤抖动，提取并放大有用的脉搏波信号，电路由测量放大器组成。压力传感器将检测到的压力信号转换为微弱的电压信号输出，通过 OP07 组成的三运放测量放大电路将信号放大，调节电位器的阻值选择合适的放大倍数。运放 A_3的输出可以接 A/D 转换等电路，通过标定转换成相应的压力信号。

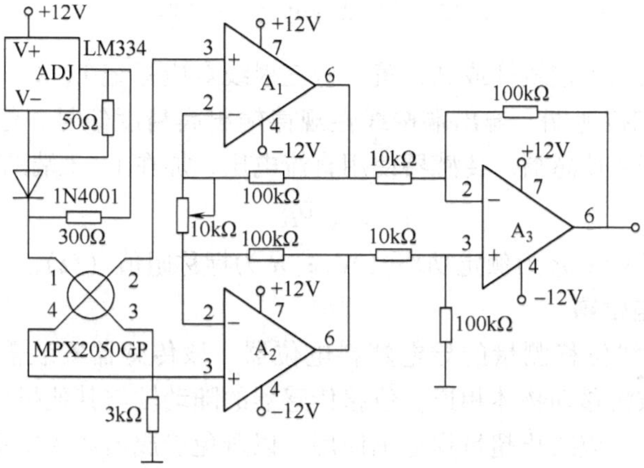

图 4 - 14　便携式气压传感器转换电路

标定传感器数据时，可以利用医用血压表的袖袋，充气后标定，调节电位器，控制运放电路的输出电压。测量电路的设计一般是使用差动放大电路，如果是振荡或加速度作用到传感器时，则要求测量电路响应速度快。

另外，如果使用微型硅应变传感器芯片（测量转换一体化芯片）测量力、速度或加速度时，在设计电路板时需要注意芯片的受力方向，即芯片的安装方向有一定要求。

4.1.3　导电塑料电位器

导电塑料电位器又称为电子尺，这种电位器的电阻是由塑料粉及导电材料经塑压而成的，与线绕式电位器、金属膜式电位器相比，导电塑料电位器具有耐磨性好、高灵敏度、线性好、使用寿命长等特点。导电塑料电位器作为传感器主要用于精密角度或直线位移的测量，在测量与自动化控制上得到了广泛应用。

导电塑料电位器阻值范围大，能承受较大的功率。导电塑料电位器通过分压电路很容易将角度或直线位移变化转换成电压信号。导电塑料电位器的缺点是阻值易受到温度和湿度的影响，在应用中注意使用环境。

1. 角度测量的导电塑料电位器

图4-15所示为角度测量用的精密导电塑料电位器，导电塑料电位器有单轴和双轴之分，机械转角为360°（连续）。常见的型号有WDJ、WDD和WDY等系列，如WDD35D-4是国产精密导电塑料电位器，标准阻值有1kΩ、2kΩ、5kΩ，线性精度为±0.1%，工作温度范围是-55℃~125℃，功率为2W。

图4-15　旋转式导电塑料电位器

导电塑料电位器的三个接线柱或红、黄、蓝三根线对应标记1、2、3，分别表示输入端（电源电压）、输出端和接地端。输出端按线性规律输出高精度信号，但要注意，如果从信号输出端接错线，会烧坏传感器。传感器使用直流电压，加在1、3端的额定电压为

$$U = \sqrt{PR} \tag{4-11}$$

式中，U为额定电压（V）；P为额定功率（W）；R为标称阻值（Ω）。

2. 直线位移测量电位器

图4-16所示为直线位移测量的导电塑料电位器，该传感器安装需采用支架固定的形式，然后将随动轴与被测移动物体相连。位移传感器的随动轴与其他机件连接时，应注意轴心线要保持在一直线上，应防止超量程范围使用，以避免造成损坏传感器。

图4-16　直线位移式导电塑料电位器

导电塑料电位器在焊接引线时，注意电位器上的焊点的温度不能过高，应使用不大于45W的铬铁，焊接速度要快，时间应小于5s，一个焊点冷却后再焊接另一个焊点。

4.1.4　设计与实践

1. 设计一个电子秤，量程为2kg。传感器采用悬臂梁式的称重传感器（查资料，选择适合的产品），采用ICL7107芯片进行三位半A/D转换，显示电路采用数码管。用标准砝码标定电子天平，做出关系曲线，并拟合数据。

2. 利用半导体压力传感器，设计一个电子压力计，压力范围：0~40kPa，精度：±0.4kPa，数字显示。

3. 利用导电塑料电位器设计一个测量角度变化的电路，如通过机械结构传递，测量船模的横摇、纵摇等。

4.2 光电式传感器及转换电路

光电式传感器是基于光电效应的原理，在受到光照射后产生光电效应，将光信号转换成电信号输出。它除能测量光强之外，通过一些光电器件及转换电路还能够测量多种物理量，如尺寸、位移、速度等，因而它是一种应用极广泛的敏感器件。

4.2.1 光电效应

物理学认为光能由光子能组成，而光子具有的能量 E 和光的频率 f 之间存在如下关系：

$$E = hf \tag{4-12}$$

式中，h 为普朗克常数，$h=6.626\times10^{-34}$（J·s）；f 为光的频率。光的波长越短，即频率越高，其光子的能量也越大；反之，光的波长越长，其光子的能量也就越小。

当光线照射物体时，可看作一串具有能量 E 的光子轰击物体，如果光子的能量足够大，物质内部电子吸收光子能量后，摆脱内部力的约束，发生相应电效应的物理现象，称为光电效应。

光电效应可分为三类：一是外光电效应，在光线作用下，电子逸出物体表面的现象，称为外光电效应，如光电管、光电倍增管等；二是内光电效应，在光线作用下，物体的电阻率改变的现象，称为内光电效应，如光敏电阻、光敏二极管、光敏三极管等；三是光伏现象，在光线作用下，物体产生一定方向电动势的现象，称为光伏现象，如光电池等。

4.2.2 光敏电阻

光敏电阻又称为光导管，它是用半导体材料制成的光电器件。光敏电阻没有极性，纯粹是一个电阻器件，使用时既可加直流电压，也可以加交流电压。无光照时，光敏电阻值（暗电阻）很大，电路中电流（暗电流）很小；当光敏电阻受到一定波长范围的光照时，它的阻值（亮电阻）急剧减小，电路中电流（光电流）迅速增大。一般希望暗电阻越大越好，亮电阻越小越好，对应光敏电阻的灵敏度高。实际光敏电阻的暗电阻值一般在兆欧量级，亮电阻值在几千欧以下。图 4-17 所示为光敏电阻的封装。

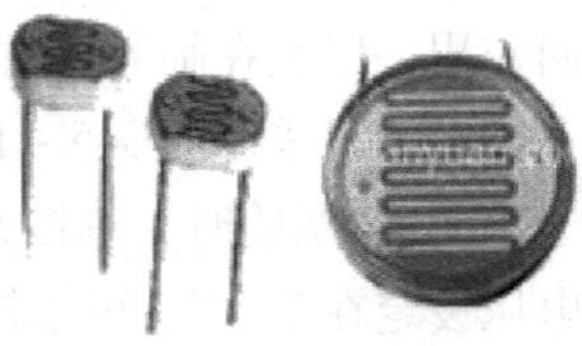

图 4-17　光敏电阻的封装

光敏电阻的主要参数和特性如下：

1）暗电流　光敏电阻不受光照射时的阻值，此时电阻流过的电流称为暗电流。

2）亮电流　光敏电阻在受光照射时的电阻，此时电阻流过的电流称为光电流。

3）灵敏度　光敏电阻不受光照电阻值与受光照电阻值的相对变化值。

4）伏安特性　在一定照度下，流过光敏电阻的电流与光敏电阻两端的电压的关系称为光敏电阻的伏安特性。

5）光照特性　光敏电阻的光照特性是反应光电流和光照强度之间的关系，不同材料的光照特性是不同的，绝大多数光敏电阻光照特性是非线性的。

6）光谱特性　光敏电阻对入射光的光谱具有选择作用，即光敏电阻对不同波长的入射光有不同的灵敏度。光敏电阻的相对光敏灵敏度与入射波长的关系称为光敏电阻的光谱特性，也称为光谱响应。

7）频率特性　光敏电阻的光电流不能随着光强改变而立刻变化，即光敏电阻产生的光电流有一定的惰性，这种惰性通常用时间常数表示。

8）温度特性　光敏电阻和其他半导体器件一样，受温度影响较大。温度变化时，影响光敏电阻的光谱响应，同时光敏电阻的灵敏度和暗电阻也随之改变，尤其是响应于红外区域的硫化铅光敏电阻受温度影响更大。

光敏电阻具有光谱特性好、允许的光电流大、灵敏度高、使用寿命长、体积小等优点，应用非常广泛。此外，许多光敏电阻对红外线敏感，适宜于红外线光谱区工作。光敏电阻的缺点是型号相同的光敏电阻参数参差不齐，受温度影响较大，反应速度较慢，一般常用作开关式光电信号的传感元件。

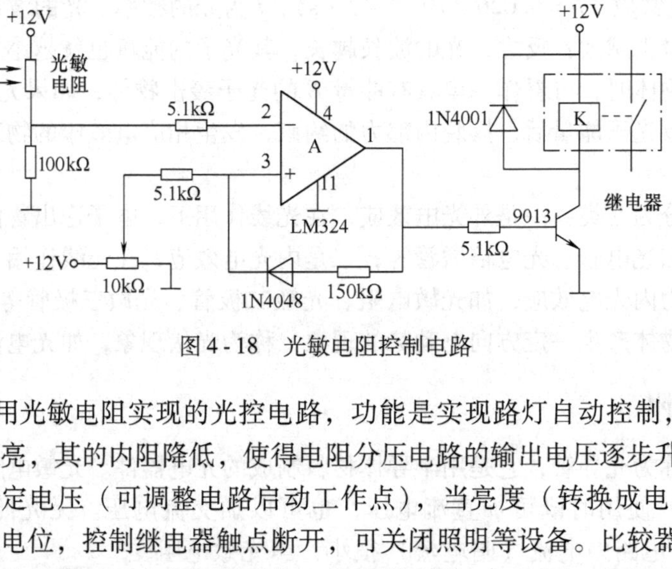

图 4 - 18　光敏电阻控制电路

图 4 - 18 是利用光敏电阻实现的光控电路，功能是实现路灯自动控制，天逐渐放亮时，光敏电阻接收到光亮，其的内阻降低，使得电阻分压电路的输出电压逐步升高，比较器电路的同相输入端是给定电压（可调整电路启动工作点），当亮度（转换成电压）高于设定值时，比较器输出低电位，控制继电器触点断开，可关闭照明等设备。比较器的反馈回路是起滞回作用，以免在临界点时继电器频繁动作。继电器参数：DC12V，AC230V，10A。

光敏电阻采用 MG45 – 14，室内自然光下，无光时电阻的阻值大于 100kΩ，有光时阻值小于 10kΩ。实验时，遮挡光敏电阻或不遮挡光敏电阻模拟无光或有光照射，比较器同相输入电压设定在 2. 5V，可根据室内或室外光线情况，自行设定比较器的参考电压。

4. 2. 3　光敏二极管和光敏晶体管

常见的光敏二极管和光敏晶体管的封装如图 4 - 19 所示。和普通二极管相比，光敏二极管也有一个 PN 结、除具有单向导电性能外，其他参数差异很大。第一，它的 PN 结的结深比较浅，以提高光电转换能力；第二，PN 结面积比较大，以有利于光敏面多收集光线；第三，光敏二极管在外观上都有一个玻璃透镜密封的窗口，能汇聚光线于光敏面上；光敏二极管的灵敏度和响应时间远远优于光敏电阻。光敏二极管在电路中一般是处于反向工作状态，即在没有光照射时，反向电阻很大，反向电流很小，反向电流称为暗电流；当光照射在 PN 结上，光子打在 PN 结附近，使 PN 结附近产生光生电子和光生空穴对，它们在 PN 结处的内电场作用下作定向运动，形成光电流，光的照度越大，光电流越大。光敏二极管在不受光照射时处于截止状态，受光照射时处于导通状态。

图 4-19　光敏二极管和光敏晶体管的封装

光敏二极管的主要参数有：最高工作电压（10～50V），暗电流（0.05～1μA），光电流（6～80μA），响应时间（几十纳秒～几十微秒）、结电容和正向压降等。光敏二极管的检测可用万用表电阻挡测量其阻值，一般情况下，遮挡光线测量，正向电阻为 10～200kΩ，反向电阻为无穷大；去掉遮光物后，电阻越小，则灵敏度越高。

光敏二极管的优点是线性好，响应速度快，对宽范围波长的光具有较高的灵敏度，噪声低，适用于通信及光电控制等电路。其缺点是单独使用时输出电流（或电压）很小，需要加放大电路。

与普通晶体管相比，光敏晶体管也是有两个 PN 结，但它的发射极一边做得很大，以扩大光的照射面积。大多数光敏晶体管的基极无引出线，但一些光敏晶体管的基极有引出，用于温度补偿和附加控制等作用。正常使用时，集电结为反偏置，发射结为正偏置，集电结为光照电结。当光照到集电结上时，集电结即产生光电流，使基极电流出现，导致在集电极电路产生被放大的集电极电流，该集电极电流为光电流的 β 倍，所以光敏晶体管具有放大作用。光敏晶体管的光电特性不如光敏二极管好，在传输或放大信号时应工作在线性区内，一般光敏晶体管多用作光电开关元件或光电逻辑器件。

光敏晶体管具有放大功能，所以其暗电流、光电流和光电灵敏度比光敏二极管要高得多，但结构原因使结电容加大，响应特性变坏。光敏晶体管广泛应用于低频的光电控制电路，其基本特性有：

1）光谱特性　光敏管的光谱特性是指在一定照度时输出的光电流与入射光波长的关系。硅光敏晶体管的光谱峰值波长约为 0.9μm；锗光敏晶体管的峰值波长约为 1.5μm，即此时光敏管的灵敏度最大。当入射光的波长增长或缩短时，相对灵敏度都会下降。一般来讲，锗管的暗电流较大，因此性能较差。在可见光探测时，一般都用硅管，但对红外光的探测，用锗管较为适宜。

2）伏安特性　当光照射光敏晶体管时，光电流随着光照强度的增大而增大，在不同的照度下，伏安特性曲线几乎平行，所以只要没达到饱和值，它的输出实际上不受偏压大小的影响。

3）频率特性　光敏管的频率特性是指光敏管输出的光电流随频率变化的关系。光敏二极管的频率特性是半导体光电器件中最好的一种，普通光敏二极管频率响应时间达 10μs。光敏晶体管的频率特性受负载电阻的影响，减小负载电阻可以提高频率响应范围，但输出电压响应也减小。

4）温度特性　光敏管的温度特性是指光敏管的暗电流及光电流与温度的关系。温度变化对光电流影响很小，但对暗电流影响很大，所以在电子线路中应该对暗电流进行温度补偿，否则将会导致输出误差。

图 4-20 所示为音频信号光传输系统的发射电路，发射电路是由晶体管和激光器组成的，激光的方向性极强，传输距离远，在传输过程中不容易受到干扰。音频信号可来自收音机、手机或 MP3 的信号（耳机输出信号），由晶体管基极加入信号，通过晶体管调制，将音频信号调制成光信号，并用激光发射出去。

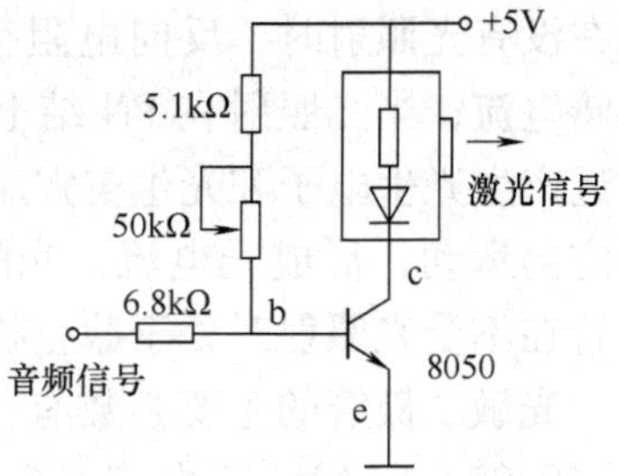

图 4-20 音频信号激光传输系统的发射电路

实验时，可以利用激光笔作为激光器。但需要对其进行局部改造，具体方法是将激光笔打开，把开关用两根线引出，分别接到晶体管的集电极和 +5V 电源，注意正、负极性。由于激光笔内部已经有限流电阻，在外不需要串联限流电阻。

另外，该电路也可以传送正弦波、方波和三角波信号。由信号发生器产生不同的波形信号，信号幅度 $U_{PP}=0.5\sim1V$，频率为 $1\sim2kHz$（可根据接收电路选择频率范围），用示波器测量晶体管集电极的波形，调整电位器，达到信号不失真。

图 4-21 所示为音频信号光传输系统的接收电路。该电路是由光敏二极管和放大电路组成的，当激光光线对准光敏二极管的玻璃窗时，传输信号达到最强。光电转换后的信号，进一步放大，电路的放大倍数需要根据接收光的强度（距离远/近）调整，可用示波器观察电路的输出信号幅度。电路的输出接有源音箱，此时可以听到所播放的音频信号，如果用物体遮挡激光的光路，声音信号会立刻停止。

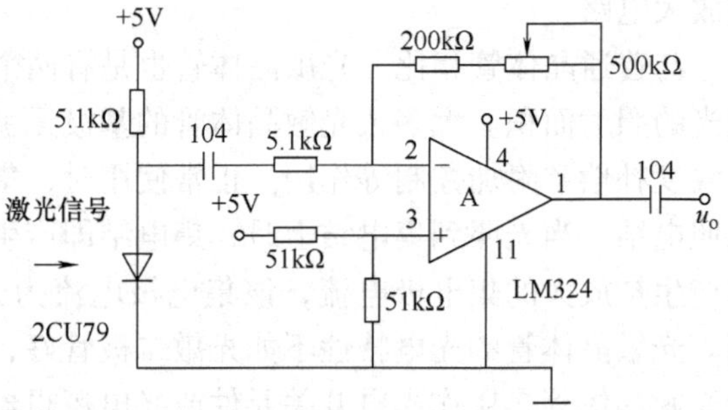

图 4-21 音频信号光传输系统的接收电路

传送正弦波、方波和三角波信号时，可用示波器测量所接收的信号，发射端的频率高时，接收端可选用工作频率高的运算放大器。

实验时需要两个固定支架，分别固定激光笔和光敏二极管，两个支架能够上下移动，以便调整光路。光敏二极管需要放入一个套管里，并固定在支架上，可以用塑料笔帽改造而成，用导线将光敏二极管的引脚接入电路板。注意，调整光路时，不要用眼睛直对激光，以免受到损伤。

4.2.4 光电池

光电池是一种光电转换元件，它不需外加电源而能直接把光能转换为电能。光电池的种类很多，常见的有硒、锗、硅、砷化镓、氧化铜等。其中应用最广的是硅光电池。硅光电池是根据光生伏特效应而制成的光电转换元件，它的用途主要有两个方面：一是作为光辐射探测器件，在气象、农业、林业等部门探测太阳光的辐射，或在工程技术、科学研究等领域，用于各种光电自动控制和测量装置；二是作为太阳能电源装置，可为某些仪器仪表或设备提供轻便的电源，对人造地球卫星而言更是无可替代的电源。光电池有一系列的优点，如性能稳定、光谱响应范围宽、转换效率高、线性响应好、使用寿命长、耐高温辐射等。图 4-22 所示为用于检测的光电池封装。

光电池的工作原理是基于“光生伏特效应”。它实质上是一个大面积的 PN 结，当光照射到 PN 结的一个面，例如 P 型面时，若光子能量大于半导体材料的禁带宽度，那么 P 型区每吸收一个光子就产生一对自由电子和空穴，电子 - 空穴对从表面向内迅速扩散，在结电场的作用下，最后建立一个与光照强度有关的电动势。

图 4 - 22　用于检测的光电池封装

光电池基本特性有以下几种：

1）光谱特性　光电池对不同波长的光的灵敏度是不同的。不同材料的光电池，光谱响应峰值所对应的入射光波长也是不同的，硅光电池波长在 0.8μm 附近，硒光电池在 0.5μm 附近。硅光电池的光谱响应波长范围为 0.4 ~ 1.2μm，而硒光电池只能为 0.38 ~ 0.75μm。由此可见，硅光电池可以在很宽的波长范围内得到应用。

2）光照特性　光电池在不同光照度下，其光电流和光生电动势是不同的，它们之间的关系就是光照特性。从硅光电池的开路电压和短路电流与光照的关系，得到短路电流在很大范围内与光照强度呈线性关系，开路电压（即负载电阻无限大时）与光照度的关系是非线性的，因此用光电池作为测量元件时，应把它当作电流源的形式来使用，不宜用作电压源。

3）频率特性　硅光电池与硒光电池相比，硅光电池有较好的频率响应特性。制造光电池的材料有硅、硒、硫化镉、砷化镓和碘化铟等，其中硅光电池的转换效率最高，最大转换效率达到 17%，这与理论上的最大转换效率 21.6% 已经接近。

图 4 - 23 所示为利用光电池的测光电路。光电池并联一个电阻接入运算放大器，同相端为正，电路将光的强弱变化转化为电压变化。可以使用调光台灯，配合一个光照度计，改变光电池受光强度，将光的不同照度值（Lx）对应的输出电压（V）测出，做出关系曲线图，这样就形成了一个简易的光强计。光电池为 2CR11，运算放大器使用 LM324，单电源电源供电。实验时，要注意光电池接入极性和室内的光线强度。用黑色挡片盖上光电池，此时放大器输出应该为零，使用调光台灯，在光线最强时，调整电位器，使电路输出达到 4.5V 左右。

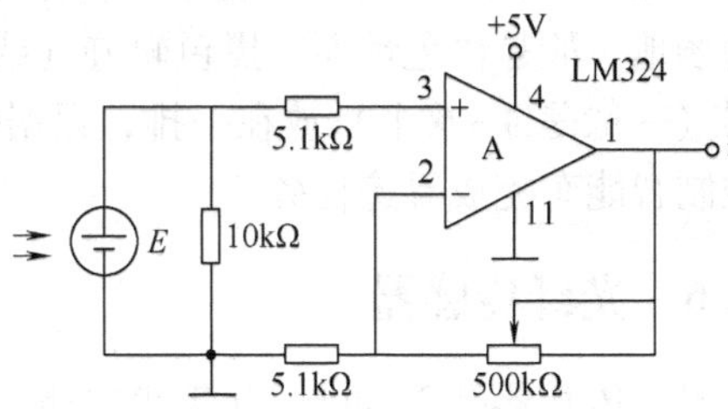

图 4 - 23　利用光电池的测光电路

另外，在光电池应用中，可以用四象限硅光电池为探头（传感器）对激光的光路进行对中调试。其原理是，当激光光束照射在四象限光电池的中间位置时，四路电压输出信号值相同；若不在中间位置，四路电压输出信号值不相同，可以根据四路输出的信号的大小调整光路。四象限硅光电池（传感器）型号有 2CR61 - 4 等。

4.2.5　红外反射式传感器

红外反射式传感器原理与光电耦合器件一致，只是其封装不同。反射式红外传感器是将发射、接收管并列放置，通过前方的反射面（挡板）接收光线。当反射面是白色（或镜面），光线反射，接收管能接收到光；如果反射面是黑色，光线被吸收，接收管则不能接收到光。红外反射式传感器可用作非接触测量，如光电寻迹、转速测量等。

图 4 - 24 所示为一体化红外反射式传感器 RPR220，白色小窗口的是光发射二极管，对

应长脚是正极；黑色小窗口的是接收光敏晶体管，对应短脚是集电极。另外，也可以用红外发射、接收对管自己组装发射、接收传感器件，在焊接电路板时，要求发射、接收管并列排放，距离尽量小，方向一致。

红外反射式传感器应用电路如图4-25所示，电路采用RPR220红外反射传感器，不考虑隔离时，可以采用共地方式连接。反射面到传感器的距离是1~2cm，光线反射时，光敏晶体管接收到光线，集电极输出低电位；光线不反射时，光敏晶体管不能接收到光线，集电极输出高电位。电路增加比较器是使传感电路输出更加可靠，因为有的反射式传感器受现场环境和自身的质量等因素的影响，所输出的高、低电位并不能到达数字电路的标准，此时通过比较器可以克服该传感器的不足。

图4-24　红外反射式传感器

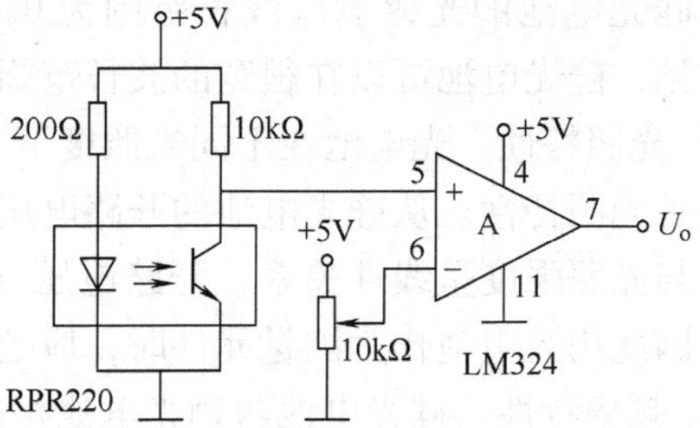

图4-25　红外反射式传感器电路

在光电寻迹机器人（智能车）传感电路中，就是采用红外式反射传感器，机器人光电寻迹场地一般是白色地面、黑色轨迹（线约5cm宽），为了识别不同的弯道，需要若干个传感器（一般是4~6个）放在一排，根据每个传感器的输出电位，判别轨迹的走向，由单片机控制智能车完成寻迹任务。

4.2.6　光纤传感器

光纤传感器是20世纪70年代中期发展起来的一种新技术，它是伴随着光纤及光通信技术的发展而逐步形成的。光纤传感器和传统的各类传感器相比有一定的优势，如不受电磁干扰、质量轻及可弯曲、灵敏度高、耐腐蚀及高绝缘强度，防爆性能好、集传感与传输于一体和能与数字通信系统兼容等。光纤传感器能用于温度、压力、应变、位移等多个物理量的测量，在自动控制、在线检测等方面具有极为广泛的应用潜力和发展前景。下面是以反射式光纤位移传感器为例，介绍其结构及测量电路。

1. 反射式光纤位移传感器的工作原理

光纤位移传感器结构如图4-26所示，传感器由光源光纤和接收光纤组成。光源发出的光经光源光纤至反射面，再经反射面反射，形成反射锥体，当接收光纤处于反射锥体内时，便能接收到反射光强，最后经由光电转换元件将接收到的光信号转换为电信号。随着被测反射面与光纤端面之间的位移 x 的改变，接收光强随之变化，通过测量和标定这个变化，便可计算出反射板（面）相应的位移量。

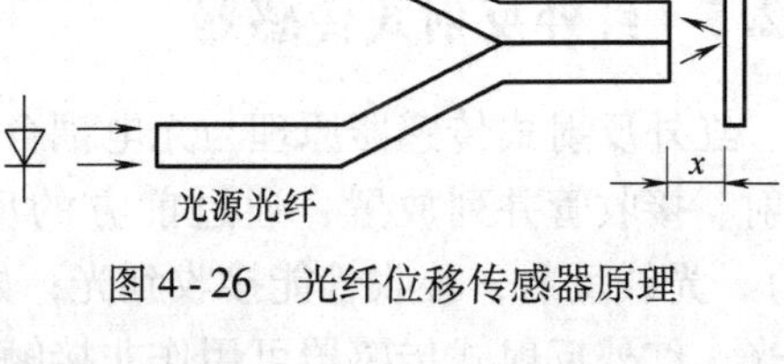

图4-26　光纤位移传感器原理

在光源光纤、接收光纤数值孔径 NA、芯径 R 不变的条件下，改变两光纤之间的相对距离，得到的输出光功率特性曲线如图 4-27所示。可以看出，随着两光纤相对距离的增大，输出光功率曲线峰值点右移，峰值功率减小，斜率减小，但上升沿跨距不变。因此，在设计传感器时，通过合理选择发射与接收光纤的相对位置，巧妙地利用不同间距的接收光纤组合，可以调整接收信号的光强、测量范围及灵敏度，这是改变光纤传感器性能的一种简单有效的方法。

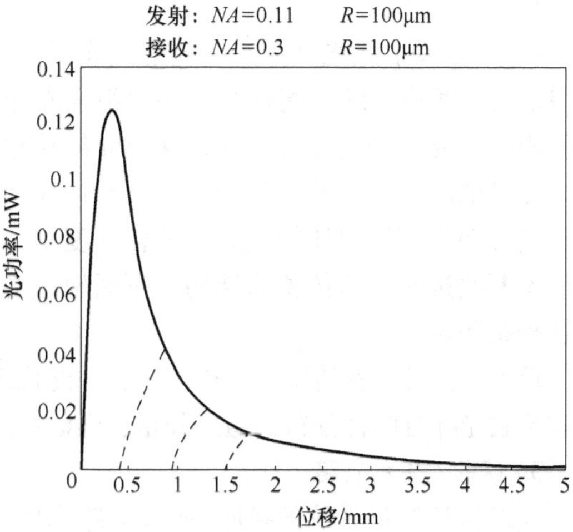

图 4-27　光纤输出的光功率随反射相对距离变化曲线

2. 光纤位移传感器的测量结构

光纤位移传感器的测量结构包括固定支架、发射光源、可移动的反射面和光电转换放大电路。

1）测量架　测量架是一个能够固定光纤探头和能够移动反射面的装置，其结构示意图如图 4-28 所示，反射面连接在千分尺移动杆上，调节千分尺可以移动反射面到光纤探头的距离，同时也可以从千分尺上读出位移尺寸，以标定传感器的位移量。

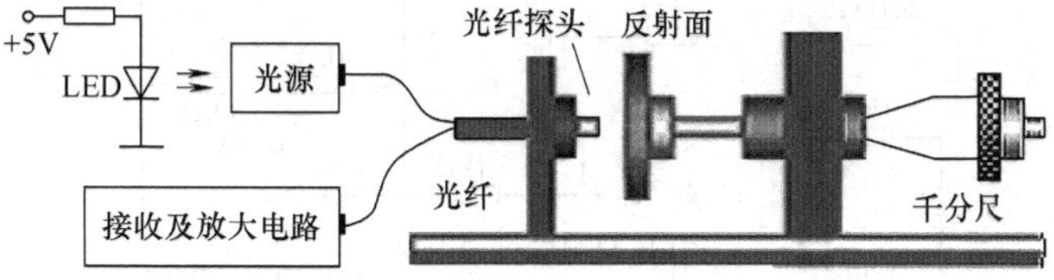

图 4-28　光纤位移传感器的测量结构

2）光源选择　光纤实验中可选择的光源包括相干性高的半导体激光器 LD 和非相干光源发光二极管 LED 及白炽灯。半导体激光器发光功率大，发出的光频带很窄，光的相干性高，反射式光纤位移传感器对反射面的粗糙度反应灵敏，使用半导体激光器很容易产生衍射、散射、干涉等效应，从而会使反射光斑出现杂乱信号。同时，由于激光方向性很强，当激光入射角度不当时，从光纤另一端出射的光将形成光环，而不是光斑；LED 发光二极管与激光二极管的根本区别在于，它没有光学谐振腔，形不成激光，它的发光仅限于自发辐射，它发出的是荧光，为非相干光，且 LED 的线性范围较大，不足之处是输出功率、耦合效率及光电转换效率较 LD 低很多；白炽灯功率不高，而且不易耦合。三者比较，选择高亮度的 LED（白光）作为光源比较合适，限流电阻取 100Ω。

3）反射面要求　反射面的粗糙度对反射光强有着非常大的影响，随着表面粗糙度的增大，反射光强将明显减小。光纤传感探头设计的基准为发射光纤的出射光在反射面进行镜面反射，如果产生漫反射将使传感头的受光特性变得复杂，没有规律可循，同时由于接收光纤孔径角的限制，将会损失很大一部分光功率。因此，反射面应尽量保证使用平滑、均匀、整洁的镜面。另外，对于光源光功率较小、信号较弱的系统来讲，待测反射面应尽量与传感器的中轴线保持垂直。

4）Y型反射式光纤探头　反射式光纤位移传感器是一种传输型光纤传感器，光纤采用Y型结构，两束光纤一端合并在一起组成光纤探头，另一端分为两支，分别作为光源光纤和接收光纤。光耦合到光源光纤，通过光纤传输，射向反射面，再被反射到接收光纤，最后由光电变换电路接收。接收到的光与反射体表面性质、反射体到光纤探头距离有关，反射光光强随光纤探头到反射体的距离的变化而变化。近年来，光纤传感器测位移的技术发展很快，人们不断改进和创新传感器结构，不断地改善传感器的测量精度和扩大应用范围，使其适用于各种检测场合。

反射式光纤位移传感器结构简单，性能稳定，造价低廉，应用广泛。光纤探头上的发射光纤和接收光纤有四种分布：随机分布、半球对开分布、共轴内发射分布和共轴外发射分布。

3. 接收/放大电路

光纤位移测量系统的接收/放大电路作用是将从接收光纤中检测到的光信号变成电信号，得到电压变化量。光纤传感器的连接需要设计两个连接头（套筒），分别固定LED发光管与发射光纤探头和反射光纤与接收管，注意不要有外界的光线影响传感器。

由于反射回光纤的光信号及光电变换的电信号很弱，因此要求加入放大电路。设计的光纤信号接收/放大电路如图4-29所示。该电路采用两级放大，光探测器采用光电池，由于移动挡板与光纤探头接触上时，仍有直流电平输出，故在第二级设有调零电路，使其在零位移时输出电压也为零。

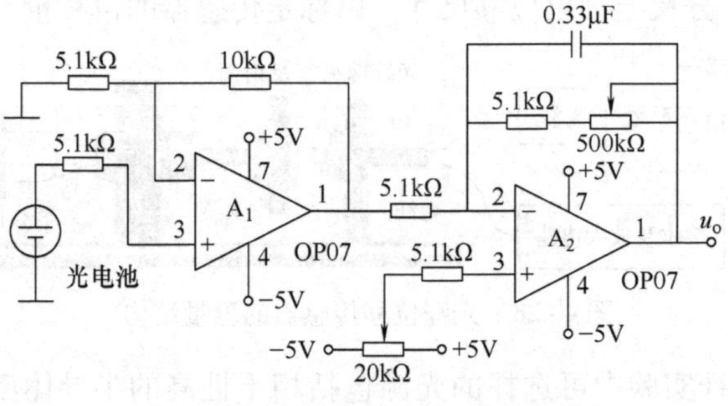

图4-29　光纤信号接收/放大电路

用示波器测量第二级放大电路输出，旋转测微头（移动挡板），在输出电压最大值时，调节反馈电位器，使第二级放大器的最大输出电压在+4左右，由于光电接收管性能以及光的耦合效果不同，接收电路零点及放大倍数需要调试。由近到远移动反射挡板，得到的输出电压与位移关系曲线如图4-30所示。

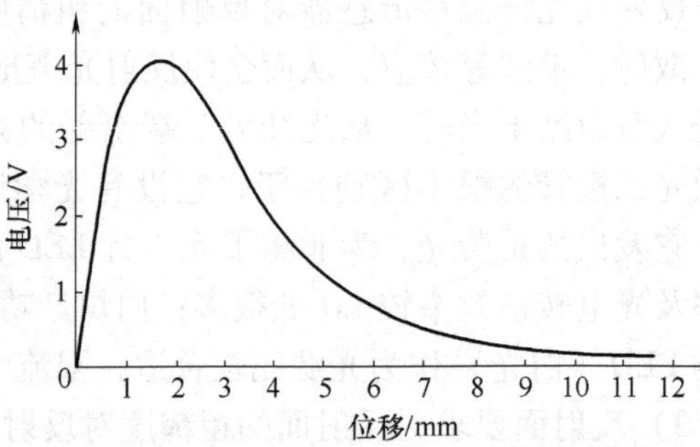

图4-30　输出电压与位移关系曲线

由图4-30可以看出，反射式光纤位移传感器的特性曲线分两个单调区域，即上升沿和下降沿。在曲线中，满足线性要求的上升沿位移范围是0~1mm，下降沿的线性位移段范围是2~4mm。

4.2.7 光栅传感器

微小的位移通常使用应变式、光纤式等传感器来检测，而较大的位移常用到光栅、磁栅等传感器测量。光栅传感器因具有精度高（目前分辨率最高的可达到纳米级）、抗干扰能力强、安装方便、使用可靠等优点，在机床加工、检测仪表等行业中得到了日益广泛的应用。

计量光栅在实际应用中有透射光栅和反射光栅两种；按其作用原理又可分为幅值光栅和相位光栅；按其用途可分为直线光栅和圆形光栅。

1. 光栅传感器原理

计量光栅是利用光栅的莫尔条纹现象来测量位移的。“莫尔”原出于法文 Moire，意思是水波纹。几百年前法国丝绸工人发现，当两层薄丝绸叠在一起时，将产生水波纹状花样；如果薄丝绸相对运动，则花样也跟着移动，这种奇怪的花纹就是莫尔条纹。一般来说，只要是有一定周期的曲线簇重叠起来，便会产生莫尔条纹。

所谓光栅，是在光栅尺上均匀地刻有平行的线条，即栅线，如图 4-31 所示，设 a 为刻线宽，b 为两刻线之间缝宽，$w=a+b$ 称为光栅栅距。目前国内常用的光栅每毫米刻成 10、25、50、100、250 条等线条。利用光栅的横向莫尔条纹测量位移，需要两块光栅，一块标尺光栅，它的大小与测量范围相一致，另一块指示光栅，尺寸较小。测量位移时，必须在标尺光栅一侧加光源，在指示光栅一侧加光电接收元件，当标尺光栅和指示光栅相对移动时，由于光栅的遮光作用而使莫尔条纹移动，固定在指示光栅侧的光电元件，将光强变化转换成电信号。由于光源的大小有限以及光栅的衍射作用，使得信号为脉动信号，如图 4-32 所示。此信号是一直流信号和近似正弦的周期信号的叠加，周期信号是位移 x 的函数。每当 x 变化一个光栅栅距 w，信号就变化一个周期，信号由 c 点变化到 c′点。由于 $cc'=w$，故 c′点的状态与 c 点状态完全一样，只是在相位上增加了 2π。由图 4-32 可得光电信号为

$$u_o = U + U_m \sin\left(\frac{\pi}{2} + \frac{2\pi x}{w}\right) \tag{4-13}$$

式中，u_o为光电元件输出的电压信号；U 为输出信号的直流分量；U_m 为输出信号中正弦交流分量的幅值；x 为光栅的位移。

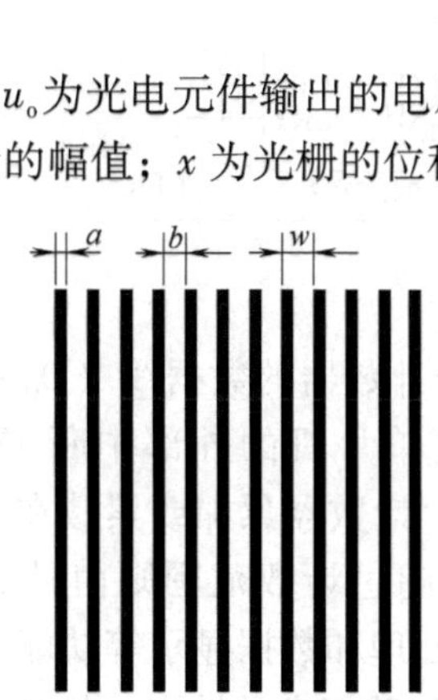

图 4-31　光栅线

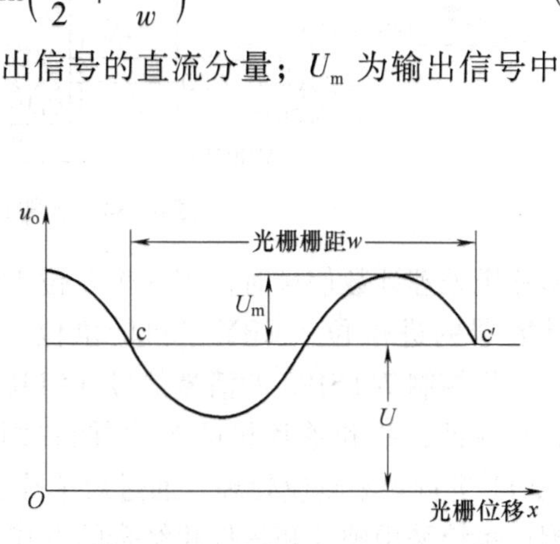

图 4-32　光栅传感器输出信号

从式（4-13）可见，当光栅位移一个栅距 w，波形变化一周。这时相应条纹移动一个条纹宽度 a。因此，只要记录波形变化周期数，即条纹移动数 N，就可知道光栅的位移 x，$x=Nw$。

光栅传感器结构如图 4-33 所示，它主要由标尺光栅、指示光栅、光源和光敏元器件组成，其中指示光栅与被测量对象连接，它随被测量对象的直线位移而产生移动。为了测量移动方向，至少要放置两个光敏元件，两者相距 1/4 莫尔条纹间距，这样当莫尔条纹移动时，会得到两路信号相位相差 π/2 的波形，将输出信号送入辨向电路，即可判断移动方向。

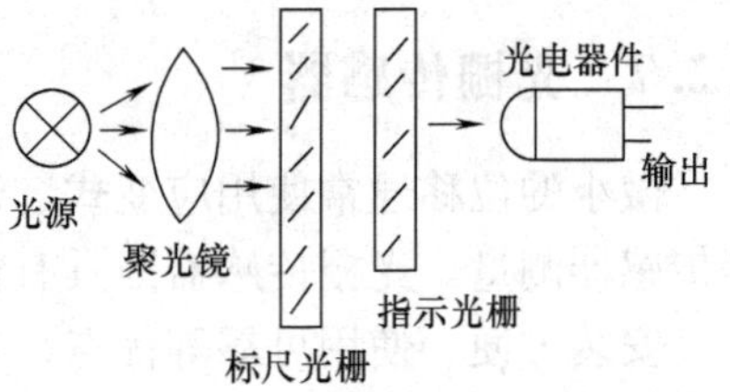

图 4-33　光栅位移传感器结构

2. 光栅传感器测位移电路

光栅传感器的应用一般配合辨向、细分电路，辨向是对两路信号进行方向判别，细分是将信号倍频。应用电路可以使用专用的集成电路芯片，如 QA740210，它是同时具有辨向和四倍频细分的功能，可将两路正交的方波进行四倍频后产生两路加、减计数信号，送到可逆计数器进行加、减计数，通过单片机进行数据处理。

图 4-34 所示为光栅传感器、四倍频专用集成芯片 QA740210 和计数器组成的应用电路，该电路对两路正交信号进行四倍频处理。计数器为 8 位，增加 74LS193 芯片，可以到 12 位或 16 位。

在图 4-34 中，74LS193 为 4 位二进制同步加/减计数器，QA740210 输出的两路正负脉冲信号（+CP0/-CP0）分别与第一个 74LS193 的加（CKU）/减（CKD）脉冲端相连，第一个 74LS193 的进位（CRY）/借位（BORR）再分别与第二个 74LS193 的加（CKU）/减（CKD）脉冲端相连。可以参考数字电路中的译码、显示等部分电路，显示电路细分后的数值。

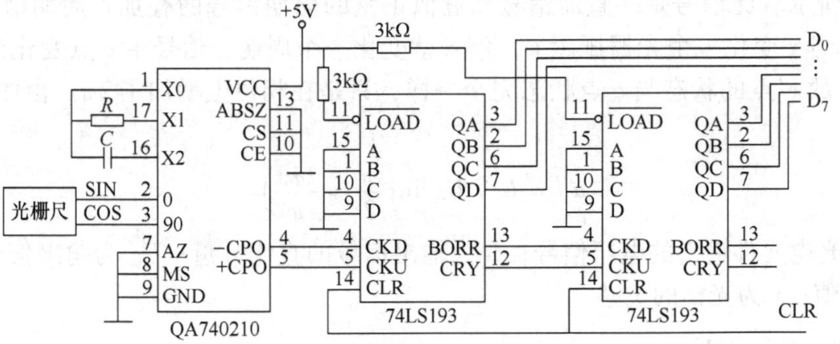

图 4-34　光栅传感器应用电路

用单片机处理计数信号时，用一个 8 位 I/O 端口接到两个计数器的数据线（$D_0 \sim D_7$），第二个计数器的进位位（CRY）和借位位（BORR）分别接单片机的外部中断 INT0 和 INT1，单片机控制 74LS193 的清零信号（CLR）。测量过程中，计数器累加或累减在 256 个以内的计数脉冲，并和单片机的 8 位并行数据口传输数据，超过计数范围则由外部中断 INT0 或 INT1 进行中断响应处理，通过对单片机编程完成数据处理和数据显示等功能。光栅传感器测量系统采用硬件和软件相结合的方式，克服了纯硬件线路复杂的缺点，具有很好的实用性。

4.2.8　光电编码器

光电编码器是一种角度（角速度）的检测装置，它将转动轴的角度变化转换成相应的电脉冲信号。光电编码器具有体积小、精度高、工作可靠、接口数字化等优点，它广泛应用于数控机床、伺服传动、机器人等需要检测角度的装置和设备。

1. 光电编码器结构

光电编码器是由光栅盘和光电检测装置组成的。光栅盘是在一定直径的圆板上等分地开通若干个长方形孔，由于光电码盘与电动机（或其他转动机构）同轴，电动机旋转时，光栅盘与电动机同速旋转，经发光二极管等电子元件组成的检测装置检测输出若干脉冲信号，通过计算每秒光电编码器输出脉冲的个数就能反映当前电动机的转速。此外，为判断旋转方向，码盘还可提供相位相差90°的两路脉冲信号。光电编码器内部结构和外形如图4-35所示。

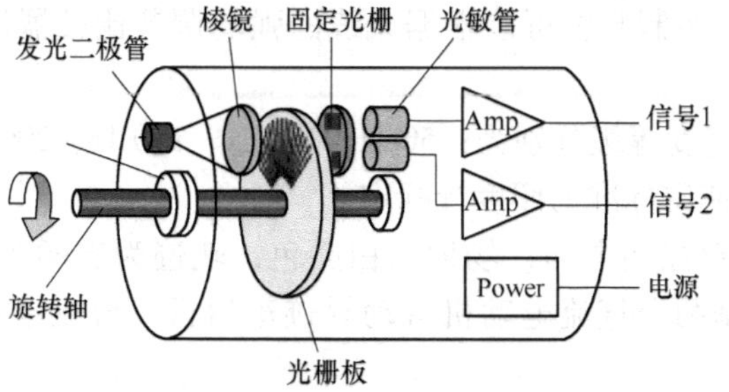

a)

b)

图4-35 光电编码器内部结构和外形
a）内部结构 b）外形

编码器除光学式外，还有磁式、感应式和电容式，信号输出形式分为增量式、绝对式以及混合式三种。

2. 光电编码器应用

光电编码器具备良好的使用性能，在角度测量、位移测量时抗干扰能力很强，并具有稳定可靠的输出脉冲信号，且该脉冲信号经计数后可得到被测量的数字信号。在转盘旋转角度的测量时，可以选用光电编码器作为传感器，考虑到转盘转动是双向的，既可顺时针旋转，也可逆时针旋转，则需要对编码器的输出信号辨向后才能计数。使用光电编码器时，需要将被测量的转动轴与光电编码器的轴连接。

图4-36给出了光电编码器方向辨别与双向计数的应用电路，辨向电路用了一个D触发器和两个与非门组成，计数电路用两片74LS193组成。光电编码器输出信号为双通道正交信号（A、B）及计数脉冲信号（L），74LS193（II）的D端接高电位，计数器初始值为128，可实现双向计数。

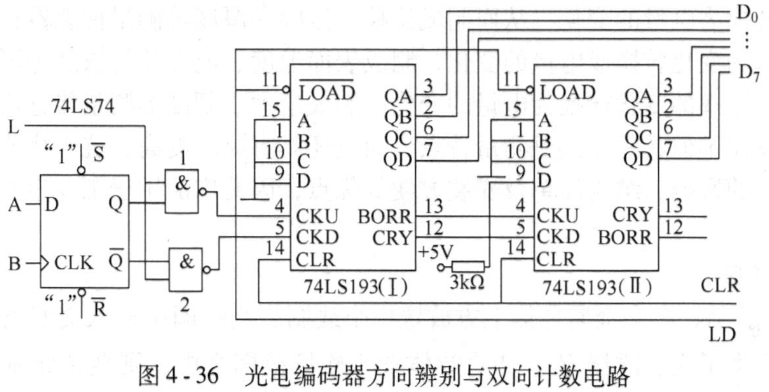

图4-36 光电编码器方向辨别与双向计数电路

当光电编码器顺时针旋转时，通道 A 输出波形超前通道 B 输出波形 90°，D 触发器 Q 端一直为高电平，与非门 1 打开，与非门 2 关闭，计数脉冲通过与非门 1，送至双向计数器 74LS193 的 CKU，进行加法计数。当光电编码器逆时针旋转时，通道 A 输出波形比通道 B 输出波形延迟 90°，D 触发器 Q 端一直为低电平，与非门 1 关闭，与非门 2 打开，计数脉冲通过与非门 2，送至双向计数器 74LS193 的 CKD，进行减法计数。

4.2.9 设计与实践

1. 参考光敏电阻的控制电路，设计一个根据室外光线控制的窗帘自动开启装置。要求天亮时开启窗帘，天黑时关闭窗帘。控制装置可以根据光线的强弱调节比较器转换的阈值，比较器输出控制继电器的工作。

2. 设计一个简易的光照度计，亮度等级分别为：50 lx、100 lx、150 lx、200 lx，可以用四个 LED 指示不同的照度，注意要使用标准的照度计标定。

3. 设计一个四路光电寻迹的传感控制电路，场地为白颜色，轨迹为黑颜色。要求：用数字逻辑电路判别轨迹走向，并控制两个直流电动机带动寻迹车运行，直流电动机（12V）控制可使用 L293 芯片。

4. 利用光电传感器设计一个加/减计数器，对移动的物体进行加/减计数。要求：采用四位数码管，显示实时的计数值。提示：使用两个光敏管，移动物体的宽度必须大于两个光敏管之间的距离。

4.3 电感式传感器及转换电路

电感式传感器利用电磁感应原理将被测物理量如位移、压力、流量、振动等转换成线圈自感量或互感量的变化，再由测量电路转换为电压或电流的变化量输出。

电感式传感器具有结构简单、工作可靠、测量精度高、零点稳定、输出功率较大等一系列优点，其主要缺点是灵敏度、线性度和测量范围相互制约，传感器自身频率响应低，不适用于快速动态测量。电感式传感器种类很多，常见的有自感式传感器、互感式传感器和电涡流式传感器三种。

4.3.1 电涡流传感器

当导体置于交变磁场或在固定磁场中运动时，导体中将引起电涡流，可以利用涡流效应把距离的变化转换为电量的变化，从而制成位移、振幅和厚度等测量传感器；也可以利用涡流效应把电阻率的变化转换成电量的变化，制成表面温度、电介质的浓度等测量传感器；还可以利用它把磁导率的变化转换为电量的变化，制成应力、硬度等测量传感器。

电涡流传感器不但具有非接触测量特点，而且还具有灵敏度高、抗干扰能力强、不受被测量体表面介质的影响、结构简单及安装方便等优点，因此广泛用于工业生产和科学研究的各个领域。

1. 电涡流效应

如图 4-37 所示，在一金属导体上方放置一个线圈，当线圈中通入交变电流 I_1时，线圈的周围空间就产生了交变磁场 H_1，如将导体置于磁场范围之内，则金属导体中将产生感生

电流 I_2。此电流的流线在导体中是闭合的且呈旋涡状，通常称为电涡流。而此电涡流将产生交变磁场 H_2，它的方向与磁场 H_1 方向相反，由于磁场 H_2的反作用使导电线圈的有效阻抗发生变化，这种线圈阻抗变化反映了导体的涡流效应。

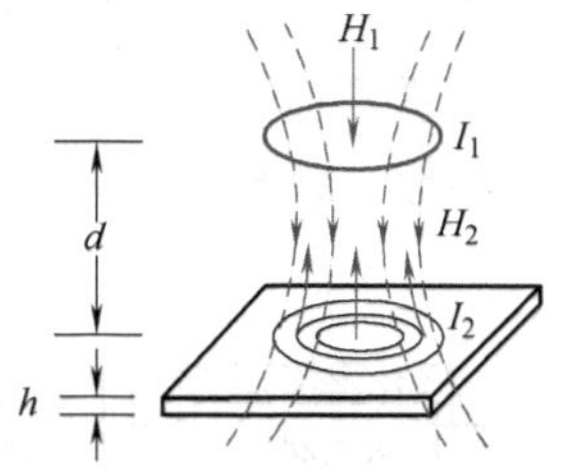

图 4-37　电涡流效应

线圈阻抗的变化不但与电涡流效应有关，还与金属导体的电阻率、磁导率、几何形状、线圈的几何参数、激励电流以及线圈与金属导体间的距离等参数有关。假设金属导体是均匀介质，其性能是线性和各向同性的，则线圈与金属导体系统的物理性质通常可由电阻率 ρ、磁导率 μ、尺寸因子 r、距离 d、激励电流强度 I 和频率 ω 等参数来描述，线圈的阻抗 Z 可用如下函数表示为：

$$Z = F(d, I, r, \rho, \mu, \omega) \tag{4-14}$$

如果控制式（4-14）中的某些参数恒定不变，而只改变其中的一个参数，那么阻抗就成为这个参数的单值函数。如果固定 I、r、ρ、μ、ω 不变，使阻抗 Z 成为距离 d 的单值函数，这就是电涡流传感器测量距离所依据的基本原理。

由等效电路及理论推导可知，线圈与金属导体系统的阻抗、电感和品质因数都是系统互感系数平方的函数，因此可以求得互感系数是两个磁性体距离 d 的非线性函数。在某一较小范围内，可将这些函数关系近似地用某一线性函数表示，即电涡流位移传感器只能在一定范围内呈线性关系。

2. 被测体的材料、形状、大小对测量的影响

电涡流传感器中线圈仅是传感器的一个组成部分，而另一部分则是被测导体，因此线圈阻抗的变化还与被测体的材料、形状、大小有关。因此，当被测体是非磁性材料时，传感器的灵敏度比被测体是磁性材料要高；当被测体是磁性材料时，其磁导率将影响电涡流线圈的感抗，其磁滞损耗还将影响电涡流线圈的 Q 值，因而灵敏度要根据具体情况而定。

一般情况下，被测体导电率越高，灵敏度越高，在相同的量程下，其线性范围越宽。此外，被测体的形状和大小对测量也有影响。当被测体的面积比传感器检测线圈面积大很多时，传感器灵敏度基本不发生变化；当被测体面积为传感器一半时，其灵敏度减少一半；更小时，灵敏度则显著减小。为了充分利用电涡流效应，当被测体是圆环时，它的直径必须为线圈直径的 1.8 倍以上；当被测体是圆柱体时，它的直径必须为线圈直径的 3.5 倍以上。这样才可保持灵敏度基本不变，且不会影响测量结果。

此外，被测体的厚度一般需要在 0.2mm 以上才不影响测量的结果。测量时还需注意，在传感器线圈和被测体周围应尽量避开其他导体，以免干扰磁场，引起测量误差。

3. 电涡流传感器的应用

由于电涡流传感器具有灵敏度高、结构简单、抗干扰能力强以及非接触测量等显著优点，因此可用于测量物体位移、振动、厚度、速度、应力、硬度及损伤等。

图 4-38 所示为换向阀的位移测量，当阀体做水平运动时，通过金属挡板与涡流传感器形成磁回路，从而可以测量换向阀的位移量。

图 4-39 所示为测量轴心运动轨迹，在汽轮机及一些机械传动轴上，常用电涡流式传感器来监测主轴的振动情况，用两个传感器探头分别安置在轴的水平位置和垂直位置上（不接触轴），当轴转动时，可获得 $x-y$ 方向位置轴的振动情况，从而可以描绘出轴心运动轨迹。

图 4-40 所示为机械轴的转速测量，利用电涡流传感器具有非接触测量的特性，在齿轮外侧放置传感器，当机械轴转动时，电涡流传感器将随之改变输出电压信号，此电压经过放大、整形、计数和处理，可测出其转速。

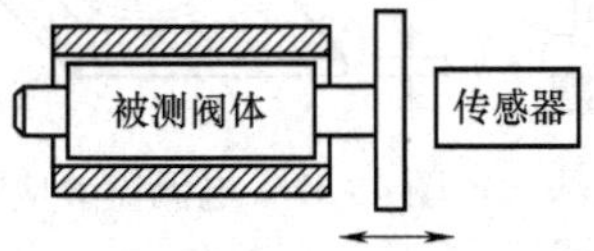

图 4-38 位移测量

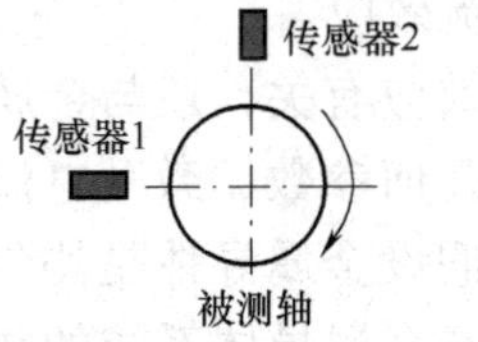

图 4-39 轴心轨迹测量

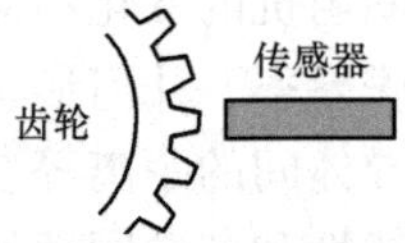

图 4-40 机械轴转速测量

另外，也可以使用电涡流传感器进行探伤测量，如用于金属内部的或焊接部位的探伤，还可以检查金属表面裂纹等。检测时，被测体与传感器线圈之间平行相对运动，当金属有裂纹、内部有缺陷时，将引起金属的电阻率、磁导率的变化，于是传感器的信号产生突变，从而可以确定裂纹、缺陷的位置。

4. 电涡流传感器位移测量电路

根据电涡流传感器的基本原理，可以设计相应的电路来测量物体的位移，因为传感器与被测金属物体间的距离变化，可使得传感器的 Q 值、等效阻抗 Z 及等效电感 L 三个参量改变，电涡流传感器的测量电路通常采用电桥电路和谐振电路。

电桥电路是较常用的一种方法。通常是把线圈的阻抗作为电桥的一个桥臂，也可以用两个相同的电涡流线圈组成差动电桥。在初始状态时，使电桥平衡，在测量时由于线圈阻抗发生变化，使电桥失去平衡，其输出电压的大小可反映被测量的变化。电桥法主要用于两个电涡流线圈组成的差动式传感器。

谐振电路的方法是在谐振电路中，采用电容与电涡流线圈并联构成并联谐振 LC 回路。其谐振频率为

$$f_0 = \frac{1}{2\pi\sqrt{LC}} \tag{4-15}$$

没有测量时，将回路调谐到某一谐振频率上，当传感器与被测导体接近时，传感器回路失谐。频率一定时，传感器 LC 回路的阻抗变化就反映了电感的变化，也反映了 Q 值变化。发生谐振时回路的等效阻抗最大，可以利用测量回路阻抗改变的方法确定被测值的大小。常用的测量电路有定频测距和调频测距两种。

定频测距的测量电路原理如图 4-41a 所示，其中传感器线圈 L 是振荡回路的一个电感元件，它与电容 C 构成谐振回路，振荡器的输出信号加到涡流传感器上。传感器距导体的位移变化引起的振荡回路阻抗的变化，通过检波电路转化为输出信号的幅度变化。

传感器没有接近导体时，回路谐振及阻抗最高，对应的输出电压 U_o 最大；当被测导体接近传感器线圈 L 时，电感线圈感应的高频电磁场作用于被测导体，由表面的涡流反射作用，使电感量 L 变小，回路失谐，从而改变了检波电压大小。L 值随距离 x 的减少而减少。因此，通过对输出电压的测量，就可以确定距离 x 的大小。

调频测距的测量电路原理如图 4-41b 所示。它通过位移的变化引起传感器线圈电感的变化，从而导致振荡频率的变化，并以频率变化作为输出量，电涡流传感器线圈作为一个电感元件接在谐振电路中。频率测量可以直接用示波器或频率计，也可以通过鉴频器和 F/V

电路将频率转换为电压。使用调频式测量电路，传感器输出电缆分布电容的影响不能忽略，它将使振荡器的振荡频率发生变化，从而影响测量效果。为此，可把电容和线圈都装在传感器内，这时电缆分布电容的影响并联到大电容 C 上，对振荡频率的影响大大减小。另外，尽量将传感器靠近测量电路板，以使分布电容的影响更加减小。

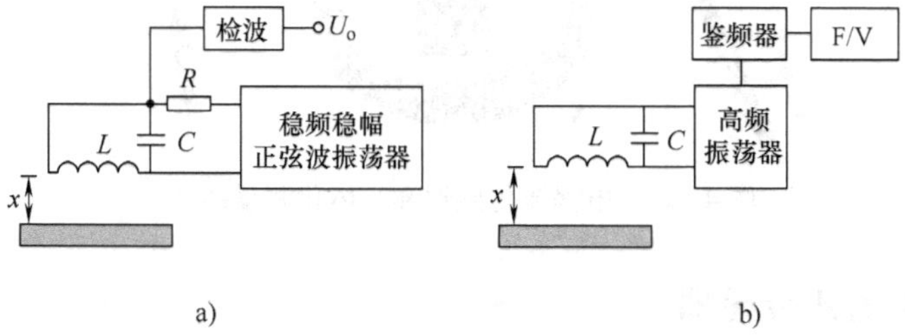

图 4-41　谐振测量电路原理

a）定频测距原理　b）调频测距原理

图 4-42 所示为涡流传感器位移测量的电路，L 为涡流传感器，电路采用定频测距的方法，信号发生电路作为谐振的输入信号，谐振输出的信号经二极管整流、滤波及放大，输出与位移有关的电压信号。

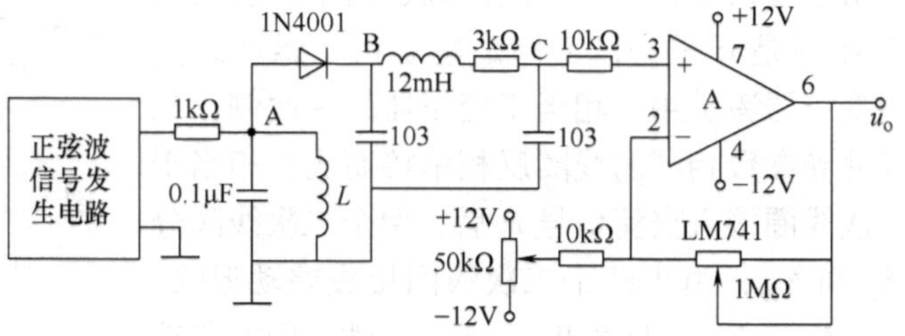

图 4-42　涡流传感器位移测量实验电路

电涡流传感器 L 通过导线接入到电路中。正弦波振荡信号参考频率 $f = 80\text{kHz}$，$U_{pp} = 4\text{V}$。用示波器的第一通道观察正弦波振荡信号，同时，用示波器第二通道观察电涡流传感器谐振回路输出的振荡波形（图中 A 点）。调整信号发生电路的输出频率，选择最大输出的波形，此频率即为谐振频率点。

标定传感器时，需制作一个可以固定涡流传感器和可移动的金属挡板的装置，类似于前面讲到的光纤测距装置。将传感器对准金属挡板，转动测微头（千分尺旋钮），使金属挡板与传感器接触，此时涡流变换器的输出电压应为零，如果不为零，调整放大器反相输入端的电位器，使其输出为零，记下输出为零时的测微头的位置，然后，每隔 0.2mm 位移（旋转测微头带动金属挡板离开传感器）读取变换器输出电压值，直到线性严重破坏为止。整理实验数据，做出 $V-X$ 曲线，指出线性范围，求出灵敏度。

目前，工业用电涡流传感器有的还配有转换电路，即一体化电涡流传感器，加入工作电压后，直接输出与距离有关的电压信号。如 YDYT9800 系列一体化电涡流位移传感器可测量位移、振幅、转速、尺寸、厚度、表面不平度等。主要参数有：三线制电压或电流输出；频响 0～10kHz；电压输出时，传感器供电 +12～ +30VDC，电压输出范围 0.1～10.5V 或 1～5V；电流输出时，传感器供电电源 +18～ +30VDC，电流输出范围 4～20mA。图 4-43 所示为工业用电涡流传感器和一体化测量装置。

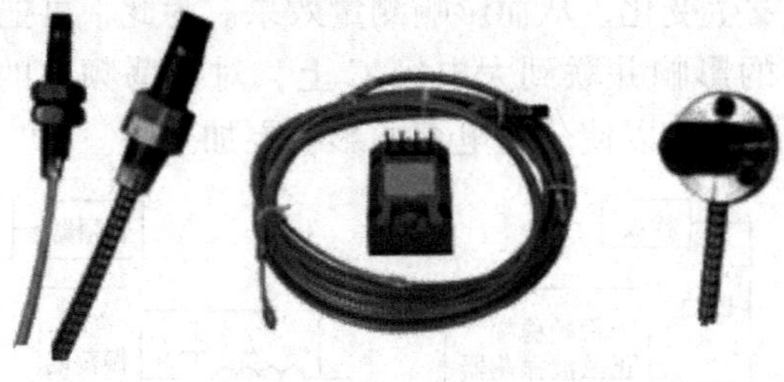

图 4-43　电涡流传感器和一体化测量装置

4.3.2　差动变压器式传感器

差动变压器式传感器是将直线位移转换为线圈互感系数变化，并经过转换电路输出模拟电压信号。该传感器具有结构简单、线性好、灵敏度高、测量范围大、受外界干扰影响小、使用寿命长等优点，是一种常用的传感器，被广泛应用于测控等领域。

1. 工作原理

差动变压器式传感器的结构如图 4-44 所示。该传感器的结构如同一个变压器，由移动铁心、一个一次线圈、两个二次线圈和支架组成，差动变压器是开磁路，工作是建立在互感基础上的。一次线圈做差动变压器激励用，相当于变压器的一次侧；二次线圈由两个结构尺寸和参数相同的线圈反相串接而成，相当于变压器的二次侧。一次线圈接入交流信号 u_1 后，两个二次线圈分别产生感应电动势 E_{21} 和 E_{22}，由于两个二次线圈接成差动形式，当铁心在中间位置时，$E_{21}=E_{22}$，即输出 $u_2=0$；当铁心向右移动时，感应电动势 E_{21} 减少，$E_{21}<E_{22}$；当铁心向左移动时，感应电动势 E_{22} 减少，$E_{21}>E_{22}$，输出信号 u_2 的大小和符号反映了铁心位移的大小和方向。

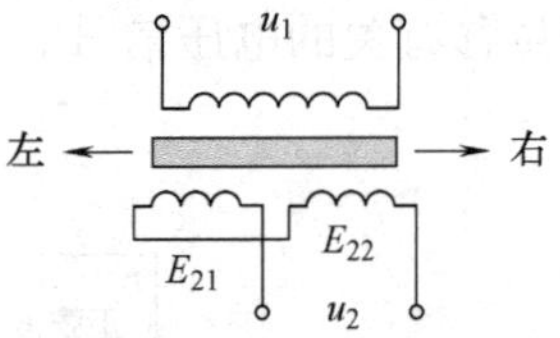

图 4-44　差动变压器式传感器的结构

由于差动变压器式传感器的输出电压与铁心的位移呈线性关系，所以可以搭建相应的位移测量电路，通过标定差动变压器式传感器，即建立位移与输出电压之间关系，便可以测量出铁心的位移。差动变压器式传感器测量电路框图如图 4-45 所示。

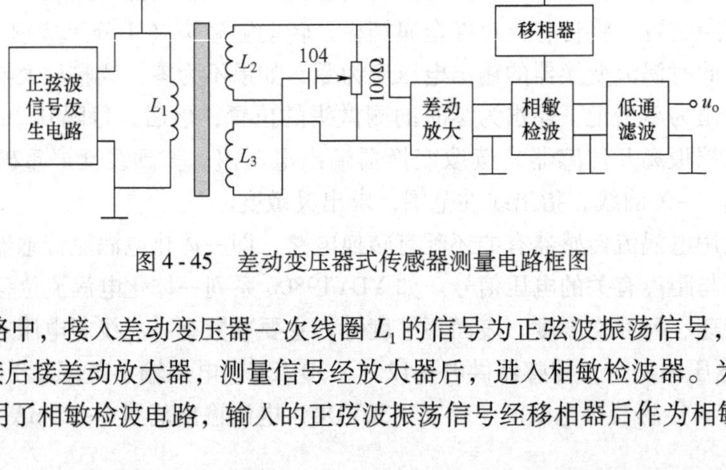

图 4-45　差动变压器式传感器测量电路框图

在测量电路中，接入差动变压器一次线圈 L_1 的信号为正弦波振荡信号，两个二次线圈 L_2、L_3 差动连接后接差动放大器，测量信号经放大器后，进入相敏检波器。为了辨别铁心的移动方向，采用了相敏检波电路，输入的正弦波振荡信号经移相器后作为相敏检波器的参考信号，相敏检波器的输出信号经过低通滤波变为直流电压信号，其电压值与铁心的位移成正比，正负与铁心的移动方向有关。

2. 测量电路

（1）零点残余电压

当铁心处于线圈的中心时，两个二次线圈的阻抗相当时，输出电压应为零。但实际上，由于线圈的结构不会完全一致，使输出电压不为零，该电压称为零点残余电压。由于零点残余电压的存在会造成差动变压器零点附近的不灵敏区，如果考虑零点的精度，需要采用补偿方法。减少零点残电压的办法有两种：一是从差动变压器的工艺制作上尽量保证线路和磁路的对称；二是选用补偿电路。

图 4-45 所示为采用在二次绕组并联电位器调零，改变两个二次线圈输出电压的相位，电容可防止调整电位器时零点移动。

（2）差动放大、移相电路

差动变压器式传感器的差动放大电路如图 4-46 所示，第一级电路采用差动形式，通过调节第二级放大电路的反馈电位器改变电压放大倍数。用示波器测量第二级放大电路的输出，移动差动变压器的移动杆（连接磁铁），观察传感器的零点残余电压和输出最大值。

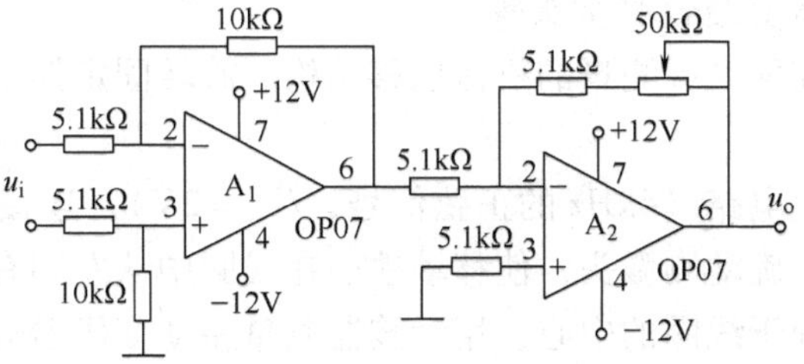

图 4-46　差动放大电路

移相电路如图 4-47 所示，该移相电路由两部分组成，放大器 A_1 等元件组成相位超前电路，调节电位器可完成超前 0°～180°。放大器 A_2 等元件组成相位滞后电路，调节电位器可完成滞后 0°～180°，基本上即可实现 −180°～+180°的调节。

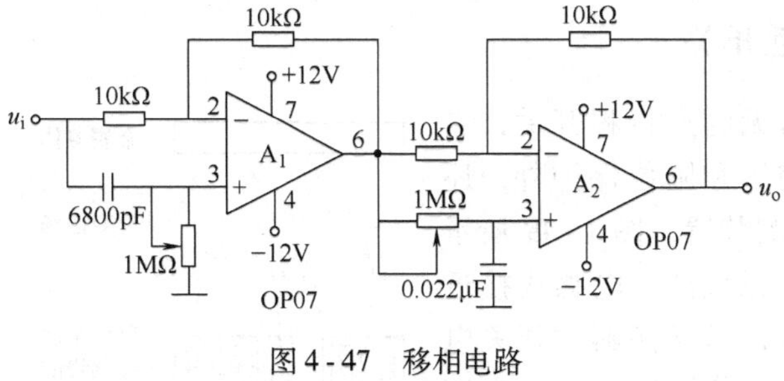

图 4-47　移相电路

（3）相敏检波电路

该电路可参考第 2 章的相敏检波器。相敏检波电路有两个输入端：一个是信号输入端，接差动放大电路的输出（输入电压信号）；另一个是参考信号输入端，接移相电路输出（参考电压信号为正弦波）。由相敏检波原理可知，当参考信号为正弦波时，若输入信号与参考信号同相，则输出正极性的全波整流信号；若输入信号与参考信号反相，则输出负极性的全波整流信号。

由于差动变压器的两个二次线圈是反相串接的，随着铁心的位移，相敏检波电路的输入信号是有相位变化的，相敏检波电路的输出波形可由正极性的全波整流信号过渡成负极性的全波整流波形；或者由负极性的全波整流信号过渡成正极性的全波整流波形；如果铁心位于中间位置，输出波形则是正半周、负半周各占1/2。

调整移相电路，即变化参考信号（正弦波）的相位，可使得相敏检波电路的输出信号上下对称。

（4）低通滤波器

如图4-48所示，该电路前半部分是一个双T带阻滤波电路，后面接一个*RC*低通滤波器。输入信号是相敏检波电路的输出，随着波形的变化，低通滤波器输出的直流电压改变大小及正负，可以用数字万用表测量输出电压的变化。

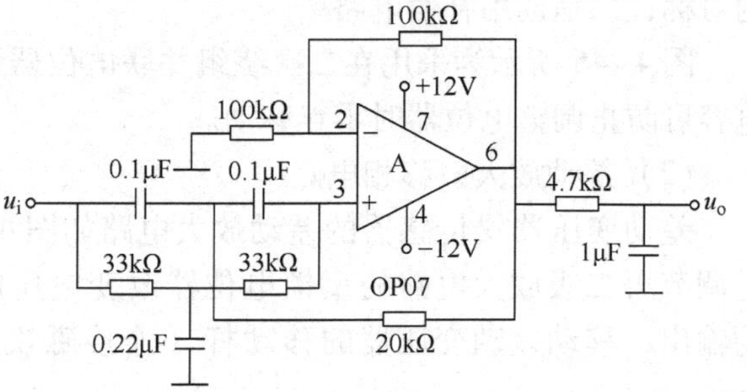

图4-48　低通滤波电路

3. 电路调试

传感器标定、测试需要结合测微头等机械位移结构，可参考前面光纤测量的机械位移结构。旋转固定架上的测微头，可以移动差动变压器的磁铁位置。

一次线圈接信号发生电路（4kHz的正弦信号，$U_{pp}=2V$），连接差动放大电路，用示波器测量放大电路的输出，旋动测微头，使移动铁心在线圈中从左到右中有最大的位移，调整电压放大倍数。将铁心处于线圈的中心，用示波器测量差动变压器放大电路输出，观察传感器的零点残余电压（用VOLTS/DIV=20mV挡观察），如果偏大，调整变压器回路中的100Ω电位器，使零点残余电压达到最小。

连接移相电路、相敏检波电路和低通滤波电路，进行系统调节，调节铁心位置及参考信号的相位（移相器），做到系统输出正负输出对称。从最小值到最大值，调节侧微头，每次位移0.2mm，测量并记录输出的电压值。

4.3.3　电感式接近开关

接近开关又称为无触点行程开关，它除了可以完成行程控制和限位保护外，还是一种非接触型的检测装置，图4-49所示为电感式接近开关的原理图。电感式接近开关由三大部分组成，即振荡器、开关电路及放大输出电路。振荡器产生一个交变磁场。当金属目标接近这一磁场，并达到感应距离时，导致振荡衰减，以至停振。振荡器的振荡信号变化被后级放大电路处理并转换成开关信号，从而达到非接触式检测目的。

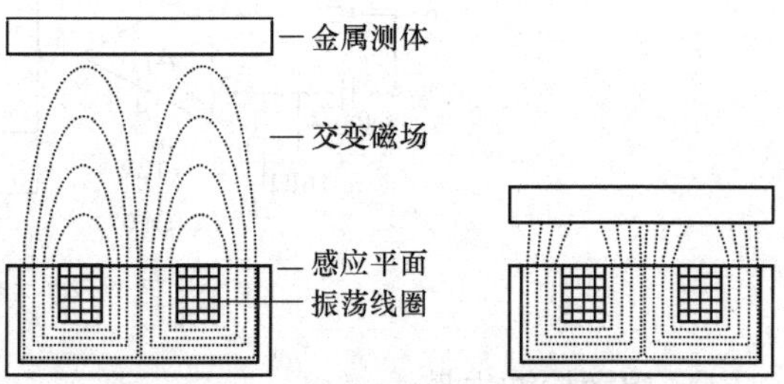

图4-49　电感式接近开关的原理图

图 4-50 所示为电感式接近开关的外形。接近开关按供电方式可分为直流型和交流型；按输出形式又可分为直流两线制、直流三线制、直流四线制、交流两线制和交流三线制。对于直流三线式接近开关，引线有电源接线（+12V）、地线和信号输出线，输出信号可以直接使用，无需放大等处理。器件输出型有 NPN 输出型和 PNP 输出型两种，PNP 输出型器件接近开关一般应用在 PLC 或计算机作为控制单元的场合，而 NPN 输出型器件接近开关用于控制直流继电器较多。在实际应用中，要根据控制电路的特性选择接近开关的输出形式。

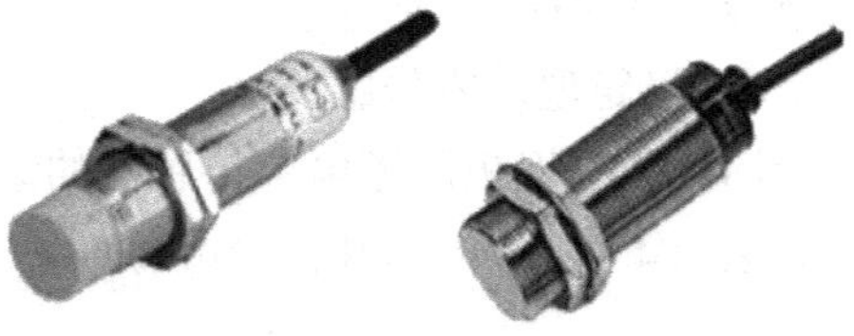

图 4-50 电感式接近开关的外形

电感性接近开关传感器只对金属物件敏感，因此电感性接近传感器还能用于金属物体的检测。电感式接近开关的检测距离一般是 3~6mm，但也会因为被测物件的尺寸、金属材料、甚至金属材料表面涂层的种类和厚度不同而不同。因此，在选用电感性接近开关时应查阅相关的参考手册。

4.3.4 设计与实践

1. 利用电涡流振动位移传感器，设计一个轴心轨迹测量实验装置。一个长轴产生振动的方法是利用直流电机带动该轴转动（长轴两端由轴承固定），长轴的中央加一个偏心轮，电机转动时，使轴产生振动。使用两个传感器分别测量轴的水平位移和垂直位移，即可以测量出轴心的运动轨迹。

2. 使用差动变压器式位移传感器，设计一个位移测量电路，将机械位移转换成与它成比例的电压，位移量：0~20mm，输出电压：0~5V。

3. 利用接近开关设计一个机械传送带上金属物体测量装置，当传送带上金属物体接近传感器时，数码计数装置计数。

4.4 电容式传感器及转换电路

电容式传感器是将被测物理量的变化转换为电容量变化的一种传感器。电容式传感器结构简单、分辨力高、可非接触测量，并能在高温、辐射等条件下工作。随着集成电路技术和计算机技术的发展，运用微机械加工技术和集成电路制作工艺实现的传感器，如电容式加速度传感器等，将成为一种很有发展前途的传感器。

4.4.1 电容式传感器工作原理

由绝缘介质分开的两个平行金属板组成的平板电容器，当忽略边缘效应影响时，其电容量与真空介电常数 ε_0（8.854×10^{-12}F/m）、极板间介质的相对介电常数 ε_r 和极板的有效面积 A 以及两极板间的距离 δ 有关：

$$C = \varepsilon_0\varepsilon_r A/\delta \tag{4-16}$$

若被测量的变化使式（4-16）中 δ、A、ε_r 三个参量中任意一个发生变化时，都会引起电容量的变化，再通过测量电路就可转换为电量输出。因此，电容式传感器可分为变极距型、变面积型和变介质型三种类型。

1. 变极距型电容传感器

图 4-51 为变极距型电容传感器的结构图。当电容传感器的 ε_r 和 A 为常数，初始极距为 δ_0，由式（4-16）可知其初始电容量 C_0 为

$$C_0 = \frac{\varepsilon_0 \varepsilon_r A}{\delta_0} \tag{4-17}$$

动极板随被测量变化而向上移动时，使 δ_0 减小 $\Delta\delta_0$，电容量增大 ΔC，则有

$$C_0 + \Delta C = \frac{\varepsilon_0 \varepsilon_r A}{(\delta_0 - \Delta\delta_0)} = \frac{C_0}{(1 - \Delta\delta_0/\delta_0)} \tag{4-18}$$

可见，传感器输出特性 $C = f(\delta)$ 是非线性的，电容相对变化量为

$$\frac{\Delta C}{C_0} = \frac{\Delta\delta_0}{\delta_0}\left(1 - \frac{\Delta\delta_0}{\delta_0}\right)^{-1} \tag{4-19}$$

其近似的线性关系为

$$\frac{\Delta C}{C_0} \approx \frac{\Delta\delta_0}{\delta_0} \tag{4-20}$$

灵敏度 S 为

$$S = \frac{\Delta C}{\Delta\delta_0} = \frac{C_0}{\delta_0} = \frac{\varepsilon_0 \varepsilon_r A}{\delta_0^2} \tag{4-21}$$

变极距型电容传感器只有在 $|\Delta\delta_0/\delta_0|$ 很小的测量范围时，才有近似的线性输出。灵敏度 S 与初始极距 δ_0 的平方成反比，故可用减少 δ_0 的办法来提高灵敏度。例如，在电容式压力传感器中，常取 $\delta_0 = 0.1 \sim 0.2\text{mm}$，$C_0$ 在 20～100pF 之间。由于变极距型的电容传感器分辨力极高，可在微米数量级测量，故在微位移检测中应用最广。

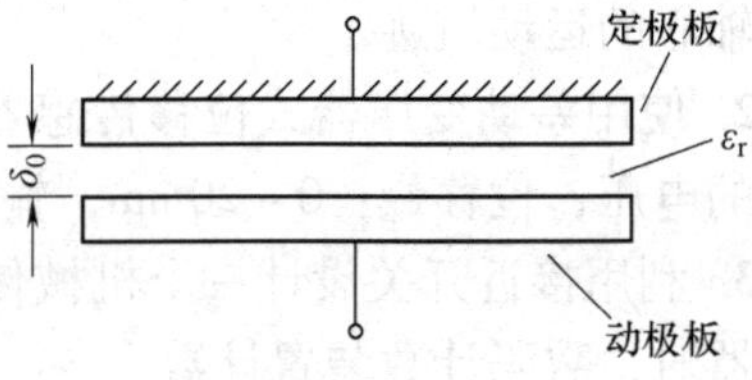

图 4-51　变极距型电容传感器的结构图

虽然可以用减少 δ_0 的办法来提高灵敏度，但 δ_0 的减小会导致非线性误差增大，而且 δ_0 过小还可能引起电容器击穿或短路。为此，电容传感器常采用差动式结构，即有两个定极板，动极板置于两个定极板之间。设初始状态时两边初始电容相等，动极板到两边的距离均为 δ_0，当动极板向上有位移 $\Delta\delta$ 时，两边极距一减一增，两组电容一增一减，根据电容的公式，可以得出近似的线性关系：

$$\frac{\Delta C}{C_0} = 2\frac{\Delta\delta}{\delta_0} \tag{4-22}$$

与式（4-20）相比可知，差动式比单极式灵敏度提高一倍，由于结构上的对称性，它还能有效地补偿温度变化所造成的误差。

2. 变面积型电容传感器

变面积型电容传感器的原理结构如图 4-52 所示。它与变极距型电容传感器不同的是，被测量物体带动电容的动极板移动，引起两极板有效覆盖面积 A 改变，从而得到电容的变化。设动极板相对定极板沿长度 a_0 方向平移 x 时，则电容为

$$C = C_0 - \Delta C = \frac{\varepsilon_0 \varepsilon_r (a_0 - x) b_0}{\delta_0} \tag{4-23}$$

式中，$C_0 = \varepsilon_0 \varepsilon_r a_0 b_0 / \delta_0$，为初始电容。电容的相对变化量为

$$\frac{\Delta C}{C_0} = \frac{x}{a_0} \tag{4-24}$$

很明显，这种传感器的输出特性呈线性。因而其量程不受线性范围的限制，适合于测量较大的直线位移和角位移。它的灵敏度为

$$S = \frac{\Delta C}{x} = \frac{\varepsilon_0 \varepsilon_r b_0}{\delta_0} \tag{4-25}$$

变面积型电容传感器与变极距型电容传感器相比，其灵敏度较低。因此，在实际应用中，也采用差动式结构，以提高灵敏度。

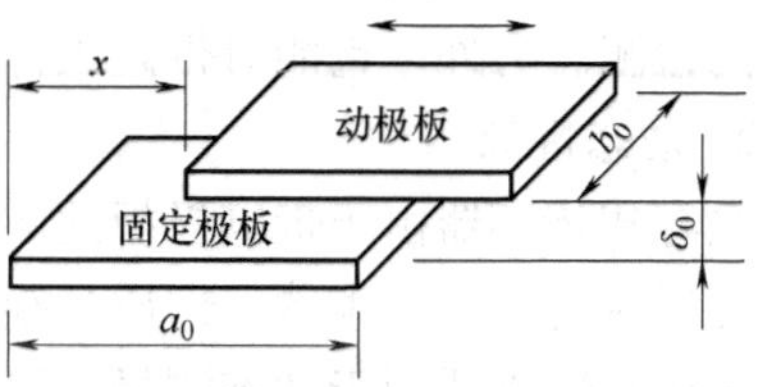

图 4-52　变面积型电容传感器的结构图

3. 变介质型电容传感器

这种电容传感器有较多的结构形式，可以用来测量纸张、绝缘薄膜等的厚度，也可用来测量粮食、纺织品、木材或煤等非导电固体物质的湿度。

图 4-53a 是两平行极板固定不动、极距为 δ_0、相对介电常数为 ε_{r2} 的电介质在电容器中移动，从而改变两种介质的极板覆盖面积。传感器的总电容量 C 为两个电容 C_1 和 C_2 的并联结果。由式（4-16）得

$$C = C_1 + C_2 = \frac{\varepsilon_0 b_0}{\delta_0}[\varepsilon_{r1}(a_0 - x) + \varepsilon_{r2} x] \tag{4-26}$$

式中，a_0 和 b_0 分别为极板的长度和宽度；x 为第二种电介质进入极间的长度。

若 $\varepsilon_{r1} = 1$（电介质为空气），当 $x = 0$ 时，传感器的初始电容为 $C_0 = \varepsilon_0 a_0 b_0 / \delta_0$；当介电常数为 ε_{r2} 的电介质进入极间 x 距离后，引起电容的相对变化为

$$\frac{\Delta C}{C_0} = \frac{C - C_0}{C_0} = \frac{\varepsilon_{r2} - 1}{a_0} x \tag{4-27}$$

可见，电容的变化与介电常数为 ε_{r2} 的电介质的移动量 x 呈线性关系。

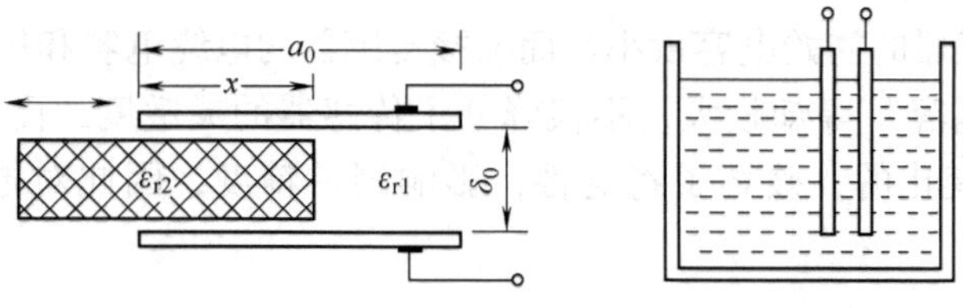

图 4-53　变介质型电容传感器

a）电介质插入式　b）非导电液体式

变介质型电容传感器的原理也可用于非导电液体的液位测量。如图 4-53b 所示，将电容器极板插入被监测的介质中，随着灌装量（液位）的增加，极板覆盖面增大。由式(4-27)可知（h 代替 x），测出的电容量即反映灌装量高度 h。

4.4.2 电容传感器的特点

1. 温度稳定性

电容式传感器的电容值一般与电极材料无关，仅取决于电极的几何尺寸，若选择温度系数低的材料，因本身发热量极小，对电容温度稳定性的影响甚微，可以承受很大的温度变化。

2. 抗辐射及磁场

由于电容器极板多为金属材料，某些电容极板间的衬物多为无机材料，如空气、玻璃、陶瓷、石英等，因此可以在高温、低温强磁场、强辐射下长期工作，尤其是解决高温高压环境下的检测。另外，也能对带磁工件进行测量。

3. 动态性能

电容式传感器由于带电极板间的静电引力很小，需要的作用能量极小，又由于它的可动部分可以做得很小、很薄，即质量很轻，因此其固有频率很高，动态响应时间短，能在高频率下工作，特别适用于动态测量。又由于其介质损耗小可以用较高频率电源供电，因此系统工作频率高。它可用于测量高速变化的参数。

4. 非接触测量

电容传感器结构简单，利用极板的变化，可以进行位移、振动和加速度等非接触测量。采用非接触测量时，由于电容式传感器具有平均效应，因此应减小工件表面粗糙度等对测量的影响。

电容式传感器除了上述的优点外，还因其带电极板间的静电引力很小，所需输入力和输入能量极小，因而可测量极低的压力、力和很小的加速度、位移等。电容式传感器能敏感微米级、甚至更小的位移。另外，由于其空气等介质损耗小，电容传感器采用差动结构并接成电桥式时产生的零点残余电压极小，因此允许电路进行高倍率放大，使仪器具有很高的灵敏度。

电容式传感器的缺点是输出阻抗高，负载能力差。电容式传感器的容量受其电极的几何尺寸等限制，一般只有几十皮法到几百皮法，使传感器的输出阻抗很高，尤其当采用音频范围内的交流电源时，输出阻抗更高。

另外，电容式传感器的初始电容量小，而连接传感器的电缆电容和传感器内极板与其周围导体构成的“寄生电容”等却较大，不仅降低了传感器的灵敏度，而且这些电容（如电缆电容）常常是随机变化的，破坏了稳定性，影响测量精度，因此对电缆的选择、安装、接法都有要求。

4.4.3 电容传感器转换电路

1. 转换电路

电容式传感器将被测非电量变换为电容变化，而测量转换电路是将电容变化转换为电压信号。图 4-54 所示为采用环行测量桥路，由 4 个二极管组成环路，C_{X1}和 C_{X2}是电容传感器（差动式电容传感器）。在电路的输入端加入正弦波信号（方波信号也可），C_{X1}，C_{X2}充放电流均通过 A、B 两点，由于电感线圈对直流信号呈低阻抗，直流电流很容易从 B 点流经两个电感线圈流回 A 点，调整电位器可改变输出电压的大小，运算放大电路将信号进一步放大。

另外，电容式传感器的转换电路还有桥路方法、差动脉宽调制电路和积分电路等。

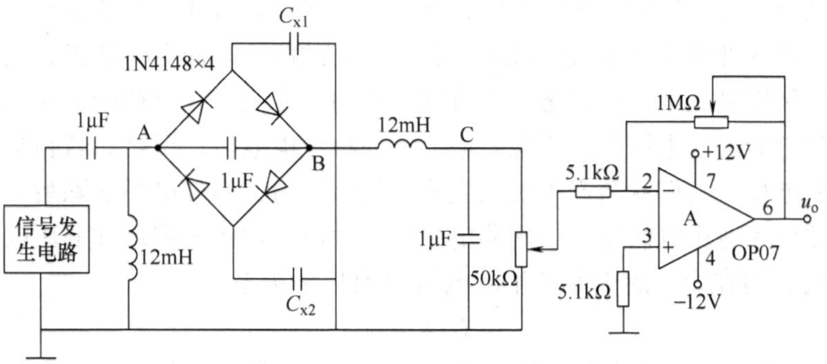

图 4-54　电容传感器转换电路

2. 电路调试

传感器是采用变面积式电容，有两个静极板和一个动极板，共三根引出导线，电容变化范围为 30～50pF。连接 C_{X1} 和 C_{X2} 时，注意动极板引线接地，连接正确则动极板向两边移动时，C_{X1} 增加时 C_{X2} 减少，或 C_{X1} 减少时 C_{X2} 增加。

信号发生电路输出频率 $f=200\text{kHz}$，幅度 $V_{PP}=4\text{V}$，在 C 点输出的直流电压在 ±200mV 左右，用双路示波器同时监测正弦波信号和输出信号。将传感器固定在有测微头的测量架上，动极板可随测微头移动，变化电容传感器动极板位置，观察电容传感器转换电路的最大输出，并使两边位移对称。标定电容传感器时，每次位移 0.2mm，测量并记录位移与输出电压的关系。

4.4.4 设计与实践

1. 参考电容式接近传感器，设计一个电容式物体接近探测电路，能可靠地检测金属、非金属（如纸、水等），最大探测距离 4mm。

2. 利用电容式传感器，设计一个水位测量电路。提示：用一根长为 20cm、直径为 3mm 的铁丝弯成“［”型，两端固定导线（带塑料绝缘外皮，直径 1mm 的单股导线），铁丝架为一电极，并与导线平行，间距为 2cm，导线为另一电极。实验时，传感器插入水杯中，改变传感器位置，利用桥路测量电路输出电压，标定测量数据。

4.5 压电式传感器及转换电路

压电式传感器的敏感元件由压电材料制成，压电材料受力后表面产生电荷，传感器上的电荷经电荷放大器和测量电路，转换成与所受外力相对应的电压输出。压电式传感器主要用于测量力、压力和加速度等。

4.5.1 压电式传感器工作原理

压电式传感器的工作原理是建立在某些材料的压电效应的基础上的，利用具有压电效应的材料作为传感器的敏感元件，并将被测量转换为电信号，实现对非电量的检测。

1. 压电效应

所谓压电效应，是指某些电介质材料，当沿着某些特定方向对其施加作用力使其发生变形时，这种材料的内部就会产生极化现象，在其相对的两个表面会形成正、负电荷；一旦外力消失后又会重新恢复到不带电状态。当改变作用力的方向时，电荷的极性也随之改变。把由机械能转换成电能的现象称为正压电效应，或简称压电效应；反之，若在电介质的极化方向上施加一定的电场，它们就会产生机械变形或机械压力，当外电场去除后，变形或应力随之消失，此现象称为逆压电效应，或简称电致伸缩效应。对于一定尺寸的压电元件，当其受到外力 F 作用时，与在相应的表面产生的电荷 Q 有以下关系：

$$Q = dF \tag{4-28}$$

式中，d 为压电系数（描述压电效应的物理量），对一定的作用力和一定的产生电荷表面是一个常数。

若对上述电介质施加电场作用时，同样会引起电介质内部正、负电荷中心的相对位移而导致电介质产生变形，且其应变 S 与外电场强度 E 成正比：

$$S = d_t E \tag{4-29}$$

式中，d_t为逆压电常数。

可见，具有压电性的电介质（称为压电材料），能实现机－电能量的相互转换。目前国内外普遍应用的是压电单晶中的石英晶体以及压电多晶中的钛酸钡与锆钛酸铅系列压电陶瓷。

自然界中大多数晶体都具有压电效应，但压电效应十分微弱，不具备实用价值。压电材料可分成两大类：压电晶体和压电陶瓷。衡量压电材料的性能参数主要有以下几点：

1）压电常数　它是衡量材料压电效应强弱的参数，直接关系到输出灵敏度。

2）弹性常数　它与压电器件的固有频率和动态特性有关。

3）介电常数　对于一定形状、尺寸的压电元件，其固有电容与介电常数有关；而固有电容又影响着压电传感器的工作频率。

4）机械耦合系数　在压电效应中，其值等于转换输出能量（如电能）与输入能量（如机械能）之比的平方根；它是衡量压电材料机电能量转换效率的一个重要参数。

5）绝缘电阻　压电材料的绝缘电阻越大，电荷泄漏越小，从而改善压电传感器的低频特性。

6）居里点　压电材料开始丧失压电特性时的温度称为居里点。

2. 压电材料

压电式传感器是自发电式和机电转换式传感器。常用的压电材料有石英晶体和人工合成的压电陶瓷。石英晶体的突出优点是性能非常稳定，它不需要人工极化处理，没有热释电效应，压电常数和介电常数的温度稳定性好，在常温范围内，这两个参数几乎不随温度变化，只有当温度达到573℃（居里点温度）时，石英晶体才会完全失去压电特性。另外，石英晶体还具有自振频率高、动态响应好、机械强度高、弹性系数大、绝缘性好、迟滞小、重复性好、线性范围宽等特点。

压电陶瓷的特点是压电常数大，灵敏度高；成形工艺好，成本低，利于广泛应用。压电陶瓷除具有压电性能外，还具有热释电效应。目前，比较著名的压电陶瓷是锆钛酸铅压电陶瓷，也称为PZT，有很高的介电常数，工作温度可达到250℃，其各项机电参数随温度等外界因素的变化很小。由于PZT在压电性能和温度稳定性等方面远远优于其他压电陶瓷，因此它是目前普遍使用的一种压电材料。

压电材料的高频响应好，常用于测量动态信号。将惯性质量块与压电晶体以一定力预紧，由于振动或加速等引起的惯性载荷作用于压电体上，根据压电效应，压电晶体产生正比于加速度的表面电荷，因而利用压电效应可测试振动（爆震）和加速度等。

当压电传感器内部无电荷泄漏，且外部负载无穷大时，压电传感器受力后产生的电荷才能保存下来，否则电路将以某时间常数按指数规律放电。事实上，压电传感器的内部不会没有泄漏，外部电路的负载也不会无穷大，这对压电传感器的静态标定及低频准静态测量不利，必然会带来误差。因此，利用压电式传感器测量静态或准静态量值时，必须采取一定措施，使电荷从压电元件经测量电路的漏失减小到足够小的程度。

4.5.2 压电传感器转换电路

1. 振动/位移测量电路

目前压电式传感器应用最多的仍是测力，尤其是对冲击、振动加速度的测量。压电式传感器本身具有很高的内阻抗，而输出的能量又非常微弱，因此它的测量电路通常是电荷放大器，其输出电压与传感器的输出电荷成正比。电荷放大器通常作为压电传感器的输出电路，它由一个反馈电容和高增益运算放大器组成。要做好电荷放大器，对积分电阻和积分电容的要求都比较高，由于积分电容存在漏电流是产生积分误差的来源之一，因此要选用泄漏电流小的电容，如薄膜电容、聚苯乙烯电容等可减少这种误差。图4-55所示为由运算放大器CA3140组成的电荷放大器电路。

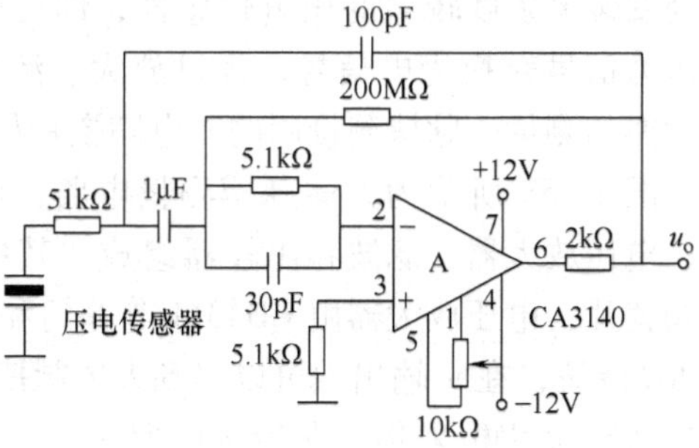

图4-55 电荷放大器电路

压电元件是高阻抗、小功率元件，极易受外界机、电振动等引起的噪声干扰，如电缆噪声是同轴电缆在振动或弯曲变形时产生的静电感应电荷干扰，它将混入主信号中被放大；另外，接地回路噪声是压电传感器接入二次测量线路或仪表而构成测试系统后，由于不同电位处的多点接地形成了接地回路和回路电流所致的。

减小噪声干扰的方法是：压电传感器与振动基座安装规范，在使用中固定好传感器的引出电缆，要选用低噪声同轴电缆，消除接地回路，常用的方法是在安装传感器时，使其与接地的被测试件绝缘连接，并在测试系统的末端一点接地，这样就大大消除了接地回路噪声。

图4-56所示为利用压电陶瓷（电致伸缩微位移器）控制的微芯片加载及测量系统。该系统采用两个电致伸缩微位移器对测量试件进行对称加载，为了测量加载力的大小，使用压电力传感器，将力信号转换为电荷信号，并通过电荷放大器输出电压信号，用计算机控制加载和信号采集。

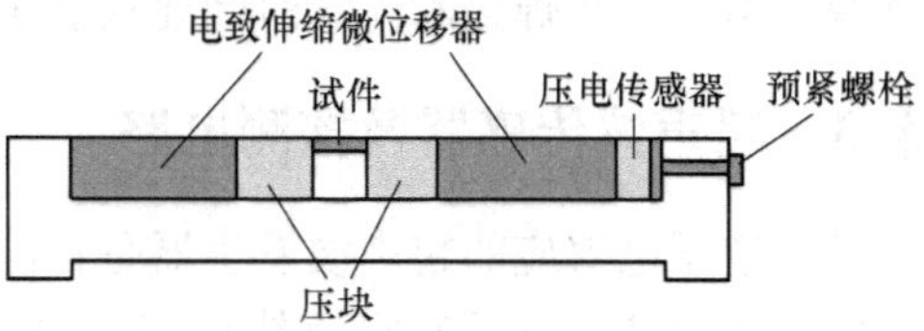

图4-56 压电陶瓷加载及测量系统

电致伸缩微位移器采用 WTDS 系列的 WTDS1513010，其驱动电压为 0～300VDC，最大位移量大于 5μm，最大推力为 1500N，尺寸是 15mm×13mm×10mm。电致伸缩微位移器使用的驱动电源为 DWY－3 型，其外输入的控制电压为 0～5V，可以通过计算机控制（D/A 转换 0～5V 的控制电压），也可以手动调节驱动电源的输出电压。

压电力传感器采用 SD1423 压电石英力传感器，它将力信号转换为电荷信号，其灵敏度为 4pC/N，量程为 100kN，线性度小于 1%FS。

电荷放大器采用 YE－5850 型，该电荷放大器是一种输出电压与输入电荷量成正比的宽带电荷放大器，可配接压电式传感器测量振动、冲击、压力等机械量，由于下限频率极低，因而特别适合对压电式压力、力传感器进行准静态标定。最大输入电荷量为 10^6pC，放大器灵敏度为 0.01～1000mV/pC（传感器电容 1nF 时），最大输出 ±10Vp（DC～30kHz）。

利用压电陶瓷的逆压电效应来实现微位移，可不必像传统的传动系统那样，须通过机械传动机构把转动变为直线运动，从而避免了机械造成的误差；而且具有位移分辨力极高（可达 10^{-3}μm 级）、结构简单、尺寸小以及便于计算机控制等特点。

2. 脉搏测量电路

人体脉搏测量有光电式和压电传感器。压电式传感器，是在手腕处安装灵敏度较高的压电传感器，即压电陶瓷片，将跳动的脉搏的压力信号转换为电信号，经过放大、滤波、计数显示等环节，实现脉搏的测量。脉搏测量用的压电陶瓷片如图 4-57 所示。

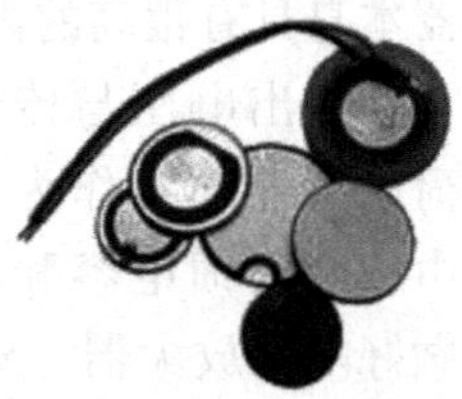

图 4-57　压电陶瓷片

图 4-58 所示为人体脉搏测量电路，该电路由脉搏传感器传感器、电压放大器、滤波和比较器组成。其中脉搏传感器采用的是压电陶瓷片，电压放大器由 CD4011 与非门和反馈电阻、电容组成，经过 *RC* 滤波，在 u_1 输出端可以得到人体脉搏的电信号，幅度为 1.0～1.3V。为了方便数字电路计数或单片机采集，在后续电路中接入比较器，调整好参考电压，使比较器输出幅度为 0～4V 的脉搏信号，接入的 LED 指示灯会随着脉搏信号闪动。人体脉搏测量时，将压电陶瓷片放在手腕的脉搏跳动处，并轻轻压住传感器，用示波器观察输出信号，调整测量位置，使振动测量达到最佳效果。

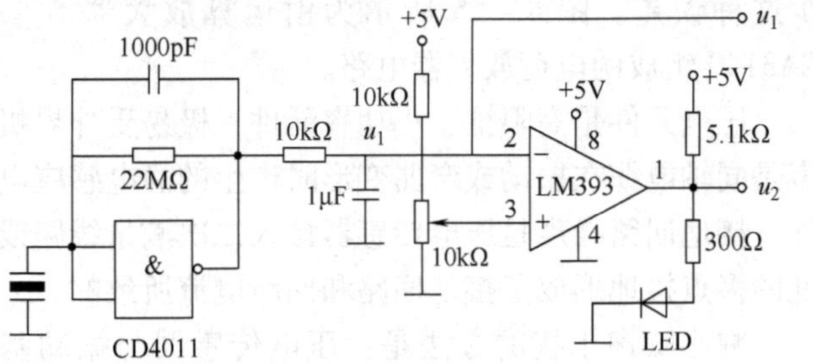

图 4-58　人体脉搏测量电路

购买压电晶体陶瓷片（传感器）时，应注意有的产品已经焊好连接引线，有的则需要自己焊接引线，在焊接时注意时间要求极短，否则将损坏压电晶体陶瓷片。

4.5.3　超声波传感器及探测电路

基于逆压电效应的超声波发生器是目前常见的超声检测技术。超声波是指超过人的听觉范围以上的声波，它具有沿直线传播、方向性好、绕射小、穿透力强等特点。超声波对液体、固体穿透力都很强，尤其对于不透明的固体，超声波遇到杂质或分界面时会产生反射，利用这一特性可以制成超声波探伤仪器和测距仪器。

由于超声波指向性强，能量消耗缓慢，在介质中传播的距离较远，因而超声波经常用于距离的测量，如测距仪等是利用超声波来实现的。利用超声波测量距离速度快、计算简单、易于做到实时控制，并且在测量精度方面能达到工业实用的要求，另外在移动机器人的研制上也得到了广泛的应用。

1. 超声波测距原理

为了研究和利用超声波，人们已经设计和制成了许多类型的超声波发生器。一般来说，超声波发生器主要是用电气方式产生超声波，电气方式包括压电型、磁致伸缩型和电动型等。它们所产生的超声波的频率、功率和声波特性各不相同，因而用途也各不相同。目前较为常用的是压电式超声波发生器。

压电式超声波发生器实际上是利用压电晶体的谐振来工作的，它有两个压电晶片和一个共振板。当它的两极外加脉冲信号，其频率等于压电晶片的固有振荡频率时，压电晶片将会发生共振，并带动共振板振动，便产生超声波。反之，如果两电极间未外加电压，当共振板接收到超声波时，将压迫压电晶片作振动，将机械能转换为电信号，这时它就成为超声波接收器了。图 4 - 59 所示为测距中使用的超声波传感器。

图 4 - 59　超声波传感器

超声波测距原理是，超声波发射器向某一方向发射超声波，在发射时刻的同时开始计时，超声波在空气中传播，途中碰到障碍物后就返回，超声波接收器收到反射波就立即停止计时。超声波在空气中的传播速度为 340m/s，根据计时器记录的时间 t，就可以计算出发射点距障碍物的距离 s，即

$$s = \frac{340t}{2} \tag{4-30}$$

超声波测距电路需要应用单片机接口电路和软件设计，单片机通过一个端口产生脉冲信号，控制超声波的发送，使用一个端口接收超声波接收电路的信号。当超声波发送时，同时启动内部定时器开始计时，然后单片机不停地检测接收端口，当接收到返回信号时，计数器所计的数据就是超声波所经历的时间，通过换算就可以得到传感器与障碍物之间的距离。另外，也可以使用中断方式判别接收信号，当接收到信号时，产生中断并进行中断处理。

2. 超声波障碍探测电路

该电路是利用超声波反射原理，及时发现前方障碍的情况。电路由超声波发射电路、超声波接收放大电路及检测电路组成。超声波发射电路如图 4 - 60 所示。电路由 NE555 定时器产生 40kHz 的方波信号，经超声波发射器件 T40 – 16 向外发射。需要注意，超声波传感器是成对购买的，区分发射器件和接收器件是利用器件上面的字母标识，标有 T 字样的是发射器

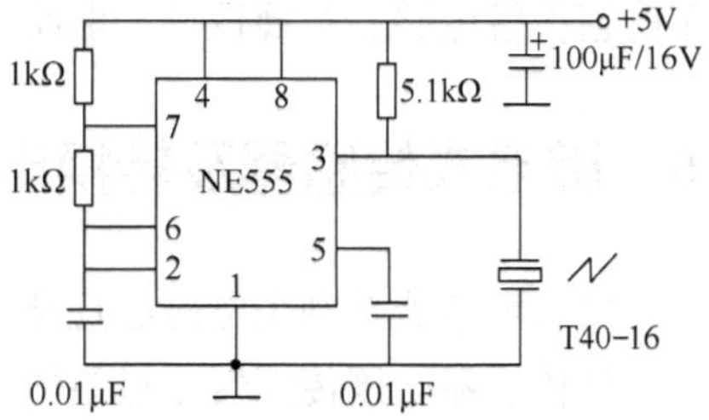

图 4 - 60　超声波发射电路

件，标有 R 字样的是接收器件。

超声波接收电路如图 4-61 所示，发射的超声波遇到障碍物后将反射回来，由于超声波接收器件 R40-16 与发射头并排放置，此时它将接收到反射的超声波信号，并将其转换为电信号。超声波产生的电信号经过放大，将超声波信号转换成电压信号，随着障碍物的远近，电压值由低到高变化。

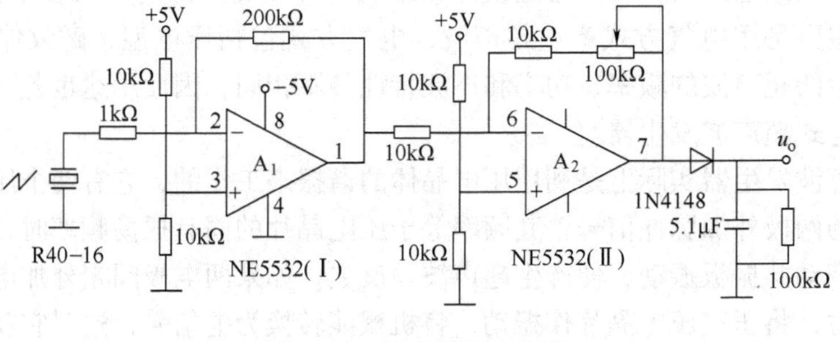

图 4-61　超声波接收电路

电路调试，连接超声波发射电路，测量 NE555 的输出频率，应达到 40kHz。连接超声波接收电路，超声波发射器件和接收器件并排放置，可以将发射电路和接收电路焊在一块板上，注意两个电路不要产生干扰。没有障碍时，接收电路输出电压值约为 2.5V，在超声波传感器前方 20～30cm 处放置一个障碍物（挡板），电路输出端的直流电压达到 3.5V 以上，可根据反射距离调整接收电路的输出值。

可以加入比较器，将 u_o 信号与设定的电压值比较，当 u_o 超过设定值时，电路输出高电位，可以用 LED 指示灯、音乐芯片电路，在有障碍物时发出警示。

在单片机控制的“避障”智能车竞赛中，有的就是利用超声波发收电路，单片机通过一个端口发出脉冲信号给超声波发射器件，同时不停地检测相应的信号输入端口（也可以使用中断方式），当判断出该引脚的电平变化时就认为已接收到超声波反射信号，即判断出前方有障碍物，以便控制驱车的走向。

4.5.4　设计与实践

1. 参考 PV-96 型压电加速度传感器特性，设计一个加速度冲击检测电路。当冲击量过大时，用 LED 发光指示，并驱动蜂鸣器发出报警。提示：传感器固定在桌面上，敲击桌面，电路发出报警信号。

2. 利用 T40-16T/R 超声波传感器，结合放大、比较、声控等相关电路，设计一个汽车倒车防撞报警电路。扩展设计，电路可根据距离远近，能发出 3 种不同声音。

4.6　磁电式传感器及转换电路

磁电式传感器是利用电磁感应原理将被测物理量（振动、位移、转速等）转换成电信号的一种传感器。该传感器通过导体和磁场的相对变化把被测对象的机械量转换成电量。由于它输出功率较大且性能稳定，具有一定的工作频率，所以得到普遍应用。

4.6.1 磁电式传感器

1. 磁电效应

磁电式传感器简称感应式传感器，也称为电动式传感器。它是利用电磁感应原理，通过导体（线圈）和磁场发生相对运动而在导体两端产生感应电动势。磁电式传感器的感应电势输出不需要辅助电源，电路简单，性能稳定，输出阻抗小，能把被测对象的机械运动转换成易于测量的电信号。磁电式传感器有较大的输出功率，故配用电路较简单，性能稳定，工作频带一般为 10～1000Hz。磁电式传感器具有双向转换特性，利用其逆转换效应可构成力（矩）发生器和电磁激振器等。

根据法拉第电磁感应定律，N 匝线圈在磁场中运动，切割磁力线（或线圈所在磁场的磁通变化）时，线圈中所产生的感应电动势的大小取决于穿过线圈的磁通的变化率，其公式为

$$e = -N\frac{\mathrm{d}\Phi}{\mathrm{d}t} \tag{4-31}$$

式中，e 为感应电动势；N 为线圈的工作匝数；$\mathrm{d}\Phi/\mathrm{d}t$ 为磁通量的变化率。由式（4-31）可以看出，磁电式传感器适合进行动态测量，即适用于振动、转速等测量。

2. 用于位移测量的磁电式传感器结构

根据电磁感应原理，可以设计传感器为变磁通式和恒磁通式两种结构，图 4-62 所示为用于振动速度测量的变磁通式结构。其中，永久磁铁与线圈均固定，动铁心（衔铁）的运动使气隙 δ_0 和磁路的磁阻发生变化，引起磁通变化而在线圈中产生感应电势 e。

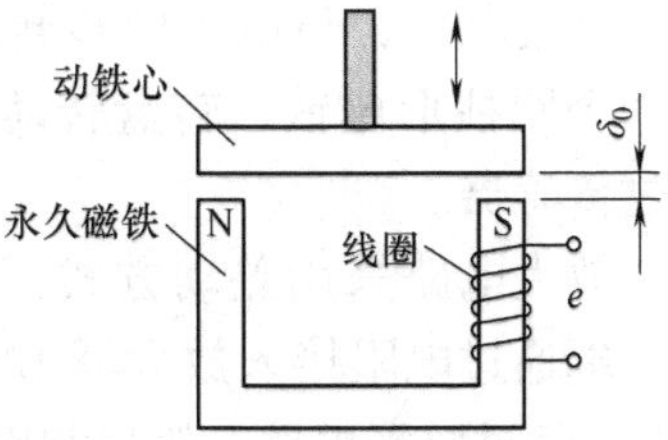

图 4-62　变磁通式传感器结构

在转动测量中，可以利用变磁阻的方式，其结构是线圈和永久磁铁固定不动。由导磁材料制成的测量齿轮安装在被测旋转体上，每转过一个齿，测量齿轮与永久磁铁之间构成的磁路磁阻变化一次，磁通也变化一次。线圈中感应电动势的变化频率（脉冲数）等于测量齿轮上的齿数和转速的乘积。

在恒磁通式结构中，磁路系统产生恒定的直流磁场，而且要求磁路中的工作气隙是固定不变的，因而气隙中的磁通也是恒定不变的。感应电势是由于永久磁铁与线圈之间有相对运动，即线圈切割磁力线而产生电动势，它们的运动部件可以是线圈也可以是磁铁，因此又分为“动圈”式和“动铁”式两种结构类型。图 4-63 所示为采用“动铁”式磁电传感器测量电机转速的实物图。

图 4-63　磁电式传感器测量电机转速的实物图

图中，是在被测电机的轴上安置一个转动盘，盘边缘安置了六个直径为 5mm 的磁铁，磁电式传感器固定在转动盘上方，传感器

到转动盘距离是 2 ~ 3mm，当转动盘转动时，线圈切割磁力线而产生电动势（脉冲信号）。

磁电式振动速度传感器是一种固定式测量振动体绝对振动速度的传感器，可以测量各种振动位移、速度等。在传感器的工作频率范围内，由于惯性，线圈与磁钢相对运动，切割磁力线，在线圈内产生感应电压，该电压值正比于振动速度值，传感器输出信号与相关电路配接，即可测量振动或位移。图 4 - 64 所示为常见的磁电式振动速度传感器。

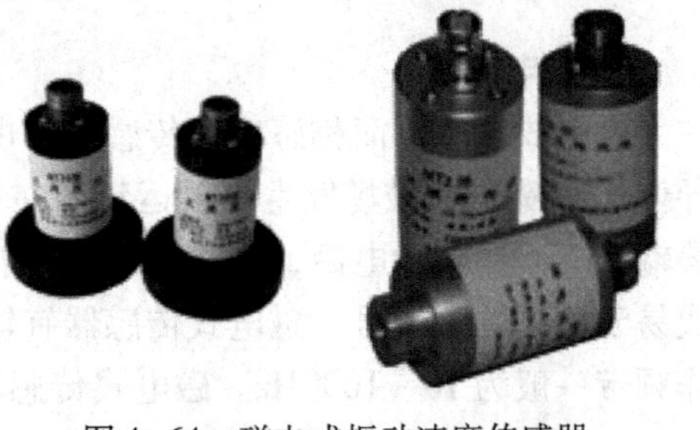

图 4 - 64　磁电式振动速度传感器

在振动测量中，惯性式的磁电式传感器不需要静止的基座作为参考基准，它直接安装在振动体上进行测量，因而在地面振动测量及机载振动测量系统中获得了广泛的应用，如航空发动机、大型电机、空气压缩机、机床、车辆、轨枕振动、管道、桥梁和高层建筑等振动测量。

3. 磁电式传感器转换电路

图 4 - 65 所示为使用磁电式传感器测量电机转速的电路，磁电式传感器要固定在转盘上方，参考图 4 - 63 所示的测量结构，电机为 12V 直流电机，与电机同步转动的转盘上固定六个圆柱形磁铁，转盘转动时，磁铁依次通过传感器。

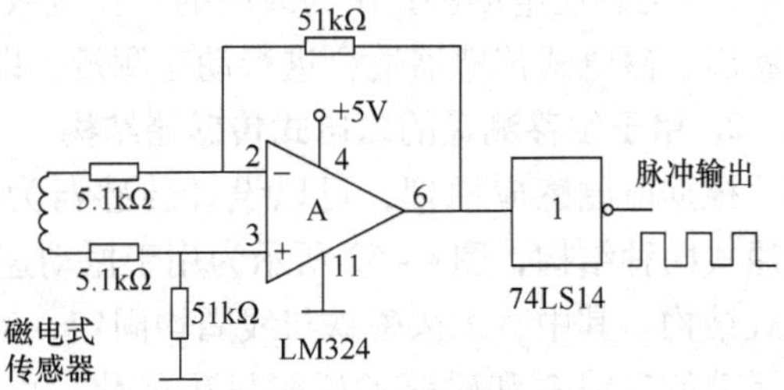

图 4 - 65　使用磁电式传感器测量电机转速的电路

放大电路采用差动方式，传感器的两个输出端通过电阻接入放大器 LM324 的 2 脚和 3 脚，经过整形电路，输出与电机转速相关的脉冲信号。

电路调试时，用示波器观察磁电传感器的输出信号（转盘转动时），根据该信号的大小确定放大器的放大倍数。调节直流电机的驱动电压，可以得到不同频率的输出信号。参考第 3 章的光电式电机转速测量电路，如倍频电路、定时电路、计数电路和数码显示电路，就可以用数码管显示电机的实际转速。另外，也可以使用单片机电路采集、处理和显示电机的转速。

4.6.2　霍尔传感器

霍尔传感器是一种基于霍尔效应的传感器。尽管人们早在 1879 年就知道了霍尔效应，但直到 20 世纪 60 年代末期，随着固态电子技术的发展，霍尔效应才开始被人们所应用。自此，霍尔传感器也得到了飞速的发展，并在工业中得到了广泛应用，如齿轮速度检测、位移检测、接近检测、电流检测及无损检测等。

1. 霍尔效应

将半导体或金属薄片置于磁场 B 中，如图 4 - 66 所示，当有电流 I（与磁场垂直的半导体或金属薄片平面方向）流过时，在垂直于磁场和电流的方向上产生电动势 E_H，这种现象称为霍尔效应。在磁场力作用下，其输出电压与磁场强度成正比。

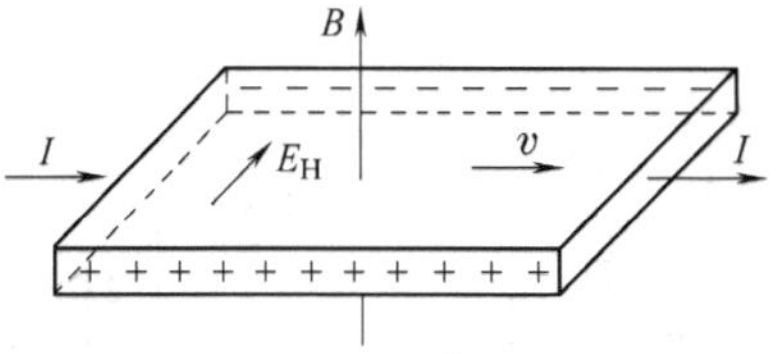

图 4-66 霍尔效应原理

霍尔效应从本质上讲是运动的带电粒子在磁场中受洛仑兹力作用而引起的偏转。当带电粒子（电子或空穴）被约束在固体材料中，这种偏转就导致在垂直电流和磁场的方向上产生正、负电荷的聚积，从而形成附加的横向电场。显然，该电场是阻止载流子继续向侧面偏移的，当载流子所受的横向电场力 eE_H 与洛仑兹力 eBv 相等时，样品两侧电荷的积累就达到平衡，则有

$$eE_H = eBv \tag{4-32}$$

式中，e 为电子电荷量；E_H 为霍尔电动势；v 是载流子在电流方向上的平均漂移速度。

2. 霍尔传感器件

目前常用的霍尔材料为锗（Ge）、硅（Si）、锑化铟（InSb）、砷化铟（InAs）等。N 型锗容易加工制造，霍尔系数、温度性能、线性度较好；P 型硅的线性度最好，霍尔系数、温度性能同 N 型锗，但电子迁移率较低，带负载能力较差，通常不作单个霍尔元件。利用霍尔效应，可制成测量电流、磁场、位移、压力、压差、转速、转角等物理量的传感器。

霍尔传感器如图 4-67 所示，霍尔片一般为矩形半导体单晶薄片，霍尔片需要在均匀的磁场中使用，如位置感应、线性位移测量等。

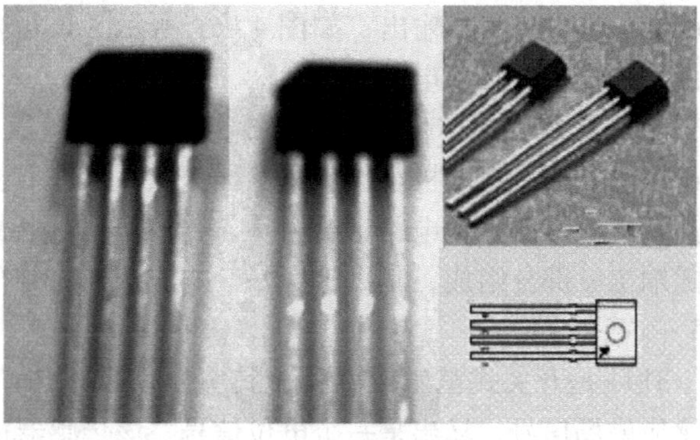

图 4-67 霍尔传感器

霍尔式位移传感器的测量原理是保持霍尔元件的激励电流不变，并使其在一个梯度均匀的磁场中移动，则所移动的位移正比于输出的霍尔电势。磁场梯度越大，灵敏度越高；磁场梯度越均匀，霍尔电势与位移的关系越接近于线性。当霍尔元件在磁场中移动时，传感器输出的霍尔电势 E_H 取决于其在磁场中的位移量，所以测得霍尔电势的大小便可获知霍尔元件的位移。

基于霍尔效应还有许多测量内容，如利用霍尔传感器检测磁场变化；利用霍尔传感器与磁性材料的接近度，检测车轮/电机转速；电流检测则是将电缆穿入霍尔传感器环中（传感器测量环可以打开），通过感应电势的变化测出电流的大小；利用霍尔传感器还可以进行金属材料的无损检测，其原理是在环形结构的霍尔传感器中加有固定的磁场，并与穿过环形结构的金属材料形成回路，金属材料在通过传感器时，一旦其内部或外部有裂痕，磁路将发生变化，导致霍尔传感器有不同的信号产生。

3. 位移式霍尔传感器转换电路

位移式霍尔传感器是将传感器在磁场中移动，根据传感器的输出电势换算出位移量。霍尔元件的输出电压一般为几毫伏到几百毫伏，需要用放大电路放大其输出电压。图 4-68 所示为使用运算放大器构成的差动式放大器，采用的霍尔传感器元件是有四个接线端的器件。

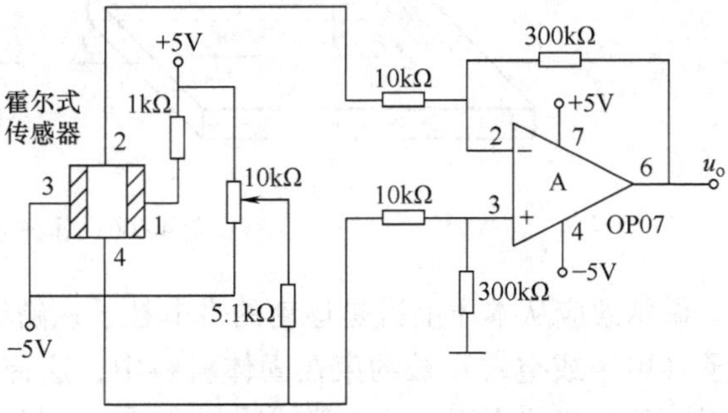

图 4-68　霍尔传感器转换电路

霍尔传感器使用时需要对其加入激励信号，激励信号可以是直流，也可以是交流。如果传感器输出交流信号，则在运放输入电路中增加电容，即在输入电阻前各串上一个电容；另外为了辨向，在放大器的输出端要有相敏检波、移相、低通滤波电路。霍尔元件的激励电压不能太高，一般是 4 ~ 5V，为了防止电流过大，需要加入限流电阻。

调试电路时，先确定好零点位置，即使霍尔传感器在磁场的中间位置，改变调零电位器（10kΩ）滑动点位置，使电路输出为零。然后从最小到最大改变传感器的位移量，测量电路的输出电压，找出位移与输出电压的关系函数。

另外，市场上常见到有三个接线端的霍尔传感器件，它是将传感、放大等电路集成在一个芯片内，有线性和开关式两种类型，如 3503（线性）和 3144（开关式）。传感器的三根引出线分别是电源（+V）、地线和信号输出，如图 4-69 所示。该霍尔传感器可以直接使用，不需要转换电路。

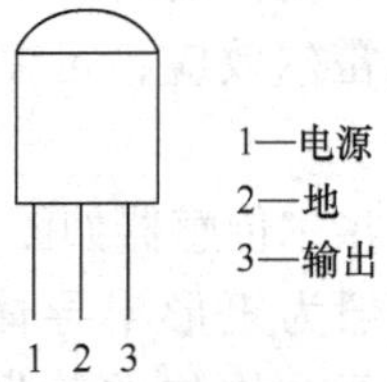

图 4-69　三接线端的霍尔传感器接线

3503 是线性霍尔传感器，主要实现磁场到电压的转换，它能够精确跟踪磁通量密度极小的变化，而开关式霍尔传感器在这种情况下是不能工作的。该电路主要由霍尔传感器、线性放大器和发射极跟随输出三部分组成，其灵敏度好，响应达到 23kHz，噪音输出低，传感器工作电压范围为 4.5 ~ 6V。

3144 是开关式霍尔传感器，其主要由霍尔传感器、差分放大器、史密特触发器构成，能感应磁场信号，输出是一个电位信号。该传感器适合于矩形磁体或柱形磁体，特点是：开关速度快，无瞬间抖动，工作频率宽（DC ~ 100kHz），电源电压范围宽（4.5 ~ 24V），能直接和晶体管及 TTL、MOS 等逻辑电路连接。

4.6.3　设计与实践

1. 参考 MT 系列磁电式振动速度传感器特性，设计一个振动速度测量电路。注意，测量时传感器需固定在有振动的地方，如冲击钻的工作面上或在行进中的汽车上等。

2. 参考 3503 线性霍尔传感器特性，设计一个磁场测量电路。可以进行 V/F 变换，用数字信号表示磁场的强弱。

3. 参考 3144 开关式霍尔传感器特性，设计一个可以寻磁的智能车。将若干个圆柱形小磁铁镶嵌在板材下（不可见），智能车能够对其进行识别。

4.7 热电式传感器及转换电路

热电式传感器是将温度信号转换成电信号，也称为温度传感器。在工业、农业生产和科学技术研究中，温度是需要测量或控制的重要参数之一。从感受温度的途径来分，温度传感器测量方法可分为接触式和非接触式两大类。接触式传感器是使温度敏感元件和被测介质相接触，当被测介质与感温元件达到热平衡时，温度敏感元件与被测介质的温度相等。非接触式传感器是使温度传感器与被测对象离开一定距离，传感器检测从被测对象放射出的红外热效应，从而达到测温的目的。

接触式传感器的优点是：传感器种类多，技术成熟，测量系统简单，精度高。而非接触式传感器的优点是：测温不受感温元件耐热程度的限制，可以对移动的物体进行温度测量，非接触式传感器的缺点是误差较大。

到目前为止，温度测量都是采用间接的方法，即利用一些材料随温度变化的特性，通过测量该性能参数，而获得被测温度的大小。用来测量温度的材料有热电偶、热电阻和半导体PN结等。

在热电式传感器中，将温度变化转换为电阻变化的传感器称为热电阻传感器；将温度变化转换为热电势变化的传感器称为热电偶传感器。而热电阻传感器又分为金属热电阻式（简称热电阻）传感器和半导体热电阻式（简称热敏电阻）传感器两类。

4.7.1 热电效应

将两种不同性质的金属导体A、B接成一个闭合回路，如图4-70所示，如果两接合点温度不相等（$T \neq T_0$），则在两导体间产生电动势，并且回路中有一定大小的电流存在，此现象称为热电效应。一般将置于需要测试温度（高温）的一端称为工作端或热端，而另一端置于空气中或与大气相通（套管），称为参照端或冷端。热电动势的大小与两种导体材料的性质及结点温度有关，即取决于两种导体的接触电动势和单一导体的温差电动势的大小。由于导体成对出现，通常也称为热电偶。

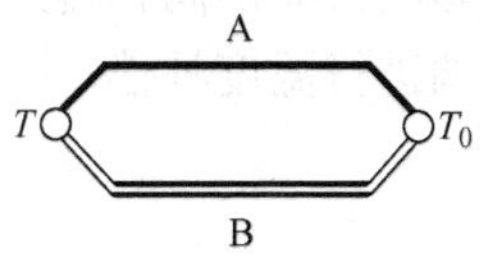

图4-70 金属的热电效应

1. 接触电势

接触电势是由于不同材料具有的自由电子浓度不同，在两导体接触面上发生电子扩散，电子扩散速率与两导体的自由电子浓度以及接触区的温度成正比：

$$e_{AB}(T) = \frac{kT}{e}\ln\frac{N_A}{N_B} \tag{4-33}$$

式中，$e_{AB}(T)$ 为导体A、B在温度 T 处形成的接触电势；T 为绝对温度；e 为电子电荷量（$e = 1.6\times10^{-19}$C）；k 为玻尔兹曼常数（$k = 1.38\times10^{-23}$J/K）；N_A、N_B分别为导体A、B的自由电子浓度。

2. 单一导体的温差电势

单一导体的温差电势是由于两端的温度不同，导体内高温端的自由电子具有较大的动能，向低温端扩散，结果在导体的高温端因失去电子而带正电荷，在低温端因得到电子而带负电荷，形成电位差。温差电动势的大小与导体的性质和两端的温差有关：

$$e_A = \int_{T_0}^{T} \sigma \mathrm{d}T \tag{4-34}$$

式中，e_A为导体A两端的温差电动势；T、T_0为导体两端的绝对温度；σ 为汤姆逊系数（表示导体A两端的温差为1℃时的温差电动势）。

3. 热电偶传感器

热电偶传感器在工业中使用极为广泛。其主要优点是测量温度高、热电动势与温度在小范围内基本上呈单值、线性关系较好、稳定性和重复性较好、响应时间较快和测温范围宽。随着热电偶材料的发展，热电偶的测温范围也日趋广阔。目前，对于低至－271℃，高达2800℃甚至更高的温度测量，金属热电偶都可以胜任。对于一般的工程测量，都可以满足要求。

由热电偶测温原理已经知道，只有当热电偶的冷端温度保持不变时，热电势才是被测温度的单值函数。在实际应用时，往往由于热电偶的热端与冷端离得很近，冷端又暴露于空间，容易受到周围环境温度波动的影响，因而冷端温度难以保持恒定。为此，常采用几种冷端温度补偿或处理方法，例如，冷端冰点法，使冷端温度恒定在0℃时进行测温；冷端温度修正法，冷端温度不为0℃时对仪表指示值进行修正；冷端补偿导线法，用补偿导线代替部分热电偶丝作为热电偶的延长部分；冷端补偿器法，利用不平衡电桥所产生的不平衡电压来补偿热电偶参考端温度变化而引起的热电势的变化。

图4-71所示为K型热电偶测量电路，该电路主要由恒流源器件LM334和运算放大器OP07等构成。测量温度时，K型热电偶放到被测温度环境中，热电偶所产生的热电势 e 加到运算放大器的同相输入端，进行电压放大。由LM334构成冷端补偿电路，对K型热电偶的冷端进行温度补偿。

图4-71　K型热电偶测量电路

K型热电偶的电压温度系数约为41μV/℃，当被测温度为100℃时，热电势 e＝4.1mV，调整放大器的放大倍数，使电路输出达到数据采集要求（5V或10V）。

目前热电偶种类很多，贵金属热电偶有：铂铑－铂铑（600～1700）℃，铂铑－铂（0～1600）℃；普通金属热电偶有：镍铬－镍硅（－200～1200）℃，镍铬－镍铜（－40～750）℃，铁－康铜（0～400）℃。另外，热电偶结构有多样，主要有：普通热电偶（棒形结构），测量气体、蒸气、液体等；薄膜热电偶，用于火箭、飞机喷嘴温度测量等。热电偶可以测量上千摄氏度高温，并且精度高、性能好，这是其他温度传感器无法替代的。

4.7.2 热电阻和热敏电阻传感器

热电阻传感器是中、低温区最常用的一种温度检测器。它的主要特点是测量精度高及性能稳定，其中铂热电阻的测量精确度是最高的，它不仅广泛应用于工业测温，而且成为测量标准。

而热敏电阻传感器是敏感元件的一类，按照温度系数不同分为正温度系数热敏电阻器（PTC）、负温度系数热敏电阻器（NTC）和临界温度系数热敏电阻（CTR）。

导体的电阻随温度变化的特性称为热阻效应，大多数金属电阻具有正的电阻温度系数，而且温度越高，电阻越大。由实验可知，在温度升高1℃时金属电阻值将增加0.4%～0.6%，利用这一规律制成的温度传感器称为热电阻传感器。

热电阻传感器具有测量精度较高、温度特性稳定等特点，但对热电阻的材料有一定的要求，其中有：高温度系数、高电阻率，这样在同样条件下可加快反应速度，提高灵敏度；化学、物理性能稳定，以保证在使用温度范围内热电阻的测量准确性；良好的输出特性，即必须有线性的或者接近线性的输出；良好的工艺性，以便于批量生产、降低成本等。

适宜制作热电阻的材料有铂、铜、镍铁等，这些材料的电阻率与温度的关系一般可近似为下面的二次方程：

$$\rho = ct^2 + bt + c \tag{4-35}$$

式中，ρ 为电阻率；t 为温度；a、b、c 为实验确定的常量。

铂电阻制成的温度计，除作温度测量标准外，还广泛应用于高精度的工业测量。由于铂为贵金属，一般在测量精度要求不高和测温范围较小时，均采用铜电阻。

热敏电阻用半导体材料制成，负温度系数热敏电阻广泛应用于发动机冷却液温度、空气温度、排气温度的检测，还适用于温度报警控制等场合。正温度系数热敏电阻可应用于电加热系统的电流控制等。与金属热电阻相比，热敏电阻的特点有：电阻温度系数大，灵敏度高；结构简单，体积小；电阻率高，且适合动态测量；阻值与温度变化的关系呈非线性等。

1. 热敏电阻测温电路

图4-72所示为一个温度频率转换电路，该电路是将温度信号转换为频率信号，利用频率表示温度值，具有较高的温度分辨率。

电路由NE555芯片、74LS14芯片、热敏电阻传感器 R_T（MF51）和电阻、电容组成一个频率随温度变化的多谐振荡器。热敏电阻工作温度范围为－20～250℃，电阻标称值为5kΩ。该电路输出的频率信号由单片机采集和处理，通过标定换输出温度值。

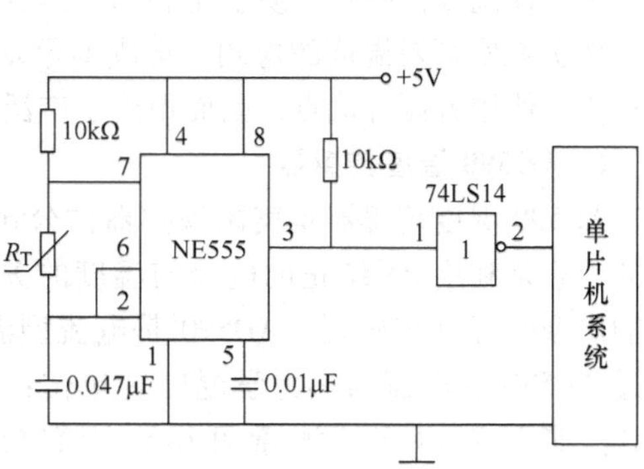

图4-72 温度控制电路

对于温度测量，有些是利用硬件电路对温度非线性特性进行线性化，再经模数转换送到单片机进行测量并显示，这样不仅线路复杂，难以消除硬件元器件参数随温度变化而引起的温度测量误差。而利用单片机的计算和查表功能对热敏电阻温度非线性特性进行线性化处理，可以消除硬件参数随温度变化而引起的测量误差，且成本相对便宜，利于维护。

2. 过流保护电阻

过流保护电阻称为 PTC 热敏电阻，它是一种对异常温度及异常电流自动保护、自动恢复的保护元件，也称为自恢复保险丝，PTC 热敏电阻的封装如图 4-73 所示。它取代传统的保险丝，可广泛用于电机、开关电源和电器设备的过流过热保护，PTC 热敏电阻是通过其阻值的突变限制整个线路中的消耗。传统的保险丝在线路熔断后无法自行恢复，而过流保护用 PTC 热敏电阻在故障撤除后恢复到预保护状态，当再次出现故障时又可以实现其过流、过热保护功能。

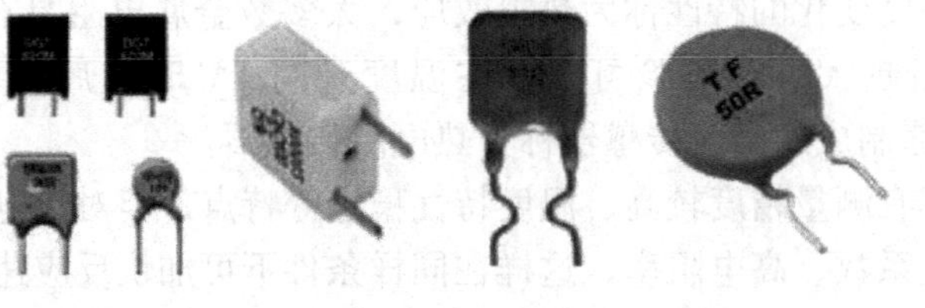

图 4-73　PTC 热敏电阻的封装

过流保护用 PTC 热敏电阻的工作原理是，当电路处于正常状态时，通过 PTC 热敏电阻的电流小于额定电流，过流保护用的 PTC 热敏电阻处于常态，阻值很小，不会影响被保护电路的正常工作。当电路出现故障，电流大大超过额定电流时，过流保护用的 PTC 热敏电阻陡然发热，呈高阻态，使电路处于相对断开状态，从而保护电路不受破坏。当故障排除后，过流保护用 PTC 热敏电阻自动回复至低阻态，电路恢复正常工作。

PTC 热敏电阻一般靠近电源部位安装，像保险丝一样，串联在电路中。PTC 热敏电阻元器件的选择有：最大工作电压、不动作电流和动作电流，最大工作电压时允许的最大电流、响应时间和环境温度。

4.7.3　半导体温度传感器

半导体温度传感器实质上是利用晶体管 PN 结上不饱和压降 U（或电流 I）与热力学温度 T 的关系实现对温度的检测。集成半导体温度传感器具有线性好、精度适中、灵敏度高、体积小、使用方便等优点，因而得到了广泛应用。

1. AD590 温度传感器

AD590 温度传感器是美国模拟器件公司（ADI）生产的，它是利用 PN 结正向电流与温度的关系制成的电流输出型的温度传感器。AD590 是电流型温度传感器，流过 AD590 的电流与热力学温度（单位：开尔文）成正比，通过对电流的测量可得到所需要的温度值。AD590 的封装及引脚如图 4-74 所示。

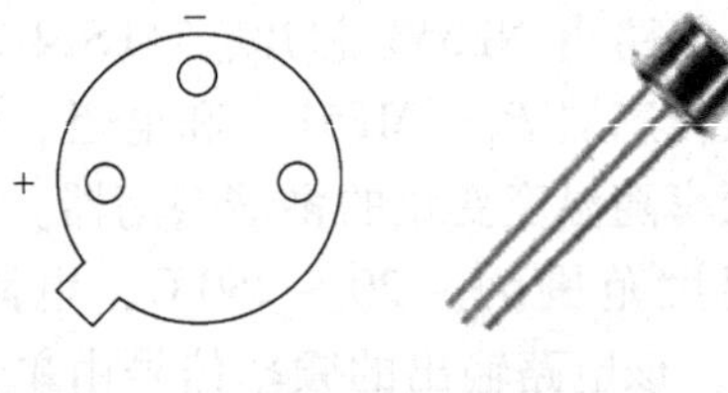

图 4-74　AD590 的封装及引脚图

AD590 产生的电流与绝对温度成正比，它可接收的工作电压为 4～30V，检测的温度范围为 -55～+150℃，它有非常好的线性输出性能，温度每增加 1℃，其电流增加 1μA。AD590 的精度共有 I、J、K、L、M 五挡，其中 M 挡精度最高，在 -55～+150℃ 范围内，非线性误差为 ±0.3℃。

图 4-75 所示为利用 AD590 测量温度的电路，其温度测量范围是 0～50℃。因为 AD590

的输出电流是以绝对温度零度（-273℃）为基准的，而且每增加1℃，它会增加1μA输出电流，若电路测量温度范围是0~50℃，则在0℃时，其输出电流 $I=(273+0)\times1\mu A=273\mu A$；在50℃时，其输出电流 $I=(273+50)\times1\mu A=323\mu A$；在 t℃时，其输出电流 $I=(273+t)\times1\mu A=(273+t)\mu A$。

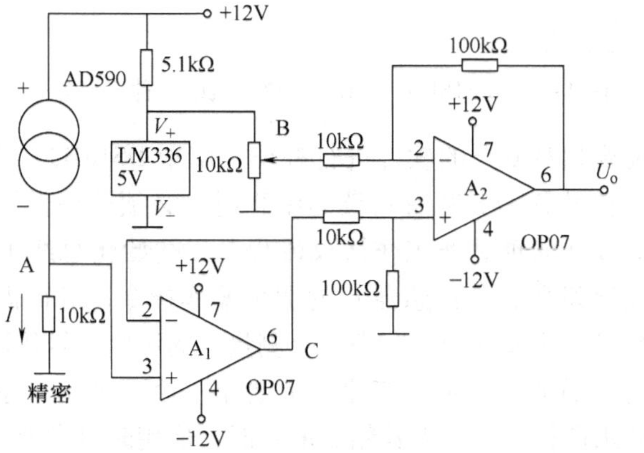

图4-75　AD590测温电路

对于A点的电位，在0℃时，$U_A=273\mu A\times10k\Omega=2.73V$；在50℃时，$U_A=323\mu A\times10k\Omega=3.23V$；在 t℃时，$U_A=(273+t)\mu A\times10k\Omega=(2.73+t/100)V$。测量 U_A时，不可分出任何电流，否则测量值会不准；为了保证精度，增加了电压跟随器，加大输入电阻。

因为常用的温度测量单位为摄氏温度，因此需要将绝对温度转换成摄氏温度。具体方法是利用电位器分压将B点输出电压调整至2.73V，同样考虑到测量精度，分压电路增加了精密并联稳压二极管。该电路放大器的输出电压 $U_o=-10(U_B-U_C)=t/10V$，t 为测量的温度，如所测量温度为40℃，则差动放大器输出的电压为4.0V。

2. DS18B20温度传感器

DS18B20是美国DALLAS半导体公司推出的系列单总线温度传感器芯片，其特点是采用单总线技术，即若干个传感器可以挂在一根导线上，进行温度采集和数据传输。该器件内有控制电路、收/发电路和存储电路等，器件采用CMOS技术，耗电量很小，如果不单独供电，仅在总线空闲时，利用信号线充电就可以工作了，在不工作时不会给单总线增加负担。使用微处理器作为控制机时，可以使用一位I/O接口，就可驱动若干个传感器芯片。传感器在-10~+85℃范围内精度为±0.5℃，分辨率为9~12位，转换时间为750ms（分辨率为12位时）。

DS18B20温度传感器需要微处理器采集处理，图4-76所示为传感器与单片机的一种连接方式，每个传感器的输出均接到单片机的一个输入端口（如P1.0）。由于总线上的所有器件都通过一条信号线传输信息，这样整个系统要严格按该器件单总线协议规定的时序进行工作，具体的内容是初始化器件，识别器件和进行数据交换等。为了区分不同的器件，生产单总线器件时，厂家要为每个器件刻录一个64位的二进制ROM代码，标志着器件的ID号，其具体的格式是：从低位开始，前8位是器件的族码，表示生产的分类编号（如DS18B20为28H）；接着的48位是每个器件唯一的序列号，这么长的编码完全可以为每个器件编制唯一的号码。读出数据时，共有九个字节，第一、二字节是温度数据，其他有校验等字节。

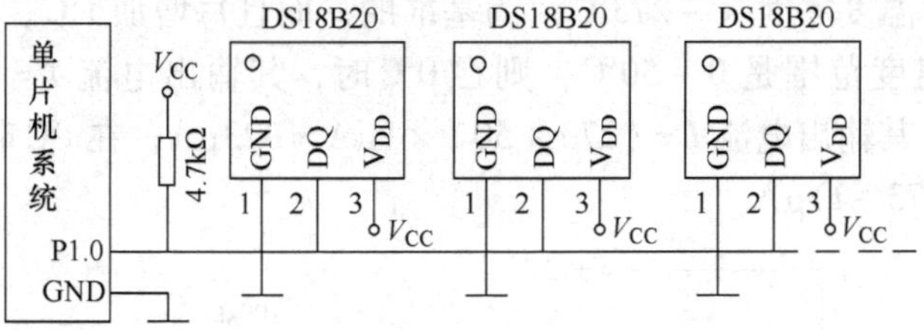

图 4-76　DS18B20 传感器与单片机的一种连接方式

较少的硬件开销需要相对复杂的软件进行补偿，由于 DS18B20 与微处理器之间采用单总线数据传送，因此，在对 DS18B20 进行读写编程时，必须严格保证读写时序，否则将无法读取测温结果。DS18B20 的单总线工作协议流程是：初始化总线上的传感器，等待总线上每个传感器回应，发出某个点（传感器）的测量操作指令，等待温度转换完毕，发出数据传输指令。程序一般是采用循环结构，把多个测量点的温度信号传回。

虽然 DS18B20 有诸多优点，但使用起来并非易事，由于采用单总线数据传输方式，因此对读写的操作时序要求严格，需要做较精确的延时，应用时可参考 DS18B20 器件手册。

3. 二极管温度传感器

半导体二极管的 PN 结具有单向导通特性，常用于检波、整流，另外它还有对温度敏感的特性。PN 结的正向压降具有负温度系数，并且在一定范围内随温度呈线性变化，可以作为温度传感器使用。

利用半导体 PN 结作为测量温度器件，其测量范围常用在 -20℃ 到 +150℃ 之间，根据半导体 PN 结的温度特性，当温度变化时，二极管 PN 结的正向电压发生变化，即温度每升高 1℃，正向电压降低约 2mV。PN 结的正向电压下降的结果表现为：当外加正向电压不变时，如果温度变化，PN 结的正向电流将随温度的升高而增大，或者是维持正向电流不变，正向压降将随温度的升高而下降。为避免二极管自身发热影响测量精度，其工作电流应取 0.1mA 左右。二极管温度传感器具有体积小、反应快、线性较好和价格低廉等优点。

图 4-77 所示为温度测量及转换电路，该电路用二极管作为温度传感器，温度测量范围为 0～100℃。温度传感器选用 1N4148 二极管，电路包括取样电路、零点和增益调节，温度变化信号通过传感器和转换电路变成电压信号，为配合后续的 A/D 转换（ICL7107 芯片），放大器最大输出为 2.0V。

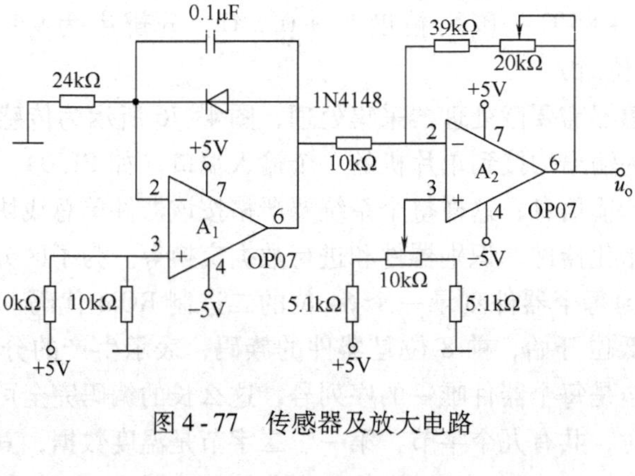

图 4-77　传感器及放大电路

图 4 - 78 所示为 A/D 转换和显示电路，传感器及放大电路的输出接 A/D 芯片的 31 脚，通过模数转换器把模拟量转换成数字量，数字信号直接送数码管，显示实测的温度值。A/D 转换选用三位半输出的 ICL7107 芯片，该芯片除进行 A/D 转换外，还有译码及驱动 LED 共阳极七段数码管功能。

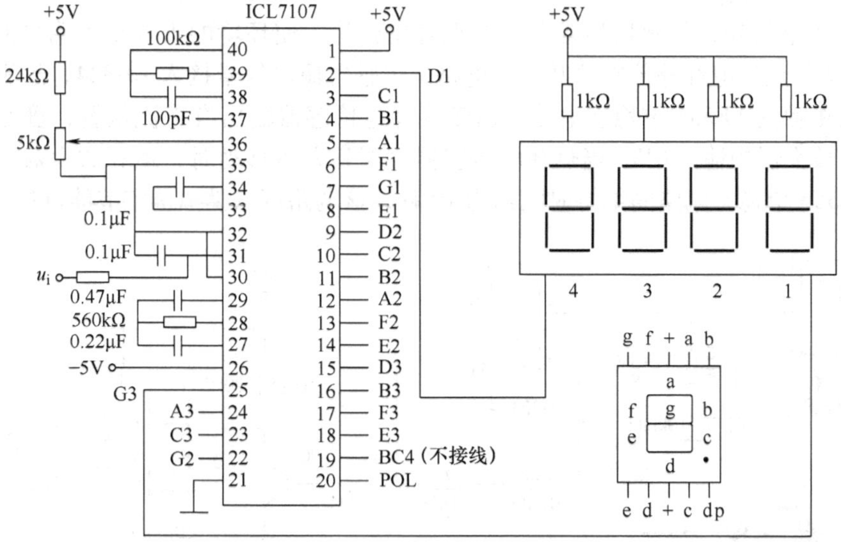

图 4 - 78　数字转换及显示电路

连接放大电路时，传感器（二极管）要用引线引出，运算放大器的电源电压为 ± 5V。A/D 转换芯片的最大输入电压为 2V，参考电压需要设定在输入电压的一半，即调整参考电压 V_{REF} = 1. 0V，芯片的 36 脚为 A/D 转换参考电压输入端。采用共阳极数码显示管，数据在低 3 位显示，第 4 位只显示符号，即芯片的 POL 接该数码管的 g 引出脚。

无异常情况下，定标传感器，把传感器插入冰水混合物中，调整放大器零点，即调节 10kΩ 电位器，使数码管显示 000；把传感器插入 100℃热水中，调整输出最大值，调整放大器的增益，即调节 20kΩ 电位器，使数码管显示 100。反复调整，直到符合要求为止。

可先用一个标准温度计校准设计的温度测量电路，可以测量室温、体温的变化。全部电路调整好之后，对电路进行各种参数测试和分析，包括线性、稳定性、漂移（零漂、温漂）、重复性等参数的测试和分析。

4. 7. 4　热释电红外线传感器

当一些晶体受热时，在晶体两端将会产生数量相等而符号相反的电荷，这种由于热变化产生的电极化现象，称为热释电效应。热释电传感器利用的正是热释电效应，也是一种温度敏感传感器。热释电传感器由陶瓷氧化物或压电晶体元件组成，元件两个表面做成电极，当传感器监测范围内温度有 ΔT 的变化时，热释电效应会在两个电极上会产生电荷，即在两个电极之间产生微弱电压。由于它的输出阻抗极高，所以传感器中有一个场效应管进行阻抗变换。热释电效应所产生的电荷会跟空气中的离子所结合而消失，当环境温度稳定时，传感器无输出。当人进入检测区时，因人体温度与环境温度有差别，产生温差，则有信号输出；若人进入检测区后不动，环境温度没有变化，传感器也没有输出，所以这种传感器能检测人体或者动物的活动。

热释电红外传感器主要有滤光片、热释电元件 PZT、场效应管 FET 等组成。其中，滤光片设置在窗口处，构成红外线通过的窗口。滤光片为多层膜干涉滤光片，对太阳光和荧光灯光的短波长能很好滤除。热释电元件 PZT 将波长在 8 ~ 12μm 之间的红外信号的微弱变化转变为电信号，传感器通常覆盖菲涅耳滤光片，使环境的干扰受到明显的抑制。

图 4 - 79 是热释电红外传感器及转换电路，传感器输出信号接入 LM324，运算放大器的输出经过反相触发 NE555 单稳态电路。由于热释电传感器输出有直流偏置，静态时调整电位器使运算放大器的输出 0V。当热释电传感器检测到人体移动时，运算放大器的输出约为 2 ~ 3V。NE555 单稳态电路的维持时间约为 10 秒，该电路可以模拟楼宇节能灯控制。

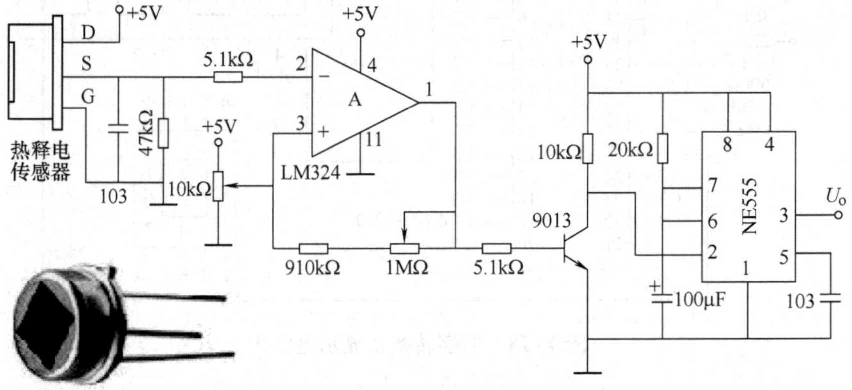

图 4 - 79　热释电红外传感器及转换电路

热释电红外传感器使用时应注意避开日光、白炽灯直接照射，也不能对着热源（如暖气片、加热器）或空调，以避免环境温度较大的变化而造成误报。

热释电红外传感器是一种非常有应用潜力的传感器。它能检测人或某些动物发射的红外线并转换成电信号输出。近年来，伴随着集成电路技术的飞速发展，以及对该传感器的特性的深入研究，相关的专用传感电路迅速增长。实际应用中，热释电红外传感器的可测范围达到 10 ~ 20m。

4.7.5　设计与实践

1. 利用半导体温度传感器 AD590，设计一个温度测量电路，温度测量范围：－10℃ ~ 50℃，误差 ±1℃。先对电路进行调零、定标，然后再对电路进行稳定性、漂移（零漂、温漂）、重复性、线性等参数的测试和分析。

2. 使用二极管传感器设计带数字显示的体温计电路，温度测量范围：0 ~ ＋100℃，误差 ±1℃。另外，电路可以设定报警温度值，正常工作时，当温度超过事先设定的温度值时，电路有提示音及 LED 闪动显示。

3. 设计一个热释电红外传感电路，控制楼道节能灯，要求光线暗下来时，热释电红外传感电路才起作用（提示：需要配合光电传感电路和延时电路），电路输出驱动继电器控制节能灯，节能灯开启时间为 20s。

4.8 湿敏、气敏传感器及转换电路

随着社会的发展，在科研、纺织、制药、仓储等部门，越来越需要对环境湿度进行监测，以保证产品的质量，对环境湿度的控制已成为现代工业的迫切需求。同时，随着人民生活水平的提高，人们也越来越意识到湿度与日常生活质量紧密相关，湿敏传感器产品及湿度测量已走入了千家万户。

在现代生产和生活中，人们往往会接触到各种各样的气体，有的需要对它们进行检测和控制。比如，化工生产中气体成分的检测与控制，煤矿瓦斯浓度的检测与报警，环境污染情况的监测，煤气泄漏和酒精气体浓度的检测与报警等。

4.8.1 湿敏传感器

试验表明，空气的相对湿度为45% ~55%时人体皮肤会感到舒适，呼吸均匀正常，也不容易引起疾病，病菌的死亡率较高。而当空气湿度高于65%或低于38%时，人体会感到不适。

有关湿度测量，早在16世纪就有记载。许多古老的测量方法，如干湿球温度计、毛发湿度计和露点计等，是利用湿敏材料对水分子的吸附能力或对水分子产生物理效应的方法测量湿度的元件。随着科学技术发展，陆续出现了种类繁多的精度高、稳定性好的湿敏传感器。

1. 湿敏元件

湿敏元件主要分为两大类：水分子亲和力型湿敏元件和非水分子亲和力型湿敏元件。利用水分子有较大的偶极矩、易于附着并渗透入固体表面的特性制成的湿敏元件称为水分子亲和力型湿敏元件。例如，利用水分子附着或浸入某些物质后，其电气性能（电阻值、介电常数等）发生变化的特性可制成电阻式、电容式湿敏元件。另一类非亲和力型湿敏元件，利用其与水分子接触产生的物理效应来测量湿度。例如，利用热力学方法测量的热敏电阻式湿度传感器、利用水蒸气能吸收某波长段的红外线的特性制成的红外线吸收式湿度传感器等。

湿敏电阻的制作是在基片上覆盖一层用感湿材料制成的膜，当空气中的水蒸气吸附在感湿膜上时，元件的电阻率和电阻值都发生变化，利用这一特性即可测量湿度。湿敏电阻的种类很多，例如金属氧化物湿敏电阻、硅湿敏电阻、陶瓷湿敏电阻等。湿敏电阻的优点是灵敏度高，主要缺点是线性度和产品的互换性差。

湿敏电容一般是用高分子薄膜电容制成的，当环境湿度发生改变时，湿敏电容的介电常数发生变化，使其电容量也发生变化，其电容变化量与相对湿度成正比。湿敏电容的主要特点是灵敏度高、产品互换性好、响应速度快、湿度的滞后量小、便于制造、容易实现小型化和集成化，其精度一般比湿敏电阻要低一些，价格贵一些。

除电阻式、电容式湿敏元件之外，还有电解质离子型湿敏元件等。总体来说，湿敏元件的线性度及抗污染性差，在检测环境湿度时，湿敏元件要长期暴露在待测环境中，很容易被污染而影响其测量精度及长期稳定性。解决的湿敏元件污染的方法，一般是定期进行元件清理和更换。

2. 湿敏传感器的选用

选用湿敏电阻器时，首先应根据使用的要求选择合适的类型。若用于空调器、恒湿机等湿度环境的检测，则可选用陶瓷湿敏电阻器；若用于气象监测、录像机结露检测等方面，则可以选用高分子聚合物湿敏电阻器或硒膜湿敏电阻器。

湿敏电阻是利用湿敏材料吸收空气中的水分而导致本身电阻值发生变化这一原理而制成的，湿敏电阻器的主要参数有：测量范围、电阻标称值、工作电压、灵敏度和响应时间等，电路设计时要考虑该传感器的特性。

湿敏电容一般是用高分子薄膜电容制成的，当环境湿度发生改变时，湿敏电容的介电常数发生变化，使其电容量也发生变化，其电容变化量与相对湿度成正比。湿敏电容的主要优点是灵敏度快、滞后量小，但其精度一般比湿敏电阻要低一些。应注意，湿敏电容长期使用后，需要对其定期测试或更换。

图 4-80 所示为目前市场常见的湿敏传感器，有 HR202（电阻式）和 HS1101（电容式）。以 HUMIREL 公司生产的 HS1101 型湿敏电容为例，它是基于现代工艺设计的电容元件，精度为 ±2% RH，测量范围为（1% ~99%）RH，工作温度范围为 -60 ~140℃，电容与湿度变化为 0.31pF/% RH。另外，该传感器湿度输出受温度影响极小，常温使用无需温度补偿，响应时间 5s，浸水或结露后 10s 迅速恢复，能抗静电和防灰尘，有效抵抗各种腐蚀性气体物质，长期稳定性及可靠性好。

图 4-80　湿敏传感器

3. 湿敏传感器转换电路

图 4-81 所示为由电阻式湿敏传感器（HR202）组成的测量电路，正弦波信号通过湿度传感器进入运算放大器输入端，信号频率 $f=2\text{kHz}$，幅度 $U_{pp}=4\text{V}$。湿度变化信号经过对数校正、放大、滤波和积分电路输出直流电压信号。放大器 A_3 的同相端的电位器用于调零，反馈电阻用于调整输出电压。

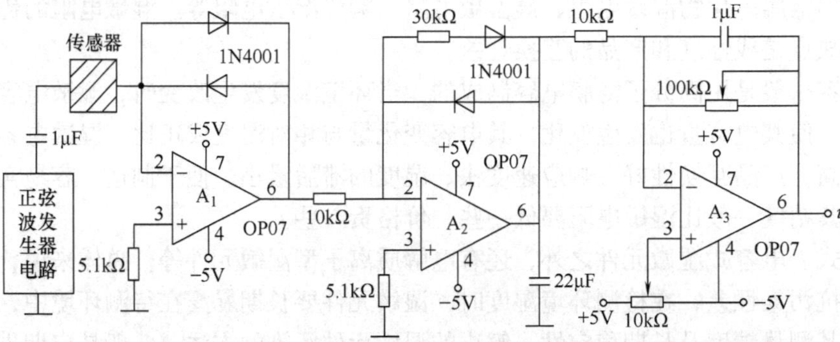

图 4-81　电阻式湿敏传感器测量电路

图 4-82 所示为电容式湿敏传感器（HS1100）组成的测量电路，湿敏传感器在电路构成中等效于一个电容器件，并置于 *RC* 多谐振荡器中。当湿度变化时，电容值改变，从而使振荡器输出的频率发生变化。

ICM7556 芯片 3 脚的非平衡电阻作为内部温度补偿用，应具有 1% 的精度，目的是为了引入温度效应，使它与湿敏传感器的温度效应相匹配。由于不同型号芯片的内部温度补偿有所不同，所以该电阻的值必须与特定的芯片相匹配。

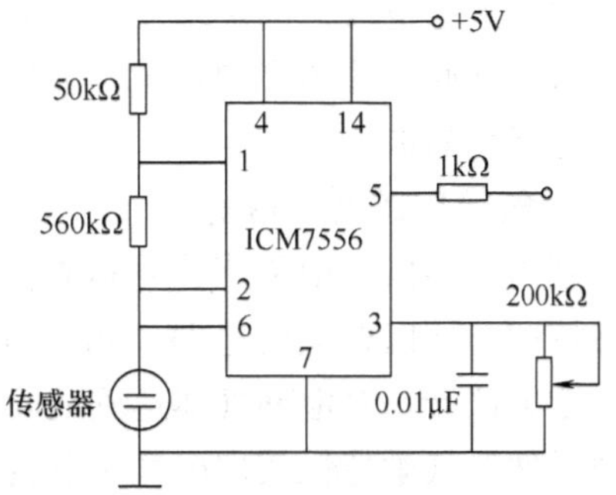

图 4-82　电容式湿敏传感器测量电路

4.8.2　气敏传感器

早在 20 世纪 30 年代，人们就发现氧化亚铜的导电率随水蒸气的吸附而发生改变。其后又发现许多其他金属氧化物也都具有气敏效应。这些金属氧化物都是利用陶瓷工艺制成的具有半导体特性的材料，因此称之为半导体陶瓷，简称半导瓷。由于半导瓷与半导体单晶相比具有工艺简单、价格低廉等优点，因此已经用它制作了多种具有实用价值的敏感元。

1970 年，荷兰科学家 Bergveld 研制出了对氢离子响应的离子敏感场效应晶体管，标志着离子敏半导体传感器的诞生。半导体传感器以其易于实现集成化、微型化、灵敏度高等诸多优点，一直引起世界各国科学家的重视和兴趣。利用半导体气敏元件同气体接触，引起半导体材料内载流子浓度或分布的变化，通过检测这些物理特性的变化，即可反映被测气体的参数值。

1. 气敏传感器

气敏电阻是一种半导体敏感器件，它是利用气体的吸附而使半导体本身的电导率发生变化这一机理来进行检测的。人们发现某些氧化物半导体材料如 SnO_2、ZnO、Fe_2O_3、MgO、NiO、$BaTiO_3$等都具有气敏效应。常用的气敏传感器主要有接触燃烧式气体传感器、电化学气敏传感器和半导体气敏传感器等。

接触燃烧式气体传感器的检测元件一般为铂金属丝（也可表面涂铂、钯等稀有金属催化层），使用时对铂丝通电，保持一定的高温，此时若与可燃性气体接触，可燃性气体就会在稀有金属催化层上燃烧，因此，铂丝的温度会上升，铂丝的电阻值也上升。通过测量铂丝的电阻值变化的大小，就知道可燃性气体的浓度。

电化学气敏传感器一般利用液体（或固体、有机凝胶等）电解质，通过与被测气体发生反应并产生与气体浓度成正比的电信号，其输出形式可以是气体直接氧化或还原产生的电流，也可以是离子作用于离子电极产生的电动势。电化学气敏传感器主要用于相对封闭环境中的有毒有害气体的检测，比如居室、工作间等地对 CO、H_2S 和甲醛等的监测。

半导体气敏传感器是利用与气体接触时使半导体的导电率等物理性质发生变化来检测待测气体的成分和浓度。半导体气敏元件有 N 型和 P 型之分，N 型在检测时阻值随气体浓度的增大而减小；P 型阻值随气体浓度的增大而增大。半导体气敏传感器具有灵敏度高、响应快、稳定性好、使用简单的特点，应用极其广泛。

图 4-83 所示为目前常见的气敏传感器。目前国产的气敏元件有两种。一种是直热式，

加热丝和测量电极一同烧结在金属氧化物半导体管芯内；另一种是旁热式，这种气敏元件以陶瓷管为基底，管内穿加热丝，管外侧有两个测量极，测量极之间为金属氧化物气敏材料，经高温烧结而成。

2. 气敏传感器的用途

利用半导体气敏传感器可制成各种仪器，其用途可分为：探测器，它是利用气敏元件的气敏特性，配以相应的电路、指示气体探测情况，这类仪器通常都要求有高灵敏度；报警器，这类仪器是对泄漏气体达到危险限值时自动进行报警的仪器；自动控制仪器，它是利用气敏元件的气敏特性实现电气设备自动控制，如换气扇自动换气控制等；分析仪器，它是利用气敏元件对气体及其浓度进行测量、分析，以确定气体种类和浓度。

3. 气敏传感器转换电路

图 4 - 84 所示为酒精气敏测量电路所使用的传感器的内部结构，该传感器型号为 MQ303，是用于测试酒精气体浓度的气敏元件。

图 4 - 83　常见的气敏传感器

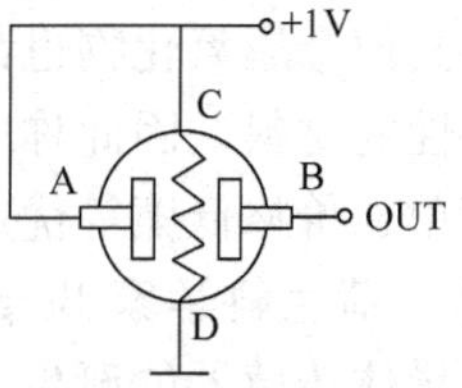

图 4 - 84　气敏传感器基本结构

气敏元件由微型三氧化二铝陶瓷管、二氧化锡敏感层、测量电极和加热器构成，敏感元件固定在不锈钢网制成的腔体内。B 为输出端，用于测试，另外两个引脚 C、D 为加热电源接线。该气敏元件实际有三个引出引脚，即电源、地线和信号输出。

气敏传感器的工作原理是，酒精敏感层的等效电阻随着酒精浓度的增加而呈非线性的减少，通过测量电路则把阻值变化变成电压变化，具体应用时，可将输出信号（电压）经过转换，显示相应的气体浓度。

酒精气敏传感器转换电路如图 4 - 85 所示，传感器型号为 MQ303，酒精气体浓度为 0% ~100% 时，对应电压输出为 0 ~4V。在设计气敏传感及放大电路时，首先要对酒精气敏传感器的输出范围有所了解，实际中，在零输入的情况（没有酒精气体）下，酒精气敏传感器就有一定的电压输出，所以在电路设计上有一个偏移量的调节；并根据最大输出电压，决定运算放大器反馈电阻的大小。

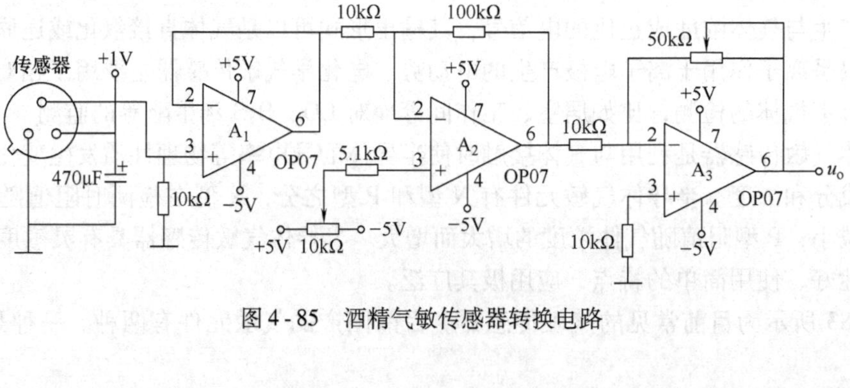

图 4 - 85　酒精气敏传感器转换电路

传感器输入部分采用电压跟随电路，经过调零、放大电路，将酒精气敏传感器的气体信号转换成电压信号。在后续电路可增加比较电路，通过设定参考电压，对酒精气体超标的信号用 LED 指示灯提示。图中的传感器是 MQ303 的底视图，注意酒精气敏传感器的工作电压不能太高，否则会损坏传感器。

试验方法是：传感器及电路接通电，预热 10min；电路调零，没有酒精气体时，使输出为零；用棉签沾上酒精，距离 10cm，轻轻吹向传感器，此时电路输出达到最大值。分别配制 20%、40%、60%、80% 浓度的酒精溶液，用棉签沾上不同浓度的酒精，距离 10cm，轻轻吹向传感器，记录电路输出数值。注意，每次试验需要间隔一段时间，即要使测量电路的输出回零；对各种浓度溶液试验时，要重复几次，并采取多次测量求平均值的方法处理数据。

空气气流的影响使输出结果有较大偏差，因此需要稳定的空气环境。气敏传感器对温度也很敏感，环境温度不稳定，测量结果会出现偏差，因此环境变化时，需要对电路进行调零。

4.8.3 设计与实践

1. 设计一个室内湿度检测电路。测量范围为 10% ~90% RH，误差小于 ±5%，湿度值用数码管显示出来。

2. 设计一个酒精气体浓度测量电路，通过标定，可以检测汽车驾驶员是否饮酒。电路可以设定不同的检测值，用 LED 提示或用数码管显示。

4.9 集成式传感器及应用

随着电子技术的发展，微型传感器也随之迅速发展，在众多传感器技术中，微传感系统技术逐步起到关键的作用。此外，微型传感器和测量电路集成在一起制成集成传感器是目前某些领域的发展方向。集成传感器具有尺寸微小、质量轻、功耗低、可靠性好、测量灵敏度高、易于实现数字化等优点而广泛应用于精密工程、生物医学等领域。

4.9.1 加速度传感器

最新一代加速度传感器是采用微芯片式的，如 AD 公司的 ADXL202，它是小型、廉价、低重力集成化双轴（X 方向、Y 方向）MEMS 加速度芯片。该加速度传感器低成本、低功耗、功能完善，既能测量动态加速度（如正、负振动加速度），又能测量静态加速度（如重力加速度），还可用作斜度（角度）测量。

1. 加速度传感器 ADXL202

ADXL202 是集双轴加速度传感器于一体的单块集成电路，脉宽调制信号输出，低功耗，响应快，每个方向轴的带宽均可通过电容调整。ADXL202 芯片的工作温度范围是 -40 ~ +85℃，直流工作电压为 +3 ~ +5V。

ADXL202 传感器输出两路数字信号，其占空比与传感轴各自所感受到的加速度成正比。传感器输出信号可直接传输给微处理器，而不需 A/D 转换或附加其他电路。ADXL202 通过外部电阻（R_{SET}）可以设定输出信号的周期，设定范围在 0.5 ~10ms。如果输出与加速度成正比的模拟电压输出，则可从 X_{FILT} 和 Y_{FILT} 引脚输出信号，或者对占空比输出信号进行滤波。ADXL202 芯片的内部结构框图和引脚排列如图 4-86 所示。

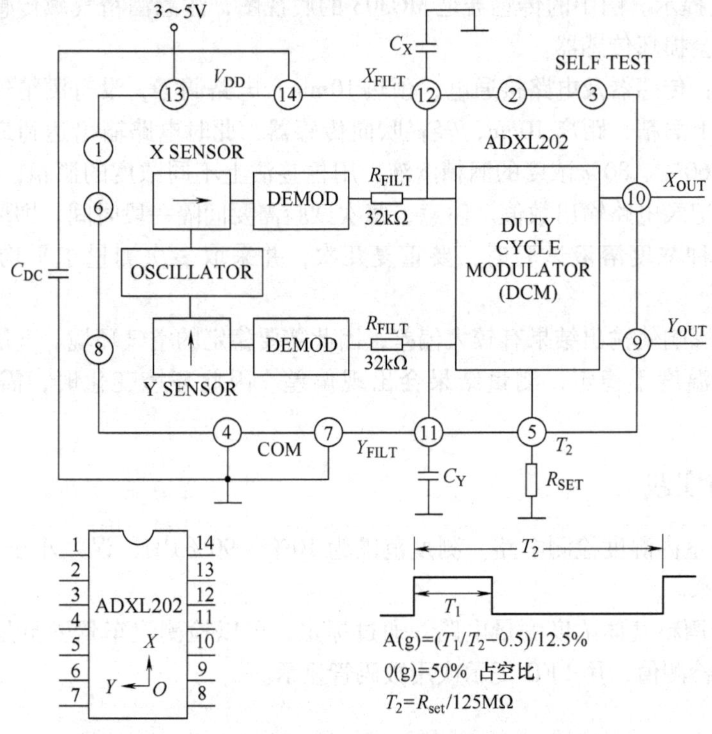

图 4-86　ADXL202 芯片的内部结构框图和引脚排列

ADXL202 的带宽可以通过电容 C_X 和 C_Y 在 0.01Hz ~ 5kHz 的频率范围内设定，通电时承受的最大加速度可以达到 500g，量程为 ±10g，分辨率为 5mg（60Hz 带宽时）。表 4-1 列出了 ADXL202/210 的引脚及功能。

表 4-1　ADXL202 的引脚及功能

引　脚　号	名　称	功　能
1、6、8	NC	空脚
2	V_{TP}	检测端，未接
3	ST	自检端
4、7	COM	地
5	T_2	外接电阻，可设定 T_2 周期
9	Y_{OUT}	Y 轴占控比输出
10	X_{OUT}	X 轴占控比输出
11	Y_{FILT}	连接 Y 轴滤波电容
12	X_{FILT}	连接 X 轴滤波电容
13、14	V_{DD}	电源端，+3 ~ +5V

ADXL202 可应用的领域有：斜度测量、惯性导航、地震监测、交通（汽车）安全系统和运动测量等。

2. 加速度传感器 ADXL202 的工作原理

传感器采用在硅片上经表面微加工的多晶硅结构，用多晶硅的弹性元件支撑它并提供平衡加速度所需的阻力。加速度是通过由独立的固定极板和附在移动物体上的中央极板组成的可变电容来测量的，加速度芯片受到加速度力后改变了可变电容的平衡，使输出方波的振幅与加速度成正比，而相位解调技术用来提取信息，判断加速方向。

芯片内部的解调器的输出通过 32kΩ 固定电阻输出到脉宽占空比解调器。这时，允许用户改变滤波电容的大小来设置输出信号的带宽。这种滤波提高了测量的精度，并有效地防止了频率混叠。经过低通滤波后，模拟信号由 DCM（脉宽占空比调制器）转换为脉宽占空比信号，加速度可由示波器或微控制器通过测量 T_1、T_2求得。如占空比 D 为

$$D = \frac{T_1}{T_2} \times 100\% \tag{4-36}$$

被测加速度 a 为

$$a = \frac{D - 50\%}{12.5\%} \tag{4-37}$$

可见，在 0g 加速度时使输出占空比为 50%，每增加 1g 的加速度输出的占空比就增加 12.5%，占空比信号的周期 T_2由下式确定：

$$T_2 = \frac{R_{SET}}{R} \tag{4-38}$$

式中，$R_{SET} = 125\text{M}\Omega$；$T_2$的单位是 s。

3. 加速度传感器电路应用

ADXL202 的一个应用是作为斜度（倾角）测量仪。ADXL202 以重力矢量作为基准以测定空间物体的方位。ADXL202 对斜度十分灵敏，当 ADXL202 传感器的 X 轴被设置为与重力矢量垂直，即与水平面平行时，芯片的 X 轴的输出是占空比为 50% 的信号（零度）。当 ADXL202 传感器的 X 轴逆时针旋转时，即向 +90°改变角度时，X 轴的输出大于 50% 的占空比信号；当 ADXL202 传感器的 X 轴顺时针旋转时，即向 −90°改变角度时，X 轴的输出小于 50% 的占空比信号。图 4-87 所示为 ADXL202 芯片的倾角与 X 轴输出信号（占空比）的关系。

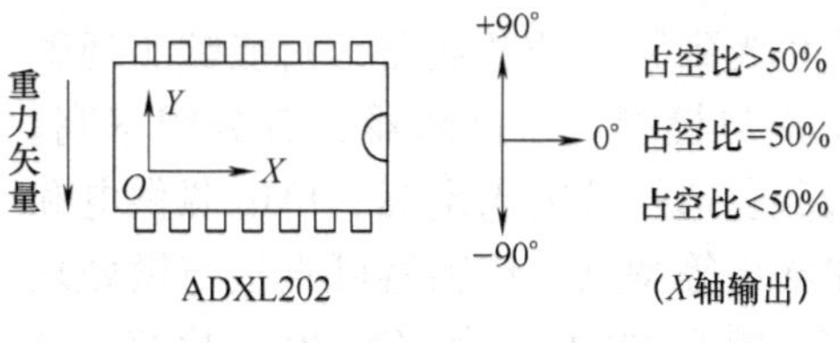

图 4-87 ADXL202 芯片的倾角与 X 轴输出信号的关系

图 4-88 所示为采用 ADXL202 芯片测量倾角的具体电路，它是由 ADXL202 芯片、CD4069（反相器）和电阻、电容构成的。连接 ADXL202 的外围元件后，芯片可直接输出矩形波信号（X 轴或 Y 轴均有输出），信号频率 $f = 1\text{kHz}$，幅度 $U_{pp} = 4\text{V}$。该电路 X 轴的输出分两路：一路是转换模拟信号输出，接入 CMOS 芯片（CD4069 反相器），反馈电阻将反相器偏置在线性放大区，再经 RC 滤波输出模拟电压信号；另一路是数字信号，可以直接接入单片机系统。

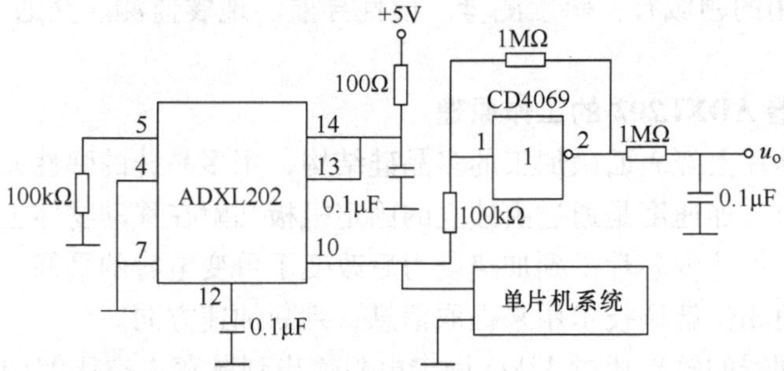

图 4-88　倾角测量电路

调试电路时，用示波器测量电路输出信号，对于模拟信号，水平放置芯片（X 轴水平放置）时，输出电压 1.3V；顺时针旋转芯片，电压逐渐减小，到 $-90°$ 放置芯片时，输出电压 1.0V；逆时针旋转芯片，电压逐渐增加，到 $+90°$ 放置芯片时，输出电压 1.6V。对于数字信号，水平放置芯片（X 轴水平放置）时，数字信号输出占空比为 50% 的方波信号；顺时针旋转芯片时，输出占空比逐步减小；逆时针旋转芯片时，占空比逐渐增加。为了测出角度变化值，需要用微处理器采集信号的波形，求出占空比，并换算出角度。

实际应用时，ADXL202 芯片需要焊接在电路板上，不论是测量角度或加速度，都需要考虑芯片的位置与方向，在设计 PCB 板时，要注意电路板的运动方向。

4.9.2　色敏传感器

随着现代工业生产向高速化、自动化方向的发展，在一些领域中长期以来由人眼起主导作用的颜色识别工作，越来越多地被相应的颜色传感器所替代。例如，生产线上使用颜色传感器区分物件，并对其进行分类，能够极大地提高物件管理和统计效率。

传统的颜色传感器通常是在独立的光敏二极管上覆盖经过修正的红、绿、篮滤光片，然后对输出信号进行相应的处理，才能将颜色信号识别出来，输出模拟信号。

TCS230 是美国 TAOS 公司生产的一种可编程彩色光到频率的转换器，它能够实现颜色的识别与检测。该传感器具有分辨率高、可编程颜色选择及输出定标、单电源供电和数字量输出等特点，传感器可直接与微处理器连接。图 4-89 所示为 TCS230 芯片及接口电路。

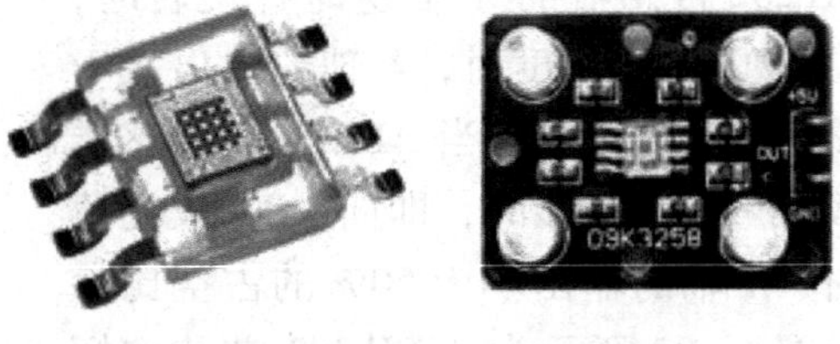

图 4-89　TCS230 芯片及接口电路

1. 色敏传感器 TCS230 芯片结构与特点

该传感器是将彩色信息转换成频率输出，它把可配置的硅光敏二极管与电流频率转换器集成在一个 CMOS 芯片上，同时在芯片上还集成了红、绿、蓝（RGB）三种滤光器（可编程改变滤光模式），有与数字兼容接口的 RGB 彩色传感器。TCS230 的输出信号是数字量，可以驱动标准的 TTL 或 CMOS 电路，因此可直接与微处理器或其他逻辑电路相连接。传感器能够实现每个彩色信道 10 位以上的转换精度，因而不再需要 A/D 转换电路，使接口电路变得更简单。图 4-90 所示为 TCS230 的功能框图和引脚封装。

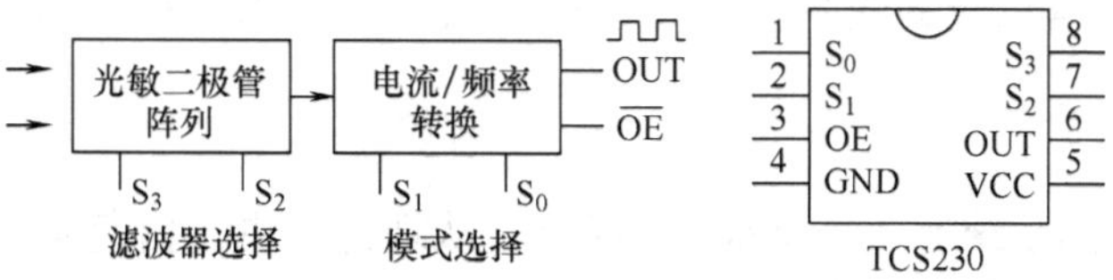

图 4-90　TCS230 的功能框图和引脚封装

TCS230 是采用贴片式封装，其电路结构是在芯片上集成有 64 个光敏二极管。这些二极管共分为四种类型。其中 16 个光敏二极管带有红色滤波器，16 个光敏二极管带有绿色滤波器，16 个光敏二极管带有蓝色滤波器，其余 16 个不带有任何滤波器，可以透过全部的光信息。这些光敏二极管在芯片内是交叉排列的，能够最大限度地减少入射光辐射的不均匀性，从而增加颜色识别的精确度。另一方面，相同颜色的 16 个光敏二极管是并联连接的，均匀分布在二极管阵列中，可以消除颜色的位置误差，工作时通过两个可编程的引脚来动态选择所需要的滤波器。该传感器的典型输出频率范围从 2Hz～500kHz，用户还可以通过两个可编程引脚来选择 100%、20%、2% 的输出比例因子或电源关断模式。输出比例因子使传感器的输出能够适应不同的测量范围，提高了它的适应能力。

当入射光投射到 TCS230 上时，通过光敏二极管控制引脚 S_2、S_3 的不同组合，可以选择不同的滤波器。电流/频率转换器后，器件输出不同频率的方波信号（占空比是 50%），不同的颜色和光强对应不同频率，可以通过定标控制引脚 S_1、S_0 选择不同的输出比例因子，对输出频率范围进行调整，以适应不同的测量需求。表 4-2 所示为芯片引脚 S_1、S_0 及 S_3、S_2 的组合功能。

表 4-2　芯片引脚 S_0、S_1 及 S_2、S_3 的选项功能

S_1	S_0	输出频率标定	S_3	S_2	滤波器类型
L	L	关电源	L	L	红色
H	L	2%	H	L	蓝色
L	H	20%	L	H	无
H	H	100%	H	H	绿色

2. 色敏传感器 TCS230 颜色识别原理

人们通常所看到的物体的颜色，实际上是物体表面吸收了照射到它上面的白光（日光）中的一部分有色成分，而反射出的另一部分有色光在人眼中的反应。白色是由各种频率的可见光混合在一起构成的，也就是说，白光中包含着各种颜色的色光（如红 R、黄 Y、绿 G、青 V、蓝 B、紫 P）。根据德国物理学家赫姆霍兹（Helinholtz）的三原色理论可知，各种颜色是由不同比例的三原色（红、绿、蓝）混合而成的。

由上面的三原色感应原理可知，如果知道构成各种颜色的三原色的值，就能够知道所测试物体的颜色。对于 TCS230 来说，当选定一个颜色滤波器时，它只允许某种特定的原色通过，阻止其他原色的通过。例如，当选择红色滤波器时，入射光中只有红色可以通过，蓝色和绿色都被阻止，这样就可以得到红色光的光强；同理，选择其他的滤波器，就可以得到蓝色光和绿色光的光强。通过这三个值，就可以分析投射到 TCS230 传感器上的光的颜色。

3. 白平衡原理

白平衡就是让检测系统有一个基准（白色），从理论上讲，白色是由等量的红色、绿色和蓝色混合而成的。但实际上，白色中的三原色并不完全相等，并且对于 TCS230 的光传感器来说，它对这三种基本色的敏感性是不相同的，导致 TCS230 的 RGB 输出并不相等，因此在测试前必须进行白平衡调整，使得 TCS230 对所检测的“白色”中的三原色是相等的。进行白平衡调整是为后续的颜色识别做准备。白平衡调整的方法是采集白色物体信息，根据前面所介绍的方法，依次选通红色滤波器、绿色滤波器和蓝色滤波器，分别测得红色、绿色和蓝色的频率值，并将所测量的数据存储，在后续的颜色测量中，就可以计算出需要的三个调整参数。

4. 色敏传感器 TCS230 的应用

图 4-91 所示为用单片机 AT89S52 和色敏传感器 TCS230 设计的一个颜色识别装置，用单片机的端口直接控制 TCS230，单片机的 P0.0、P0.1、P0.2 和 P0.3 分别控制传感器芯片的 S_0、S_1，S_2 和 S_3，单片机的 P0.4 控制传感器的输出允许端（3 脚），TCS230 的输出引脚连接到 89S52 的定时器/计数器 0 的输入端（P3.4）。

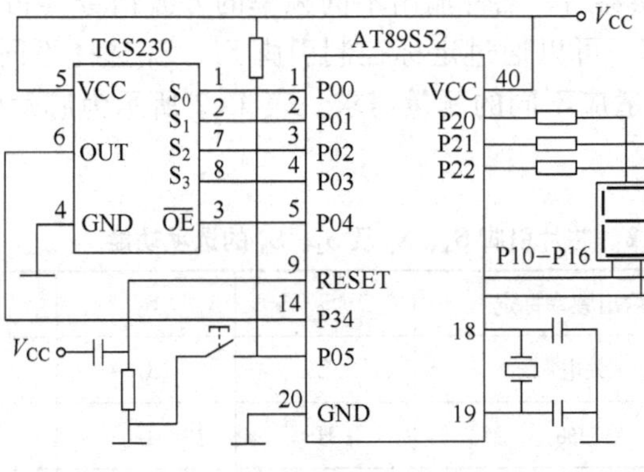

图 4-91　TCS230 颜色识别电路

程序设计时，先设置 AT89S52 定时器/计数器的工作方式，初始化定时器为一个定值，通过设定 S_1 和 S_0 来选择 TCS230 的输出比例因子，并设置输出使能引脚（P0.4），使 TCS230 的输出允许。初始化完成后，检测开关按键（P0.5 端口），是否需要进行白平衡调整，如果需要则调用白平衡子程序；颜色识别时，通过设定 S_3 和 S_2，分别给出不同的滤光模式，采集输出信号频率，直到颜色识别完毕。通过读取数据，分别计算出 TCS230 的三种输出频率，进而确定所测物体的 *R*、*G*、*B* 值，即物体的颜色。

5. 应用中需要注意的问题

传感器颜色识别时要避免外界光线的干扰，否则会影响颜色识别的结果。在测量电路板上，需要在传感器四周放置白光光源，如使用高亮度白光 LED 作为光源（散射），使被测物体有光线均匀照射。当第一次使用 TCS230 时，或者 TCS230 识别模块重启动、更换光源等情况时，都需要进行白平衡调整。

4.9.3 设计与实践

1. 根据加速度芯片 ADXL202 的特性，设计一个加速度测量电路，并通过单片机系统采集和显示加速度值。

2. 选用颜色传感器 TCS230，设计一个颜色识别电路，测量颜色：红、黄、绿，用红、黄、绿 LED 指示灯代表所测量的颜色。

第5章 自动控制电路技术

在工业和科技等各个方面，自动控制系统的应用越来越广泛，起到越来越重要作用。自动控制理论和技术很早就受到人们的重视，并得到了迅速发展，随着新技术的应用，特别是计算机技术的发展，为自动控制系统提供了巨大的发展空间。自动控制电路是运用模拟电路、数字电路技术结合传感器、驱动器对机电设备进行自动控制的电子装置，即通过闭环调节（有反馈电路）达到高精度、高效能的控制。

5.1 自动控制系统的组成和指标

在工业生产和科学研究中，对压力、温度、流量和液位等参数的控制，都要应用到测量和自动控制技术。在自动控制领域里，测控技术不仅使生产过程实现自动化，而且极大地提高了生产率和产品质量，并且在人类征服自然和发展空间技术等方面起到了极为重要的作用。

5.1.1 自动控制系统的组成

一个完整的自动控制系统，一般要包括测量单元、比较单元、运算处理单元、执行单元和校正单元。

1. 测量单元

测量单元一般由传感器组成，其功能是将被控量检测出来，并且按控制电路的要求转换成可处理的量，如物体位移转换成电压信号、车轴转动转换成脉冲信号等，如果测量信号微弱，需要信号放大处理。测量单元的精度直接影响控制系统的性能，因此应尽量采用精度高的测量元件。

2. 比较单元

比较单元是将测量单元输出的信号与设定的参考信号进行比较，并且产生偏差信号，该信号可作为后续系统控制的依据。在模拟电子线路控制系统中，由电压比较器电路和加法器电路等组成比较单元；在数字电路控制或计算机控制中，由运算电路或程序计算等方法产生偏差信号。

3. 运算处理单元

在自动控制系统中，为了使控制系统有效地工作，对经过比较单元后的信号要进行运算处理（调节），如放大、超前、滞后处理等。例，温度测量信号相对滞后，运算处理一般要加入超前处理模块。

4. 执行单元

该单元具有驱动功能，它接收运算处理单元输出的信号，经过功率放大，产生动作去改变被控制量，使被控制量按照控制要求的规律变化。比如，在电机转速控制中，运算处理单元输出的信号，需要通过功率放大芯片或装置控制电机。

5. 校正单元

按上述基本单元构成的测控系统，有的还会产生偏差，比如系统在控制过程中可能会产生滞后、振荡或误差等。为此，有的控制系统需要加入能提高系统性能的校正单元或元件。根据控制系统的结构，有串联校正和反馈校正，有时为了更有效地提高系统的控制性能，同时加入了串联校正和反馈校正。

5.1.2 开环控制与闭环控制

1. 开环控制

开环控制是控制系统的被控制单元所输出的信号对系统没有影响，其控制框图如图 5-1 所示。在开环控制系统中，既不需要对被控制对象输出进行反馈，也不需要有比较环节。这样，对一个确定的参考输入就有了一个与之对应的被控制量输出，系统的精度取决于控制器和被控对象的性能稳定。开环控制系统的各部分参数值，在工作过程中，都必须保持在事先校准的量值上。

图 5-1　开环控制系统

显然，当被控对象出现干扰时，会引起被控制量的变化，而且对参考输入没有提示。例如一个直流电机控制电路，在正常情况下电机转速正常，当电机负载发生变化，转速降低时，系统不能保证电机保持原有的速度。这就是说明开环控制系统没有抗干扰的能力。

开环控制系统结构简单，容易建造。一般来说，当系统的被控制量的变化预先知道，并且对系统可能出现的干扰可以有办法抑制时，开环控制是有一定优越性的。

2. 闭环控制

闭环控制是系统的被控制单元所输出信号对系统控制有影响，其控制框图如图 5-2 所示。在闭环控制系统中，需要对被控制对象进行不断地测量，并反馈到比较环节与参考信号进行比较，产生偏差信号，实现自动控制。

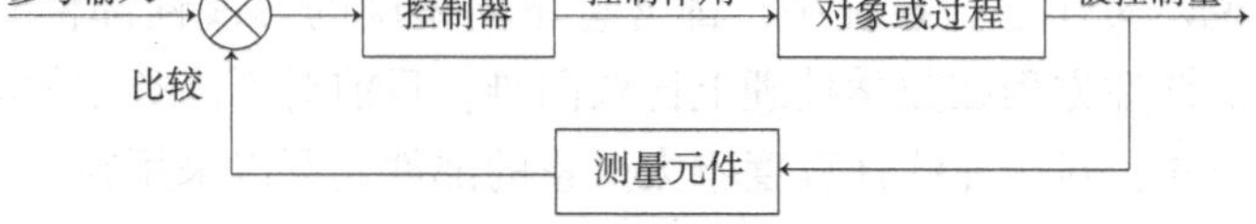

图 5-2　闭环控制系统

闭环控制的实时调节可以构成精确的控制系统，而开环系统则做不到这一点。单从系统的稳定性来考虑，如果闭环控制系统参数设置不当，可能会引起系统振荡，甚至会使得系统不稳定，因此闭环控制系统的稳定性是一个需要考虑的问题。

5.1.3 控制系统的类型

控制系统有不同的类型。按控制方式，可分为开环控制、闭环控制和复合控制等；按控制元件的类型，可分为机械、电路、机电、液压和气动控制系统等；按控制系统功能，可分为温度控制、压力控制、流量控制和位置控制等；按控制系统性能，可分为线性系统（满足叠加关系）和非线性系统、连续系统和离散系统（计算机控制系统）、定常系统和时变系统、确定系统和不确定系统等；按控制系统中参考信号的性质，可分为定值和随动系统。大多情况下，测控系统是上述各种分类方法的组合应用。下面按控制系统性能，介绍几种控制类型。

1. 线性连续控制

这类系统可以用线性微分方程来描述，方程中的系数是常数时，称为定常系统；当方程中的系数随时间变化时，称为时变系统。线性定常连续系统按其输入信号的变化不同，又分为定值控制系统、随动控制系统和程序控制系统。

定值控制系统的参考输入信号为一个恒定的常量，要求被控制量也是一个常量。但由于扰动的影响，被控制量会出现偏差，控制系统是根据偏差信号产生控制动作，克服扰动的影响，使被控制量恢复到原来的值。

随动控制系统的参考输入信号为事先未知的任意时间函数，要求被控制量以尽可能小的误差、尽快的速度跟随给定量的变化，该系统又称为跟踪系统。在随动控制系统中，扰动的影响是次要的，系统的设计要点是被控制量跟随的快速性和准确性。在机械位置随动控制中，该系统又称为伺服系统。

程序控制系统的参考输入信号是预定地按时间变化的函数，要求被控制量根据给定迅速、准确地变化，如机械加工用的数控机床就是按事先编好的程序完成零件的加工的。

2. 线性定常离散控制系统

离散系统是指系统中全部或部分信号具有离散形式，通常是时间间隔相等的脉冲序列或数字序列，例如计算机按一定的采样间隔对连续信号进行采集。在现代工业控制系统中广泛采用数字化技术，通常把数字序列形式的离散系统，称为数字控制系统或计算机控制系统。另外，有些被控制量输出本身就是脉冲信号形式，如光电形式的码盘输出，此时在进行采集和比较环节中，是通过编码的比较产生控制信号，该数字信号通过相应驱动装置控制系统。

3. 非线性控制系统

在测控系统中，只要有一个部件的输入/输出特性是非线性的，这类系统就称为非线性控制系统。严格地说，实际控制系统中，都含有不同程度的非线性部件，如机械部件的死区、间隙等。由于非线性方程在数学处理上比较困难，目前对不同类型的非线性控制系统的研究还没有统一的方法。对于非线性程度不太严重的部件，可以采用在一定范围内线性化的方法，从而将非线性控制系统近似为线性控制系统。

5.1.4 控制系统的基本要求

对于一个反馈（闭环）控制系统，最基本的要求是工作稳定，同时对准确性、快速性也要提出要求。上述的要求通常是通过系统反映特定输入信号的过渡过程及稳态的一些特征值来表征的。过渡过程是指反馈系统的被控制量，在受到输入信号作用下，由原来的平衡状态变化到新的平衡状态时的过程。

一个自动控制系统，要根据被控对象的性质，随时对给定信号或反馈信号变化进行调节，如 PID（比例、积分和微分）调节等，以最优化的控制过程完成控制任务。一般情况下对控制系统的要求有稳定性、快速性和准确性几个方面。

1. 系统的稳定性

稳定性是保证控制系统正常工作的先决条件。一个稳定的控制系统，被控制量偏离期望值的初始偏差应随时间的增长逐渐减小并趋于零，从原理上讲，在一个单位阶跃信号的作用下，稳定控制系统的过渡过程曲线随着时间的推移而收敛，并最终趋于一个稳态值。反之，如果系统的过渡过程曲线随着时间的推移振荡或发散，系统达不到平衡状态，则这类系统是不稳定的。不稳定系统在控制过程中是不能起到自控作用的。

2. 系统的快速性

为了很好地完成控制任务，控制系统仅满足稳定性的要求是不够的，还必须对其过渡过程的形式和快慢提出要求，一般又称为系统的动态性能。例如，随动控制系统，虽然控制过程能最终跟踪目标，但如果给定信号的变化迅速，跟踪目标的过渡过程时间过长，就不可能完成控制要求。为了提高系统的快速性，一般是在控制中加入超调量，这样有时会使系统振幅加大，对执行机构造成冲击，因此对控制系统的过渡过程时间和最大振幅一般都有具体要求。

3. 系统的准确性

在理想状态下，控制系统的过渡过程结束后，被控制量达到的稳态值应该与期望值一致。但实际上，由于系统结构、摩擦及间隙等非线性因素的影响，被控制量的稳态值与期望值会有误差存在，称为稳态误差。稳态误差越小，表示系统的准确性越好，控制精度越高。稳态误差是衡量控制系统精度的重要指标，在控制系统中有具体要求。

由于被控对象的具体情况不同，各种系统对上述三项性能指标的要求应有所侧重。例如定值系统一般对稳态性能限制比较严格，随动系统一般对动态性能要求较高。

同一个系统，上述三项性能指标之间往往是相互制约的。提高过程的快速性，可能会引起系统振荡；改善了平稳性，控制过程又可能很迟缓，甚至使最终精度也很差。在实际应用中，可以根据实际情况，综合地设计和调试一个有效的控制系统。

5.1.5 设计与实践

1. 结合开环和闭环的特性，分析一下，什么场合使用开环控制系统，什么场合使用闭环控制系统。
2. 对自动控制系统的稳定性、快速性和准确性指标，如何综合分析和应用。

5.2 自动控制系统的电子线路

自动控制是一个闭环的系统，在自控电路中是通过传感电路和比较电路对系统相关环节调整，以达到控制要求。自动控制理论公式虽然计算复杂，但一旦构成一个完整的控制系统后，却是一个非常严谨的系统，可以通过对系统中的参数的调整，可以改变系统的控制过程。另外，自动控制系统的设计环节是理论与实践结合的典范，通过电路实验能直观看到系统参数的改变对系统的实际控制过程，从而加深理论公式的内涵。

5.2.1 控制系统典型环节

任何一个复杂系统，总可以看成由一些典型环节组合而成。掌握这些典型环节的特点，可以更方便地分析复杂系统内部各个单元的联系。通过实验，可观察和分析各典型环节的阶跃响应曲线，了解电路参数对典型环节动态/稳态特性的影响。

1. 比例环节的阶跃响应

比例环节又称为放大环节，其输出量与输入量之间的关系为一种固定的比例关系。具有比例控制规律的控制器也称为P控制器，典型比例环节的传递函数为

$$G(s) = \frac{U_o(s)}{U_i(s)} = K \tag{5-1}$$

式中，K为放大倍数，单位阶跃响应为

$$U_o(t) = K \tag{5-2}$$

比例环节控制器是自动控制系统中应用最多的一种，其最大优点就是控制及时、迅速。只要有偏差产生，控制器立即产生控制作用。但是，不能最终消除余差的缺点限制了它的单独使用。

在具体电路上，比例环节是一个具有可调增益的放大器。在信号变换过程中，比例环节控制器只改变信号的增益或相位。关于比例环节电路，在第2章中有详细介绍，如由运放组成的反相放大器和同相放大器，应用时需要注意的是各环节之间匹配。

2. 惯性环节的阶跃响应

实际自控系统中，惯性环节是比较常见的，典型惯性环节控制电路如图5-3所示，惯性环节的传递函数为

$$G(s) = \frac{U_o(s)}{U_i(s)} = \frac{K}{1+Ts} \tag{5-3}$$

式中，$K=R_2/R_1$；$T=R_2C$，单位阶跃响应为

$$U_o(t) = K(1-e^{-\frac{t}{T}}) \tag{5-4}$$

惯性环节的特点是当输入量发生变化时，输出量不能突变，只能按指数规律逐渐变化。

惯性环节控制电路实验参数选取如下：$R_1=100\text{k}\Omega$，$R_2=200\text{k}\Omega$，$R_3=68\text{k}\Omega$，$C=0.01\mu\text{F}$。为了连续观察该环节的阶跃信号的响应，可在电路的输入端接信号发生器，输入波形为方波，频率$f=200\text{Hz}$，幅度$U_{pp}=1\text{V}$。用示波器第一通道测量输入信号，第二通道测量电路的输出端U_o，观测电路输出端对阶跃响应曲线$U_o(t)$，注意放大电路是反相输出。改变系统的时间常数，即改变电容C和反馈电阻R_2的值。记录、分析惯性环节的阶跃信号响应。

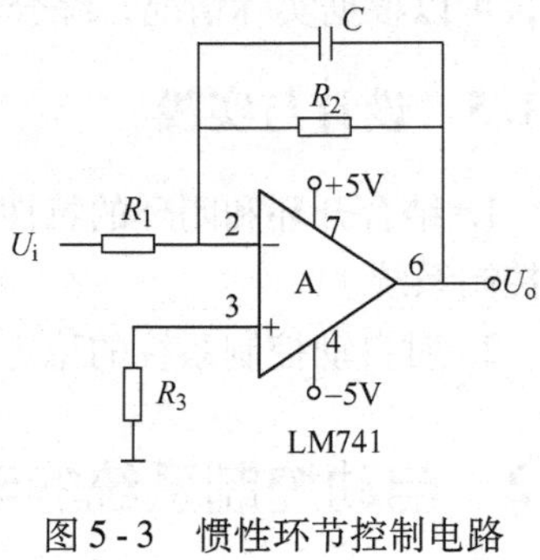

图5-3　惯性环节控制电路

3. 积分环节的阶跃响应

具有积分控制规律的控制器也称为I控制器。在控制系统设计中，常用积分环节来改善系统的稳态性能。积分环节电路如图5-4所示，积分环节的传递函数为

$$G(s) = \frac{U_o(s)}{U_i(s)} = \frac{1}{Ts} \tag{5-5}$$

式中，$T=R_1C$，单位阶跃响应为

$$U_o(t) = \frac{1}{T}t \tag{5-6}$$

积分环节控制器是自动控制系统中应用最多的环节之一，积分环节的特点是它的输出量为输入量对时间的积累，积分控制器的输出不仅与输入偏差的大小有关，而且还与偏差存在的时间有关。只要偏差存在，输出就会不断累积（输出值向期望值逼近），一直到偏差为零，积分控制可以消除余差，积分控制规律又称为无差控制规律。

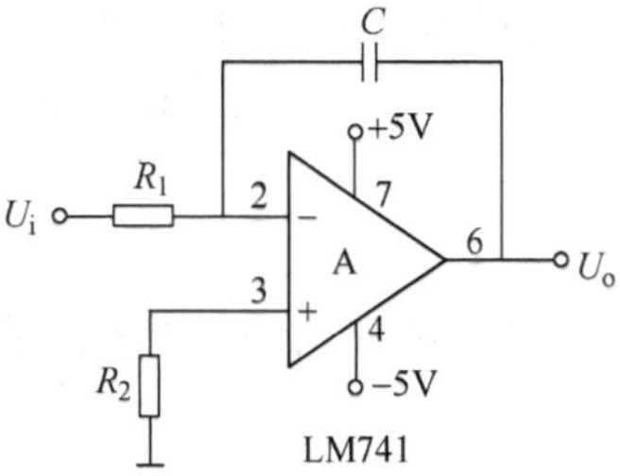

图 5-4　积分环节控制电路

积分控制虽然能消除余差，但它存在着控制不及时的缺点，不能及时有效地克服干扰的影响，难以使控制系统稳定下来。为此，它常常与比例环节配合，这样取二者之长，互相弥补，既有比例控制作用迅速及时的能力，又有积分控制作用消除余差的能力。

积分环节控制电路实验参数选取如下：$R_1=200\text{k}\Omega$，$R_2=200\text{k}\Omega$，$C=0.01\mu\text{F}$。将函数发生器接电路的输入端 U_i，选择频率为 200Hz 的方波信号，其幅度变化范围 −0.5 ~ +0.5V。用示波器第一通道接信号发生器的输入信号，第二通道（交流挡）接电路的输出端 U_o，观测电路输出端的实际响应曲线 $U_o(t)$。改变系统参数，即电容 C 的值，记录、分析积分环节的阶跃信号响应。

4. 微分环节（实际微分环节）**的阶跃响应**

微分环节是自动控制系统中经常应用的环节，也称为 D 控制器。微分环节的特点是动作迅速，在暂态过程中，输出量为输入量的微分，它具有超前调节的功能，所以常用来改善系统的动态特性，微分环节的不足之处是不能消除余差，很少单独使用。

理想微分环节在阶跃输入作用下的输出响应为一理想脉冲（实际上无法实现），当阶跃扰动来临时，理想微分环节带来的调节输出是无穷大的。为了工程应用方便，人们设计了实际微分环节。实际微分环节控制电路如图 5-5 所示，实际微分环节的传递函数为

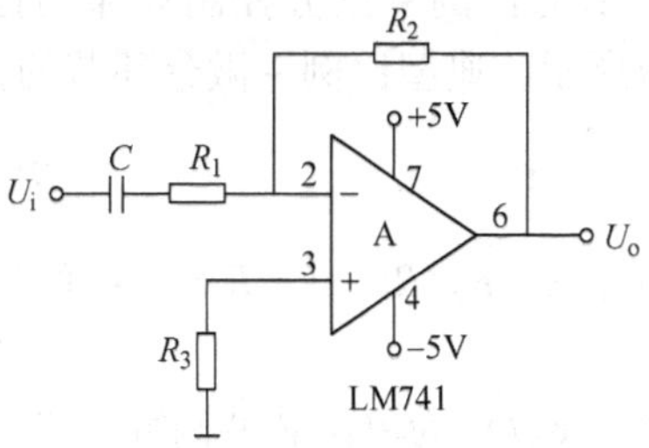

图 5-5　实际微分环节控制电路

$$G(s) = \frac{U_o(s)}{U_i(s)} = \frac{Ts}{1+Ts}K \tag{5-7}$$

式中，$T=R_1C$；$K=R_2/R_1$。单位阶跃响应为

$$U_o(t) = Ke^{-\frac{t}{T}} \tag{5-8}$$

需要指出的是，因为微分控制只对动态过程起作用，而对稳态过程没有影响，且对系统噪声非常敏感，所以单一的微分控制器在任何情况下都不宜与被控对象串联起来单独使用。通常，微分控制规律总是与比例控制规律或比例 − 积分控制规律结合起来的，构成组合的 PD 或 PID 控制器应用于实际的控制系统。

实际微分环节控制电路实验参数选取如下：$R_1=100\text{k}\Omega$，$R_2=R_3=200\text{k}\Omega$，$C=0.01\mu\text{F}$。将函数发生器的输出接电路的输入端 U_i，选择频率为 200Hz、幅度为 1V 的方波信号，用示波器第一通道接信号发生器的输入信号，第二通道接电路的输出端 U_o，观测电路输出端的实际响应曲线 $U_o(t)$。改变系统参数，即微分电容 C 的值，记录、分析微分环节的阶跃信号

响应。

5. 比例－积分环节的阶跃响应

具有比例－积分控制规律的控制器也称为 PI 控制器。比例－积分环节控制电路如图5-6所示，比例－积分环节的传递函数为

$$G(s) = \frac{U_o(s)}{U_i(s)} = K\left(1 + \frac{1}{Ts}\right) \tag{5-9}$$

式中，$K=R_2/R_1$；$T=R_2C$，单位阶跃响应为

$$U_o(t) = K\left(1 + \frac{t}{T}\right) \tag{5-10}$$

PI 控制器中的积分控制规律具有对输入信号有累加作用，可以减小系统的稳态误差，提高系统精度，改善系统的稳态性能。控制电路中，由于引入积分作用能消除余差，弥补了纯比例控制的缺陷，获得较好的控制质量。但是，积分作用的引入会影响系统的稳定性。对于有较大惯性滞后的控制系统，在设计电路时要合理规划积分常数。

比例－积分环节控制电路实验参数选取如下：$R_1=100\text{k}\Omega$，$R_2=200\text{k}\Omega$，$R_3=100\text{k}\Omega$，$C=0.01\mu\text{F}$。将函数发生器接电路的输入端 U_i，选择频率为200Hz、幅度为1V 的方波信号，用示波器第一通道接信号发生器的输入信号，第二通道（交流挡）接电路的输出端 U_o，观测电路输出端的实际响应曲线 $U_o(t)$。改变时间常数及放大器 A_1的放大倍数，即改变电容 C 和反馈电阻 R_2的值，记录、分析比例积分环节的阶跃信号响应。

6. 比例－微分环节的阶跃响应

具有比例－微分控制规律的控制器也称为 PD 控制器。比例－微分环节控制电路如图5-7所示，典型比例－微分环节的传递函数为

$$G(s) = \frac{U_o(s)}{U_i(s)} = K(1 + Ts) \tag{5-11}$$

式中，$K=R_2/R_1$；$T=R_1C$，单位阶跃响应为

$$U_o(t) = K(1 + T\delta(t)) \tag{5-12}$$

式中，$\delta(t)$ 为单位脉冲函数。PD 控制器中的微分作用比单纯的比例作用更快，能反应输入信号的变化趋势，产生有效的早期修正信号，尤其是对容量滞后大的对象，可以减小动偏差的幅度，节省控制时间，显著改善控制质量。

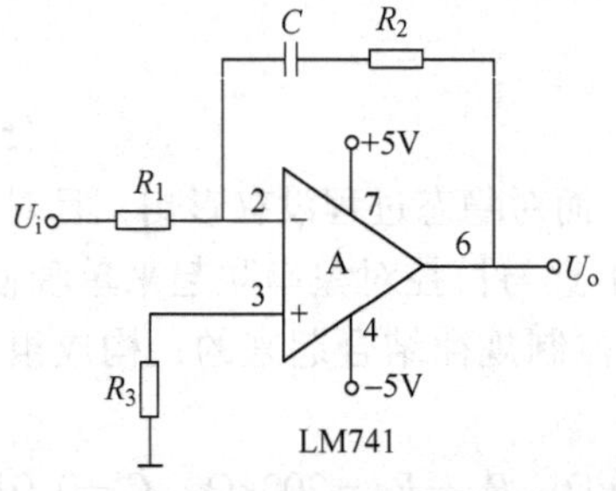

图5-6　比例－积分环节控制电路

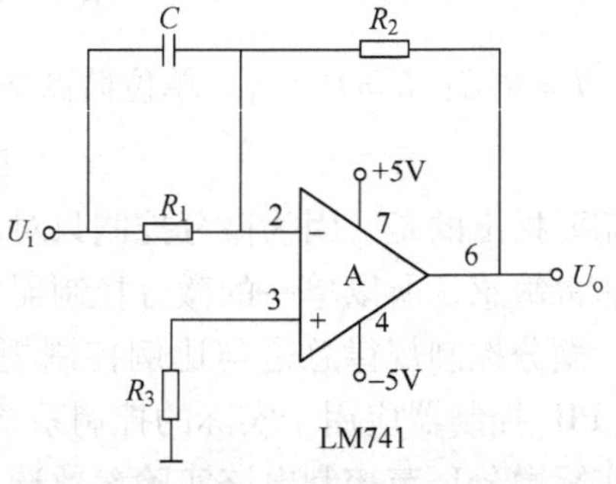

图5-7　典型比例－微分环节控制电路

比例－微分环节控制电路实验参数选取如下：$R_1=100\text{k}\Omega$，$R_2=200\text{k}\Omega$，$R_3=68\text{k}\Omega$，$C=0.01\mu\text{F}$。将函数发生器接电路的输入端 U_i，选择频率为200Hz、幅度为1V 的方波信号，用

示波器第一通道接信号发生器的输入信号，第二通道接电路的输出端 U_o，观测电路输出端的实际响应曲线 $U_o(t)$。改变电容 C 和反馈电阻 R_2 的值，记录、分析比例 - 微分环节的阶跃信号响应。

7. 比例 - 积分 - 微分环节的阶跃响应

具有比例 - 积分 - 微分控制规律的控制器也称为 PID 控制器，在工业过程控制中，广泛使用 PID 控制器。比例 - 积分 - 微分环节控制电路如图 5-8 所示，其传递函数为

$$G(s) = \frac{U_o(s)}{U_i(s)} = K_p\left(1 + \frac{1}{T_I s} + T_D s\right) \tag{5-13}$$

式中，$K_p = \dfrac{\tau_1 + \tau_2}{T_i}$；$T_I = \tau_1 + \tau_2$；$T_D = \dfrac{\tau_1 \tau_2}{\tau_1 + \tau_2}$；$T_i = R_1 C_2$；$\tau_1 = R_1 C_1$；$\tau_2 = R_2 C_2$。

单位阶跃响应为

$$U_o(t) = K_p + T_D \delta(t) + \frac{1}{T_I} t \tag{5-14}$$

式中，$\delta(t)$ 为单位脉冲函数。当系统加入 PID 控制器后，集三者之长，既有比例作用的及时迅速，又有积分作用的消除余差能力，还有微分作用的超前控制功能。PID 系统不仅能提高系统的稳态精度，而且能大大改善控制系统的静、动态性能。

比例 - 积分 - 微分环节控制电路实验参数选取如下：$R_1 = R_3 = 100\text{k}\Omega$，$R_2 = 200\text{k}\Omega$，$C_1 = C_2 = 0.01\mu\text{F}$。将函数发生器接电路的输入端 U_i，选择频率为 200Hz、幅度为 1V 的方波信号，用示波器第一通道接信号发生器的输入信号，第二通道接电路的输出端 U_o，观测电路输出端的实际响应曲线 $U_o(t)$。改变电容 C_1、C_2 和电阻 R_1、R_2 的值，记录、分析 PID 环节的阶跃信号响应。

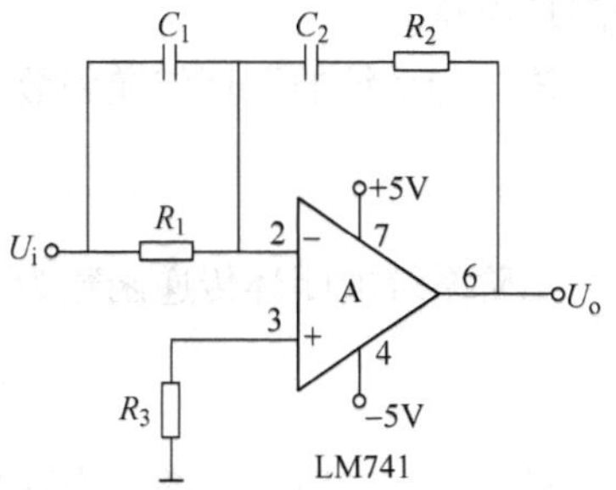

图 5-8　比例 - 积分 - 微分（PID）环节控制电路

PID 控制器的参数整定是控制系统设计的核心内容。它是根据被控过程的特性确定 PID 控制器的比例系数、积分时间和微分时间的大小。PID 控制器参数整定的方法很多，概括起来有两大类：一是理论计算整定法，它主要是依据系统的数学模型，经过理论计算确定控制器参数，这种方法所得到的计算数据未必可以直接使用，还必须通过实际工程进行调整和修改；二是工程整定方法，它主要依赖工程经验，直接在控制系统的试验中进行，且方法简单、易于掌握，在工程实际中被广泛采用。

对于工程整定方法，PID 控制器主要有临界比例法、反应曲线法和衰减法。三种方法各有其特点，其共同点都是通过试验，然后按照工程经验公式对控制器参数进行整定。但无论采用哪一种方法所得到的控制器参数，都需要在实际运行中进行最后调整与完善。

目前 PID 控制器一般采用的是临界比例法，利用该方法进行 PID 控制器参数的整定有三个步骤：首先是预选择一个足够短的采样周期让控制系统工作；其次是仅加入比例控制环节，直到系统对输入的阶跃响应出现临界振荡，记下这时的比例放大系数和临界振荡周期；最后是在一定的控制方式下通过公式计算得到 PID 控制器的参数。实际应用时，控制器各部分的参数需要在系统现场调试中最后确定。

5.2.2 线性定常系统电路的瞬态响应和稳定性分析

定常系统的特点是系统的全部参数不随时间变化，又称为时不变系统，它用定常微分方程来描述。在电子线路自动控制系统中，所组成的电路大多属于这一类系统。

控制系统的性能可以用稳、准、快三个字来描述。稳是指系统的稳定性，一个系统要能正常工作，首先必须是稳定的，从阶跃响应上看应该是收敛的；准是指控制系统的准确性、控制精度，通常用稳态误差来描述，它表示系统输出稳态值与期望值之差；快是指控制系统响应的快速性，通常用上升时间来定量描述。

对于自控系统的电路设计，一般是要了解和掌握典型二阶、三阶系统传递函数及控制电路的构成，如通过电路实验分析典型二阶闭环系统在欠阻尼、临界阻尼、过阻尼的瞬态响应。对于欠阻尼二阶闭环系统，还要知道在阶跃信号输入时的一些动态性能指标的值，如超调量 M_p、峰值时间 t_p 和调节时间 t_s 等，并与理论计算值作对比。

1. 二阶系统的单位阶跃瞬态响应和稳定性

图 5-9 所示为一个二阶单位反馈系统原理框图，该系统由一个积分环节和一个惯性环节组成，并通过反馈和比较环节形成闭环回路。

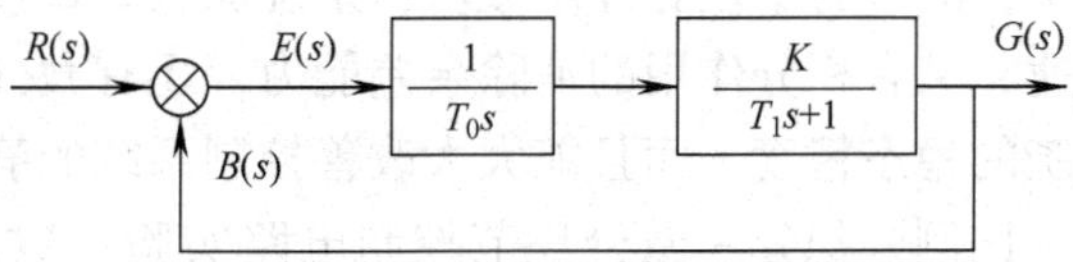

图 5-9　典型二阶闭环系统原理框图

该二阶系统的开环传递函数为

$$G(s) = \frac{K}{T_0 s(T_1 s + 1)} \tag{5-15}$$

二阶系统的闭环传递函数为

$$G(s)H(s) = \frac{K}{T_0 T_1 s^2 + T_0 s + K} \tag{5-16}$$

对于一个二阶系统的标准环传递函数式来说，有下面的公式

$$\Phi(s) = \frac{\omega_n^2}{s^2 + 2\xi\omega_n s + \omega_n^2} \tag{5-17}$$

对比式（5-16）和式（5-17），得

$$\omega_n = \sqrt{\frac{K}{T_0 T_1}}, \xi = \frac{1}{2}\sqrt{\frac{T_0}{KT_1}}$$

若设 $T_0 = 1\text{s}$，$T_1 = 0.2\text{s}$，则 $\omega_n = \sqrt{5K}$，$\xi = \sqrt{1.25/K}$。由此可知，调节开环增益 K 值，就能同时改变系统无阻尼自然振荡频率 ω_n 和阻尼系数 ξ 的值，从而得到过阻尼（$\xi > 1$）、临界阻尼（$\xi = 1$）和欠阻尼（$\xi < 1$）三种情况下的阶跃响应曲线。

当 $K > 1.25$ 时，$0 < \xi < 1$，此时系统处在欠阻尼状态，它的单位阶跃响应曲线如图 5-10 中曲线①所示，欠阻尼过度过程响应快，有超调，需要振荡几次；当 $K = 1.25$ 时，$\xi = 1$，此时系统处在临界阻尼状态，它的单位阶跃响应曲线如图 5-10 中曲线②所示；当 $0 < K < 1.25$ 时，$\xi > 1$，此时系统工作在过阻尼状

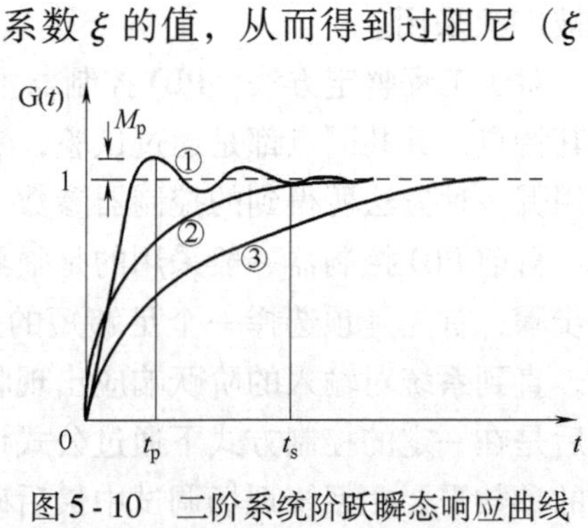

图 5-10　二阶系统阶跃瞬态响应曲线

态，它的单位阶跃响应曲线如图 5-10 中曲线③所示，过阻尼状态和临界阻尼状态时的单位阶跃响应一样，为单调的指数上升曲线，但上升速度有所不同。

由该二阶单位反馈系统原理框图设计的闭环系统控制电路如图 5-11 所示，电路中 A_1 是一个加法器，反馈信号与给定信号要在此进行比较，A_2 是积分环节，A_3 是惯性环节，A_4 是反相器（观察输出波形时与输入同相）。设该二阶闭环控制系统的积分时间常数 $T_0=1s$，惯性环节时间常数 $T_1=0.2s$。

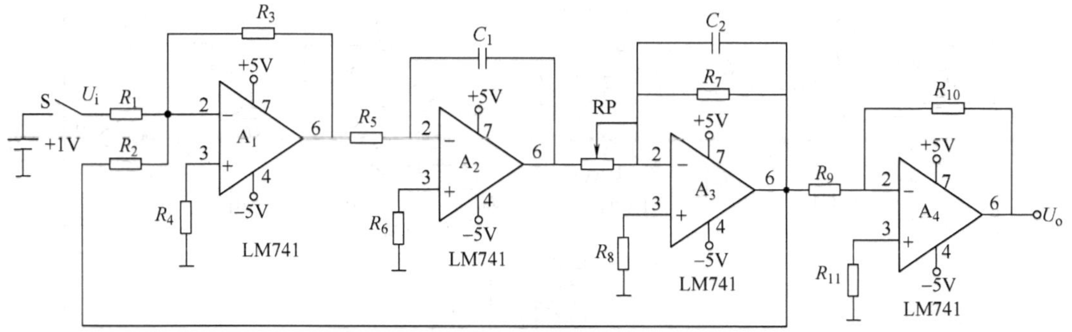

图 5-11　二阶闭环系统控制电路

给出二阶闭环系统控制电路实验参数为：$R_1=R_2=R_3=10\text{k}\Omega$，$R_4=3.3\text{k}\Omega$，$R_5=R_6=1\text{M}\Omega$，$R_7=200\text{k}\Omega$，$R_8=10\text{k}\Omega$，$R_9=R_{10}=10\text{k}\Omega$，$R_{11}=5.1\text{k}\Omega$，$\text{RP}=50\text{k}\Omega$，$C_1=C_2=1\mu\text{F}$。此时，$K=R_7/R$，$T_0=R_5C_1=1s$，$T_1=R_7C_2=0.2s$。

实验时，用示波器接电路的输出端 U_o（TIM/DIV = 500ms），通过开关 S 闭合，观测输出端的实际响应曲线 $U_o(t)$，记录系统对阶跃响应过程。使用数字示波器时，可以选择波形录制，记录输出过程。调节电位器 RP，使控制系统能处于振荡、欠阻尼、临界阻尼和过阻尼状态。对于欠阻尼，可用示波器测量标尺测出超调量 M_p、峰值时间 t_p 和调节时间 t_s，并研究其参数变化对动态性能和稳定性的影响。

改变积分时间常数 T_0 和惯性时间常数 T_1，理论计算控制系统的过度参数。更新电路的参数，测量、记录三阶系统单位阶跃响应曲线，与理论计算值进行比较，分析实验结果。

2. 三阶系统的瞬态响应和稳定性

一个三阶单位反馈系统的原理框图如图 5-12 所示，该系统由一个积分环节和两个惯性环节组成，并通过反馈回路和比较环节形成闭环回路。

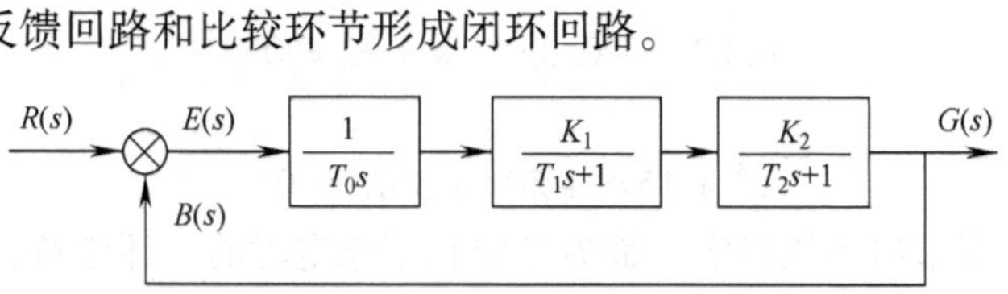

图 5-12　典型三阶闭环系统框图

三阶系统的开环传递函数为

$$G(s)=\frac{K_1K_2}{T_0s(T_1s+1)(T_2s+1)}=\frac{K}{s(T_1s+1)(T_2s+1)} \tag{5-18}$$

其中，开环增益 $K=\dfrac{K_1K_2}{T_0}$，系统的闭环传递函数为

$$G(s)H(s) = \frac{K}{T_0 s(T_1 s + 1)(T_2 s + 1) + K} \tag{5-19}$$

由该闭环传递函数设计的三阶闭环系统控制电路如图 5-13 所示。它由比较电路（A_1）、积分环节（A_2）、两个惯性环节（A_3和A_4）、反馈回路（A_5仅作为反相器）构成。设三阶闭环控制系统的积分时间常数 $T_0 = 1\mathrm{s}$，惯性环节时间常数 $T_1 = 0.1\mathrm{s}$，$T_2 = 0.2\mathrm{s}$。

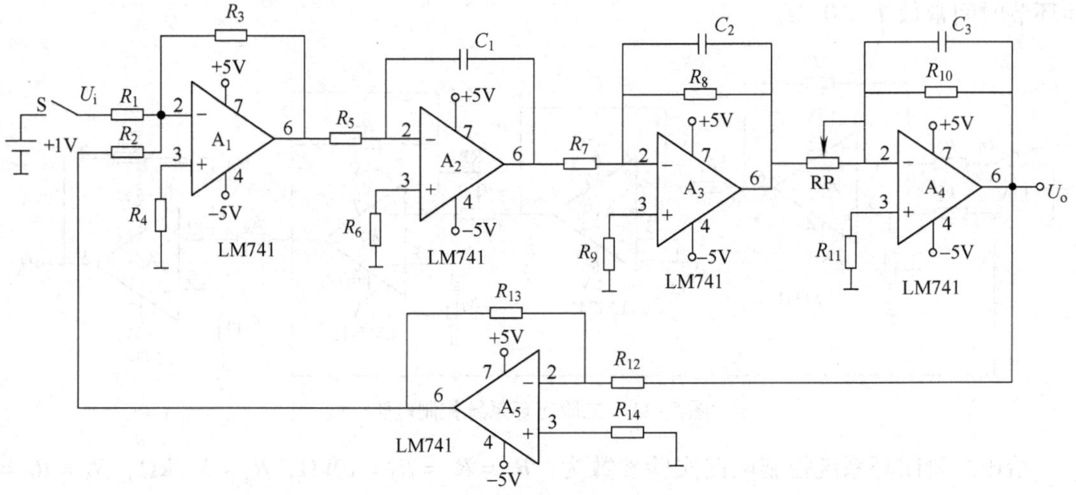

图 5-13　三阶闭环系统控制电路

给出三阶闭环控制系统的电路参数为：$R_1 = R_2 = R_3 = R_{12} = R_{13} = 10\mathrm{k\Omega}$，$R_4 = 3.3\mathrm{k\Omega}$，$R_5 = R_6 = 1\mathrm{M\Omega}$，$R_7 = R_8 = 100\mathrm{k\Omega}$，$R_9 = R_{11} = 51\mathrm{k\Omega}$，$R_{10} = 200\mathrm{k\Omega}$，$R_{14} = 5.1\mathrm{k\Omega}$，$\mathrm{RP} = 50\mathrm{k\Omega}$，$C_1 = C_2 = C_3 = 1\mathrm{\mu F}$。此时，$K_1 = R_8/R_7 = 1$，$K_2 = R_{10}/R = 200/R$，$T_0 = R_5C_1 = 1\mathrm{s}$，$T_1 = R_8C_2 = 0.1\mathrm{s}$，$T_2 = R_{10}C_3 = 0.2\mathrm{s}$。

代入各环节参数后，三阶系统控制电路的开环传递函数为

$$G(s) = \frac{200/R}{s(0.1s + 1)(0.2s + 1)}$$

式中，R 的单位为 kΩ。设 $K = 200/R$，由系统的特征方程可得到

$$s(0.1s + 1)(0.2s + 1) + K = 0$$

展开得到

$$0.02s^3 + 0.3s^2 + s + K = 0$$

或

$$s^3 + 15s^2 + 50s + 50K = 0$$

用劳斯稳定性判据求出系统稳定、临界稳定和不稳定时的开环增益，列出劳斯表如下：

$$\begin{array}{lcc}
s^3 & 1 & 50 \\
s^2 & 15 & 50K \\
s^1 & \dfrac{15 \times 50 - 50K}{15} & 0 \\
s^0 & 50K &
\end{array}$$

设系统的特征方程为

$$As^3 + Bs^2 + Cs + D = 0$$

系统稳定条件为：$B>0$，$D>0$，$B\times C-D>0$。

由 $15\times 50-50K>0$，$50K>0$，得到系统的稳定范围为

$$0<K<15$$

由 $15\times 50-50K=0$，得到系统临界稳定时 K 为

$$K=15$$

由 $15\times 50-50K<0$，得到系统的不稳定范围为

$$K>15$$

将 $K=200/R$ 代入得到

$R>13.3\text{k}\Omega$　　（系统稳定）

$R=13.3\text{k}\Omega$　　（系统临界稳定）

$R<13.3\text{k}\Omega$　　（系统不稳定）

对于单位阶跃信号响应，控制系统有稳定、临界稳定和不稳定三种情况，系统稳定时输出波形如图 5-14a 所示，系统临界稳定时输出波形如图 5-14b 所示，系统不稳定时输出波形如图 5-14c 所示。

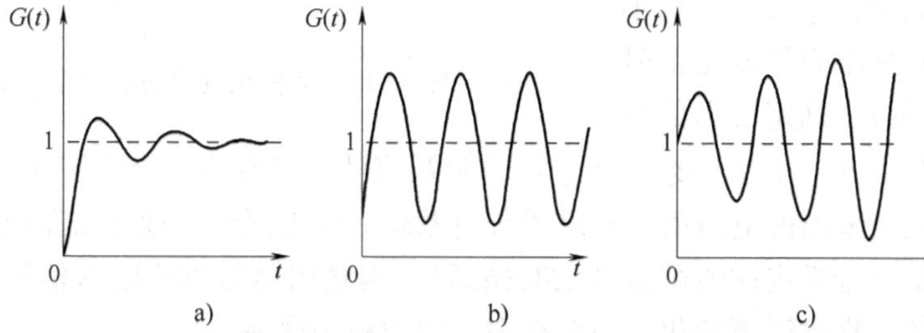

图 5-14　三阶闭环控制系统输出波形

a）系统稳定　b）系统临界稳定　c）系统不稳定

对于三阶闭环控制系统电路实验，用示波器接电路的输出端 U_o（TIM/DIV = 500ms），通过闭合开关 S，观测输出端的实际响应曲线 $U_o(t)$，记录系统对阶跃响应过程。调节电位器 RP，使控制系统能处于稳定、临界稳定和不稳定状态，在系统的稳定状态下，用示波器测量标尺测量超调量 M_p、峰值时间 t_p 和调节时间 t_s，并研究其参数变化对动态性能和稳定性的影响。

根据三阶闭环控制系统传递函数，分别改变 T_0、T_1 和 T_2 的值，理论计算系统稳定、临界稳定和不稳定的 K 值。更新实验电路的参数，通过实验观察三阶系统单位阶跃响应曲线，与理论计算值进行比较，分析实验结果。

5.2.3　线性控制系统稳态误差

对于一个稳定的自动控制系统而言，稳态误差反应系统的控制精度，是控制系统的稳态性能指标。在实际系统中，引起稳态误差的因素是多种多样的，一个线性系统的稳态误差除与其结构及参数有关外，还和系统的外部输入信号形式有关。系统的稳定性能指标达到要求后，对于它的稳态误差指标，各系统不尽相同，本节是通过惯性系统和有积分环节系统对单位阶跃信号作用下的响应，得到对应电路的实际稳态误差。

工程上以积分环节个数来定义系统结构类型，即系统没有积分环节，称 0 型系统；系统有一个积分环节，称Ⅰ型系统；系统有两个积分环节，称Ⅱ型系统。

1. 惯性系统对单位阶跃信号的响应

自动控制系统对给定输入信号作用下所产生的稳态误差，称为给定稳态误差。它反映了系统对给定输入信号在稳态时的跟踪能力（跟踪精度）。某惯性系统稳态误差模拟实验电路如图 5-15 所示。电路参数选取如下：$R_1=R_2=R_3=10\text{k}\Omega$，$R_4=3.3\text{k}\Omega$，$R_5=100\text{k}\Omega$，$R_6=200\text{k}\Omega$，$R_7=68\text{k}\Omega$，$R_8=R_9=10\text{k}\Omega$，$R_{10}=5.1\text{k}\Omega$，$C_1=1\mu\text{F}$。

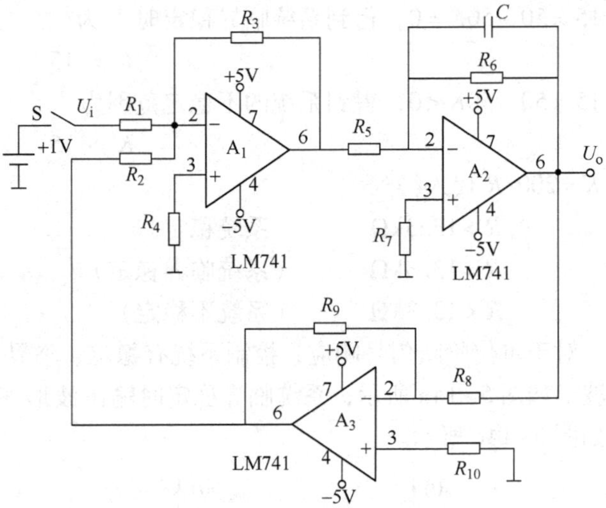

图 5-15　惯性系统稳态误差模拟电路

对系统输入阶跃信号，测量系统的稳态误差。实验时，输入信号暂不闭合开关 S，用示波器测量输出信号（扫描时间为 500ms），确定波形的基准点，快速闭合开关 S，即输入接 +1V 电压的阶跃信号，观察并记录系统对阶跃响应曲线。待系统稳定后，测量输出的电压值，记录并分析系统的稳态误差。通过实验可以看到，惯性系统对于阶跃给定信号稳定性能可靠（没有振荡），但输出信号对于输入信号的跟随存在较大的误差，即按指数规律逐渐变化，但会存在一定的稳态误差。

对于惯性系统，稳定误差 $e_{ss}=A/(1+K_p)$ 是一个常数，若要减小稳定误差，势必要增加开环放大倍数，但开环增益增大将会影响动态性能，甚至系统变成不稳定，所以这个措施是受限制的。

2. Ⅰ型系统对单位阶跃信号的响应

某Ⅰ型自动控制系统电路如图 5-16 所示。与图 5-15 相比，该系统含有积分电路，添加积分电路的目的是消除该系统的稳态误差。电路参数选取如下：$R_1=R_2=R_3=10\text{k}\Omega$，$R_4=3.3\text{k}\Omega$，$R_5=R_6=100\text{k}\Omega$，$R_7=100\text{k}\Omega$，$R_8=200\text{k}\Omega$，$R_9=68\text{k}\Omega$，$R_{10}=R_{11}=10\text{k}\Omega$，$R_{12}=5.1\text{k}\Omega$，$C_1=1\mu\text{F}$，$C_2=1\mu\text{F}$。

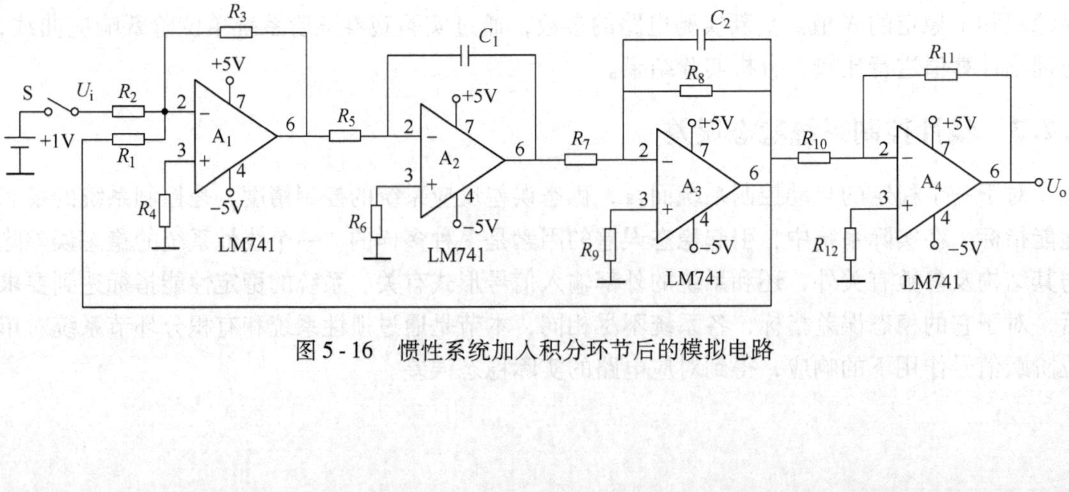

图 5-16　惯性系统加入积分环节后的模拟电路

对系统输入阶跃信号，测量系统的稳态误差。实验时，输入信号暂不接开关S，用示波器测量输出信号（扫描时间为500ms），确定波形的基准点，快速闭合开关S，即输入接+1V电压的阶跃信号，观察并记录系统对阶跃响应曲线。待系统稳定后，测量输出点的电压值，记录并分析系统的稳态误差。通过实验可以看到，增加积分环节后，系统有一点点超调的现象，但稳态误差消除。

从理论公式上看，Ⅰ型系统阶跃信号的稳定误差 $e_{ss}=A/(1+K_p)$，由于 $K_p=\infty$，稳定误差趋于零；同理，也可以计算出Ⅱ型系统阶跃信号的稳态误差也趋于零。从物理意义上看，由于有一个积分环节，根据积分环节的功能，当有误差产生，积分器就有输出，输出不断增加，通过反馈使误差逐渐减小，因此电路的稳态误差趋于零。

增加积分环节，在系统前向通道或在扰动作用点前面的前向通道设置串联积分环节，这个措施对消除稳态误差是有效的，但是，积分环节多了很容易造成系统结构不稳定。因此，串联积分环节的措施也是受到限制的。

3. 线性系统对于斜坡信号的响应

对于一个线性系统加入斜坡给定信号，其稳定误差公式为 $e_{ss}=A/K_V$，对于0型系统，由于 $K_V=0$，稳态误差 $e_{ss}=\infty$；对于Ⅰ型系统，$K_V=$常量，稳态误差 $e_{ss}=1/K_V$，是一个常数；对于Ⅱ型系统，$K_V=\infty$，其稳态误差 $e_{ss}=0$，即没有稳态误差。

实验电路同上，分别为惯性系统和Ⅰ型系统。为了便于测量，惯性系统的电容 C 和Ⅰ型系统的电容 C_1 和 C_2 换成1200pF，电路的输入端接入三角波信号，频率为200Hz，幅度 U_{pp} 为2V，用示波器两个通道同时测量输入和输出信号，记录并分析系统的稳态误差。

通过实验可见，0型系统在斜坡输入作用下，系统稳态误差大，无法跟随斜坡输入信号。Ⅰ型系统对斜坡输入信号的跟随稳态误差是常数，也就是说，系统进入稳态以后，输入与输出信号上升速度相同，但在位置上两者之间存在误差，即稳态误差为常数。

另外，自动控制系统的给定信号有的会出现加速度信号，对于加速度函数输入，0型系统，$K_a=0$，K_a 称静态加速度误差系数，稳态误差 $e_{ss}=\infty$；Ⅰ型系统，$K_a=0$，稳态误差 $e_{ss}=\infty$；Ⅱ型系统，$K_a=$常量，其稳态误差 $e_{ss}=1/K_a$，只有Ⅲ型以上的系统才能解决该信号的稳态误差问题。0型和Ⅰ型系统在加速度函数输入作用下，其 $e_{ss}=\infty$，表明其无法跟随加速度函数信号，这一点在自动控制电路设计时需要注意。

综合以上实践和分析表明，稳态误差还与系统结构密切相关，如果给定输入信号一定，对不同结构的系统其稳态误差也不同。同时，控制系统的稳态误差也与输入信号形式有关，对于一个结构确定的系统，如果给定输入信号形式不同，其稳态误差也会不同。所以，说一个系统有无稳态误差，是针对一定的系统结构及一定的给定输入形式而言的。

5.2.4 线性系统的校正

在实际工程中，原自动控制系统的稳态性能指标或动态性能指标不能满足要求，而且很难改变系统参数时，则可以在原有系统中有目的地添加一些控制单元或元件，人为改变系统的结构和性能，使系统达到要求的性能指标，这种方法称为系统校正。例如，当系统的开环增益满足其稳态性能的要求后，它的动态性能一般都不理想，甚至会出现不稳定状态。为此需在系统中加入一个校正装置，既使系统的开环增益不变，又使系统的动态性能满足要求。校正中常用的性能指标包括稳态精度、稳定裕量以及响应速度等。

工程中，按照校正装置在系统中的位置和连接方式的不同有串联校正、反馈校正、前馈校正和复合校正，在自动控制系统中，常使用串联校正、反馈校正方法。设计系统校正的方法时，有根轨迹法、频率法和工程设计法，对于已知系统的校正，可以对未加校正系统进行测试，包括动态指标和静态指标，分析系统不满足要求的原因，利用控制系统典型环节（比例、积分、微分、惯性或它们的组合）对系统进行串联校正或反馈校正，基本能够达到系统的动态和静态要求。

1. 串联校正电路

串联校正方法是将校正装置串联在系统的前向通路中，通过改变系统结构达到改善系统的性能。某单位反馈控制系统的框图如图 5-17 所示，其中的 $G_c(s)$ 是校正装置的传递函数。对于串联校正装置，有比例（P）校正、比例-微分（PD）校正（相位超前校正）、比例-积分（PI）校正（相位滞后校正）和比例-积分-微分校正（相位滞后-超前校正）。

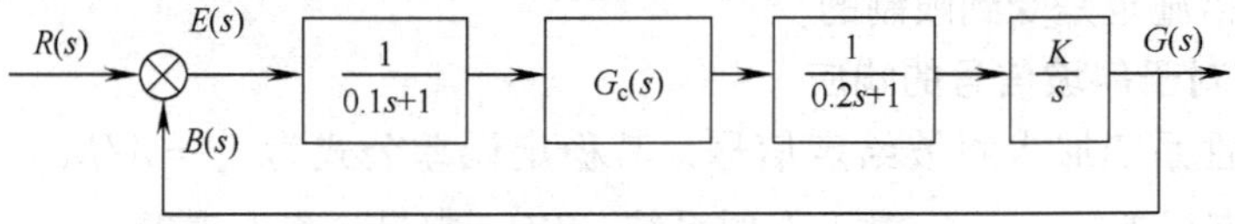

图 5-17　某单位反馈系统的结构框图

在串联校正中，很少单独使用比例控制规律，因为加大控制系统增益，可以提高系统的开环增益，减小系统的稳态误差，从而提高系统的控制精度，但系统开环增益的增加，降低了系统的相对稳定性，甚至可能造成闭环系统振荡。对原系统进行校正，一般要从响应时间和稳态误差指标上考虑。

某控制系统的电路设计如图 5-18 所示。电路中，点划线框所示位置是连接串联校正装置的地方，未加校正环节时，点划线框内电路是一个放大倍数为 1 的反相放大器。

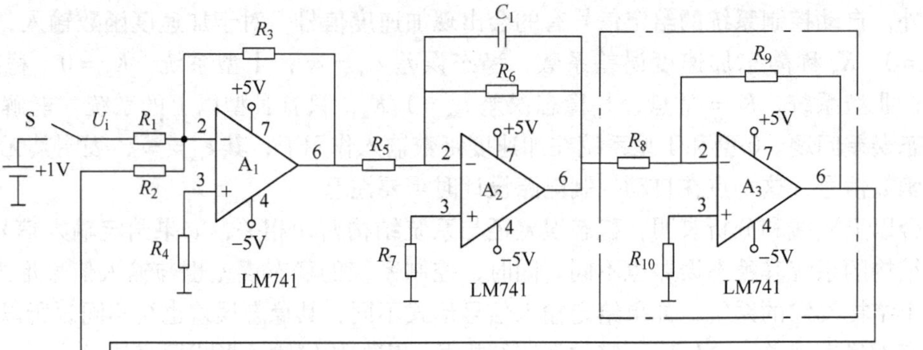

图 5-18　某单位反馈系统的模拟电路

系统电路参数选取如下：$R_1 = R_2 = R_3 = R_{15} = R_{16} = 10\text{k}\Omega$，$R_4 = 3.3\text{k}\Omega$，$R_5 = R_6 = R_8 = R_9 = 100\text{k}\Omega$，$R_7 = R_{10} = 51\text{k}\Omega$，$R_{11} = R_{12} = 200\text{k}\Omega$，$R_{13} = R_{14} = 1\text{M}\Omega$，$R_{17} = 5.1\text{k}\Omega$，$\text{RP} = 200\text{k}\Omega$，$C_1 = C_2 = C_3 = 1\mu\text{F}$。

未校正实验，电路的 U_i 接单位阶跃信号，用示波器接电路的输出端 U_o，扫描时间为 500ms，即快速闭合开关 S，测量输出端的实际响应曲线 $U_o(t)$。可以看到，原系统具有惯性和积分环节，因此系统在稳定和精度上没有什么问题，但对于系统的响应速度如果还需要加快时，可以考虑加入校正环节来解决，如可以加入一个相位超前校正。

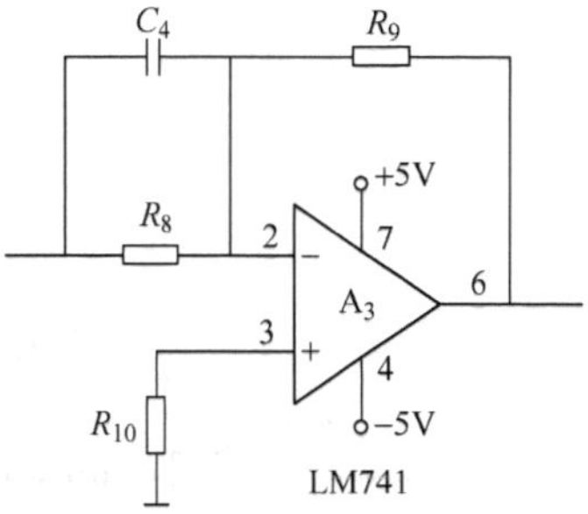

图 5-19　串联校正环节模拟电路

在原控制系统中增加一个超前校正电路（PD 环节），设计电路如图 5-19 所示，校正环节电路参数为：$R_8 = 100\text{k}\Omega$，$R_9 = 100\text{k}\Omega$，$R_{10} = 51\text{k}\Omega$，$C_4 = 0.47\mu\text{F}$。将超前校正电路接到图 5-18 所示的点划线框中，即构成系统串联超前校正。

加入校正实验，在输入端加入阶跃信号，即快速闭合开关 S，用示波器测量输出信号响应，扫描时间为 500ms，记录系统加校正时的阶跃响应曲线，并与系统未加校正时的阶跃响应曲线比较。

通过实验可以看到，增加 PD 控制器串联校正后，使自动系统的响应速度加快，超调量减少，相对稳定性提高，改善了系统动态性能指标。

一般来说，串联校正比并联校正简单，它的主要不足是，系统中元件参数不稳定会影响到串联校正的效果。因此，在使用串联校正装置时，通常要对系统元件的稳定性提出较高的要求。

2. 反馈校正电路

在自动控制系统中，为了改善控制系统的性能，除了采用串联校正外，反馈校正也是常采用的校正形式之一。反馈校正是从系统原有部分引出反馈信号，构成全部或局部反馈回路，并在局部反馈回路内设置校正装置。图 5-20 所示为两种反馈校正系统结构框图，其中的 $G_c(s)$是需要校正的传递函数。

通常反馈校正分为硬反馈和软反馈，硬反馈校正环节主体是比例环节（有的含有小惯性环节），它在系统的动态和稳态过程中都起反馈校正作用。软反馈校正环节主体是微分环节（有的含有小惯性环节），它的特点是只在动态过程中起校正作用，而在稳态时不起作用。

某待校正二阶线性系统自动控制电路如图 5-21 所示，电路中，点划线框所示位置是连接校正装置的地方，未加校正环节时，点划线框内电路是一个放大倍数为 1 的反相放大器。二阶线性系统电路参数为：$R_1 = R_2 = R_3 = R_9 = R_{10} = R_{12} = R_{13} = 10\text{k}\Omega$，$R_4 = 3.3\text{k}\Omega$，$R_5 = R_6 = 1\text{M}\Omega$，$R_7 = 100\text{k}\Omega$，$R_8 = 51\text{k}\Omega$，$R_{11} = R_{14} = 5.1\text{k}\Omega$，$\text{RP} = 100\text{k}\Omega$，$C_1 = C_2 = 1\mu\text{F}$。

电路的 U_i 接单位阶跃信号，即快速闭合开关 S，为提高系统的响应速度，调整 RP，使系统处于欠阻尼状态，通过示波器观测待校正二阶线性系统的输出响应曲线（扫描时间为 500ms），可以用示波器标尺线测量、记录曲线的超调量 $M_p\%$ 和调节时间 t_s。如果使用数字示波器测量，可以用存储功能记录系统响应曲线，以便于后续分析。

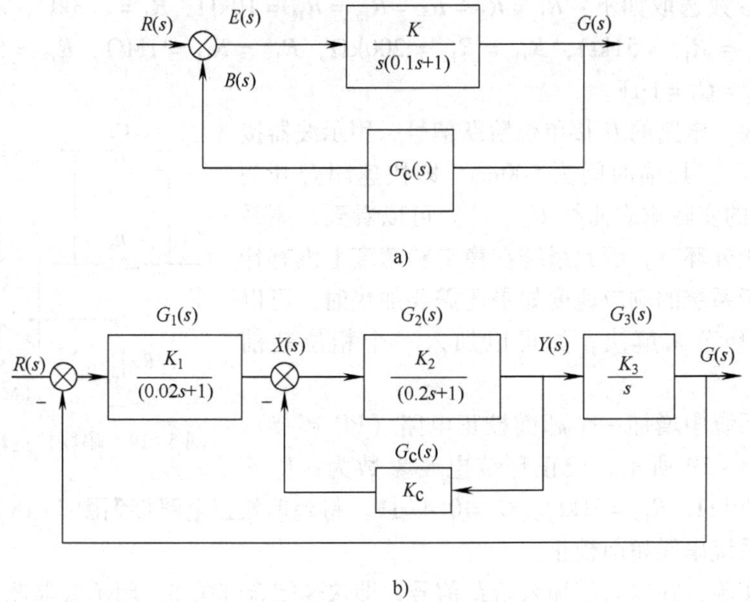

图 5-20　反馈校正系统结构框图

a）全局反馈校正　b）局部反馈校正

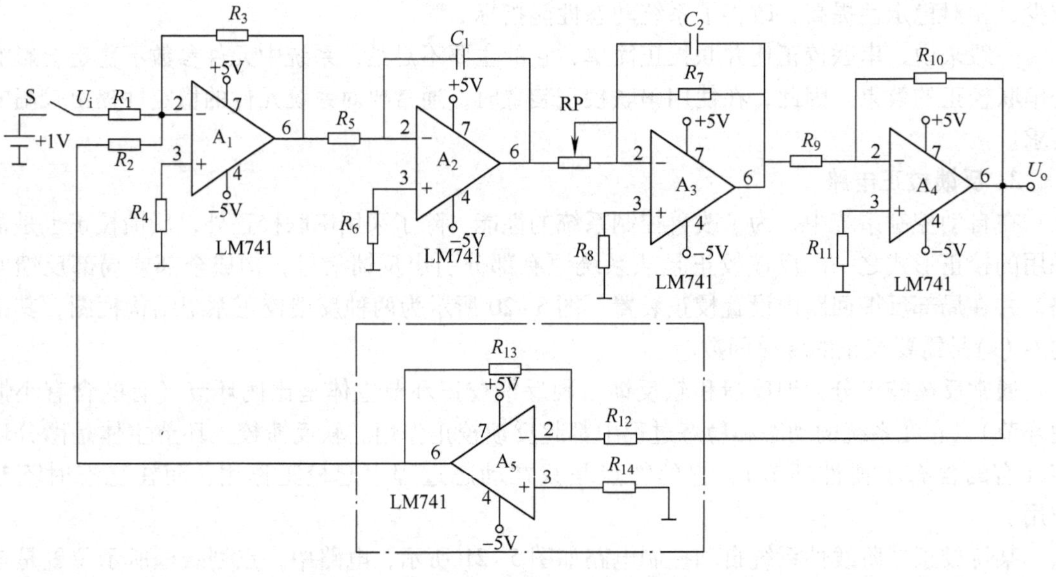

图 5-21　待校正二阶线性系统模拟电路

反馈校正环节的设计电路如图 5-22 所示，该校正环节为 PD 环节（超前校正），电路参数为：$R_{12}=100\text{k}\Omega$，$R_{13}=100\text{k}\Omega$，$R_{14}=51\text{k}\Omega$，$C_3=0.47\mu\text{F}$。将校正电路接到图 5-21 所示的点划线框中，即构成系统反馈校正。U_i接单位阶跃信号，即快速闭合开关 S，通过示波器观测待校正二阶线性系统的输出响应曲线，并记录曲线的超调量 $M_p\%$ 和调节时间 t_s。从系统的动态过渡过程，比较校正前与校正后的区别，分析控制过程。

通过实验可以看出，未加反馈校正前，为提高系统的响应速度，增加了超调量，但随之而来出现振荡调整过程，稳定性受到影响。加入反馈校正后，系统克服了上述矛盾，快速性和稳定性都能够充分体现出来。

反馈校正可以起到与串联校正同样的作用，而且反馈校正与串联校正相比有其突出的优点，它能有效地改变被包围部分的结构或参数，在一定条件下甚至能取代被包围部分，从而可以去除或削弱被包围部分给系统造成的不利影响。

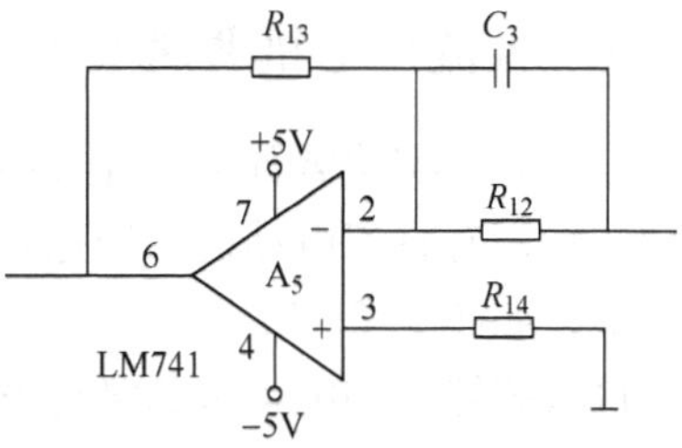

图 5-22　反馈校正环节模拟电路

5.2.5　设计与实践

1. 某闭环系统的特征方程为

$$G(s) = \frac{K}{(s^2 + s + 1)(s + 2)}$$

用劳斯判据判断系统的稳定性，并用 MATLAB 软件计算该系统的稳定性。可利用 MATLAB 软件计算特征方程的根来判断。

2. 已知单位反馈系统的开环传递函数为

$$G(s) = \frac{K}{s(s + 1)(0.5s + 1)}$$

试设计一个串联校正装置，使校正后的开环增益 $K = 5$，相角裕量≥45°，幅值裕量≥10dB。

3. 已知系统的开环传递函数为

$$G(s) = \frac{K_1}{(0.02s + 1)} \cdot \frac{K_2}{(0.2s + 1)} \cdot \frac{K_3}{s}$$

式中，$K_1 = 5$；$K_2 = 40$；$K_3 = 0.1$。若对系统的惯性环节 $\frac{K_2}{(0.2s + 1)}$ 进行比例负反馈校正，设计校正环节，分析校正前系统动、静态性能；增加反馈校正后，再求系统的动、静态性能。

5.3　直流小电机调速电路

在自动控制中，电机转速控制是经常遇到的。对于直流电机而言，由于电枢电压的大小与电机转速成正比，因而在实际的机械装置调速系统中，常用到直流电机控制转速。由于，控制系统模型的建立也常使用直流电机组成的闭环控制系统为对象，因而直流电机转速控制实验是不可缺少的一个环节。直流电机转速控制系统简单实用，而且控制过程快、直观性强，电路参数的理论计算与实验的结果有着必然的联系，这使得抽象的数学模型有了更具体的内涵，通过电路设计不但可以进一步加深对控制理论的理解，并且能掌握控制系统的一般设计方法。

5.3.1 直流小电机调速实验装置

电机调速实验装置由两部分组成：一部分是机械装置，另一部分是功率驱动模块。对于机械装置，有直流电动机、测速发电机以及惯性轮等部件，直流电动机、测速发电机固定在底座上，如图 5-23 所示。

机械装置中的电动机和测速发电机均为普通的 12V 直流小电机（型号一致），一个做电动机，一个做发电机，电动机带动发电机转动，发电机的输出电压与转速有关。惯性轮接在两个电机中间，并起连接作用，虽然整体机械结构比较简单，但在安装上，要求两个电机轴保持同轴。

电机功率驱动模块如图 5-24 所示，点划线框以内的电路是驱动模块，自动控制电路的输出信号通过功率模块驱动直流小电机。

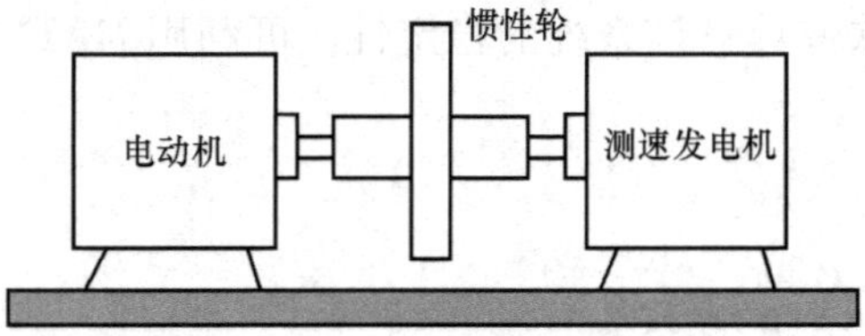

图 5-23　电机调速实验机械装置

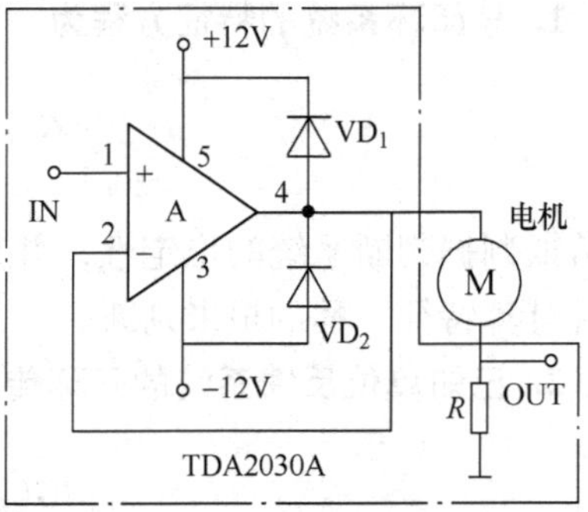

图 5-24　电机驱动模块

电机驱动模块的核心是 TDA2030A 功率放大器，其输出能够直接驱动 12V 直流电动机。其中 R（4.7Ω）为电机电流取样电阻，在电流补偿闭环控制实验时用到。电源电压为 ±12V，二极管 VD_1、VD_2起保护作用，型号是 1N4001，可以将功率模块制成电路板，在直流小电机转速控制系统实验中使用。M 是 12V 直流电动机，改变输入信号（电压）的大小，可以改变电机的转速；改变输入信号（电压）的极性，可以控制电动机正转或反转。

5.3.2 直流小电机调速控制

直流小电机调速控制是结合前面所介绍的一些典型控制电路，配合电机驱动模块，稳定直流电机的转速，即调整由外界干扰引起的电机转速变化。

1. 直流小电机开环控制

开环控制参考电路如图 5-25 所示，点划线框以内的电路是驱动模块，M 是电动机，F 是测速发电机，运算放大器选用 LM324，在控制电路中对运放的要求是响应速度要快。控制电路参数为：$R_1=R_2=10\text{k}\Omega$，$R_3=5.1\text{k}\Omega$，RP = 50kΩ。电机转速给定信号由可变电阻 RP 中间端（A 点）引出，系统的开环增益可以通过运算放大电路的反馈电阻 R_2进行调节。

将可变电阻 RP 滑动端调到中间位置，接通电源，调节可变电阻 RP，电机转动，C 点电压在 $U_C=7\sim8\text{V}$（正、负均可）。为了便于观察转速的变化，用示波器或数字电压表测量测速发电机两端电压 U_S，即用发电机输出的电压表示电机的转速。

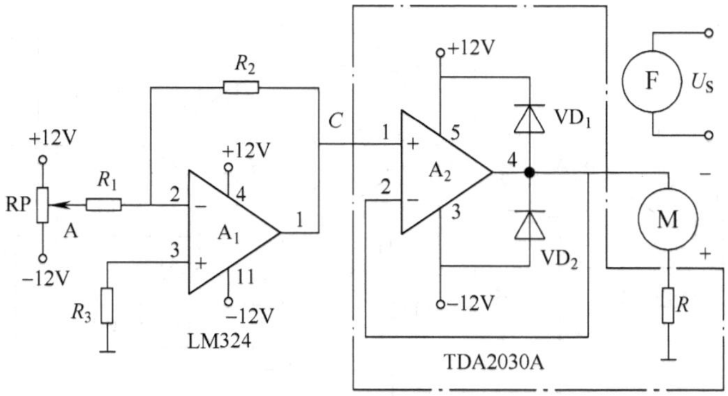

图 5-25　开环控制电路

待电机转速稳定后，测量 U_C、U_S电压，并记录数据。给电机加入干扰信号，用改锥轻轻摩擦惯性轮，惯性轮加摩擦力是改变电动机的负载，此时再测量 U_C、U_S电压，观察控制电路抗负载干扰能力（转速是否下降，可以由发电机的输出电压看出），记录数据、分析实验现象。

由于控制系统为开环控制，即没有反馈调节环节，C 点电位只由输入电压决定，加扰动后也不变。测速发电机输出电压 U_S受扰动影响，数值变小，即电动机速度降低。有干扰时，如果还需要保持电机的转速不变，则必须要提高开环控制电路 C 点的电压（手动调节），如果干扰信号是变动的，手动调节是无能为力的。电机开环控制，在负载恒定或能够静态调整的情况下是一个简单有效的控制方式，但对于动态转速控制的效果不佳。

2. 直流小电机电流反馈控制

电流反馈控制电机转速的工作原理是对电动机负载电流取样，电动机负载发生变化后，电动机的电枢电流也发生变化，经过转换电路、比较电路和放大电路，形成一个按电流变化的补偿控制回路，目的是（控制）稳定电动机的速度。

电流反馈控制电路如图 5-26 所示，点划线框以内的电路是驱动模块，电流反馈信号由电机驱动板引出（电流信号经过电阻 R 转换成电压信号），反馈信号经过惯性环节（A_4）到比较环节（加法电路 A_2）；转速给定信号由可变电阻 RP_1 中间端引出，经过电压跟随器（A_1），也送到加法器电路，给定信号与反馈信号叠加后，给到电机驱动模块。反馈装置引入惯性环节，当输入量发生变化时，输出量不能突变，使电机转速调节稳定。在反馈环节中，通过 RP_2 可以调节反馈环节的放大倍数。电流反馈控制电路参数选取如下：$R_1 = R_2 = R_3 = 10\text{k}\Omega$，$R_4 = 3.3\text{k}\Omega$，$R_5 = R_6 = 10\text{k}\Omega$，$RP_1 = 50\text{k}\Omega$，$RP_2 = 100\text{k}\Omega$，$C = 0.1\mu\text{F}$。

实验前将电位器 RP_1、RP_2 调到中间位置，接通电源，调节可变电阻 RP_1，使 $U_A = 4 \sim 5\text{V}$（正、负均可），调节可变电阻 RP_2，使 $U_B = 3 \sim 4\text{V}$（极性与 U_A相同），此时 $U_C = 7 \sim 8\text{V}$（正、负均可），电机转动。因为运算放大器的电源电压为 $\pm 12\text{V}$，为保证控制电压有调整空间，控制电压 U_C不要太高或太低，一般取 $7 \sim 8\text{V}$。注意书中给出的各点电位均为参考值。

待电机转速稳定后，测量 U_A、U_B、U_C和测速发电机两端电压 U_S，并做记录；用改锥轻轻摩擦惯性轮，即改变电动机的负载，同时测量 U_A、U_B、U_C和 U_S电压，观察电路抗负载干扰能力（转速是否下降，可以由测速发电机的电压看出），记录实验数据，对比开环控制实验数据，分析控制效果。

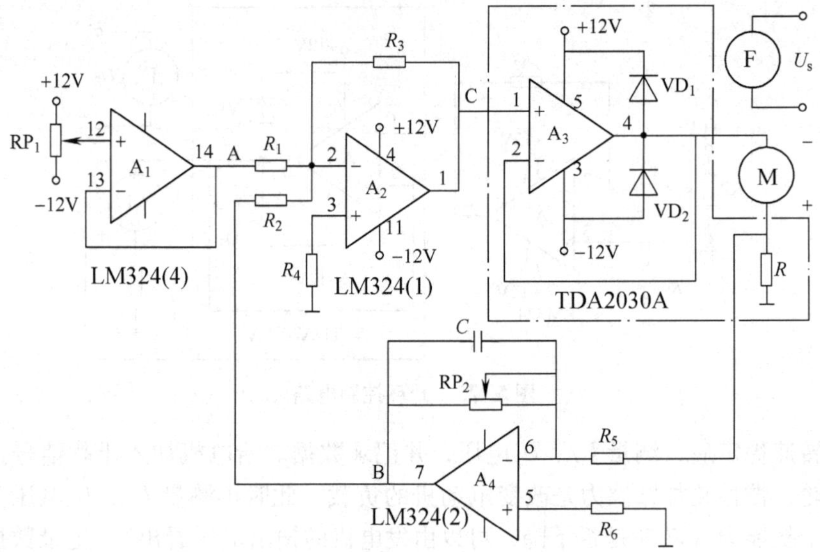

图 5-26　电流反馈控制参考电路

调节电流取样放大电路（反馈环节）的放大倍数，观察电机抗负载电流能力变化，记录实验数据，分析实验现象。

与开环控制电路相比，该电路引入了电流补偿环节后，形成了一个可以自动调节的系统，即电机速度下降，但通过反馈环节使 U_C 增加，U_C 的增加可以提高电机的转速，因而可以补偿因为扰动而引起的电机转速下降。可变电阻 RP_2 可以调节反馈系数 K，当 K 值较小时，补偿作用下降，抗干扰能力减小；当 K 值增大时，补偿作用增大，抗干扰能力加强。

3. 直流小电机转速反馈闭环控制（0 型）

转速反馈闭环控制电路（0 型）是用测速发电机的输出作为速度反馈信号，形成转速闭环控制结构。转速反馈闭环控制电路（0 型）如图 5-27 所示，该系统无积分环节，点划线框以内的电路是驱动电路模块，测速发电机的输出通过 R_4、C 滤波电路接入反馈回路，实际上是将电机转速信号反馈给系统。由于测速发电机输出电压噪声较大，低通滤波可有效改善其输出效果，但同时引入 RC 环节，会使理想系统和实际系统有一定差距，但考虑电动机的时间常数远大于 RC 时间常数，故可以忽略该滤波器对系统的影响。

对该电路的电机接线时需要注意极性，电机（电动机和发电机）的引出线用红和黑两种颜色，当红线接电源正端、黑线接电源负端时，两个电机的转动方向应一致。

反馈信号通过跟随器（A_4）送到加法器电路（A_2）；电机速度给定信号由电位器 RP_1 中间端引出，经过跟随器（A_1），也给到加法器电路，给定信号与反馈信号叠加放大后输出电压 U_C，通过驱动板控制电机。RP_2 是调节系统的开环增益，由于直流测速发电机的输出电压一般存在高次谐波分量，在实际使用时通常在其输出端加 RC 滤波电路。

电路参数选取如下：$R_1 = R_2 = 10\text{k}\Omega$，$R_3 = 3.3\text{k}\Omega$，$R_4 = 100\text{k}\Omega$，$RP_1 = 50\text{k}\Omega$，$RP_2 = 500\text{k}\Omega$，$C = 0.1\mu\text{F}$。实验前将可变电阻 RP_1、RP_2 调到中间位置，接通电源，调节可变电阻 RP_1，使 $U_A = 5 \sim 6\text{V}$（正、负均可），调节可变电阻 RP_2，使 $U_B = 3 \sim 4\text{V}$（极性与 U_A 相反），此时 $U_C = 7 \sim 8\text{V}$（正、负均可），电机正常转动。

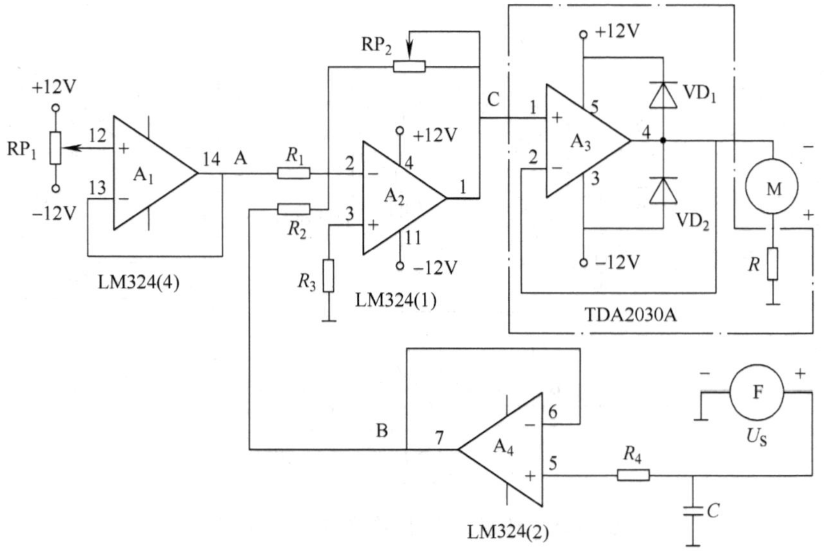

图 5-27 转速反馈闭环控制电路（0 型）

待电机转速稳定后，测量、记录 U_A、U_B、U_C和测速发电机两端电压 U_S。用改锥轻轻摩擦惯性轮，即改变电动机的负载，同时测量 U_A、U_B、U_C和 U_S电压，观察控制系统的抗负载干扰能力，记录实验数据。对比开环控制、电流补偿控制，分析系统控制的效果。

另外，当系统稳定时，观察电路 A、B 点电压，看是否相等，调节输入电压大小，观察 A、B 间电压差异变化，分析系统的稳态误差。

调节放大电路（A_2）的开环增益，观察电机抗负载能力，观察电动机响应。得到系统最大稳定工作时的开环增益值。用示波器观察 U_C点电压，当 U_C电压产生振荡，即电机速度成振荡变化，找出临界振荡点，分析产生的现象。

4. 直流小电机转速反馈闭环控制（Ⅰ型）

转速反馈闭环控制电路（Ⅰ型）是在控制系统的前向通道中增加一个积分环节构成Ⅰ型控制系统，用测速发电机输出作速度反馈信号，形成转速反馈闭环结构。转速反馈闭环控制电路（Ⅰ型）如图 5-28 所示，点划线框以内的电路是驱动电路模块，测速发电机的红线接地，黑线接反馈回路，注意与 0 型电路不同，极性有变化。反馈信号通过电压跟随器（A_5）送到加法器电路（A_2）；转速给定信号由可变电阻 RP_1 中间端引出，经过电压跟随器（A_1），也送到加法器电路，给定信号与反馈信号叠加并放大（RP_2 是调节系统的开环增益），经积分电路（A_3）输出控制信号 U_C，该控制信号经过驱动电路板后控制电机。

转速反馈闭环控制电路（Ⅰ）参数选取如下：$R_1 = R_2 = R_3 = 5.1\text{k}\Omega$，$R_4 = R_5 = R_6 = 100\text{k}\Omega$，$RP_1 = 50\text{k}\Omega$，$RP_2 = 500\text{k}\Omega$，$C_1 = 1\mu\text{F}$，$C_2 = 0.1\mu\text{F}$。将测速发电机两输出端反接（与 0 型控制电路不同），实验前将可变电阻 RP_1、RP_2 调到中间位置，接通电源后，调节可变电阻 RP_1，使 $U_A = 3 \sim 4\text{V}$（正、负均可），调节可变电阻 RP_2，使 $U_B = 3 \sim 4\text{V}$（极性与 U_A 相反），$U_C = 7 \sim 8\text{V}$（正、负均可），电机正常转动。

待电机转速稳定后，测量 U_A、U_B、U_C和测速发电机两端电压 U_S，并记录。用改锥轻轻摩擦惯性轮，改变电动机的负载，同时测量 U_A、U_B、U_C和 U_S电压，观察控制抗负载干扰能力，记录实验数据，对比开环控制、电流补偿、0 型系统，分析控制效果。

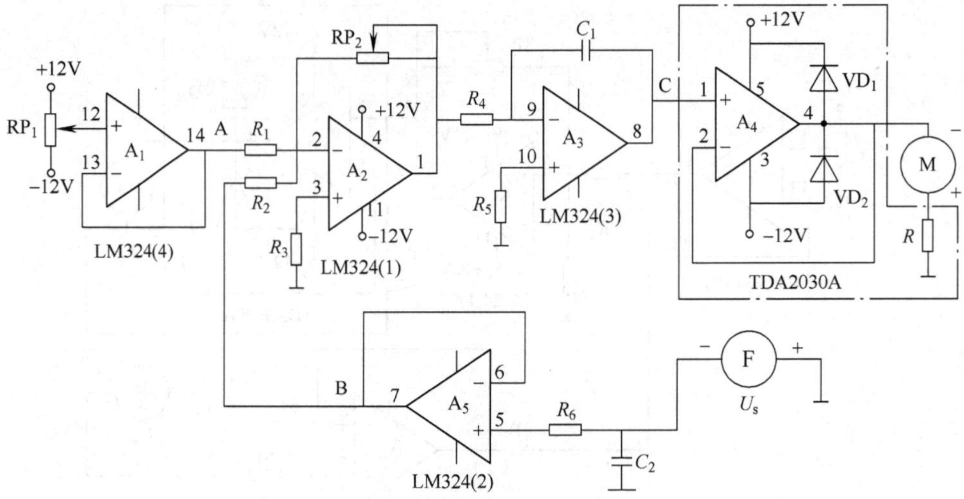

图 5-28　转速反馈闭环控制电路（Ⅰ型）

当系统稳定时，观察 A、B 点电压，看是否相等，调节输入电压大小，观察 A、B 间电压差异变化，并与 0 型系统进行比较，分析控制过程。

调节放大电路（A_2）的增益，观察电机抗负载能力和响应能力，并得到系统最大稳定工作时的开环增益值。用示波器观察 U_C点电压，当 U_C电压产生振荡，即电机速度成振荡变化，找出临界振荡点。

5. 直流小电机转速反馈闭环控制系统校正

就Ⅰ型控制系统而言，加大系统的放大倍数将使系统调节时间缩短，瞬态响应加快，但系统超调量增加，相角裕量减小，严重时会导致使系统瞬态响应严重超调，系统的稳定性变差，出现振荡现象。减小系统的放大倍数将使系统调节时间增加，瞬态响应变得缓慢，超调量减小，相角裕量增加，系统的稳定性增强。通常希望系统的瞬态响应既有快速性，又有足够的阻尼性和相对稳定性，即要求系统的调节时间短，超调量小，相角裕量大。

典型Ⅰ型系统与实际的系统存在着较大的差异，实际系统可能还包含多个时间常数的惯性环节。因此，在前向通道中可引入适当的串联校正装置，能把实际系统校正为预期典型系统。然后，将Ⅰ型控制系统的开环增益增大，使控制系统既能达到快速，也能达到稳定状态。

以速度反馈闭环控制电路（Ⅰ型）为例，加上一个串联校正环节，校正后的控制电路如图 5-29 所示，可以看出，它是在积分电路前增加一个比例 - 微分电路，该装置可以抑制被调量的振荡，提高控制系统的稳定性。

PD 控制器中的微分控制规律能反应输入信号的变化趋势，产生有效的早期修正信号，以增加系统的阻尼程度，从而改善系统的稳定性。在串联校正时，使系统增加一个 $-1/\tau$ 的开环零点，使系统的相角裕度提高，因而有助于系统动态性能的改善。

校正环节的参考数据：$R_7 = R_8 = 100\text{k}\Omega$，$R_9 = 51\text{k}\Omega$，$C_3 = 0.33\mu\text{F}$，实验过程与Ⅰ型实验基本相同。对于校正后的电路，继续增加放大电路（A_2）的开环增益，观察电机抗负载能力，得到系统最大稳定工作时的开环增益值，与没有校正电路比较。记录实验数据，参考校正环节相关理论知识，分析控制过程。

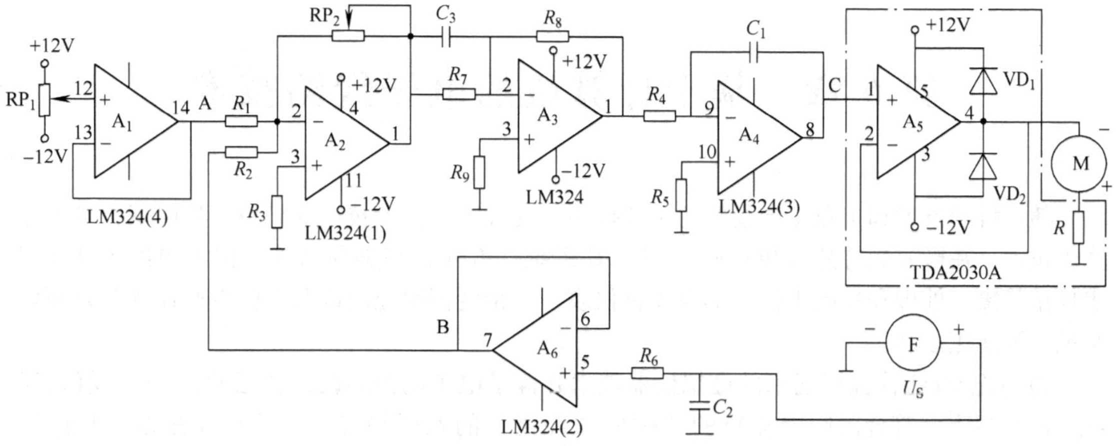

图 5-29 校正后电机控制电路

5.3.3 设计与实践

1. 利用直流小电机调速实验装置，设计一个转速、电流双闭环的电机转速控制电路，计算所设计电路的参数并实验，分析电路控制过程。

2. 利用直流小电机调速实验装置，对图 5-28 所示的电动机转速控制系统，设计一个反馈校正电路，计算电路参数，实验并分析校正前、后电路的控制过程。

第6章　基于计算机的电子线路技术

随着科学技术和工业生产规模的不断提高，现代电子设计技术的核心已趋向基于电子计算机技术。在微控制芯片（单片机）和PLC系统等方面，都是利用接口技术和程序设计完成数据采集、处理和控制工作，如自动化仪表、高精度伺服控制以及工业生产控制等方面均实现了智能化控制。

20世纪90年代发展起来的虚拟仪器技术开辟了电子测控系统的新纪元。“软件就是仪器”的思想十分符合国际上流行的“硬件软件化”的发展趋势，因而常被称为“软件仪器”。建立在计算机系统平台上的虚拟仪器（包括数据采集、控制接口），具有硬件技术先进和数据处理功能强大等优势，在科学研究、产品开发、检测和控制等领域得到了广泛的发展与应用。

6.1　单片机技术与应用

微芯片控制器也称为单片机，是把处理器、运算器、存储器、定时/计数器以及输入/输出接口电路集成在一块芯片上，虽然单片机只是一块芯片，但从其组成和功能上已具有计算机的含义。单片机具有结构简单、控制功能强、可靠性高、体积小、价格低等特点，在智能化仪器、工业控制等技术领域都发挥着十分重要的作用。微芯片控制器如图6-1所示。

图6-1　微芯片控制器

单片机具有功耗低、控制功能强、微型化和使用方便等优点，是微电子系统中数据采集、信息处理、通信联络和实施控制的重要部分，形成嵌入式智能系统或子系统。另外由于单片机在集成密度、运算速度、存储容量等方面的优势，在工业控制等方面起到重要的作用。

6.1.1　单片机控制系统板设计

单片机实际是一块集成电路芯片，其内部有运算、存储、控制和I/O等单元，芯片需要接晶体振荡器，在使用时还需要建立单片机工作的最小系统，其中包括上电启动和USB数据下载接口等，另外还需要设计与测控对象有关的外围电路，如采样、控制和显示电路等。目前，市场上单片机系统板种类很多，芯片选择有51系列、AVR系列和MOTOROLA系列等，但基本都是偏学习机类型，与实际的应用还是有差别。因此，在智能化电子线路设计中，一般需要根据实际任务自行设计制作控制系统版。

1. 单片机选型和端口

单片机型号种类很多，在选择上主要从以下方面考虑：一是芯片的体积，要根据测控系统的要求考虑，如贴片式或直插式；二是对速度要求，考虑系统的工作速度，如图像采集处理是要求更高级的数据处理芯片；三是精度的要求，即位数，8 位或 16 位等；四是功耗要求，有的仪器在室外工作，需要低功耗的芯片；五是对存储器容量的要求，数据或程序存放需要有一定的空间。另外，根据控制系统设计，也可以选择带有 AD/DA、PWM 和 I^2C 功能的芯片等。

在单片机的选择上，一般是根据需要来选择单片机，如果只是用来进行一般的机电控制，可选用 51 单片机；如果牵涉到低功耗设计，可选用 MSP430 单片机；如果既要综合考虑价格、功耗、性能，可选择 AVR 单片机；如果追求高性能，可选择 MOTOROLA 单片机等。

对于 51 系列单片机，由于开发应用时间较长，其设计资料丰富，对一般控制系统开发来说是一个首选的单片机芯片。目前，在众多的 51 系列单片机中，ATMEL 公司的 AT89S52 使用广泛，其不但和 8051 指令、引脚完全兼容，并带 ISP 编程和看门狗功能，而且其片内的程序存储器是 FLASH 工艺的，用户可以方便地在线擦除和改写程序。AT89S52 有 4 个 8 位 I/O 双向端口（P0 ~ P3），其中 P3 端口是复用端口，包括 2 位串行输入输出（RXD、TXD）、2 位外部中断（INT0、INT1）、2 位外部定时器（T0、T1）和 2 个读写（RD、WR）端口。

2. 单片机接口电路设计

对于单片机接口电路设计，一般是根据测控系统的要求，除最小系统外，要考虑输入、输出信号的类型。当输入是数字信号时，可直接用 I/O 端口就可以，有的需要使用串行输入等；当输入是模拟信号时，则考虑 A/D 转换，并有转换精度（位数）等要求。当输出是数字信号时，可直接用 I/O 端口就可以，有的需要考虑使用驱动接口芯片，有的需要使用串行输出等；当输出是模拟信号时，则考虑 D/A 转换，并有转换精度（位数）等要求。另外，根据测控系统硬件和编程的需求，考虑中断、定时功能的应用以及与计算机连接的 USB 编程接口等。

图 6-2 所示为一个单片机 AT89S52 的接口电路，它包括 4 路比较器输入、2 个按键输入、1 位数码显示、2 个 LED 指示灯输出、1 个蜂鸣器输出、2 路直流电机（12V）控制和 2 路舵机控制。该接口电路带 USB 下载端口，可以连接计算机实现程序下载。该系统板适用于机器人（智能车）控制，由于电路板的尺寸较小，按键数量和显示位数相对少些。

接口电路中，单片机外接晶振频率 12MHz，系统采用上电复位形式。4 路比较输入信号由 J1 接入，运放 LM324 组成比较电路（一个芯片内有 4 个运放，使用单电源），电位器可调整各路的门坎电压，比较器输出接单片机的 P0.0 ~ P0.3。数码管为共阳极，其公共端接 +5V，7 个段位通过限流电阻接单片机的 P2.0 ~ P2.6；P2.7 经过晶体管驱动接蜂鸣器。按键 S_1 和按键 S_2 输入分别接单片机的 P3.2 和 P3.4；LED1 和 LED2 分别接单片机的 P3.0 和 P3.1；P3.3 和 P3.5 分别接电机驱动芯片 L293 的 EN1 和 EN2，P1.0 ~ P1.3 接 L293 的 IN1、IN2、IN3 和 IN4，L293 的输出（J2、J3）可以接 2 个 12V 直流电机；P3.6 和 P3.7 接 74LS07（集电极开路门），其输出（J4、J5）可以接 2 个舵机，$+V$ 是舵机的电源。

单片机接口电路上的 L293 是直流电机驱动芯片，该芯片采用 16 引脚 DIP 封装，如图 6-3a所示，其内部集成了两个双极型 H 桥电路，通过 TTL 电平可以同时控制两个直流电机。其中，EN1、EN2 是使能信号，为高电位时芯片工作，如果该信号是占空比可调信号

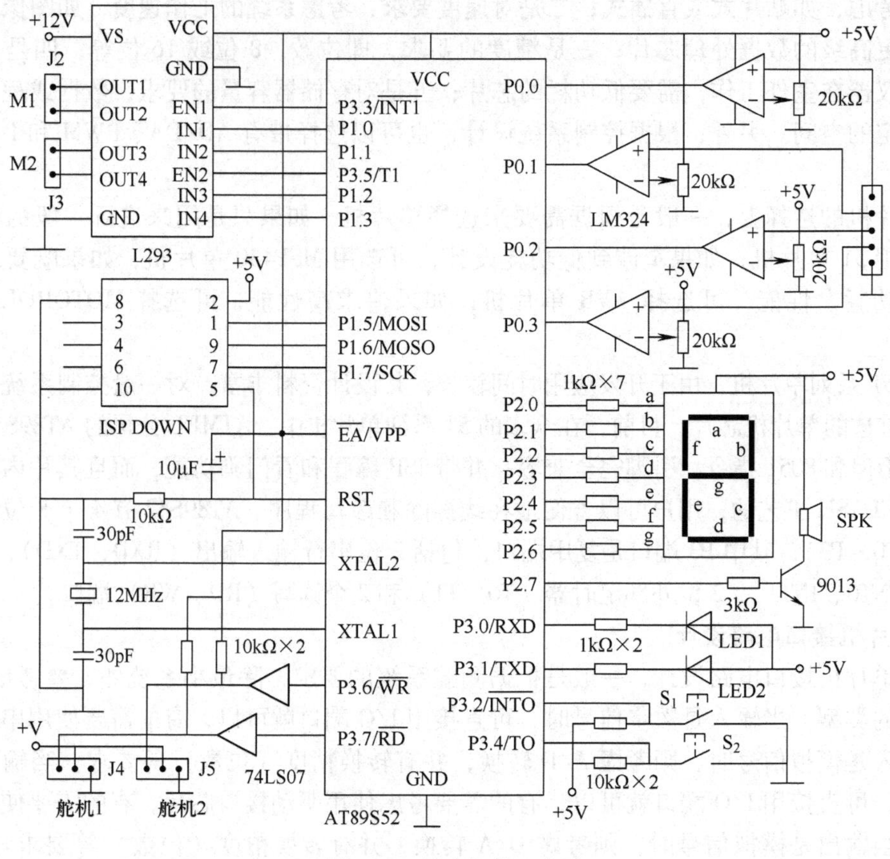

图 6-2　单片机接口电路

(PWM)，则可以改变直流电机的转速（调速）；芯片的 IN1、IN2、IN3 和 IN4 是电机转动方向控制信号。图 6-3b 所示为 L293 的内部结构及直流电机驱动电路，电源部分增加电容滤波以提高电路的抗干扰能力。逻辑控制信号 EN1、IN1 和 IN2 对应电机 M_1；EN2、IN3 和 IN4 对应电机 M_2。表 6-1 列出了电机转向控制逻辑。

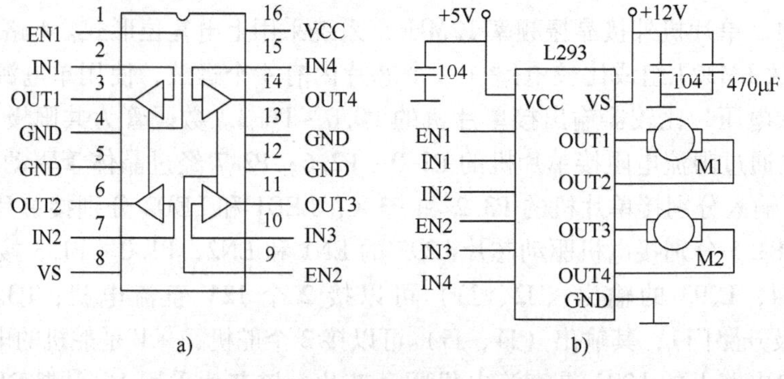

图 6-3　L293 内部结构及电机驱动电路

a）L293 内部结构　b）L293 电机驱动电路

表 6-1　电机转向控制逻辑

电机 1（M1）				电机 2（M2）			
EN1	IN1	IN2	方向	EN2	IN3	IN4	方向
0	X	X	停止	0	X	X	停止
1	0	0	停止	1	0	0	停止
1	0	1	正转	1	0	1	正转
1	1	0	反转	1	1	0	反转
1	1	1	停止	1	1	1	停止

注意，表中直流电机的正、反转是人为定义的，L293 芯片输出端接电机后，可以根据电机实际转动方向设定正、反转。

L293 额定工作电流为 1A，最大可达 1.5A，VCC 是芯片工作电压，接 +5V，VS 是电机工作电压，根据使用电机确定，例如使用 9V 直流电机时，该端接 9V 电压；使用 12V 直流电机时，该端接 12V 电压。如果需要驱动能力加大，可以使用 L298 芯片，其控制逻辑与 L293 完全相同，器件的引脚可参考第 3 章中步进电机控制部分，L298 的额定工作电流为 2A，最大可达 2.5A。

在接口电路中，选用 74LS07 是提高驱动负载能力。74LS07 是集电极开路芯片，芯片的输出需要接上拉电阻。有关舵机的使用和接线可以参考第 3 章中脉冲电路控制的内容。

图 6-4 所示为自制的单片机接口电路板，通过 AT89S52/AVR 下载线接口可以与计算机连接。其制作过程是将单片机接口电路原理图制成 PCB 电路板，焊接芯片的插座和相关器件，测试无误后，插接芯片和 USB 下载线，通过编程完成所设计的功能。

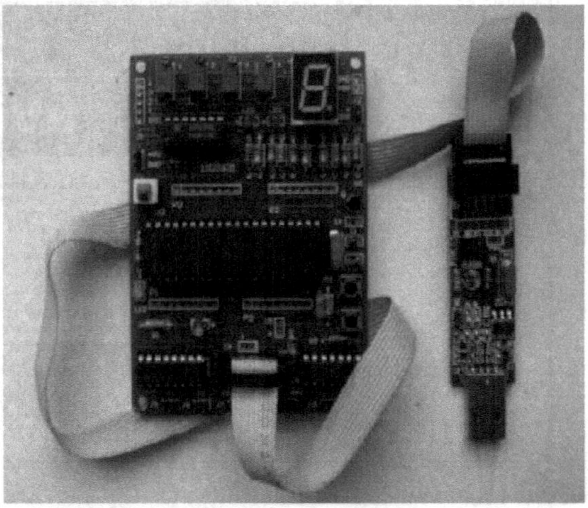

图 6-4　自制的单片机接口电路板

6.1.2　单片机控制系统软件设计

单片机程序设计与硬件密切相关，因为硬件电路的设计模式不是固定不变的（如端口的分配等），不同的测控系统要求，所设计的单片机接口电路都会有些变化。因此，程序设计人员需要对硬件电路有所了解，才能设计出相应的控制程序。

目前，单片机编程有汇编语言和单片机 C 语言环境，汇编语言使用助记符命令，针对单片机编程，设计者需要对所使用的单片机内部结构和功能十分了解，汇编语言程序简练且运算速度快，缺点是算术运算编程复杂，不易升级；单片机 C 语言接近 C++程序设计，只要简单了解单片机的端口、中断和定时等定义，就可以编程，变量定义和运算非常方便，缺点是程序冗长。单片机 C 语言程序设计适合初学者，利用单片机接口硬件电路板，通过编程可以轻松完成一般的控制系统设计。

1. 单片机程序的编译平台

单片机程序设计需要有编译平台，即将文本文件变成可执行文件，目前单片机的编译环境很多，这里仅对 Keil μVision 3 系统的使用举例介绍。该系统是用于单片机编译的集成开发系统，其内置的仿真器可模拟目标 MCU，包括指令集、片上外围设备及外部信号等，并提供多种最新的微处理器的支持。μVision 3 系统可以进行汇编程序和 C 程序设计及编译，生成执行文件。

首先，在个人电脑上安装 Keil μVision 3 系统，运行 μVision 3 系统后，界面提示如图 6-5所示。如果出现其他用户程序（软件系统保留上一次信息），可以选择“Project”→“Close Project”，退出其他用户的程序。

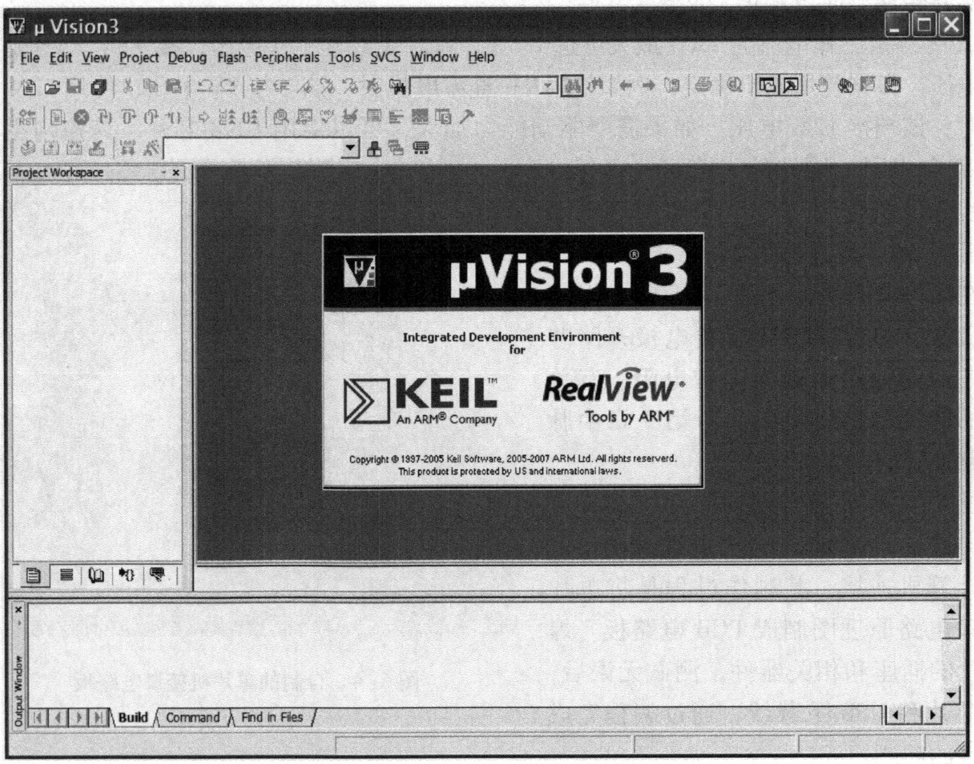

图 6-5　进入 Keil μVision3 系统界面

选择“FILE”→“NEW”，建立单片机 C 程序文件，输入源文件，保存时注意填写文件位置、文件名和扩展名，这里扩展名为 . C。建立工程文件，选择“Projet”→“New…”→“μVision3 Projet…”，系统提示创建新的工程文件对话框，键入工程文件名和存储位置，如图 6-6 所示，单击“保存”按钮。

接着系统提示选择单片机的对话框，首先要选择单片机的厂商，根据硬件电路设计中所使用的单片机型号，确定所选的厂商，这里选择“Atmel”，如图 6-7 所示。

双击所选中的图标，展开“Atmel”下的内容，找到所使用的单片机型号 AT89S52，并选择“AT89S52”，如图 6-8 所示。

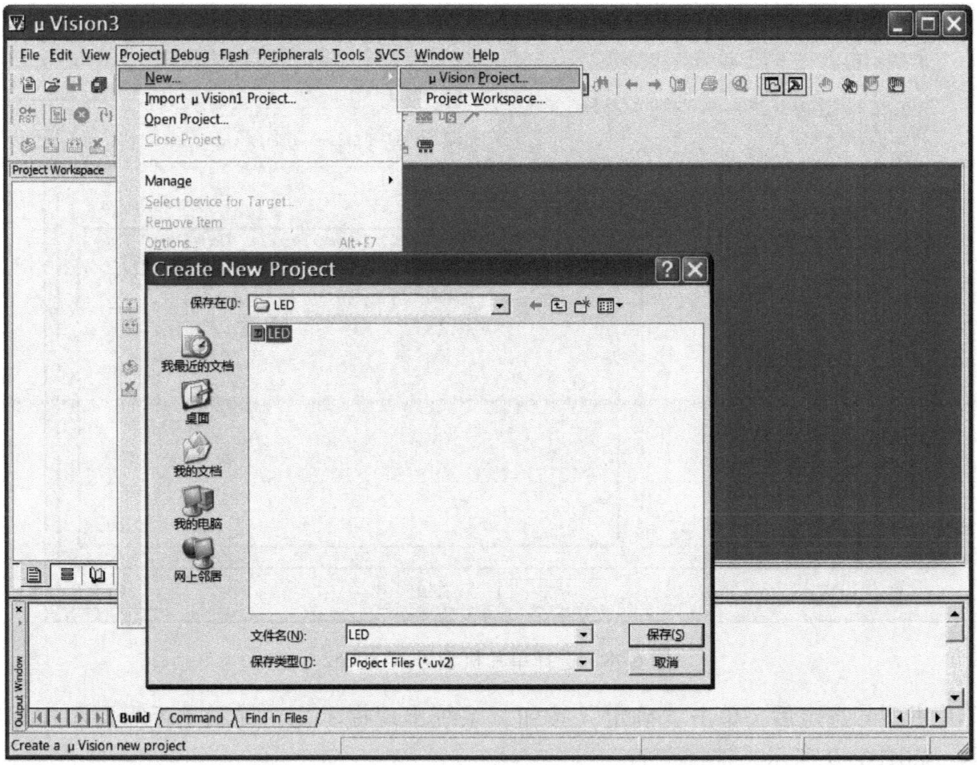

图 6-6　创建工程文件

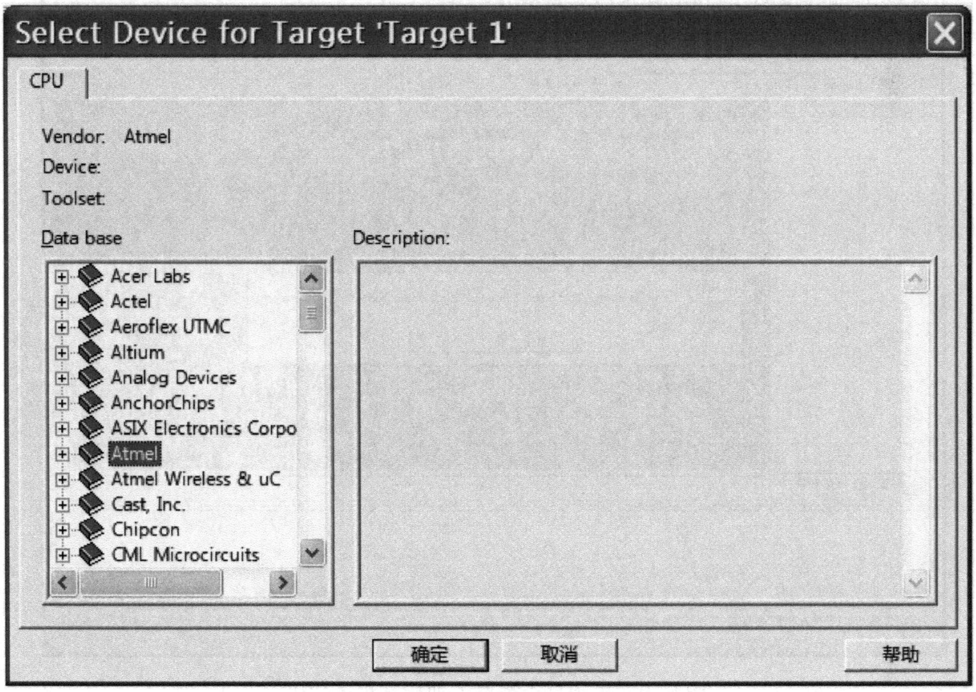

图 6-7　选择单片机的厂商 Atmel

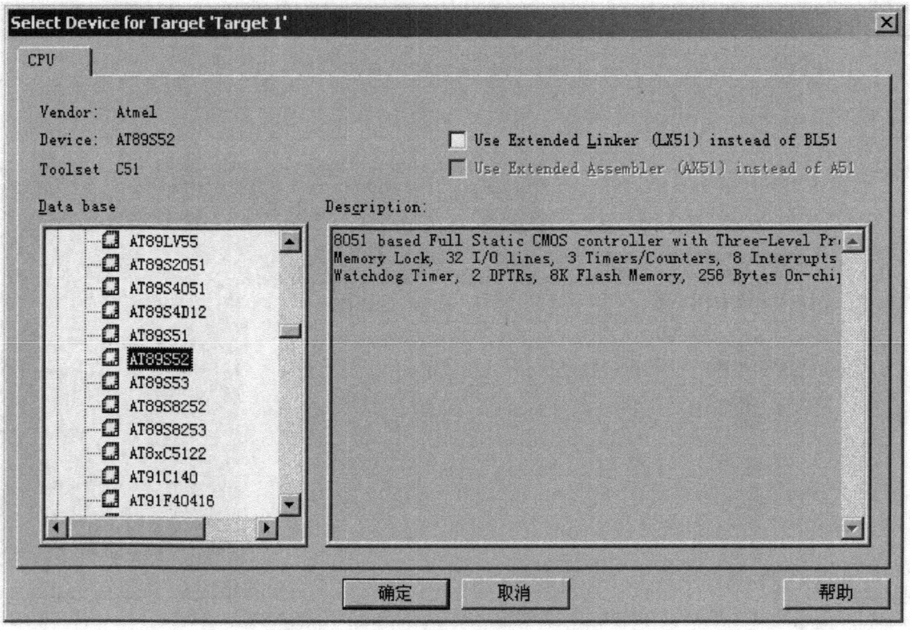

图 6-8　选择单片机型号 AT89S52

单片机型号选定后，单击“确定”按钮，系统出现提示框，提示是否需要添加标准程序代码，如图 6-9 所示，选择“否”。

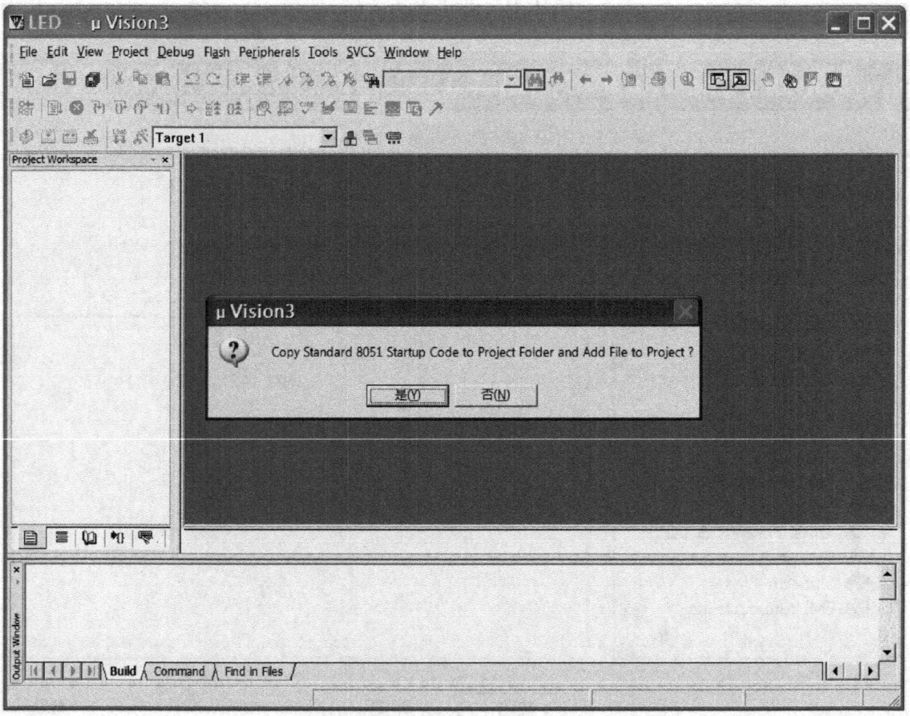

图 6-9　提示是否需要添加标准程序代码

接下来，在窗口左边的工作区（Project Workspace）中，展开 Target 1（见到 Source

Group 1 文件夹)，用鼠标右键单击 Source Group 1，在菜单里选择加入文件（Add Files To Group ‘Source Group 1’）选项，如图 6-10 所示。

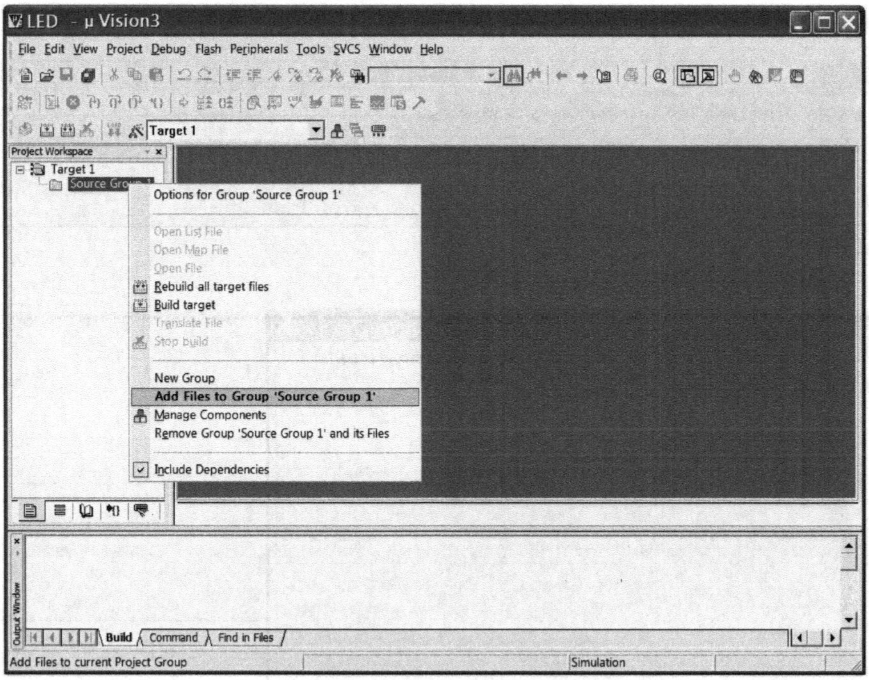

图 6-10　添加单片机 C 程序文件

通过路径和文件名查找，将前面刚建立的单片机 C 程序源文件引入，如图 6-11 所示，此时可以编译程序在计算机上运行了。但是，要下载文件到单片机芯片，还需设定生成十六进制文件选项。

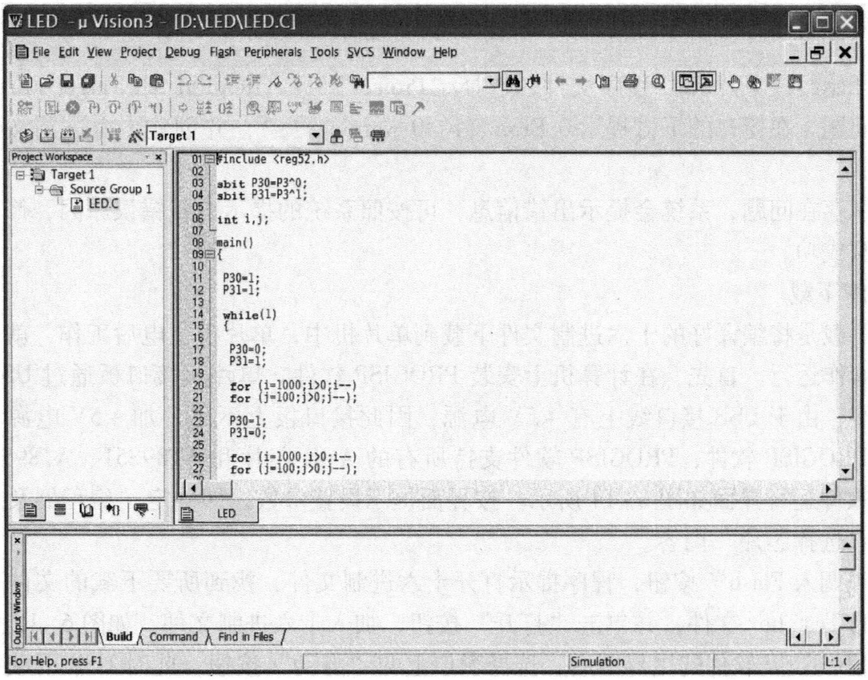

图 6-11　单片机 C 程序源文件被引入

选择“Project”→“Options For Target‘Target 1’”，出现设置窗口，选定 OUTPUT 标签，在 Create HEX 设置前面加“√”，如图6-12 所示，即在程序编译时生成十六进制文件，向单片机芯片下载程序时要用到该文件。设定完成后，单击“确定”。

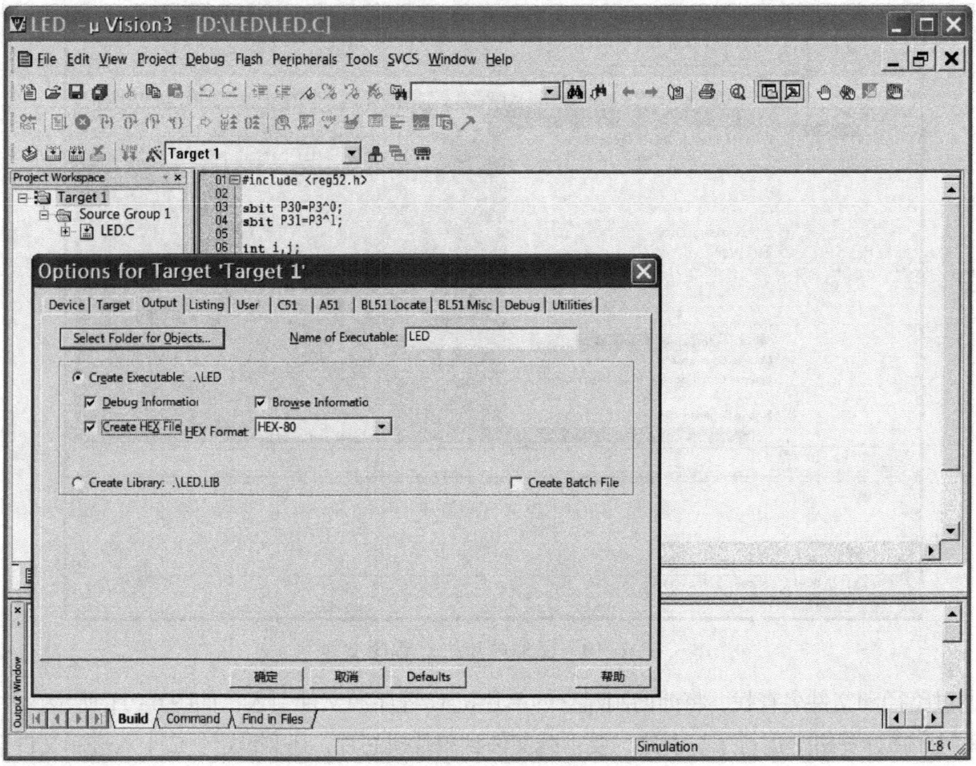

图6-12 设置生成十六进制文件选项

下面开始编译单片机 C 程序文件，选择“Project”→“Rebuild All Target Files”，若源程序没有问题，在窗口的下方提示0 Error（s）0 warning（s），并创建十六进制文件，如图6-13所示。

若程序存在问题，系统会提示出错信息，可按照系统的提示查找错误原因，修改后重新编译，直至成功。

2. 程序下载

程序下载是将编译好的十六进制文件下载到单片机中，单片机上电后工作，就可以按编好的指令操作运行。首先，在计算机上安装 PROGISP 软件。单片机接口板通过 USB 接口与计算机连接，由于 USB 接口线上有 +5V 电源，因此接口板上不用外加 +5V 电源。在计算机上运行 PROGISP 软件，PROGISP 软件支持所有的 AVR 芯片和 AT89S51、AT89S52 芯片，PROGISP 软件运行界面如图6-14 所示。按界面提示设置参数，即确定“编程器及接口”内容和确定“选择芯片”内容。

单击“调入 Flash”按钮，程序提示打开十六进制文件，找到所要下载的文件，如 LED 文件夹下的 Test. hex 文件，并单击“打开”按钮，加入十六进制文件，如图6-15 所示。

回到 PROGISP 软件的主界面后，选择窗口上的“自动”按钮，此时 USB 下载线接口的指示灯闪动，程序写入单片机，同时单片机接口板开始工作。如果想让单片机接口板独立工

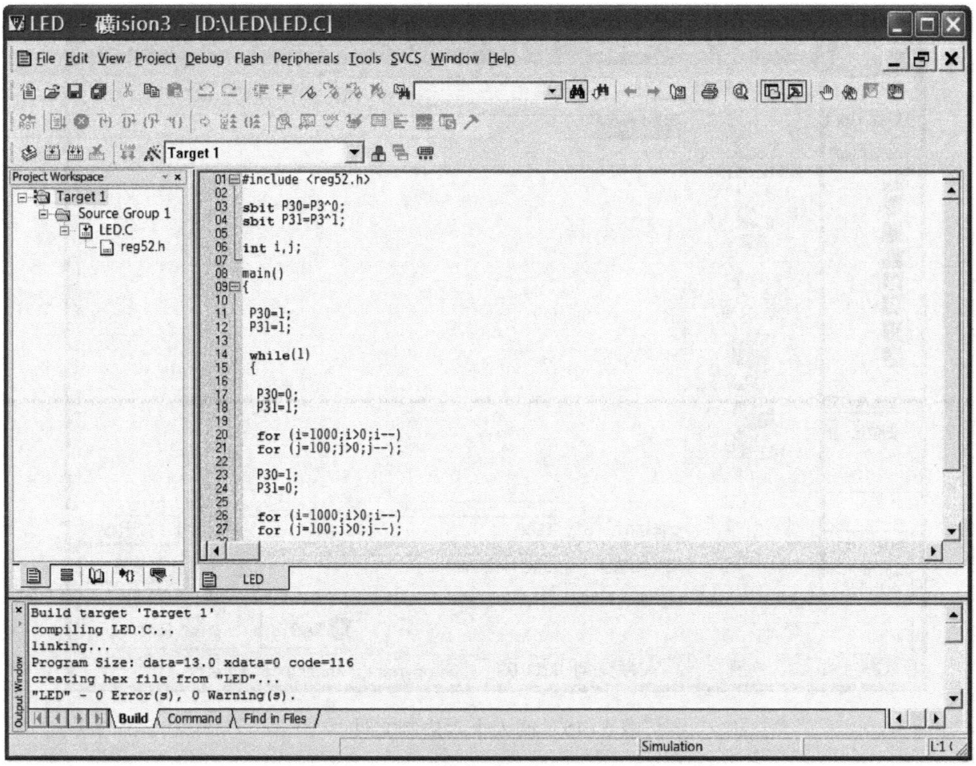

图 6-13　编译成功并创建十六进制文件

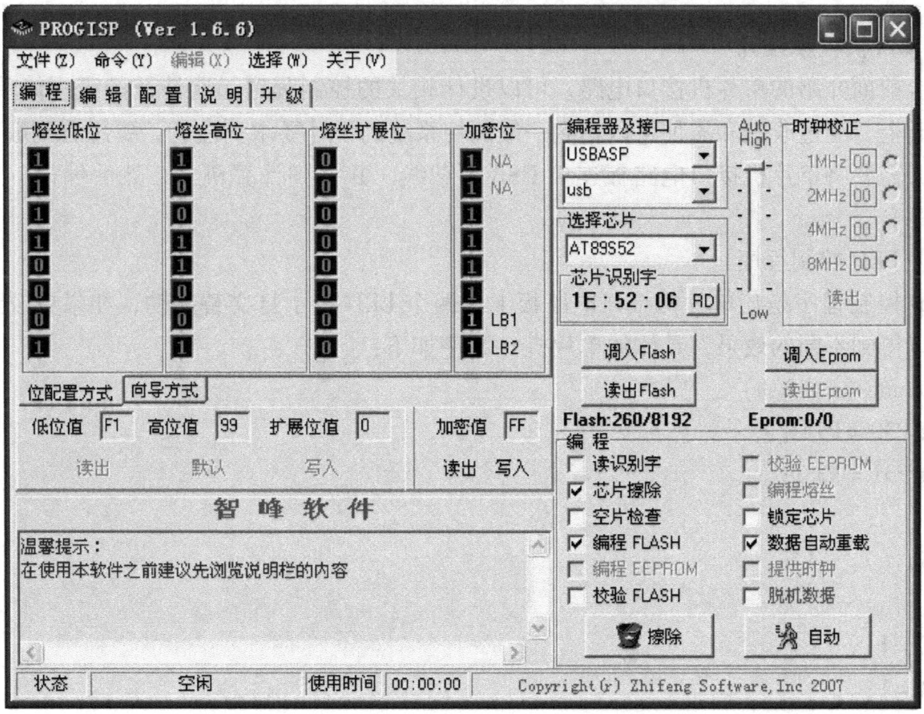

图 6-14　PROGISP 软件运行界面

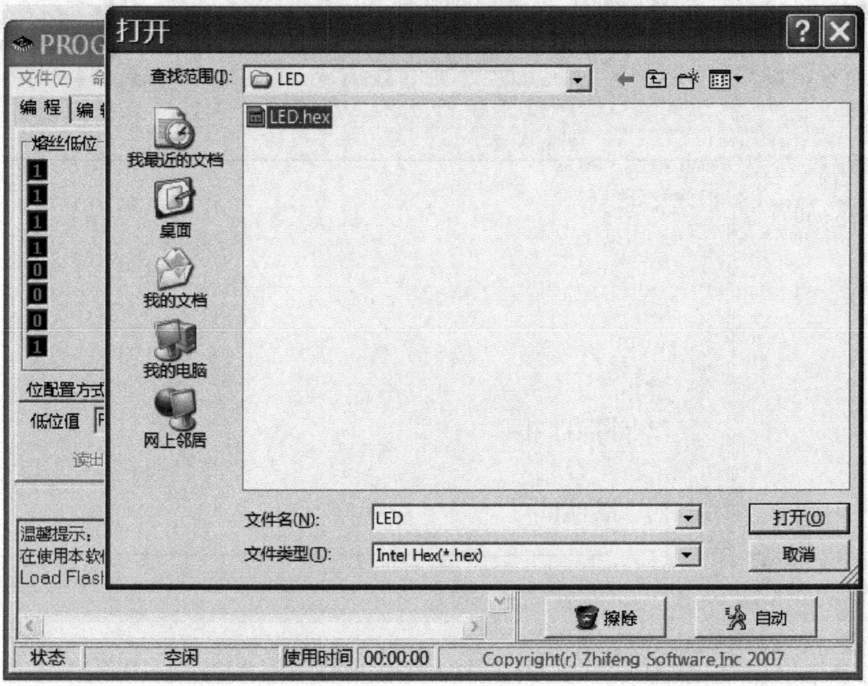

图 6-15　调入十六进制文件

作，可拔下 USB 下载线，给单片机接口板接上 +5V 电源，单片机接口板就可以独立进行工作了。

3. 单片机程序设计

结合前面介绍的单片机接口电路，可以设计相关的控制程序。所涉及的程序简单实用，在此基础上，通过改进和添加可以达到一般测控系统的设计要求。注意，要想看到编程的实际效果，需要将单片机接口电路板连接 USB 下载线，并接到计算机上，然后编译、下载和运行程序。

（1）LED 控制程序

LED 控制程序是让单片机接口电路板上的两个 LED 指示灯交替闪动，如果更改延时时间，可以得到不同的效果，具体的单片机 C 程序如下：

```
#include 〈reg52. h〉
sbit P30 = P3^0;
sbit P31 = P3^1;
int i, j;
main ()
{
P30 = 1;
P31 = 1;
while (1)
{
```

```
P30 =0;
P31 =1;
for (i =1000; i >0; i - - )
for (j =100; j >0; j - - );
P30 =1;
P31 =0;
for (i =1000; i >0; i - - )
for (j =100; j >0; j - - );
}
}
```

程序开始是设定头文件，即调入 REG52. H 文件；定义 P30 和 P31，代表单片机的 P3. 0 和 P3. 1，因为单片机用这两个端口接两个 LED。主程序中，先初始化，使 P30 和 P31 均为 1，目的是开始都处于不亮状态（由硬件电路图可以看到，端口为 0 时，LED 发光）。在循环段内，先让 P30 为 0，P31 为 1，即 LED1 亮，LED2 不亮，FOR 语句延时后，P30 为 1，P31 为 0，即 LED1 灭，LED2 亮。以后程序重复进行上述过程。

（2）数码管显示程序

程序是在单片机接口电路板的数码管上循环显示 0 ~ 9 数字，显示时间间隔可以自行修改，具体程序如下：

```
#include <reg52. h>
int nCounter;
int i, j, k =0;
int Table [10] = {0xC0, 0xF9, 0xA4, 0xB0, 0x99, 0x92, 0x82, 0xF8, 0x80, 0x90};
main ()
{
while (1)
{
nCounter = k;
P2 = Table [nCounter];
k + +;
if (k >9) k =0;
for (i =1000; i >0; i - - )
for (j =100; j >0; j - - );
}
}
```

程序用数组的方式定义共阳极数码管的字形表。在主程序中，利用循环的方式使变量 k 在 0 ~ 9 之间变化，通过数组变量将转换的字型码送到 P2 端口（数码管接口），双重 FOR 循环是延时显示时间。

（3）中断程序设计

程序是用单片机的外部中断 0（INT0）申请中断，中断执行程序是在数码管上显示数字以及 LED 指示灯变化，该程序是对单片机系统中断过程的一个演示，具体程序如下：

```
#include 〈reg52. h〉
sbit P30 = P3^0;
sbit P31 = P3^1;
int nCounter = 0;
int Table [10] = {0xC0, 0xF9, 0xA4, 0xB0, 0x99, 0x92, 0x82, 0xF8, 0x80, 0x90};
int i, j;
main ()
{
P30 = 1;
P31 = 1;
P2 = 0xff;
EX0 = 1;                // 外部中断 0 允许
EA = 1;                 // 中断总允许
IT0 = 1;                // 脉冲下降沿有效
while (1)
{
P30 = 0;
P31 = 1;
}
}
void Int0 () interrupt 0 using 0
{
EX0 = 0;                // 关外部中断 0
P30 = 1;
P31 = 0;
P2 = Table [nCounter];
nCounter + +;
if (nCounter > 9)
nCounter = 0;
for (i = 100; i > 0; i - -)
for (j = 1000; j > 0; j - -);
EX0 = 1;                //开外部中断 0
}
```

程序开始设定了 LED 端口和数码显示字形表。在主程序中，设定了中断 0 的工作模式，并让 LED1 亮，LED2 不亮。在外中断 0 程序中（中断响应程序），让 LED1 不亮，LED2 亮，同时向端口 2 发送显示数字，且中断一次数字加 1。由单片机接口电路图 6-2 可以看出，S_1 按键接 P3. 2/INT0，也就是按下该键时，端口为低电位，因此可以通过 S_1 来产生中断信号。中断程序运行之后，仍返回主程序，每按下 S_1 键一次，LED 灯交替发光，并且数码管显示的数值加 1。注意，S_1 键按的时间稍长就会产生多次中断，如何解决，可以思考一下。

（4）直流电机控制程序

电机控制程序是控制两个直流电机正反转，将 12V 直流电机接入单片机接口板，即接入 M1、M2 插座上，并将接口板上的 +12V 电源接上（L293 上的电机电源）。

```
#include 〈reg52.h〉
sbit P10 =0x90;
sbit P11 =0x91;
sbit P12 =0x92;
sbit P13 =0x93;
sbit P33 = P3^3;
sbit P35 = P3^5;
int i, j;
main ()
{
while (1)
{
P10 =0;
P11 =1;                    // 设 01 为电机正转
P12 =0;
P13 =1;
P33 =1;                    // EN =1
P35 =1;
for (i =1000; i >0; i - -)
for (j =1000; j >0; j - -);
P10 =1;
P11 =0;                    // 设 10 为电机反转
P12 =1;
P13 =0;
P33 =1;                    // EN =1
P35 =1;
for (i =1000; i >0; i - -)
for (j =1000; j >0; j - -);
}
}
```

程序开始是设定电机控制端口变量，程序运行后，两个电机先是正转运行，延时一段时间后，再反转运行，并一直交替变化。注意，如果两个电机转动的方向不同，可以将其中一个电机接线颠倒（两根导线交换连接）。试着变化程序，用程序控制一个电机正转运行，一个电机反转运行。

(5) 舵机控制程序

程序控制2路舵机工作，可以从0°到180°来回转动。程序执行前，将舵机接入单片机接口板的J4、J5插座上，并将舵机的电源接上，小型舵机的供电范围在4.8~6V。

```
#include "reg52.h"
int i, j, a, b;
sbit P36 = P3^6;
sbit P37 = P3^7;
void PWM05 (b)          // 子程序1, 周期20ms, 脉宽0.5ms
{
if (b = =1) P36 = ~P36;
if (b = =2) P37 = ~P37;
for (i =60; i >0; i - -);
if (b = =1) P36 = ~P36;
if (b = =2) P37 = ~P37;
for (j =2420; j >0; j - -);
}
void PWM25 (b)          // 子程序2, 周期20ms, 脉宽2.5ms
{
if (b = =1) P36 = ~P36;
if (b = =2) P37 = ~P37;
for (i =310; i >0; i - -);
if (b = =1) P36 = ~P36;
if (b = =2) P37 = ~P37;
for (j =2200; j >0; j - -);
}
main ()
{
P36 =0;
P37 =0;
while (1)
{
for (a =200; a >0; a - -)
{
PWM05 (1);              // 调子程序1, 舵机1工作
}
for (a =200; a >0; a - -)
{
PWM05 (2);              // 调子程序1, 舵机2工作
}
```

```
for（a=200；a>0；a--）
{
PWM25（1）；            // 调子程序2，舵机1工作
}
for（a=200；a>0；a--）
{
PWM25（2）；            // 调子程序2，舵机2工作
}
}
}
```

舵机运行需要一个20ms周期的时基脉冲，其中0.5～2.5ms的脉宽调制信号（PWM）对应着舵机0°～180°的工作转角，即脉冲的占空比决定舵机转动的角度。程序是用软件延时的方法生成20ms周期信号，脉冲的宽度有0.5ms和2.5ms两种，分别在子程序完成，图6-16所示为由软件生成的舵机控制脉冲。调试电路时，先用示波器测量接口板上的舵机控制信号，若控制脉冲正确，则接入舵机。注意，单片机接口板的晶振频率为12MHz，如果使用不同的晶体振荡器，则会出现偏差，可通过增减程序的延时时间来调整脉宽和周期。

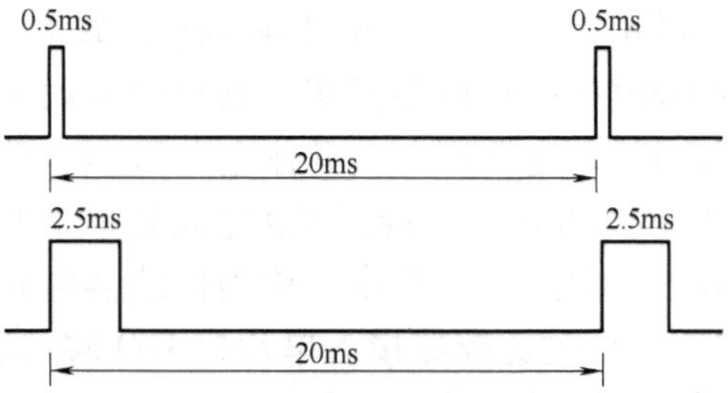

图6-16　舵机的控制脉冲

子程序1是0.5ms脉宽的生成程序，子程序2是2.5ms脉宽的生成程序。由于要控制2路舵机，因此在调用子程序时设置了参数传递功能，以区别控制舵机1还是舵机2。主程序的工作流程是：先让舵机1转动轴回零，延时一段时间，再让舵机2转动轴回零；延时一段时间，让舵机1转动轴转180°，延时一段时间，再让舵机2转动轴转180°。通过循环程序结构，舵机可重复工作。

以上的几个例程仅仅是对单片机接口电路的一个简单应用，由具体的输入信号采集和对外部器件的控制，可以掌握单片机接口电路结构及一般程序设计。经过不断实践，进而达到实用的目标。

6.1.3　光电寻迹智能车控制电路与程序

目前机器人技术被广泛用于探测和控制等一些领域，常用的寻迹方式机器人是跟随路径引导完成既定任务，即机器人（或车）能感知到某些路径信息并做出相应的反应（行走）。光电寻迹智能车，是通过光电传感器检测道路上的轨迹（如黑线）来确定机器人的走向的。

1. 硬件电路设计

光电寻迹智能车能自动沿着轨迹行走，其硬件电路设计包括传感电路、单片机接口电路和电机驱动电路，其中后两部分前面已经介绍，可以使用图6-2所示的接口电路。

对于传感部分，主要是在车的前方放置识别路线的传感器，由于运行线路有直线和弯道等，只有一个传感器不能辨别方向，因此要考虑放置多个传感器，一般是4～6个。

图6-17所示为一路光电寻迹传感器检测电路和测量方法，采用多路寻迹时，可以并列焊接多个传感器检测电路，传感器型号为RPR220。光电寻迹的工作原理是发射端发出红外光线，如果接收面是镜面或白色，光线可以反射回来，在接收端能收到反射信号，输出低电位（0.3V以下）；当接收面是黑色或深色，光线被吸收，在接收端收不到反射信号，输出高电位（3.5V以上）。这样，通过电位判断就可以识别地面上的路径（黑或白色路径）。另外，利用光电寻迹传感器也可以测量反射面的灰度，如在灰度信号判别时用到。

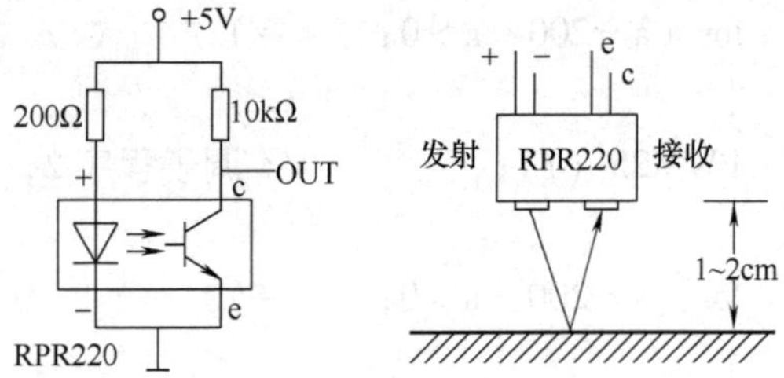

图6-17　光电寻迹传感器检测电路和测量方法

图6-18所示为光电传感寻迹、单片机控制及电机驱动电路框图，点划线框内是单片机接口电路部分，具体电路可参考图6-2。4个光电寻迹传感器在电路板上是并排焊接，形成一个整体（称为传感器电路板），并通过比较器接入单片机I/O端口。机器人寻迹的场地一般是白色的地面，黑色的轨迹，传感测量电路加入比较器，是克服场地（灰度）或光电器件质量的原因引起的误差，例如有的光电传感器在低电位输出时电压偏高（低电位在1V以上），加入比较器后，通过调整比较电压，使单片机接收到的信号准确无误。由此可以看出，在使用光电寻迹传感器时，最好提前筛选。

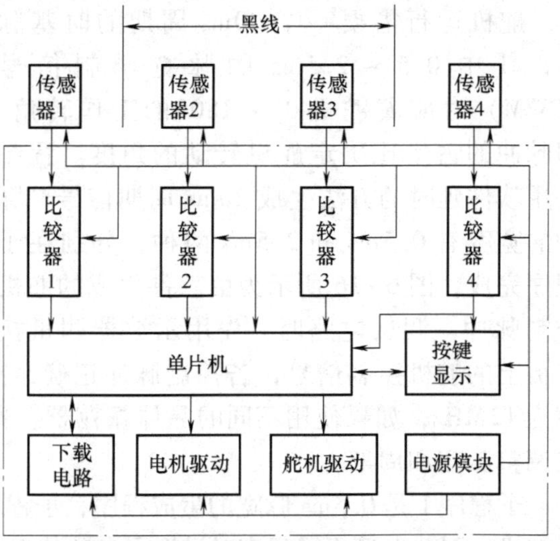

图6-18　光电传感寻迹及单片机控制框图

比较电路采用LM324芯片，单电源+5V供电。电机驱动模块采用L293芯片（车子负载较大时，可使用L298芯片），控制双电机驱动车子的左、右两个轮子，能够使驱动智能车前进、后退、左转和右转。舵机驱动模块能控制车载机械手上的舵机，如可以进行夹住物块和抬起物块操作，起到搬运物块操作。电源模块是采用可充电的12V镍氢蓄电池，12V电源一路给直流电机供电，一路由LM2576芯片降压到5V，给单片机接口电路板和传感器电路供电，有关LM2576稳压电路，参见第2章的电源部分。

2. 寻迹程序设计

在寻迹程序设计之前，需要考虑各路传感器在轨迹上的响应，即一字排开的光电传感器输出信号与路径的关系（有弯道），以便控制智能车的运行方向，图6-19所示为四路光电传感器在轨迹上的不同位置。

图中画出两个运行轨迹，实线部分是右转轨迹，虚线部分是左转轨迹（转直角），轨迹为黑色，四周为白色。设定光电寻迹智能车的初始位置，中间两个传感器在黑线内，另外两个传感器离黑线稍远些。随着智能车的移动，光电传感器会输出不同的电位。

在右转轨迹中，传感器电路板处于位置1时，中间的两个个传感器在黑线里边（高电

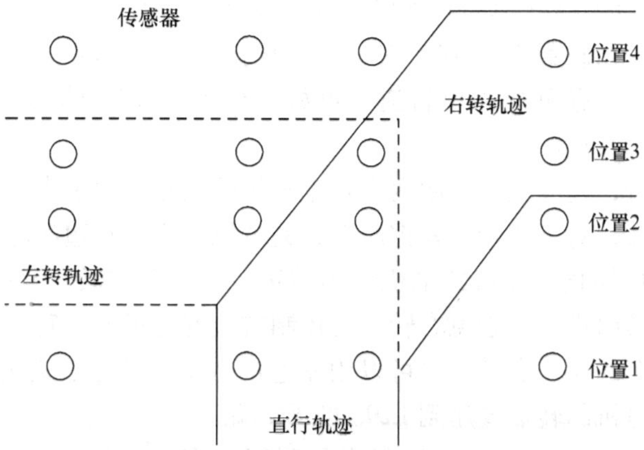

图 6-19　四路光电传感器在轨迹上的不同位置

位，为 1)，控制智能车直行；传感器电路板处于位置 2 时，右数第 2 个传感器在黑线里，控制智能车向右转；传感器电路板处于位置 3 时，右边 2 个传感器在黑线里边，控制智能车向右转；传感器电路板在位置 4 时，右数第 1 个传感器在黑线里边，智能车也是要右转，但要求急转，否则会很容易冲出轨道。

左转的虚线轨迹给出一个直角弯道，传感器电路板处于位置 2 和位置 3 时，左边的 3 个传感器均在黑线内，此时智能车必须向右急转，否则会冲出轨道。

表 6-2 所示为传感器输出信号与智能车控制逻辑，设定智能车前方传感器从左到右排列顺序为：传感器 1、传感器 2、传感器 3 和传感器 4；轨迹为黑色，场地为白色；传感器低电位输出为 0，高电位输出为 1。

表 6-2　传感器输出信号与智能车控制逻辑

传感器 1	传感器 2	传感器 3	传感器 4	状态
0	0	0	0	停止
0	0	0	1	右（急）
0	0	1	0	右
0	0	1	1	右
0	1	0	0	左
0	1	0	1	-
0	1	1	0	前进
0	1	1	1	右（急）
1	0	0	0	左（急）
1	0	0	1	-
1	0	1	0	-
1	0	1	1	-
1	1	0	0	左
1	1	0	1	-
1	1	1	0	左（急）
1	1	1	1	停止

注意，该表中定义的0000和1111状态均为控制电机停止。在实际应用中，可以根据实际情况改变控制逻辑，如碰到0000状态时，可以根据上一次的状态，控制车子左转、右转或后退，因为惯性，车子有可能冲出轨道；再如碰到1111时，有可能是交叉轨迹（十字线），也可定义智能车继续前进。

智能车沿轨迹运行，实际上是控制两个直流电机的工作，对于直行，是控制两个电机同时向前转，即方向一致；对于左转，是控制左边的电机停止，右边的电机继续前进；对于右转，是控制右边的电机停止，左边的电机继续前进；对于急左转，是控制左边的电机向后转，而右边的电机继续前进；对于急右转，是控制右边的电机向后转，而左边的电机继续前进。此外，控制智能车的左、右转，也可以用差速的方式，即左、右电机的转动方向一致，但转速有区别，调整电机的转速要用到L293的EN端。

智能车寻迹控制程序设计如下，该程序是利用查询方式检测四个传感器的输出信号（P0.0～P0.3），并根据表6-2的状态控制两路电机。单片机的P33（EN1）、P10和P11控制左边的电机，单片机的P35（EN2）、P12和P13控制右边的电机。电机方向控制：01为前进，10为后退。四个传感器进入白色或黑色区域时，智能车均停下来。

```
#include〈reg52.h〉
int i, j, n;
sfr WDTRST = 0xA6;          // 设置看门狗
void delay (n);
sbit P00 = P0^0;
sbit P01 = P0^1;
sbit P02 = P0^2;
sbit P03 = P0^3;
sbit P10 = P1^0;
sbit P11 = P1^1;
sbit P12 = P1^2;
sbit P13 = P1^3;
sbit P33 = P3^3;
sbit P35 = P3^5;
void delay (n)              // 延时子程序
{
for (i = 10; i > 0; i--)
for (j = n; j > 0; j--);
}
main ()
{
P0 = 0xff;
P1 = 0x00;
WDTRST = 0x1E;              // 启动看门狗
WDTRST = 0xE1;
```

```
while (1)
{
if (P00 = =0&&P01 = =0&&P02 = =0&&P03 = =0)
{
P33 =1; P10 =0; P11 =0; P35 =1; P12 =0; P13 =0; // 停止
}
if (P00 = =0&&P01 = =0&&P02 = =0&&P03 = =1)
{
P35 =0; delay (10); P33 =1; P10 =0; P11 =1; P35 =1; P12 =1; P13 =0; // 右转-快速
}
if (P00 = =0&&P01 = =0&&P02 = =1&&P03 = =0)
{
P33 =1; P10 =0; P11 =1; P35 =1; P12 =1; P13 =1; // 右转
}
if (P00 = =0&&P01 = =0&&P02 = =1&&P03 = =1)
{
P33 =1; P10 =0; P11 =1; P35 =1; P12 =1; P13 =1; // 右转
}
if (P00 = =0&&P01 = =1&&P02 = =1&&P03 = =1)
{
P35 =0; delay (10); P33 =1; P10 =0; P11 =1; P35 =1; P12 =1; P13 =0; // 右转-快速
}
if (P00 = =0&&P01 = =1&&P02 = =1&&P03 = =0)
{
P33 =1; P10 =0; P11 =1; P35 =1; P12 =0; P13 =1; // 直行
}
if (P00 = =0&&P01 = =1&&P02 = =0&&P03 = =0)
{
P33 =1; P10 =0; P11 =0; P35 =1; P12 =0; P13 =1; // 左转
}
if (P00 = =1&&P01 = =0&&P02 = =0&&P03 = =0)
{
P33 =0; delay (10); P33 =1; P10 =1; P11 =0; P35 =1; P12 =0; P13 =1; // 左转-快速
}
if (P00 = =1&&P01 = =1&&P02 = =0&&P03 = =0)
{
P33 =1; P10 =1; P11 =1; P35 =1; P12 =0; P13 =1; // 左转
}
if (P00 = =1&&P01 = =1&&P02 = =1&&P03 = =0)
```

```
{
P33 =0; delay (10); P33 =1; P10 =1; P11 =0; P35 =1; P12 =0; P13 =1; // 左转-快速
}
if (P00 = =1&&P01 = =1&&P02 = =1&&P03 = =1)
{
P33 =1; P10 =1; P11 =1; P35 =1; P12 =1; P13 =1; // 停止
}
else
P1 =0x00;
WDTRST = 0x1E;     // 启动看门狗
WDTRST = 0xE1;
}
}
```

程序开始设定所使用的端口，在循环框架内，利用 IF 语句对 4 路传感器的信号进行判别，根据表 6-2 中的状态，控制两路电机的工作，使智能车能够按黑色轨迹行走。有时电机从正转到反转的切换中，由于机械运动时间远高于指令控制时间，因此这个过程用到了延时子程序。另外，程序中启用了看门狗指令，是防止在程序运行中出现死机现象。

智能车调试时，先将直流电机连接好，运行直行指令（EN1、EN2 均为 1，IN1、IN2 和 IN3、IN4 均为 01），此时智能车上的两个电机应同时向前转，如果方向不对，要颠倒电机的接线（两根接线交换）。将程序下载到单片机内，用一张白纸贴上黑色胶带（模拟赛场轨迹），并放在传感器下，通过左右移动，观察电机左、右转动情况，是否符合表 6-1 中的控制逻辑。铺设实际比赛场地，运行智能车，根据场地调试程序。

6.1.4 单片机 A/D、D/A 采集控制电路

A/D、D/A 也称为模数转换、数模转换，模数转换是指将模拟量转换成数字量，数模转换是指将数字量转换成模拟量，A/D、D/A 主要技术指标有转换速度和位数等。在模数转换和数模转换中，模拟信号电压范围有 0 ~ +5V、0 ~ +10V、-5 ~ +5V 和 -10 ~ +10V 几个档次；数字信号为二进制数值，有 8 位、12 位和 16 位等。A/D、D/A 转换有专用转换芯片，在单片机系统控制中，有的单片机自身带 A/D、D/A 单元电路。

A/D、D/A 转换在信号采集和控制电路中应用非常广泛，例如对变化的模拟信号进行二进制数据采集时，则需要用 A/D 转换；如果使用二进制数据对模拟信号进行过程控制时，则需要使用 D/A 转换。实验常用的 A/D、D/A 转换芯片有 ADC0809 和 DAC0832 等，实际应时用可根据测控系统的要求（如速度、精度等），选用不同类型的芯片，如 ADI 公司的 AD7888、AD7705 等。

1. A/D 转换芯片 ADC0809

ADC0809 是一个带有 8 通道多路开关的 A/D 转换器，它是 CMOS 器件，采用逐次逼近法进行转换，可直接与微处理器相连。ADC0809 的转换时间为 100μs，分辨率为 8 位，单 +5V 供电，内部集成了可以锁存控制的 8 路模拟转换开关，输出采用三态输出缓冲寄存器，其电平与 TTL 电平兼容。ADC0809 的引脚排列如图 6-20 所示。

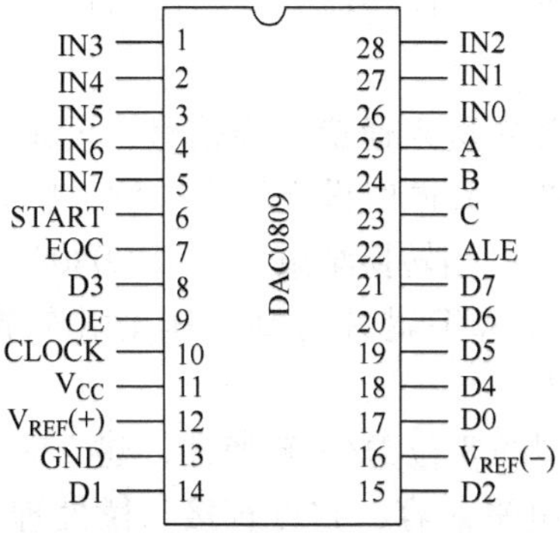

图 6-20　ADC0809 的引脚排列

芯片选择哪一路模拟输入信号进行转换，由内部多路选择器决定，多路选择器包括 8 个标准的 CMOS 模拟开关和 3 位地址锁存器。芯片引脚 A、B 和 C 是地址选择，共有 000 ~ 111 种状态，可以选中 8 个通道之一。各通道对应地址见表 6-3。

表 6-3　地址码对应的模拟通道

地址码			模拟通道号
C	B	A	
0	0	0	IN0
0	0	1	IN1
0	1	0	IN2
0	1	1	IN3
1	0	0	IN4
1	0	1	IN5
1	1	0	IN6
1	1	1	IN7

模拟信号输入有单极性输入和双极性输入两种方式。参考电压 $V_{REF}(+) = +5V$ 时，单极性模拟电压的输入范围是 0 ~ +5V，双极性模拟电压的输入范围是 -5 ~ +5V。参考电压 $V_{REF}(+) = +10V$ 时，单极性模拟电压的输入范围是 0 ~ +10V，双极性模拟电压的输入范围是 -10 ~ +10V。A/D 芯片双极性输入时需要外加偏置电路，ADC0809 芯片双极性和单极性输入方法如图 6-21 所示，参考电压 $V_{REF}(+) = +5V$。

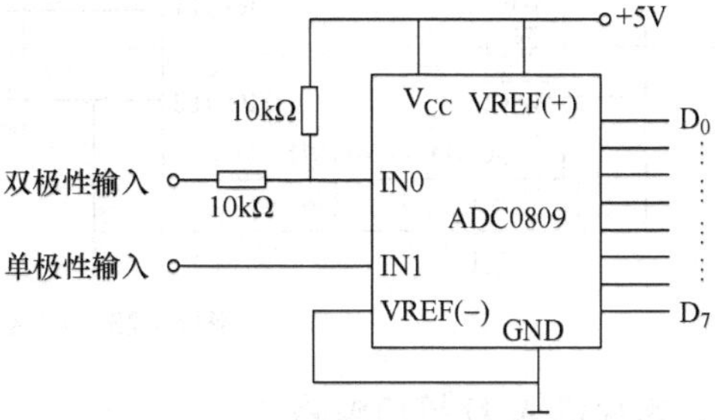

图 6-21　ADC0809 双极性和单极性输入方法

不论输入电压范围是多少，是单极性还是双极性，A/D 转换输出 D_0 ~ D_7 的数字范围是

00000000 ~ 11111111，即 0 ~ 255。A/D 转换芯片一般与单片机连接，通过启动、转换和读取信号采集模拟电压。

ADC0809 的工作过程是：首先送入通道选择信号，设定 A、B 和 C 的值（可以是硬件设定或程序设定），将 START 和 ALE 同时设定为高电位，启动 A/D 转换芯片，并将选定通道的模拟电压信号进行 A/D 转换，当转换结束后，ADC0809 的 EOC 输出高电位，此时可以读取数据，即设置 OE 为高电位，A/D 芯片的 D_0 ~ D_7 输出转换后的数据。

2. D/A 转换芯片 DAC0832

DAC0832 是一个电流输出型的 8 位 D/A 转换器，建立时间 1μm，逻辑电平输入与 TTL 电平兼容，它可直接与微处理器相连。该芯片可采用双缓冲寄存器，这样可在输出的同时，转换下一个数字量，以提高转换速度。DAC0832 的引脚排列如图 6-22 所示。

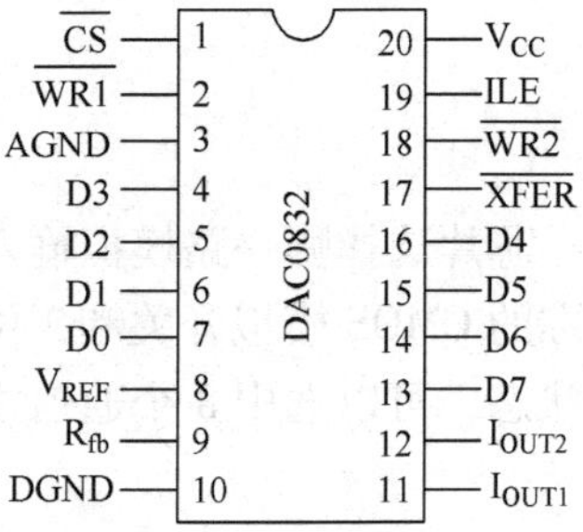

图 6-22　DAC0832 的引脚排列

DAC0832 芯片内部主要由三部分构成：一是两个 8 位数据锁存器可构成双缓冲形式；二是乘法型 CMOS 数模转换器；三是控制逻辑电路，通过不同设置，可使 D/A 转换器有双缓冲、单缓冲和直通三种方式。

图 6-23 所示为将 DAC0832 接成输入直通方式，即没有过缓冲过程，该电路可以不使用单片机控制，直接变化 D_0 ~ D_7 上的二进制数据就可得到模拟电压信号。为了将 D/A 芯片的模拟电流转换为模拟电压，DAC0832 的两个电流输出端 I_{OUT1} 和 I_{OUT2} 分别接到运算放大器的两个输入端，经过第一级运放得到单极性输出电压 U_{o1}，若输入的数字量 D_0 ~ D_7 为 00000000 ~ 11111111，则转换成电压值为 0 ~ －5V，第二级运放组成双极性输出电路，输出电压值为 －5V ~ ＋5V。

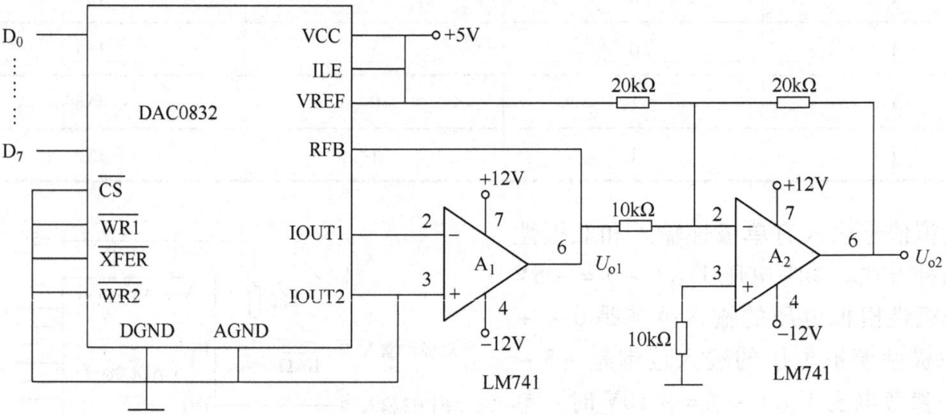

图 6-23　D/A 转换及输出电路

3. 单片机 A/D 接口电路

单片机 A/D 转换接口电路如图 6-24 所示，单片机 P0 端口接 ADC0809 转换芯片的 D_0 ~ D_7，另外 P0.0 ~ P0.2 接 A/D 转换芯片的 A、B 和 C，用于通道选择。单片机的 ALE 信号经过 4 分频（500kHz），接入 ADC0809 的时钟脉冲输入端口。A/D 芯片的转换结束信号 EOC 通过反相器接单片机的 P3.2，可用于中断方式或查询方式编程。单片机的 P1.4 接入 A/D

芯片的 ST 和 ALE 端，作为启动信号，单片机的 P3.1 接入 A/D 转换芯片的 OE 端，作为数据接收信号。A/D 芯片的参考电压 V_{REF}（+）接 V_{CC}，V_{REF}（-）接地，接口电路输入模拟电压的范围是 0～+5V。

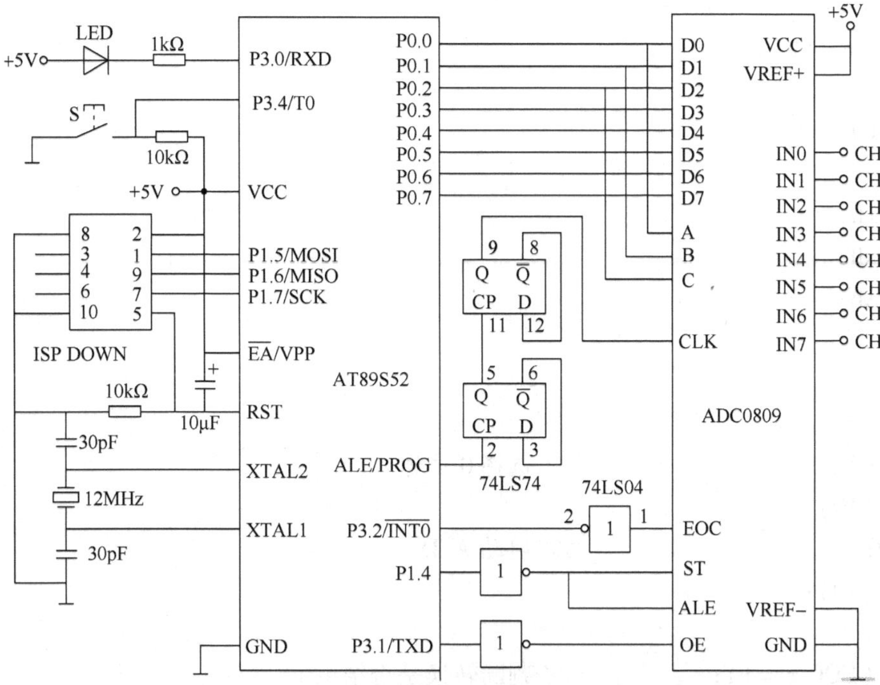

图 6-24　A/D 转换接口电路

该接口电路有两个特点：一是用 P0 端口做数据线，同时也用其中的 P0.0～P0.2 做 ACD0809 的通道选择线，分时序工作，通过程序更改模拟信号输入通道；二是 ADC0809 的转换结束信号接到单片机的 P3.2，这样在程序设计时既可以用中断的方式编程，也可以用查询的方式编程。

A/D 转换程序设计流程是先选定通道（P0.0～P0.2），设置 P1.4 为低电平，通过反相器使 A/D 转换芯片的启动信号（ST）和地址锁存信号（ALE）有效，此时模拟电压信号经过选定的通道送到 A/D 转换器。A/D 转换结束后，EOC 输出高电位，经过反相器，使单片机的 P3.2 为低电位。程序判断到该信号为低电位时，发出读数据信号，即设置 P3.1 为低电位，通过反相，使 OE 信号有效，此时 A/D 芯片数据线上将出现转换结果，即 P0 端口上出现 A/D 转换数据。下面是查询方式的 A/D 转换参考程序：

```
#include <reg52.h>
int i, j, n;
unsigned char m = 204, ADdata [8];
void delay (n);
sbit ST = P1^4;
sbit EOC = P3^2;
sbit OE = P3^1;
sbit LED = P3^0;
```

```
sbit KEY = P3^4;
void delay (n)                    // 延时子程序
{
for (i = 200; i > 0; i - -)
for (j = n; j > 0; j - -);
}
main ()
{
P0 = 0xff;
P1 = 0xff;
P2 = 0xff;
P3 = 0xff;
while (1)
{
P0 = 0xf8;                        // 选择 0 通道
delay (10);
ST = 0;                           // 启动 A/D
delay (10);
ST = 1;
while (EOC = = 1);                // 判断转换是否结束
OE = 0;
ADdata [0] = P0;                  // 取数据
OE = 1;
if (ADdata [0] > = m)             // 采集值大于等于设定值，LED 显示
LED = 0;
if (ADdata [0] < m)               // 采集值小于设定值，LED 不显示
LED = 1;
}
}
```

该程序只对 0 通道进行采集，开始是对端口进行初始化，通道选择地址码为 0xf8。将 P1.4 置 0，启动 A/D 采集，稍作延时后，查询 P3.2 的电位，如果为低电位，将 P3.1 置 0，接下来读取 P0 上的数据，并存入数据变量中。程序中的 m 变量是存放电压比较数据，程序设定采集电压等于或超过 +4V 时用 LED 指示灯提示。对于 8 位 A/D 模数转换，+4V 电压对应十进制数是 204（m = 204），因此当采集到的数据大于 204 时，P3.0 为低电位，LED 发光。

可用示波器或数字电压表实测 A/D 转换芯片 IN0 通道的输入电压，变化输入电压（0 ~ +5V），观察程序运行。改进程序，使用循环方式，采集多路电压信号；只对一路信号进行连续采集，记录信号的变化曲线；利用开关 S，控制采集开始时间。

4. 单片机 D/A 接口电路

D/A 转换接口电路如图 6-25 所示，单片机系统电路部分参考图 6-24。DAC0832 采用单缓冲方式，$\overline{CS}$为片选信号，低电位有效，由单片机的 P1.4 控制。D/A 转换芯片的$\overline{WR1}$是写数据信号，由单片机的 P3.4 控制。D/A 转换芯片的第二级缓冲控制信号端$\overline{XFER}$和$\overline{WR2}$端均接地，ILE、VREF 接 +5V。D/A 转换芯片的输出接两级运算放大电路，第二级仅作为反相器，当单片机发出数据为 00000000 ~ 11111111 时，电路对应输出 0 ~ +5V。

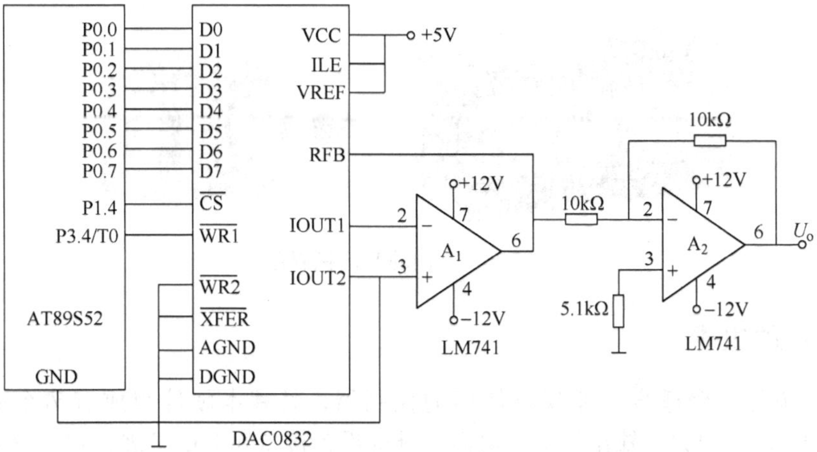

图 6-25　D/A 转换接口电路

A/D、D/A 转换可以联合应用，即通过 A/D 转换对传感信号进行采集、分析和处理，再由 D/A 输出，控制外部设备。另外，利用 D/A 转换接口电路可以进行过程控制，如按时间段输出控制信号等，其简单应用是利用单片机接口电路产生波形信号。

6.1.5　设计与实践

1. 光电寻迹智能车转弯采用差速的方式，即控制左、右两个电机在转弯时转速不同，此时车子会向速度慢的一边偏转，设计电机差速运行的控制程序并调试运行。

2. 扩展智能车的功能，添加机械手搬运物块，设计寻迹和机械手（利用舵机）控制程序。利用单片机的定时/计数单元产生 PWM 波形，控制舵机。

3. 设计一个单片机接口电路，对电加热水罐温度进行控制。温度传感器和 A/D 转换芯片采集温度信号，用两位数码管显示温度值，水罐温度控制在 50℃。单片机输出信号经光电隔离电路和继电器电路控制电加热水罐。

4. 参考图 6-25 所示的单片机 D/A 接口电路，设计正弦波、三角波、方波和锯齿波信号输出程序。另外，设计一个单片机键盘输入接口电路，通过按键可以设定输出信号的频率。

6.2　PLC 技术与应用

PLC 可编程控制器，也称为可编程逻辑控制器（Programmable Logic Controller），它的主要功能是由智能芯片及开关实现逻辑控制，用来代替常规的继电器控制。随着电子技术的发展，采用微型计算机技术的 PLC 控制装置已经大大超过了逻辑控制的范围。

目前，PLC 应用已经成为现代化设备的象征，成为工业电子线路控制的主要手段。为满足工业生产对控制设备安全性和可靠性的要求，PLC 装置具有良好的环境适应性，可应用于十分恶劣的工业现场，在电源瞬间断电的情况下，仍可正常工作。PLC 具有很强的抗电磁干扰能力、具有良好的抗振能力和抗冲击能力。PLC 设备易于安装，与工业控制系统能够形成一个整体，常用的 PLC 控制器如图 6-26 所示。

图 6-26　常用的 PLC 控制器

6.2.1　PLC 的组成

PLC 本身就是一台适合工业现场使用的控制器，其基本硬件组成有 7 个部分，包括 CPU、存储器、输入接口、输出接口、电源、外部设备接口和 I/O 扩展接口。这些模块可以按照一定规则组合配置，如图 6-27 所示。

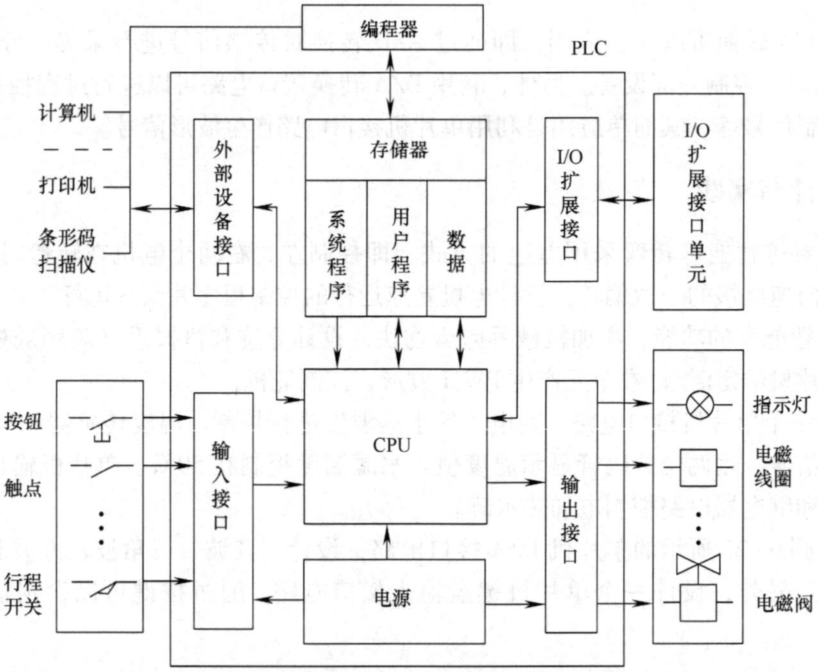

图 6-27　PLC 的组成

CPU 是 PLC 的控制中枢，它按照系统程序赋予的功能接收并存储用户程序和数据，检查电源、存储器、I/O 以及定时器的状态，并能诊断用户程序中的语法错误。当 PLC 投入运行时，首先它以扫描的方式接收现场各输入装置的状态和数据，并分别存入I/O映像区，然后从用户程序存储器中逐条读取用户程序，经过命令解释按指令的规定执行数据传送、逻辑运算或算数运算等，并将结果送入I/O映像区或数据寄存器内。当扫描用户程序结束后，若没有错误PLC就进入输出刷新阶段，将I/O映像区的各输出状态或输出寄存器内的数据传送到相应的输出装置，如此循环运行，直到停止运行。

PLC内部存储器是用来存放系统程序、用户程序、逻辑变量及数据信息的。存储器分为只读存储器（ROM或EPROM）和随机存储器（RAM）两大类。只读存储器的内容一旦写入即使掉电也不会消失，ROM主要存放监控程序及已调试好的用户程序。RAM的内容可以随时由CPU对它进行读/写，但掉电后，信息丢失，用户数据一般使用RAM存储，在调试过程中要经常进行读/写操作。

PLC与外围电器的接口是通过输入/输出部分（I/O）完成的，其输入暂存器反映输入信号状态，输出暂存器反映输出锁存器状态。PLC输入/输出模块分为开关量输入（DI）、开关量输出（DO）、模拟量输入（AI）和模拟量输出（AO）等模块。

对于外部设备接口，PLC的外部设备主要有编程器、计算机和打印机等。编程器接口是用来连接编程器的，PLC本身通常是不带编程器的，为了能对PLC编程及监控，PLC上专门设置有编程器接口，通过这个接口可以连接各种形式的编程装置，还可以利用此接口做通信和监控工作。计算机与PLC的连接有三种方式：一是使用计算机的USB或RS232C端口与PLC的编程口直接相连；二是通过网络、与其他站点的PLC进行通信；三是通过调制解调器，与远程的PLC进行通信。

对于I/O扩展接口，是利用扩展接口增加PLC的输入/输出单元规模，这种扩展接口实际上为总线形式，可以配置开关量的I/O单元，也可配置模拟量和高速计数等特殊I/O单元及通信适配器等。

电源模块是为PLC各模块电路提供工作电源。PLC对电源的设计和制作十分精良，一般情况下，交流电压波动在+10%（+15%）范围内，可以不采取其他措施而将PLC直接连接到交流电网上去。有的PLC装置还设有直流电压供电方式，如提供24V的工作电源。PLC电源输入类型有：交流电源（220VAC或110VAC）和直流电源（常用的为24VDC）。

6.2.2 PLC常用编程语言和工作流程

PLC软件系统由系统程序和用户程序两部分组成。系统程序包括监控程序、编译程序、诊断程序等，其主要用于系统管理，并将程序语言翻译成机器语言及诊断机器故障等，系统程序由PLC厂家提供并已存在只读存储器中。用户程序是用户根据现场控制要求，用PLC的程序语言编制的应用程序（逻辑控制流程）用来实现各种控制。

在PLC中有多种程序设计语言，如梯形图语言、布尔助记符语言、功能表图语言、功能模块图语言等。目前在PLC应用上，梯形图语言和布尔助记符语言是常用的程序设计语言。

梯形图程序设计语言是用梯形图的图形符号来描述程序的一种程序设计语言，是PLC最常用的一种程序设计语言，它来源于继电器逻辑控制系统的描述。这种程序设计语言采用因果关系来描述事件发生的条件和结果，每个梯级是一个因果关系。在梯级中，描述事件发生的条件表示在左面，事件发生的结果表示在右面。在工业过程控制领域，电气技术人员对继电器逻辑控制技术较为熟悉。因此，由这种逻辑控制技术发展而来的梯形图受到欢迎，并得到了广泛的应用。

布尔助记符程序设计语言是用布尔助记符来描述程序的一种程序设计语言。布尔助记符程序设计语言与计算机中的汇编语言非常近似，布尔助记符程序设计语言的特点是采用助记符来表示操作功能，容易记忆，便于掌握，与梯形图有一一对应关系。在编程器的键盘上采用助记符输入，方便灵活，便于操作，可在无计算机的场合下进行编程设计。

PLC 的工作流程采用扫描技术，当 PLC 投入运行后，其工作过程一般分为三个阶段，即输入采样、用户程序执行和输出刷新三个阶段。完成上述三个阶段称作一个扫描周期。在整个运行期间，PLC 的 CPU 以一定的扫描速度重复执行上述三个阶段。

1. 输入采样阶段

在输入采样阶段，PLC 以扫描方式依次地读入所有输入状态和数据，并将它们存入 I/O 映像区中的相应单元内。输入采样结束后，转入用户程序执行和输出刷新阶段。在这两个阶段中，即使输入状态和数据发生变化，I/O 映像区中的相应单元的状态和数据也不会改变。要注意，如果输入是脉冲信号，则该脉冲信号的宽度必须大于一个扫描周期，才能保证在任何情况下，该输入均能被读入。

2. 用户程序执行阶段

在用户程序执行阶段，PLC 总是按由上而下的顺序依次地扫描用户程序（梯形图）的。在扫描每一条梯形图时，总是先扫描梯形图左边的由各触点构成的控制线路，并按先左后右、先上后下的顺序对由触点构成的控制线路进行逻辑运算。然后，根据逻辑运算的结果，刷新该逻辑线路在系统存储区中对应位的状态；或者刷新输出线路在 I/O 映像区中对应位的状态；或者确定是否要执行该梯形图所规定的特殊功能指令等。

3. 输出刷新阶段

当扫描用户程序结束后，PLC 就进入输出刷新阶段。此时，CPU 按照 I/O 状态寄存器的内容刷新所有的输出锁存电路，再经输出驱动电路到相应的外设。

虽然在 PLC 设计时使用到许多继电器、定时器与计数器等名称，但运算、存储器内部并非实体上具有这些硬件，而是以编程方式执行逻辑控制，并通过输出单元连接外部电子装置做实体控制。因此，PLC 在很大程度上减少控制器所需的硬件空间。实际上，PLC 是逐行地将程序码（逻辑控制）读入 CPU 中，执行相应的信号读取、运算和输出控制等。

6.2.3 在计算机上建立 PLC 梯形图程序

1. 选择机型

PLC 程序设计及调试需要建立 PLC 硬件系统及相应的线路连接，首先要考虑到所使用的 PLC 机型。目前，市场上 PLC 产品种类繁多，生产厂家有：美国通用电气（GE）公司、日本三菱电气公司、日本立石公司（欧姆龙）、德国西门子公司、日本东芝公司及日本松下公司等。

为了给出完整的 PLC 测控系统硬件及程序，本书使用的 PLC 是松下公司生产的 FP－X C30R。该产品为小型 PLC，它传承了高性能、超高速处理、大容量、扩展性强、含 USB 接口和安全性高等特点，可在一般测控系统应用。FP－X C30R 的电源电压为 100～240VAC；输入端有 16 个点，控制信号为直流电压 24V；输出端为继电器输出，共有 14 点；程序容量 32K，并配有 USB 通信端口。

图 6-28 所示为 FP－X C30R 的外部接线端子。FP－X C30R 的输入部分有两个公共端 COM，分别控制着上下两行的输入端点，每 8 个输入点为一组。FP－X C30R 的输出部分有 5 个公共端，分别是 C0、C1、C2、C3 和 C4，并将输出分为 5 组，并相互独立，其中 C0 与 Y0 为一组，C1 与 Y1 为一组，C2 与 Y2、Y3、Y4、Y5 为一组，C3 与 Y6、Y7、Y8、Y9 为一组，C4 与 YA、YB、YC、YD 为一组。因为输出部分的各个公共端之间并不连接（不共地），故在输出端口接线时，要特别注意。

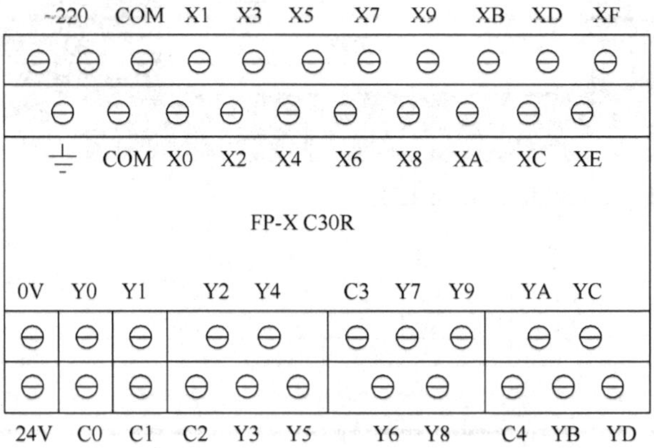

图 6-28　FP－X C30R 的外部接线端子

注意，各种机型的 PLC 在输入、输出单元上有所不同，例如有的 PLC 要求输入信号是电压，则在接线时利用开关将电压信号引入；有的 PLC 输出是继电器形式，在输出控制时需要连接相应的开关电路；有的 PLC 输出是电压信号，可以直接控制相关电路。

2. 建立梯形图程序

松下的 FP 系列的 PLC 编程软件界面简单，操作方便，容易掌握，该软件的主要特点有：

1）具备三种程序编辑模式　符号梯形图编辑模式、布尔梯形图模式和布尔非梯形图模式。

2）注释功能　可以为各个继电器及输出指令添加注释文字，便于对程序理解。

3）调试功能　可以在在线模式下对程序的语法错误进行检查，以及进行在线测试（TEST）运行。

4）监控功能　在显示画面中，对梯形图、以及布尔形式中的继电器、寄存器、输入状态等进行监控。

5）程序传输　可以将编辑完成的程序传输到 PLC 中，也可以由 PLC 读出其中的程序。

6）在线编辑　可以在画面中显示 PLC 内部程序的同时，进行程序编辑。

首先安装 FPWIN GR 软件。启动该软件后，系统提示创建新文件、打开已有文件或由 PLC 上传文件，如图 6-29 所示，对于新用户可以选择新建文件。

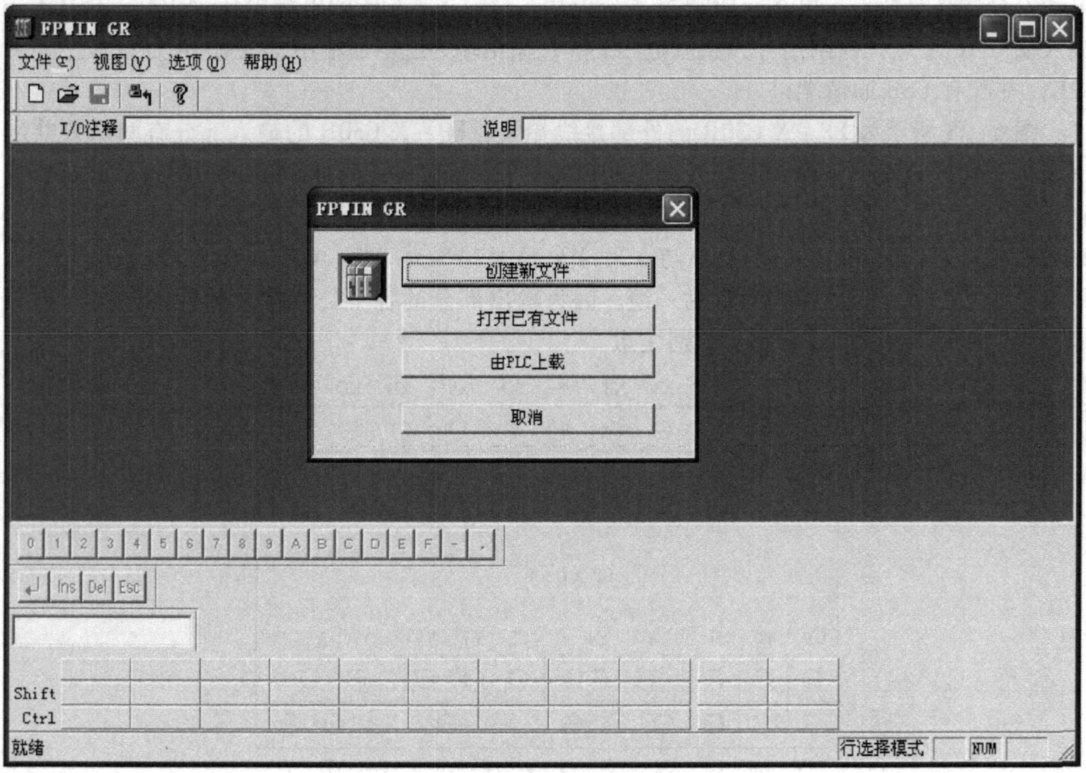

图 6-29 启动 FPWIN GR

选择建立新文件时，系统会提示选择 PLC 的机型，这里选择 FP－X C30R，C60R（C60R 型号的 I/O 点达 60 个），并按确定键，选择机型窗口如图 6-30 所示。

进入梯形图编程窗口后，建立设计好的梯形图，如图 6-31 所示。为了方便输入，在窗口的下方有梯形图输入按键供选择，如“与”运算、“或”运算和输出符号等，用鼠标单击符号后，再输入变量名称及参数，如 X0、Y2 等，可用鼠标及键盘完成梯形图的输入。

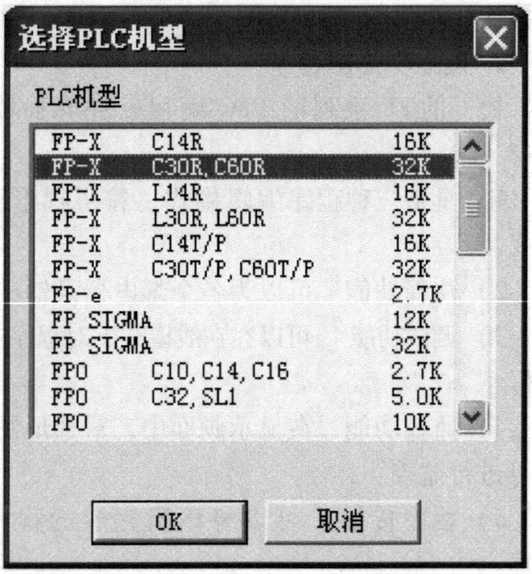

图 6-30 选择 PLC 的机型

在符号梯形图编辑模式下，每次输入、修改程序时，被改变的程序部分的背景颜色也将发生变化。梯形图在保存或下载到 PLC 之前都要进行程序转换，选择“编辑”→“程序转换”，如图 6-32 所示，进行程序转换。程序转换后，梯形图被变换成为时序控制程序的执行代码。一般是程序输入完成后，集中进行程序转换。文件编辑完成后注意保存，该 PLC 用户文件的扩展名是 FP。

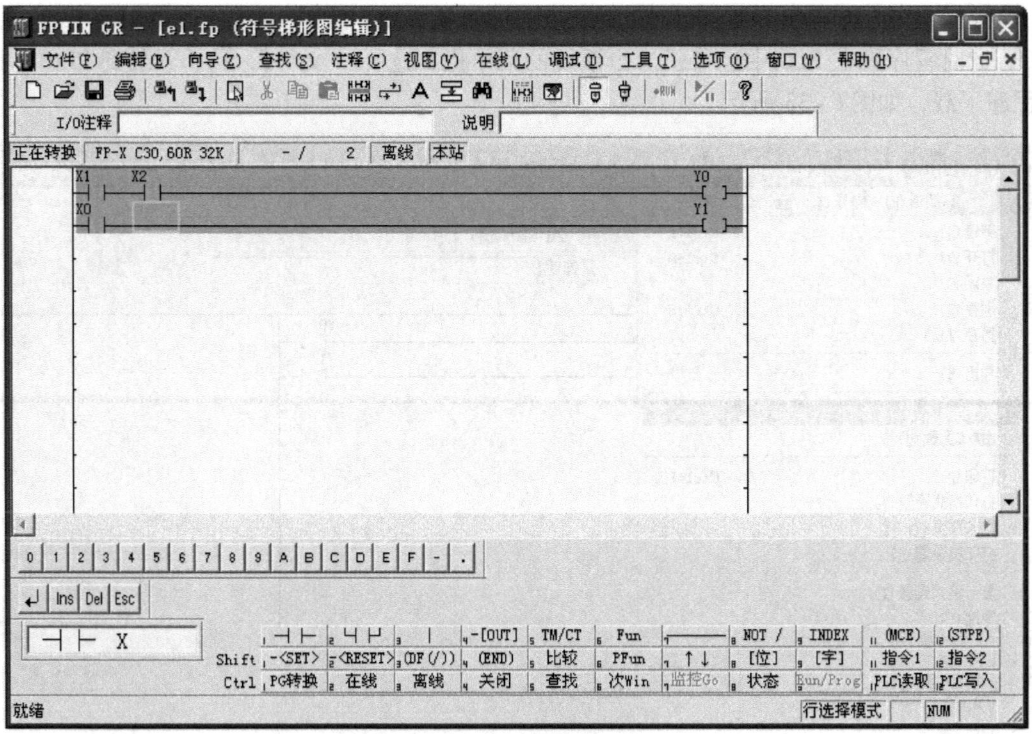

图 6-31 梯形图编程窗口

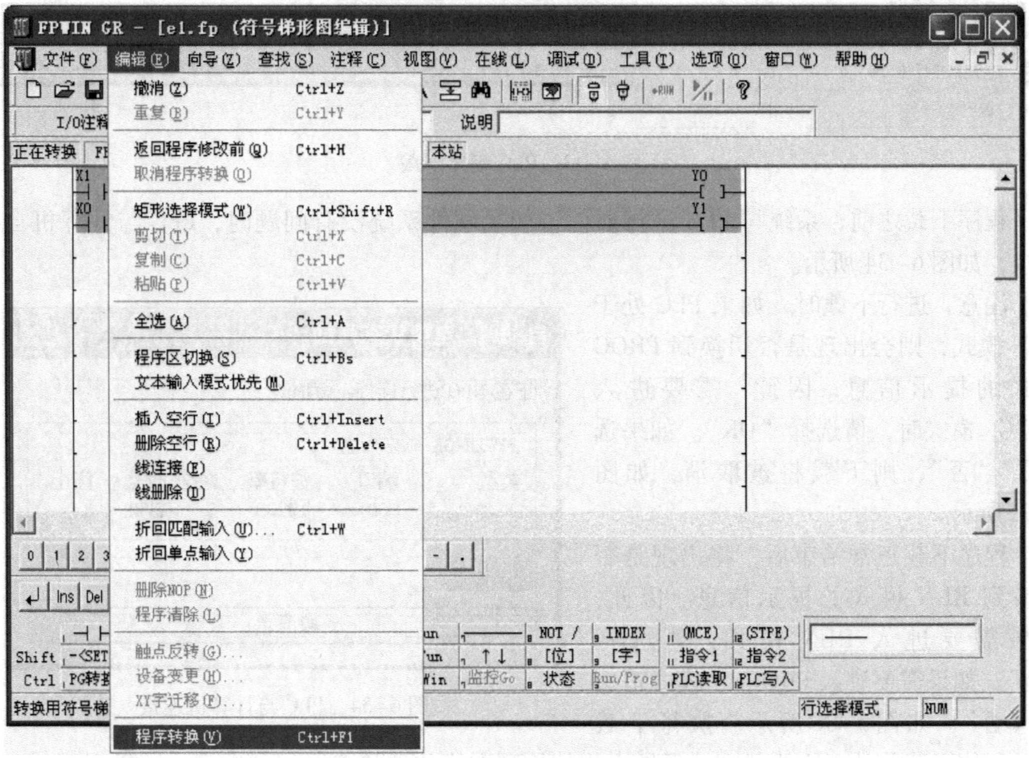

图 6-32 对梯形图进行程序转换

通过串口或 USB 接口将 PLC 装置连接到计算机，选择程序下载，可以将程序下载到 PLC，此时程序就在 PLC 中运行了。由系统的菜单栏，选择“文件”→“下载到 PLC”，进行程序下载，如图 6 - 33 所示。

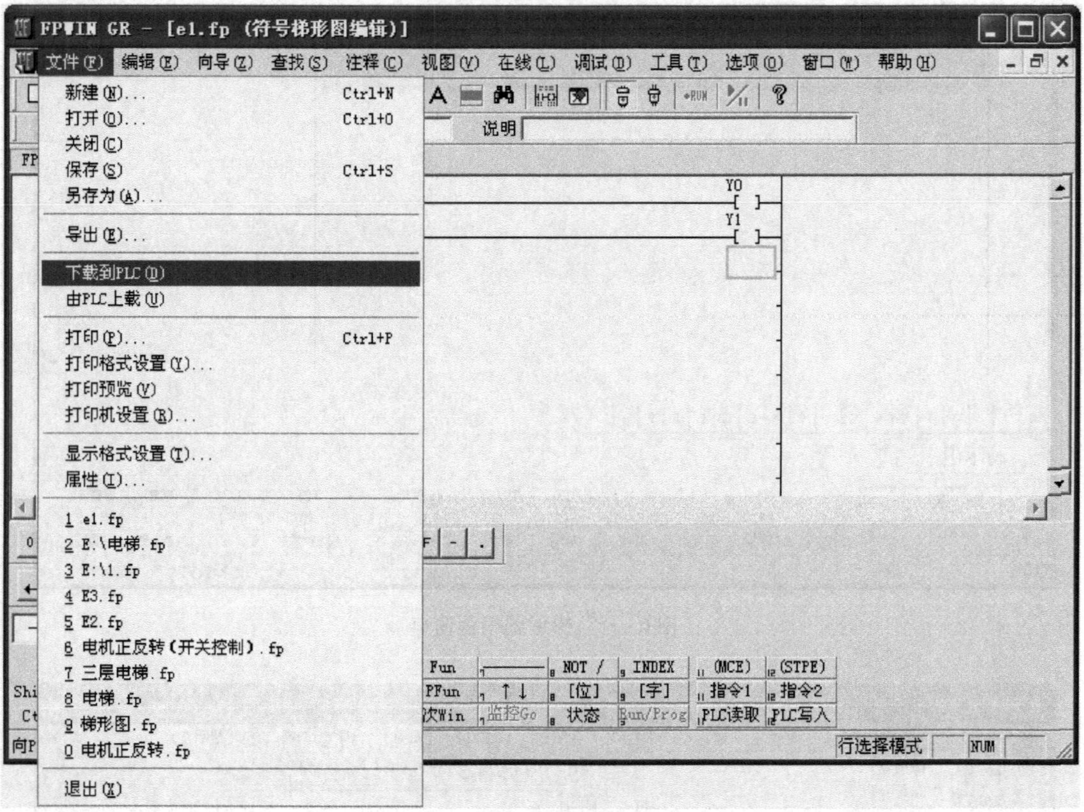

图 6 - 33　PLC 程序下载

程序下载之前，系统与 PLC 进行通信，如果硬件系统没有问题时，PLC 与计算机自动连接，如图 6 - 34 所示。

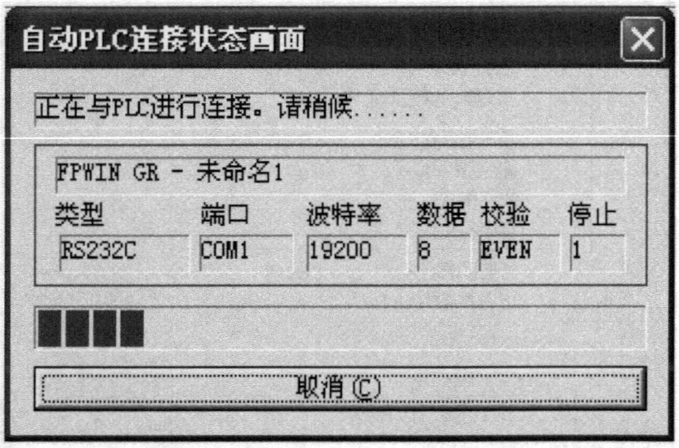

图 6 - 34　PLC 与计算机连接

注意，进行下载时，如果 PLC 处于 RUN 模式，则会出现是否切换到 PROG 模式的提示信息，因此，需要进入 PROG. 模式时，请选择“OK”。如果选择了“否”，则下载将被取消，如图 6 - 35所示。

程序下载正常结束后，将出现是否切换到 RUN 模式的提示信息。因此，如果需要进入 RUN 模式，请选择“是”；如果需要进入 PROG.，模式请选择“否”，如图 6 - 36 所示。执行下载后，即使下载前处于离线状态，系统也将切换到在线监控状态。

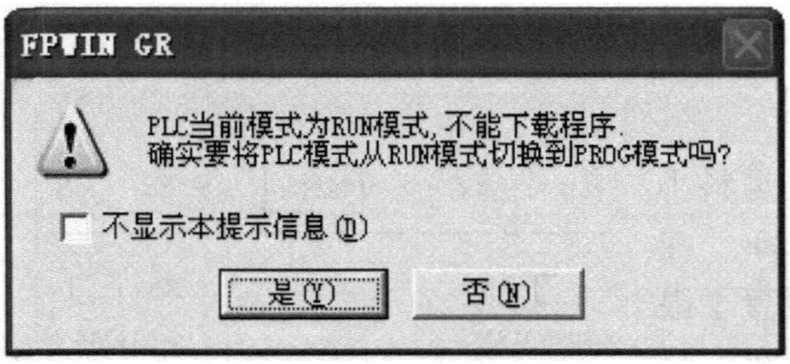

图6-35　PLC模式切换

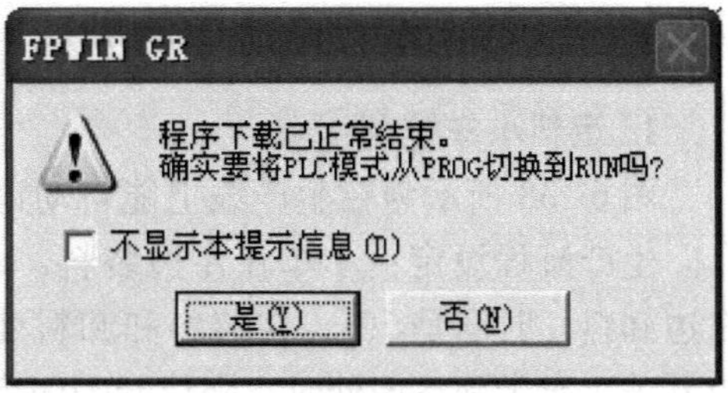

图6-36　程序下载正常结束

传输程序后，系统记录程序中的PLC环境（系统寄存器、I/O单元分配、远程I/O分配等）信息，也同时被传输到PLC中。但如果PLC本身没有相应的存储区，则I/O注释、块注释、说明等相关内容将无法传输到PLC中。

PLC有在线编辑状态，此时程序编辑、系统寄存器设置等操作，可不用进行下载而立即写入PLC，而在线编辑有两种类型，即在PROG模式下编辑和在RUN模式下编辑。PLC处于PROG模式下编辑时，可以改写PLC内部的程序，之后再转到RUN模式；PLC处于RUN模式下编辑时，可以改写PLC内部的程序，PLC按照改写后的程序继续进行处理，在RUN模式下的编辑操作非常危险，出错时会导致外部电路出现问题，因此要谨慎使用这种方法。

对于离线编辑，是不与PLC进行通信，由FPWIN GR单独进行程序生成或编辑的方式。PLC在线和离线编辑操作的切换如图6-37所示。

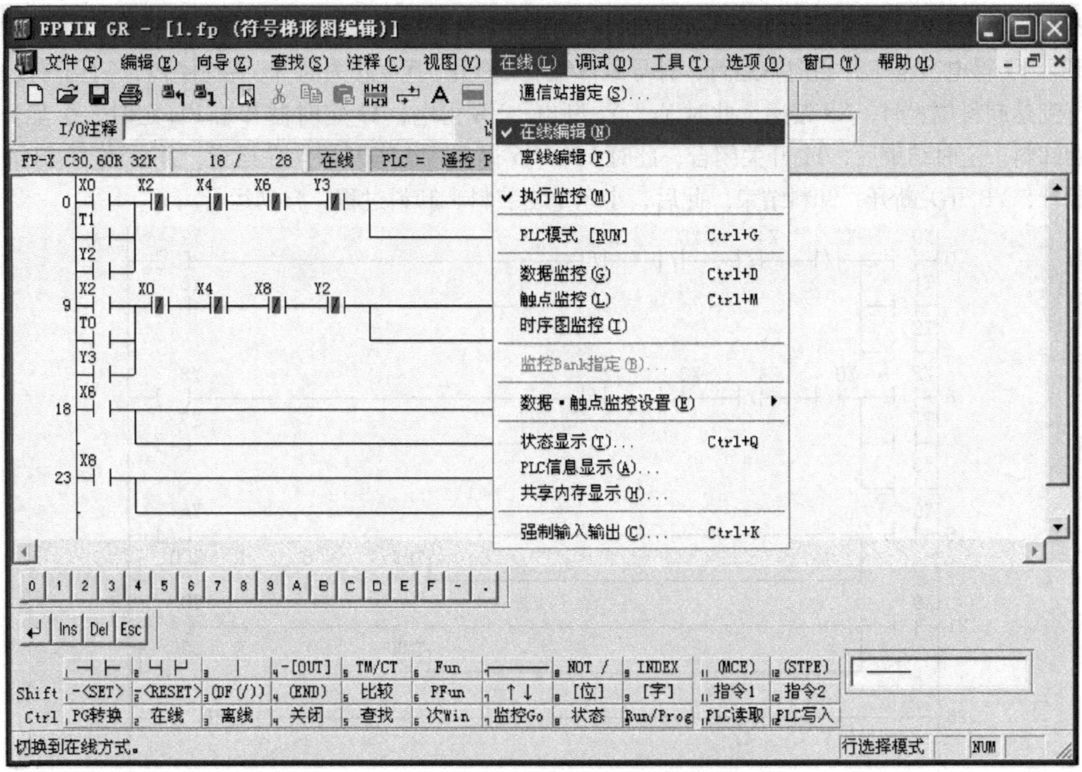

图6-37　PLC的在线编辑和离线编辑切换

6.2.4 PLC 在测控系统中的应用

1. 运料小车控制

图 6-38 所示为在生产线上能自动运行的运料小车。生产流程设定：小车在左边装料，时间 20s，在右边卸料，时间是 10s；在装料和卸料处都设置了限位开关，车子到达该处时，限位开关闭合。另外，自控装置设有控制开关，通过按键，人工控制车子的停止、左运行和右运行。

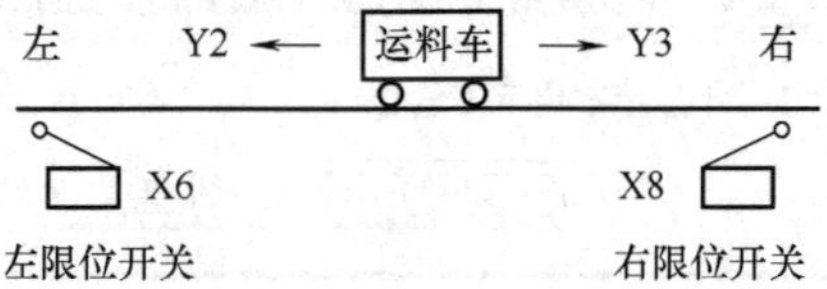

图 6-38 装料、卸料小车运行示意图

根据控制要求及 PLC 装置，确定输入变量、输出变量和定时器。对于输入变量，设 X0 为左运行操作开关，控制小车左行；X2 为右行操作开关，控制小车右行；X4 为停止总开关，停止小车运行；X6、X8 为左、右限位开关，车子达到该位置时，开关接通，车子离开时，开关断开。对于输出变量，设 Y2 和 Y6 是左行控制开关；Y3 和 Y7 是右行控制开关；YA 是装料开关；YB 是卸料开关。由于小车装料、卸料有时间规定，设 T0 是装料的定时开关，定时完成后该开关闭合；T1 是卸料的定时开关，定时完成后该开关闭合。松下 PLC 有 4 种定时进度的时间继电器，分别是 TMY 对应 1s、TMX 对应 0.1s、TMR 对应 0.01s 和 TML 对应 0.001s。程序设计选择 TMX 模式。

图 6-39 所示为自动运行运料小车的 PLC 梯形图。如果车子是空车，可以按下左运行键 X0，此时 Y2、Y6 得电，小车向左运行。小车左运行到达装料位置时，X6 接通，此时 Y_2，Y_6 断电，YA 得电，T0 定时器开始 20s 定时，并向小车装料。定时结束后，T0 开关闭合，此时 Y3、Y7 得电，小车开始向右运行，并导致 X6 开关断开，YA 开关断开，装料结束。小车右运行到达卸料位置时，X8 接通，此时 Y_3、Y_7 断电，YB 得电，T1 定时器开始 10s 定时，小车开始卸料。定时结束后，T1 开关闭合，此时 Y2、Y6 得电，小车开始向左运行，并导致 X8 开关断开，YB 开关断开，卸料结束。此后，小车重复装料、卸料过程，自动运行。

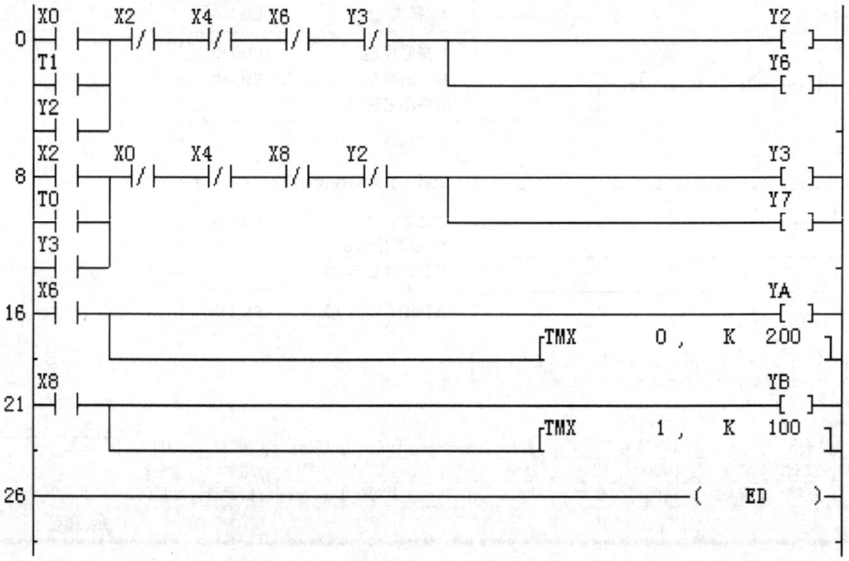

图 6-39 自动运行运料小车控制程序

图 6-40 所示为运料小车 PLC 控制系统的接线，输入端 X0、X2 和 X4 均接三个不带自锁的按键开关，X6、X8 接限位开关，所有开关的另一端接 24V 电源的正极，电源的负极接输入的公共端 COM。PLC 输出分三组，第一组的 Y2、Y3 和第二组的 Y6、Y7 控制直流电机转动方向（直流电机带动小车移动）。通过接线可以看出，当 Y2、Y6 得电时，电机电源极性为上正下负；当 Y3、Y7 得电时，电机电源极性为上负下正。第三组的 YA、YB 接电磁线圈等控制元件，以实现装料和卸料控制。

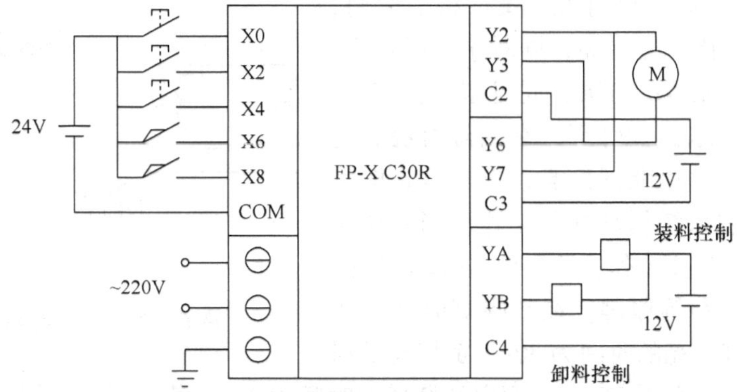

图 6-40　运料小车 PLC 控制系统接线

对于限位开关，是由弹性压片触动的按键开关，当物体（机械位移）碰到弹性压片时，限位开关闭合（常开触点）或打开（常闭触点）。图 6-41 所示为控制机械位移使用的限位开关。

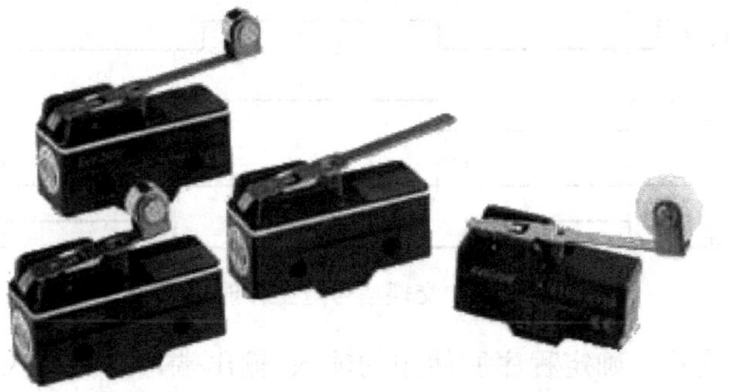

图 6-41　控制机械位移使用的限位开关

软件系统调试时，可以用两个普通开关模拟装料、卸料处的限位开关，通过计算机的在线运行，观察 PLC 继电器工作情况。程序下载后，PLC 控制系统开始运行，按下启动键 X0，Y2、Y6 继电器工作（控制左行），按住左限位开关（模拟装料），YA 继电器工作，并启动定时器 0；定时器 0 结束后，Y3、Y7 继电器工作（控制右行），YA 继电器停止工作；按住右限位开关（模拟卸料），YB 继电器工作，并启动定时器 1；定时器 1 结束后，Y2、Y6 继电器又开始工作，可重复上述过程。软件系统调试后，可接入实际系统调试并运行。

2. 道路交通灯控制

交通是社会经济的“血液循环系统”，而城市内部的交通问题在交通系统中又是一个重要的课题。道路交通信号灯的作用是从时间上将相互冲突的交通流分离，使其在不同的时间通过，以保证行车安全。同时，交通信号对于组织、指挥和控制交通流的流向、流量以及维护交通秩序等均有重要的作用。

PLC 作为前沿的工业控制器，具有体积小、可靠性高、程序控制、灵活性强、抗干扰能力强等一系列优点，广泛用于自动化控制领域。利用 PLC 组建控制交通灯控制系统是比较便利的，通过远程联机通信等技术，还可以实现多区域的调控。

图 6-42 所示为某路口交通灯控制图，南北向和东西向的十字路口均设有红、黄、绿信号灯。控制系统启动后，南北红灯亮，同时东西绿灯亮；当绿灯定时结束，东西绿灯灭，同时东西黄灯亮；当黄灯定时结束，东西黄灯灭，东西红灯亮，与此同时南北红灯灭，南北绿灯亮；再经过定时及切换，信号灯控制系统循环往复工作。当系统停止运行时，信号灯停止工作，路口信号灯均不亮。

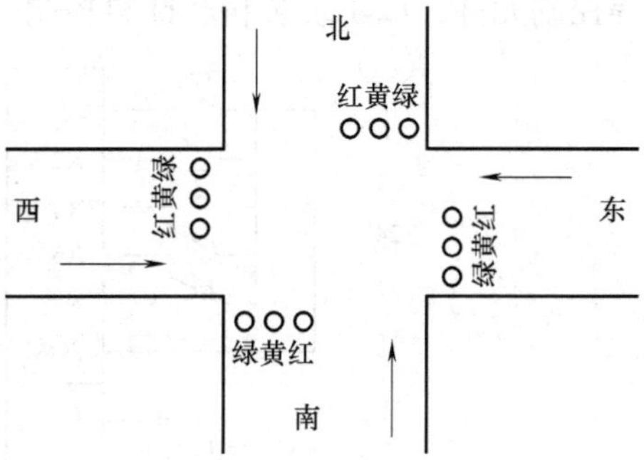

图 6-42　路口交通灯控制图

考虑到主干道路等原因，在红绿灯时间设置上，设定南北向红灯亮的时间为 30s，黄灯亮的时间是 5s，绿灯亮的时间是 35s；东西向红灯亮的时间为 40s，黄灯亮的时间是 5s，绿灯亮的时间是 25s。图 6-43 所示为该交通信号灯工作时序图。

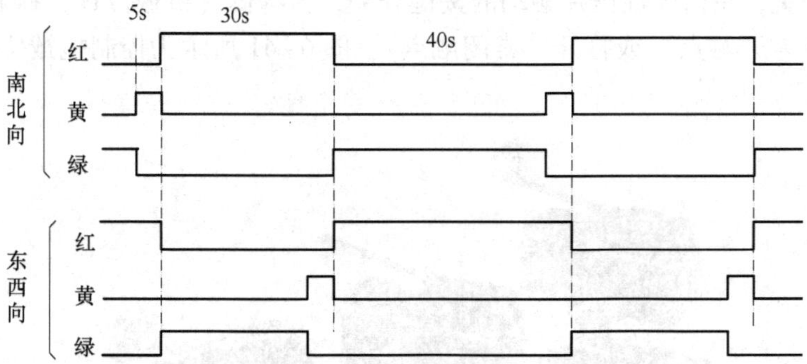

图 6-43　交通信号灯工作时序图

根据路口信号灯变化，确定程序所使用的输入/输出端口。在输入端，定义 X0、X2 为启动和停止控制。在输出端，定义南北红灯为 Y2，南北黄灯为 Y3，南北绿灯为 Y4，东西红灯为 Y6，东西黄灯为 Y7，东西绿灯为 Y8。在定时器使用上，T0 为南北红灯定时，T1 南北黄灯定时，T2 为南北绿灯定时，T3 为东西红灯定时，T4 为东西黄灯定时，T5 为东西绿灯定时。

图 6-44 所示为路口交通灯 PLC 控制系统梯形图。初始状态是所有的灯均不亮，启动按键按下后，PLC 的内部继电器 R0 通电，用它来记忆启动键。在南北向，由于 R0 起作用，Y2 得电，使得红灯亮，并同时启动 T0 定时器（30s）；当 T0 定时完毕，Y4 得电，使得绿灯亮、红灯灭，并同时启动 T2 定时器（35s）；当 T2 定时完毕，Y3 得电，使得黄灯亮、绿灯灭，并同时启动 T1 定时器（5s）；当 T1 定时完毕，Y3 断电，使得黄灯灭，此时 Y3、Y4 都断电，导致 Y2 又重新得电，使得红灯亮，以后重复以往的过程。在东西向，也是由于 R0 通电，开始是绿灯亮（25s），然后是绿灯灭、黄灯亮（5s），接下来是黄灯灭、红灯亮

（40s），以后按该顺序重复。

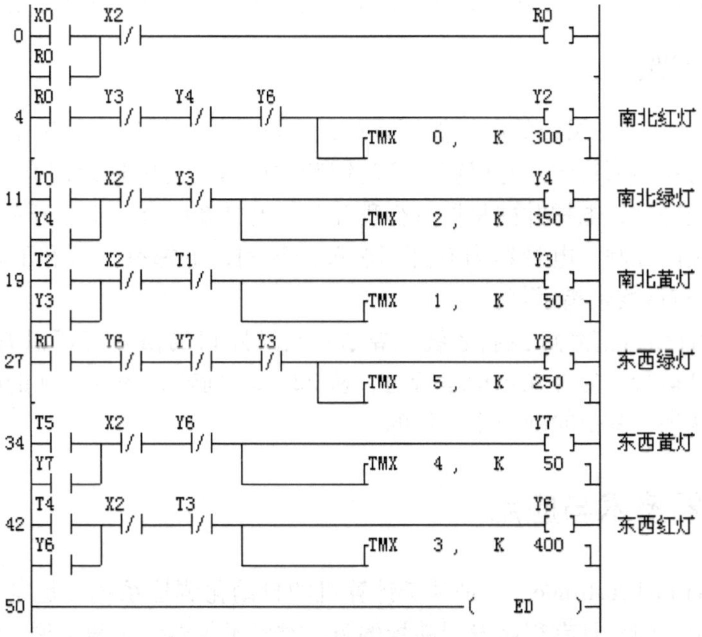

图 6-44　路口交通灯 PLC 控制系统梯形图

PLC 是以扫描方式工作的，为了使南北向信号灯和东西向信号灯的控制逻辑同步，设定南北向红灯开始时间还要受到东西向红灯结束信号 Y6 控制，即东西向红灯结束后，南北向红灯开始亮。同样，东西向绿灯开始时间还要受到南北向黄灯结束信号 Y3 控制，即南北向黄灯结束后，东西向绿灯开始亮。

图 6-45 所示为交通信号灯 PLC 控制系统的接线，输入端的 X0、X2 接两个不带自锁的按键开关。输出端的 Y2、Y3、Y4 分别接南北向两边路口的红、黄、绿信号灯；输出端的 Y6、Y7、Y8 分别接东西向两边路口的红、黄、绿信号灯。

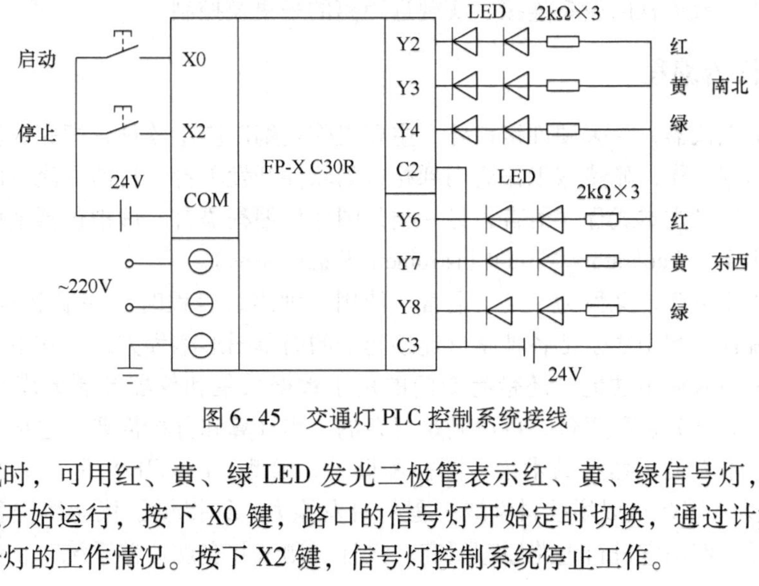

图 6-45　交通灯 PLC 控制系统接线

系统调试时，可用红、黄、绿 LED 发光二极管表示红、黄、绿信号灯，程序下载后，PLC 控制系统开始运行，按下 X0 键，路口的信号灯开始定时切换，通过计算机的在线运行，观察信号灯的工作情况。按下 X2 键，信号灯控制系统停止工作。

在 PLC 控制系统设计时，若涉及的系统控制复杂且 I/O 点较多时，可以选择功能更强的 PLC，一般是根据 PLC 的结构、功能和 I/O 点数考虑，按实用的原则选取。

6.2.5 设计与实践

1. 用 PLC 设计一个三层楼的电梯控制系统，在输入端，楼道一层有上行键，三层有下行键，二层有上行键和下行键，每层都有开门键和关门键；在电梯内部有 1～3 层按键、开门键、关门键和报警键；电梯井内每层有行程开关，电梯系统有一个总开关。在输出端，楼道每层有开门和关门控制，电梯箱内有开门和关门控制，电梯有上行和下行控制（电机正反转控制），每个按键均带指示灯。

2. 用 PLC 设计路口信号灯控制系统，要求：交叉路口的信号灯可以有手动切换功能，即人为控制交通灯运行；另外在自动运行时，从 22：00 到转天的 6：00 的时间段内，黄灯是以闪动的工作状态，其他时间正常运行的。

6.3 虚拟仪器技术与应用

虚拟仪器（Virtual Instrument）是基于计算机的自动化测控系统，是电子测量技术与计算机技术深层次结合的、具有很好发展前景的新一类电子仪器。一般来说，计算机和仪器的结合有两种方式：一种是将计算机装入仪器，其典型的例子就是所谓智能化的仪器，随着计算机功能的日益强大以及其体积的日趋缩小，这类仪器功能也越来越强大，目前已经出现含嵌入式系统的仪器；另一种方式是将仪器装入计算机，以计算机的硬件接口（插入式 I/O 卡、串/并行接口或 USB 接口的 I/O 设备等）和操作系统为依托，配上功能强大的应用软件，实现各种仪器功能。虚拟仪器是第二种结合方式，它将计算机采集测试分析引入到电子测量领域，数字化技术极大地提高了测试的灵活性和扩充性。与传统硬件仪器相比，虚拟仪器的优势是用户可以利用计算机的强大功能设计仪器（如频谱分析器等），而且系统性能升级更新方便，仪器资源可重复利用，开发时间短，维护费用低。目前，随着网络的普及，虚拟仪器可以与周边或远程的设备连接，实现远距离的采集及控制。

6.3.1 虚拟仪器编程

设计开发虚拟仪器，除去硬件接口外，主要工作是编制应用软件，即完成数据采集、处理、显示和控制等工作，显然该工作要用到相应的软件开发平台。目前，流行的计算机设计软件有两类：一类是文本式程序语言，另一类是图形化编程语言。虚拟仪器采用的是图形化编程语言 LabVIEW（Laboratory Virtual instrument Engineering）。

图形化的程序语言，又称为“G”语言。使用这种语言编程时，基本上不写程序代码，取而代之的是流程图和用线条把各种图形连接起来的简单图形编程方式，它不但具有数学运算、逻辑运算和输入输出功能，还带有专门的用于数据采集和仪器控制的库函数和开发工具，以及专业的数学分析程序包，可以满足复杂的工程计算和分析需要。它尽可能利用科学家、工程师和技术人员所熟悉的术语、图标和概念，因此，LabVIEW 是一个面向最终用户的工具。使用 LabVIEW 可以增强科学或工程的研发能力，即提供了仪器编程和数据采集及分析的便捷途径。使用它进行电路原理研究、设计、测试并实现仪器系统时，可以大大提高工作效率。

LabVIEW 在工业控制和科学研究等领域广泛应用。作为专业测控领域的软件开发平台，LabVIEW 配有多种硬件接口及驱动程序，包括通信接口在内，通过调用驱动代码使它与设备的连接变得非常容易。此外，它通过 DLL、ActiveX 或 MATLAB 等技术，还可实现与其他编程语言混合编程。

6.3.2 模拟温度采集和显示

用虚拟仪器模拟温度测量和显示是在没有安装硬件采集装置（采集卡）的情况下，在计算机上模拟现场信号采集和处理过程。具体工作是设计一个可变的温度信号，并在后续的 LabVIEW 程序设计中调用、处理。

程序设计分为两部分：一是用程序软件模拟数据采集卡，即建立一个子程序来仿真传感电路，并输出电压信号；二是把得到的虚拟电压信号值转换成温度信号，并在计算机上显示，其中还可以有摄氏和华氏温度值切换和温度过程曲线显示功能。

1. 建立虚拟温度采集单元

启动 LabVIEW 软件，打开一个新的前面板窗口，在虚拟仪器设计中，前面板窗口是代表仪器的面板，开关、旋钮、数码显示或图像显示等对象要放在这个地方。在窗口空白处单击鼠标右键，选择“Numeric Indicators”中的数字显示对象，即在前面板建立一个数码显示单元，如图 6-46 所示。

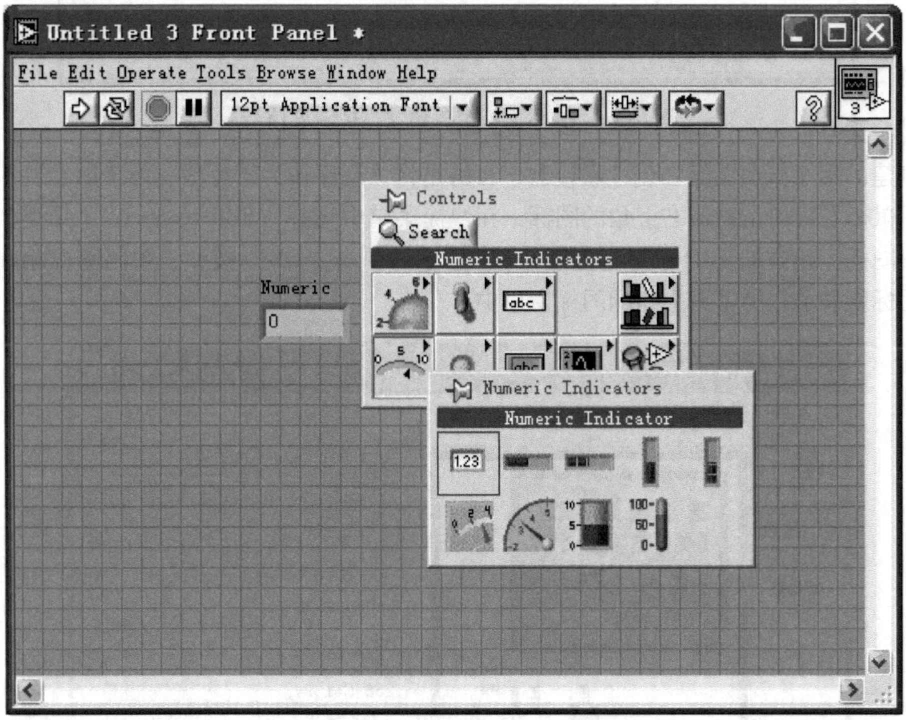

图 6-46 在前面板放置数字输出对象

打开虚拟仪器的后面板窗口，后面板窗口是代表仪器的内部电路，放大电路、运算电路等对象要放在这个地方。此时，能够看到刚建立的数字显示对象在后面板里的关联（Numeric），在空白处单击鼠标右键，选择“Express Numeric”中的相关对象，在后面板窗口放入随机函数、除法器、加法器和数字（常数）单元，用鼠标将他们连线，如图 6-47 所示。到此，虚拟温度采集子程序建立完毕，它的作用是模拟采集卡，输出 8.20～8.29 之间的随机数，表示采集到的模拟电压值，在后续程序中可以将其转换为温度值。

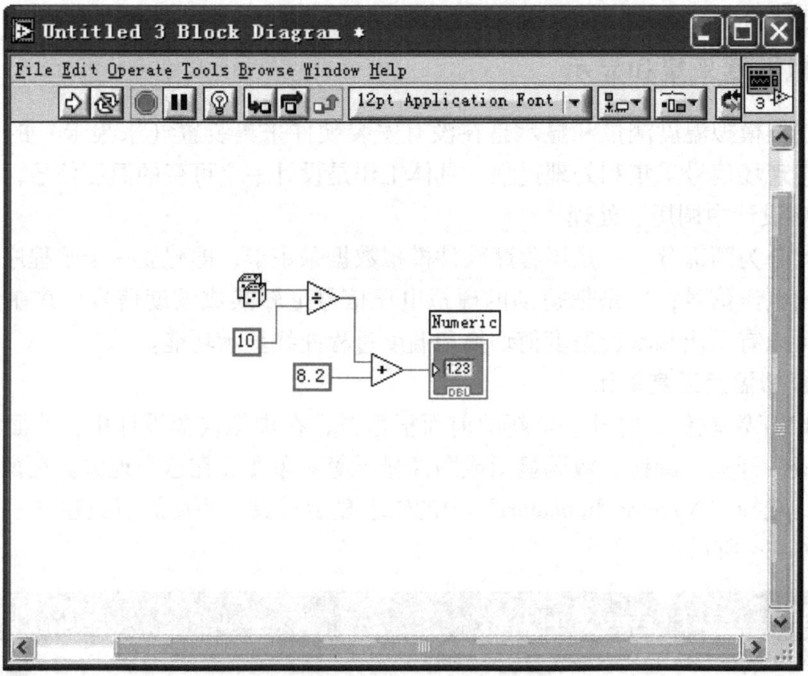

图 6-47　在后面板窗口建立虚拟温度信号

对刚建的程序修改图标和创建联接器，目的是将该程序作为子程序，便于以后调用。在前面板，用鼠标右键单击窗口右上角的图标，在快捷菜单中选择“Edit Icon...”，用类似画笔工具栏编辑图标，如添加 A/D 字样，如图 6-48 所示。单击“OK”按钮，关闭图标编辑器，新创建的图标就显示在屏幕右上角的图标窗口中。

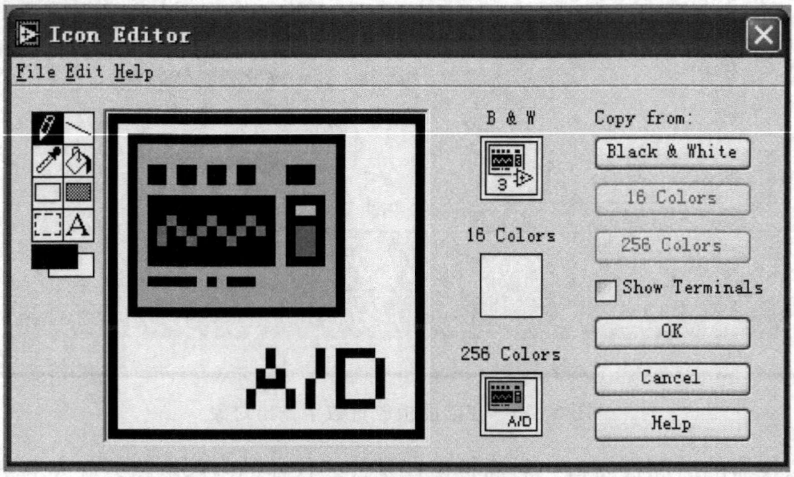

图 6-48　编辑图标

用鼠标右键单击前面板右上角的图标窗口。在快捷菜单中选择 Show Connector，在默认情况下，LabVIEW 会根据前面板中的控制对象和显示对象的数目确定联接器的数目，因为前面板中只有一个对象，所以联接器有一个。下一步是联接器与输出对象连接，即把连接器端口定义给输出对象。在连接器端口框内单击鼠标，端口框内的颜色变暗，再到前面板窗口的输出对象上单击鼠标，一个闪烁的虚线框包围住输出对象，此时连接器端口框内颜色变成橘红色，表示已经将连接器和输出对象关联，如图 6 - 49 所示。

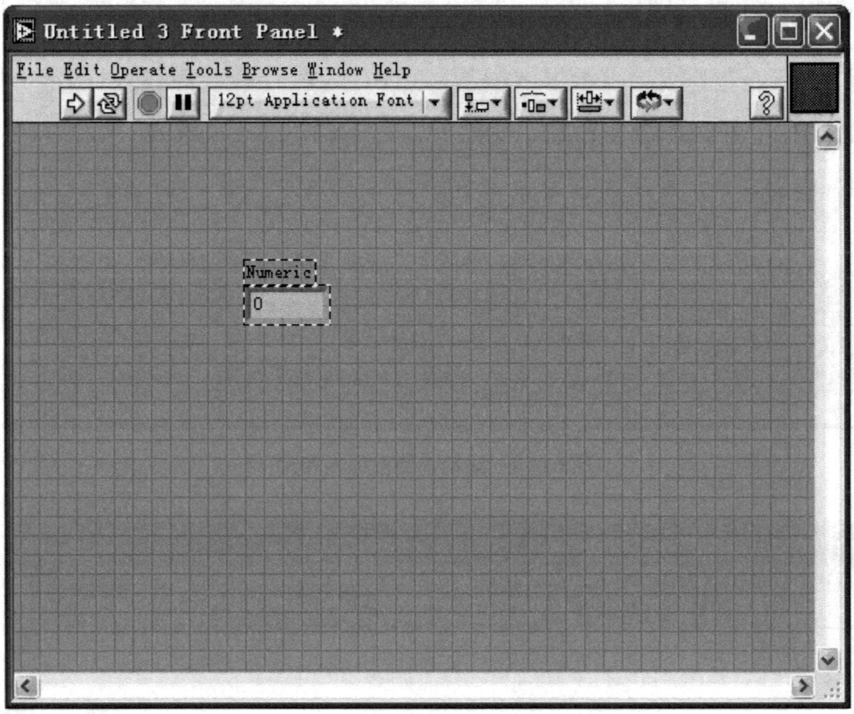

图 6 - 49　将显示部件定义到联接器端口

选择“File”→“Save”，保存该程序，文件名为 AD. VI，退出程序。现在，该采集程序已经编制完成了，它可以作为子程序被其他程序调用。

2. 数据处理和显示程序设计

建立一个新的 VI 程序，打开前面板窗口，在前面板放入一个竖直开关和一个温度指示计，并在两个对象的文本标注框内输入“切换开关”和“温度计”，如图 6 - 50 所示。如果温度计刻度范围不符合要求，用鼠标单击温度值区域并修改，使之在 0 ~ 100 之间。

打开后面板，单击鼠标右键，从“ALL Functions”→“Select a VI...”模板中调入刚编辑的 AD. VI 程序，从“Express Numeric”模板里选择乘法、减法和除法对象放置在窗口里，从“Express Comparison”模板里调入选择（SELECT）对象到窗口。对各单元进行连线，如图 6 - 51 所示。

程序设计思路是读取 A/D 采集的电压值，并乘以 10.00 转换为华氏温度；因为也要显示摄氏温度值，将华氏温度值减去 32.0，再除以 1.8 变成摄氏温度。通道选择对象（Select）是由开关变量决定通哪一路数据（华氏温度/摄氏温度）到显示单元。

进到前面板，选择“连续运行”按键，此时看到采集的数据在不断变化。如果单击切

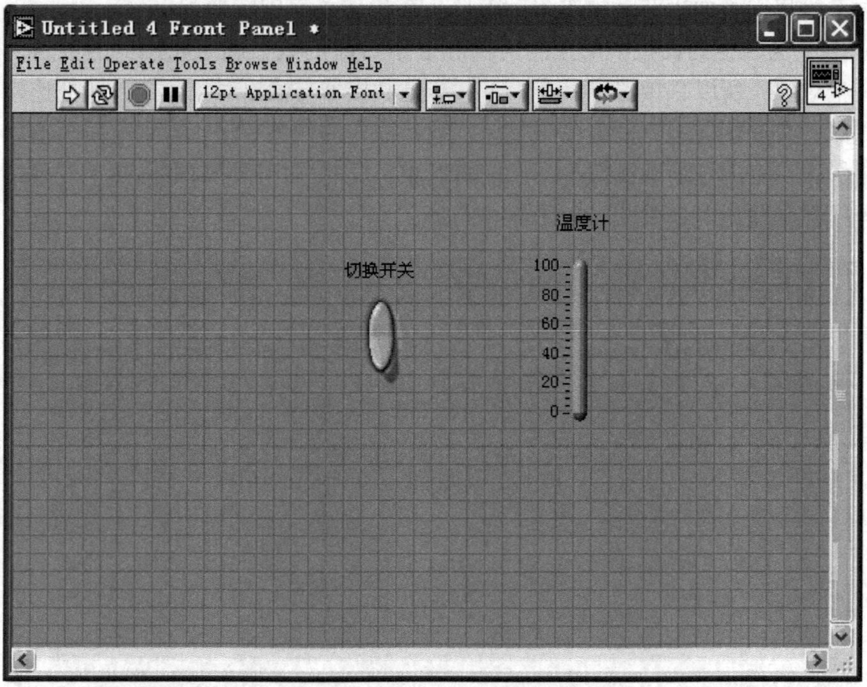

图 6-50　虚拟仪器前面板布局

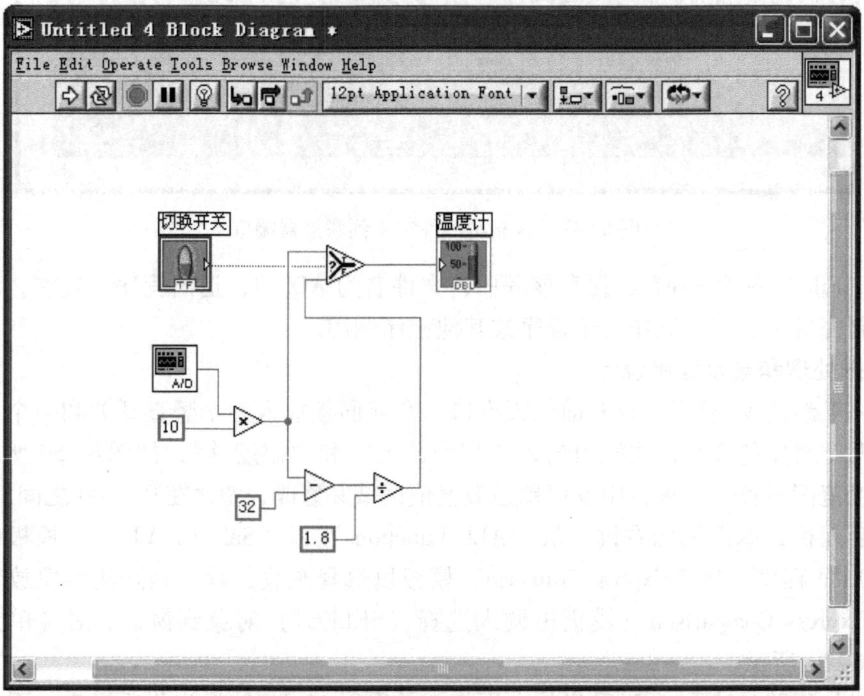

图 6-51　虚拟仪器后面板各单元及连线

换开关，在温度计上可以看到华氏温度或摄氏温度的指示，如图 6-52 所示。

选择“File”→“Save”，保存设计的程序，文件名取 T-1. VI。退出程序时，选择

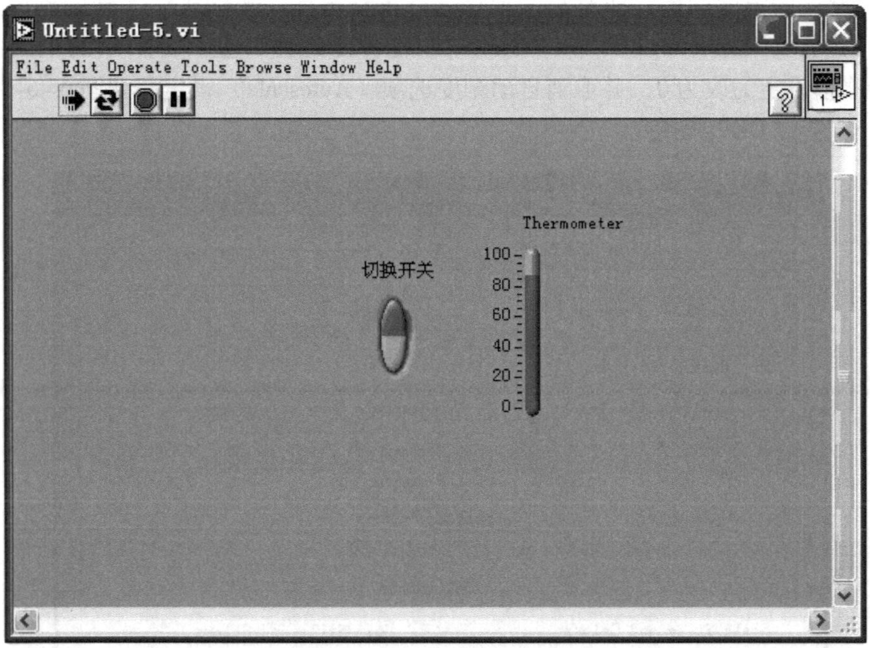

图 6-52　运行温度采集程序

“File” → “Close”，关闭此程序。

3. 用波形图表实时地显示数据

现在使用一个条件循环结构和一个波形图表实时地采集、显示温度数据。具体应用过程是打开 T-1. VI 程序，在前面板窗口删除温度计单元，添加一个趋势图（Graph Indicators 子模板中的 Waveform Chart）单元和一个数字显示单元，如图 6-53 所示。

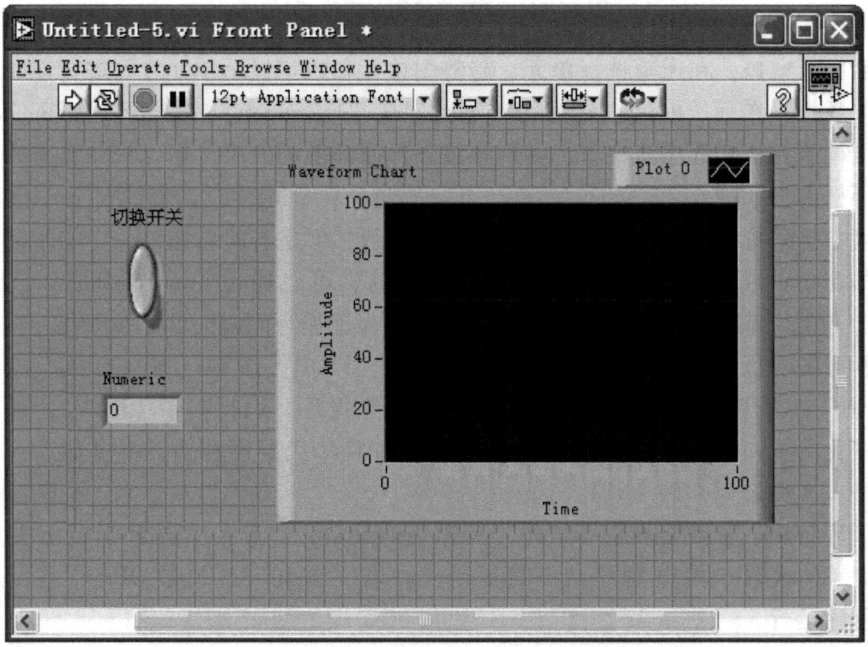

图 6-53　用波形图表示温度变化

修改趋势图的温度标尺，即对它的标尺进行重新定标，光标放在 Y 轴的刻度上，单击鼠标右键，选择“Formatting…”→“Scales”，在弹出的窗口里，将 Y 轴的最大值设定为 100，将最小值设定为改为 0，并取消自动刻度选项（Autoscale）设定，如图 6-54 所示。参数设定后，选择“OK”按钮。

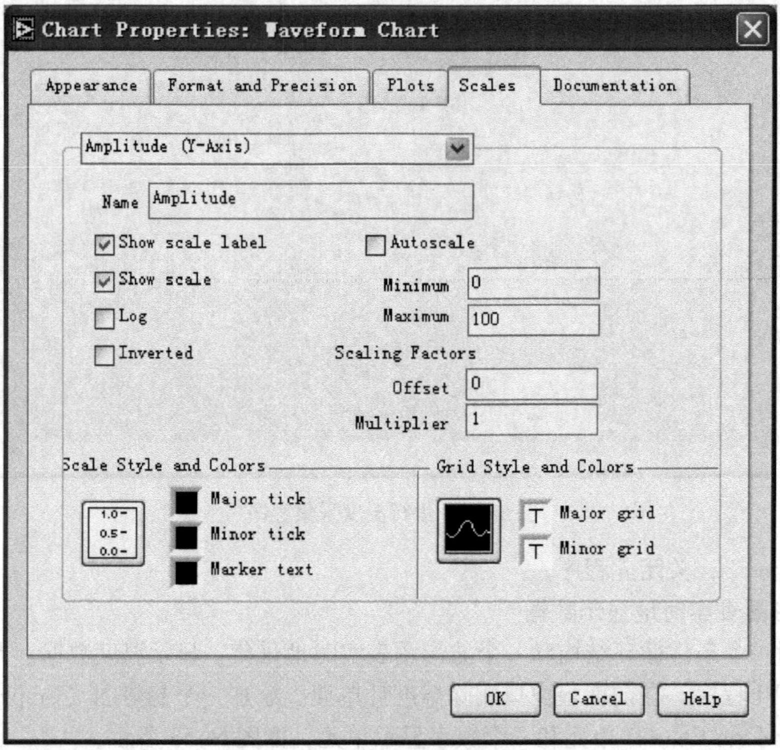

图 6-54　修改趋势图的温度标尺

打开后面板窗口，在通道选择单元、趋势图单元和数字显示单元之间进行连线，并放入时间等待（Wait）单元，时间设定为 50（ms）。从“Execution”里选择“While Loop”，将条件循环结构放入框图程序窗口里，并调整该条件循环框的大小，把面板内已有的单元均放在条件循环框内，如图 6-55 所示。

在温度数据采集时，程序它将会尽可能快地运行，但是有时希望以一定的时间间隔采集数据，例如 500ms 或一秒钟一次采集数据等。这时，可以通过 Time & Dialog 子模板调入 Wait（ms）单元来满足上述条件，该功能模块可以保证循环间隔时间不少于指定的毫秒数。

回到程序的前面板，可以看到窗口内增加了“STOP”按键（开关模式，选择 Switch When Pressed），程序运行时，单击这个按键可以结束循环。运行程序（RUN），可以看到即时的温度变化曲线和数值，如图 6-56 所示，可以切换华氏温度和摄氏温度显示，保存并关闭上述程序，文件名为：T-2. VI。

条件循环结构是一种无限循环结构，只要条件满足，它就一直循环运行下去。当“结束”开关是 ON 状态，该 VI 程序就一直运行；如果“结束”开关是 OFF 状态，则跳出循环，结束程序运行。

可以修改“结束”开关默认设置，使你每次运行 VI 程序时不必每次打开该开关。把开

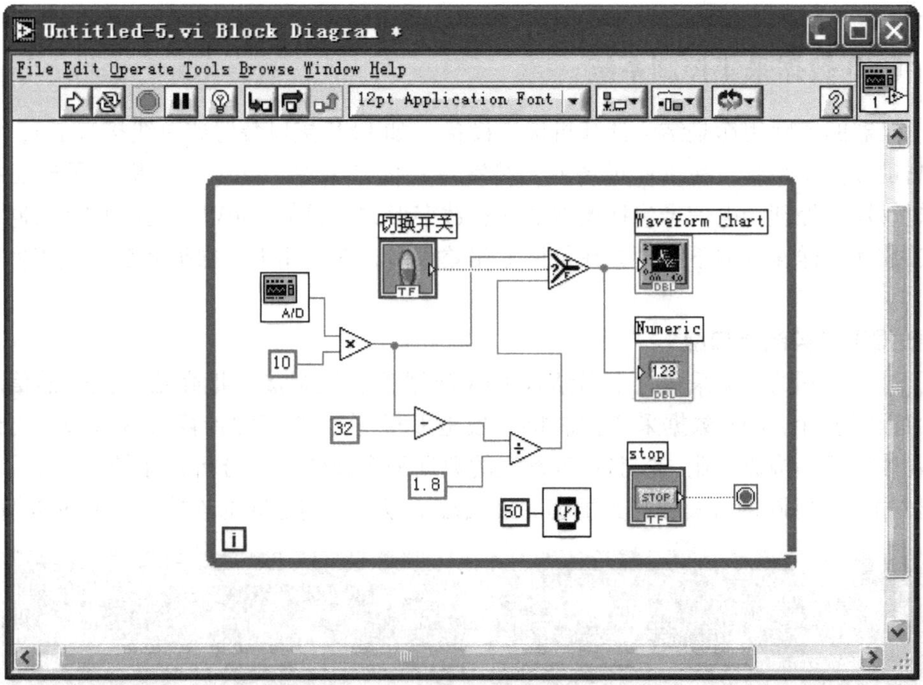

图 6-55　建立条件循环框

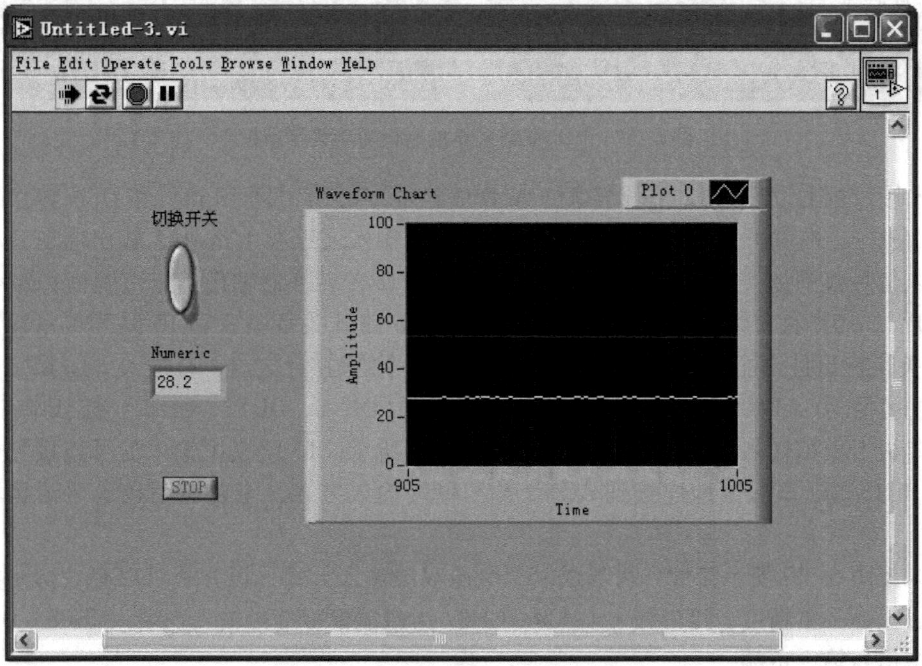

图 6-56　运行温度变化波形图程序

关设置为 ON 状态，鼠标右键单击开关，从弹出菜单中选择“Data Operations”→“Make Current Value Default”选项，这将使 ON 状态变为缺省值，再用鼠标右键单击开关，从弹出菜单中选择“Mechanical Action”→“Latch When Pressed”选项，这将使开关按下后又自动恢复原状态。

6.3.3 USB 数据采集控制系统

虚拟仪器的实际用途是结合计算机接口设备（如 USB 接口装置或总线接口卡），设计电信号的测量和控制系统，在工业现场或实验室建立信号采集、处理（分析）及输出控制系统。虚拟仪器所处理的电信号包括模拟形式和数字形式，目前 LabVIEW 接口设备种类很多，采集通道数和采样速度的不同，会在价格上相差很多，在选用上可根据测控系统得实际要求来确定。

1. 数据采集控制接口板

为了进行实际的数据采集，本书结合 U18 数据采集控制接口板介绍虚拟仪器信号采集和控制的程序设计。U18 数据采集控制接口板是 USB 总线兼容的计算机接口板，可经 USB 电缆接入计算机，构成工业、实验室等领域的数据采集和处理（分析）系统。图 6-57 所示为 U18 数据采集控制接口板和与其配套的接线端子板，它们之间的连接需要通过电缆线。

图 6-57　U18 数据采集控制板和接线端子板

U18 接口板上设计有 12 位分辨率的 A/D 转换器（转换时间 10μs）和 D/A 转换器（建立时间 10μs），提供了 16 路单端或 8 路双端的模拟输入通道和 4 路 D/A 输出通道，A/D 转换器输入信号范围为：±5V、±10V 和 0～+10V，D/A 转换器输出信号范围为：0～+5V、0～+10V、±5V 和 ±10V。另外，该接口板还有 16 路开关量输入和 16 路开关量输出，且 16 路开关量输出且均能上电清零。另外，板上有三个定时/计数器，有输入（CLK0、CLK1、CLK2）、门控（GATA0、GATA1、GATA2）及输出（OUT0、OUT1、OUT2）接线端。

接口板上模拟输入信号单端连接方式如图6-58所示，16 路模拟输入信号连接到板上的 CH00～CH15 端，其公共地连接到 AGND 端。单端输入方式，主要应用在噪声干扰不高的场合。

输入按图 6-59 所示接线，可形成模拟电压双端输入方式，该方式可以有效抑制共模干扰信号，提高采集精度。接口板上 CH00～CH07 为双端模拟信号输入正端，CH08～CH15 为双端模拟信号输入负端。

接线端子板上，可在 CH8～CH15 端与 AGND 端各接一只几十 kΩ 至几百 kΩ 的电阻。当现场信号源内阻小于 100Ω 时，该电阻应为现场信号源内阻的 1000 倍，当现场信号源内阻大于 100Ω 时，该电阻应为现场信号源内阻的 2000 倍。双端输入方式，主要应用在噪声干扰高的场合。

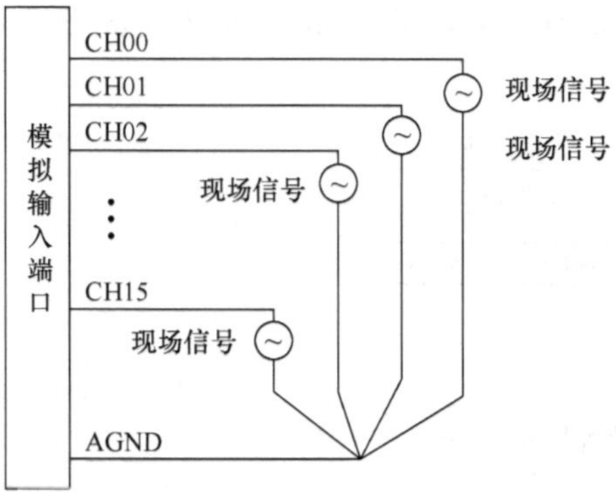

图 6-58　模拟输入信号单端连接方式

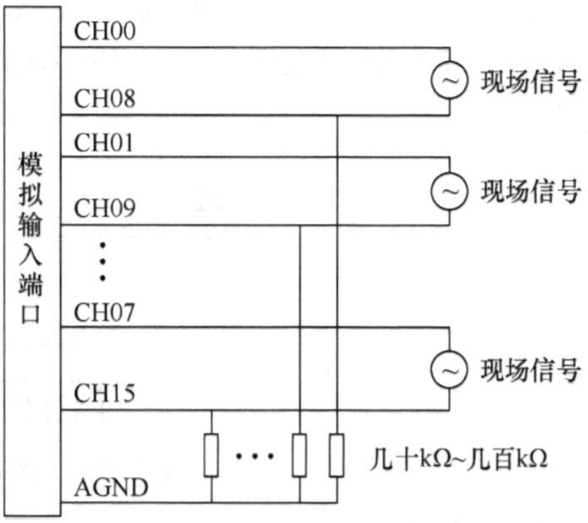

图 6-59　模拟输入信号双端连接方式

对于 U18 采集板上的 D/A 转换输出，和 A/D 转换一样，也使用模拟公共端 AGND。而板上的数字信号的输入、输出，则使用数字公共端 GND，在接线时需要注意。

2. 数据采集接口板驱动程序

U18 数据采集接口板配有驱动程序，需要安装后使用。为了方便用户使用，采集板配有 LabVIEW 建立的用户文件 U18. VI，其中包含了 A/D、D/A 和和数字 I/O 等模块，使用时可选择其中的模块。

LabVIEW 的驱动程序采用面向对象编程，在使用硬件采集接口板上的设备时，必须首先用 CreateDevice 函数创建一个设备对象句柄 hDevice，有了这个句柄，就拥有了对该设备的控制权。可将此句柄作为参数传递给其他设备函数，如 InitDeviceAD 函数可以用 hDevice 句柄初始化 A/D 部件并启动该设备，如 ReadDeviceAD 函数可以用 hDevice 句柄实现对 A/D 数据的采样批量读取，如 WriteDeviceDA 函数可以用 hDevice 句柄实现对 D/A 的控制，如 GetDeviceDI 和 SetDeviceDO 函数可以用 hDevice 句柄实现开关量的输入/输出等。图 6-60 所示为用 CreateDevice 函数创建一个设备对象句柄 hDevice 和初始化 A/D 设备。

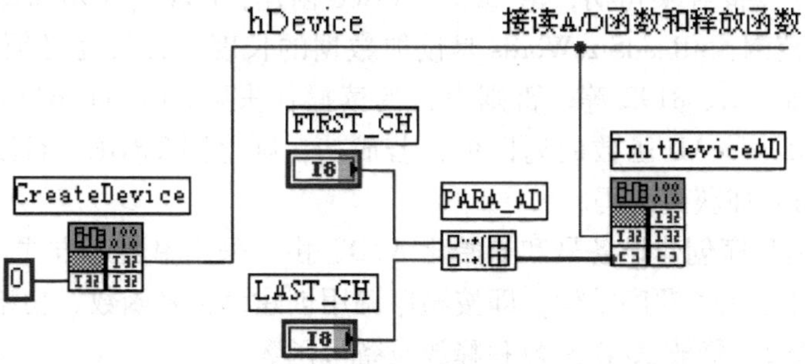

图 6-60　创建设备对象句柄和对 A/D 设备初始化

对于 CreateDevice 函数的输入值，是设备编号，默认值为 0，如果计算机使用一个 U18AD 模板，编号为 0，如果同时有第二个 U18 模板，编号顺次计数为 1。对于初始化 A/D 设备函数（InitDeviceAD），PARA_ AD 是设备对象参数结构，它决定了设备对象的各种状态及工作方式，如 AD 采样通道设置等，FIRST_ CH 表示第一通道，LAST_ CH 表示最后通道，通道号可以选为固定值或通过前面板设定。

设备使用完毕，可以通过释放函数将所使用的设备函数释放。图 6-61 所示为使用 ReleaseDeviceProAD 函数释放 A/D 设备函数和使用 ReleaseDevice 函数将 hDevice（设备号）释放掉。

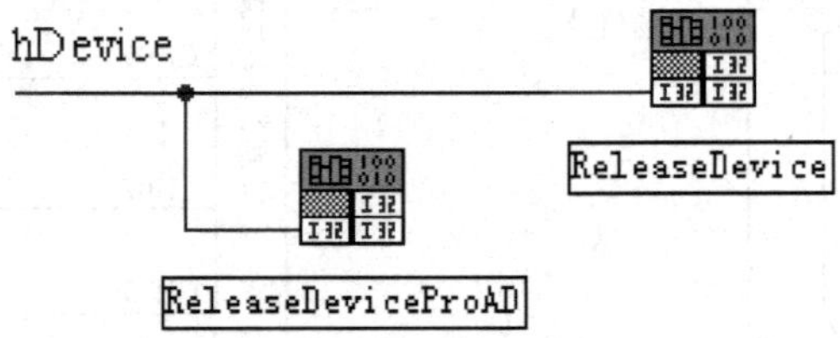

图 6-61　释放 A/D 设备和设备号 hDevice

3. 利用虚拟仪器进行电压信号测量

使用 U18 接口板对一路电压信号进行 A/D 转换及采集，输入电压范围 -5 ~ +5V，并在计算机上显示采样的电压值和过程曲线。由于 LabVIEW 是基于硬件接口的程序设计，首先在接口板上通过短路端子设置 A/D 单元为单端输入方式及输入电压范围 -5 ~ +5V，输入信号接入通道 CH00，地线接 AGND。在程序设计上，需要调读取相关的 A/D 函数，图6-62 所示为驱动程序中的读 A/D 数据函数（ReadDeviceAD），其功能是读取接口板上 A/D 部件的批量数据。该函数必须在 InitDeviceAD 函数（初始化）之后，ReleaseDeviceAD 函数（释放）之前调用。

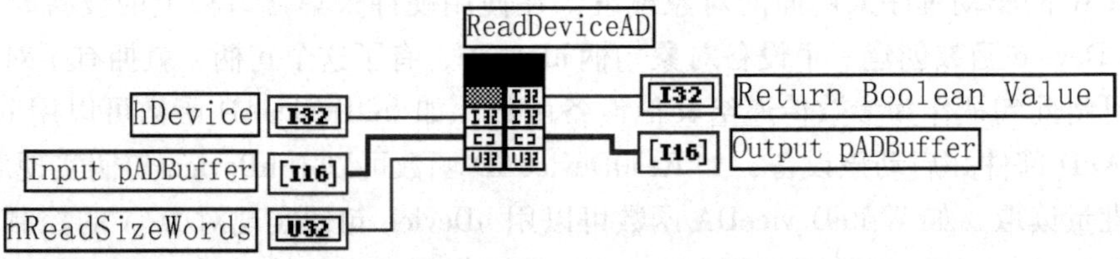

图 6-62　读 A/D 数据函数

参数 hDevice 为设备对象句柄，由 CreateDevice 创建；Input pADBuffer 是数据缓冲区地址，需要用户定义范围；nReadSizeWords 是读取数据的长度，其长度必须指定为 32 的整数倍，如 32、64、128、…、8192 等，否则设备的读操作失败；Output pADBuffer 是数据输出缓冲区。对于 ReadDeviceAD 函数的返回值，若成功，则返回 TRUE，否则返回 FALSE，用户可以用 GetLastError 捕获错误码。

图 6-63 所示为程序创建设备号和初始化 A/D，由于采用单通道方式，首通道和末通道均选择 0。程序设计采用了顺序结构，即按顺序调用创建设备号函数、初始化 A/D 及启动函数、读 A/D 数据函数、释放 A/D 函数和释放设备号函数。

图 6-64 所示为读 A/D 采集数据及进行电压转换部分，在此模块使用了循环结构，用“停止开关”开关可结束 A/D 采集。程序调用读 A/D 函数后，采集到数据，由于采集卡是 12 位的，将采集到的数据和 0FFFH 进行与操作，目的是将高 4 位屏蔽掉，得到采集数据值的范围是 0 ~ 4095，因为输入信号（电压）是双极性的，通过减去 2048 得到数据为 -2048 ~ +2047。进行电压转换是将数据乘以 2.44，再除以 1000，得到的电压范围是 ±5V。

图 6-65 所示为释放 A/D 设备和释放所创建的设备号，在结束 A/D 采集环节后进入该

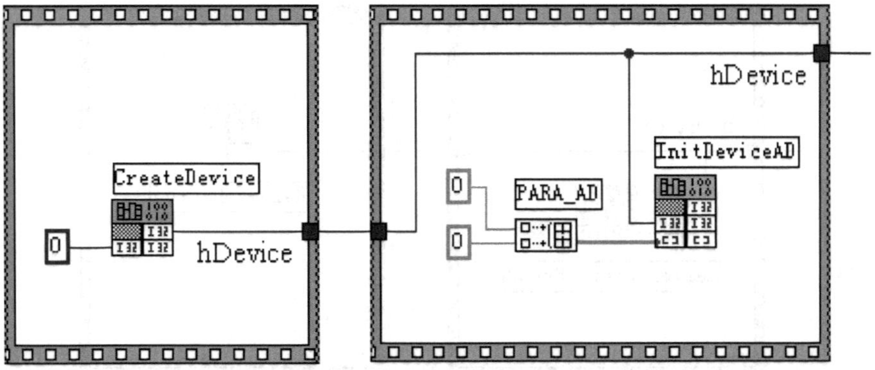

图 6-63　创建设备号和初始化 A/D 单元及启动

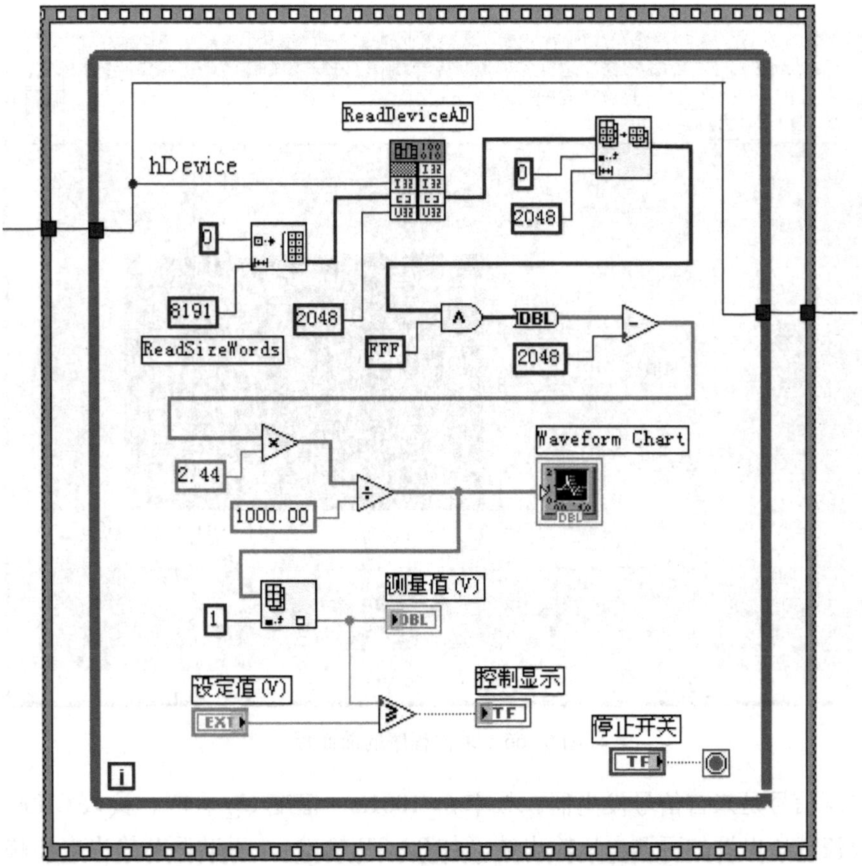

图 6-64　读 A/D 采集数据及进行电压转换

项目。注意，如果所设计的测控系统有其他的设备还在运行，比如 D/A、数字 I/O 等单元，只能是先释放 A/D 设备，待全部设备单元结束后，再释放设备号。

图 6-66 所示为程序的前面板，程序运行后，采集的电压值分别由波形图和数字输出窗口显示，波形显示调用 Waveform Graph 单元。程序中设计了给定、比较单元，工作过程是：当采样电压值超过给定值时，指示灯点亮。单击“停止开关”，程序结束。

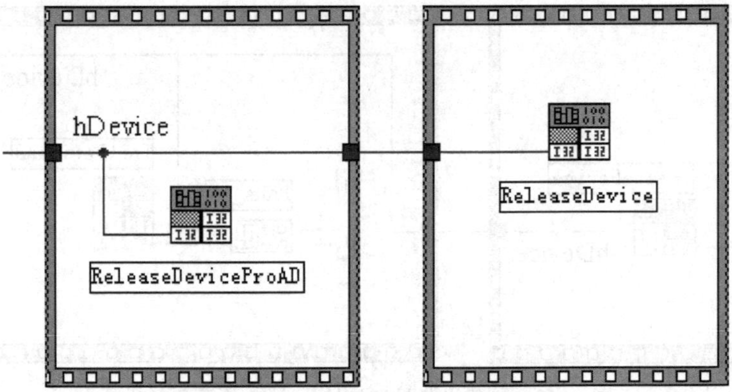

图 6-65　释放 A/D 设备及设备号

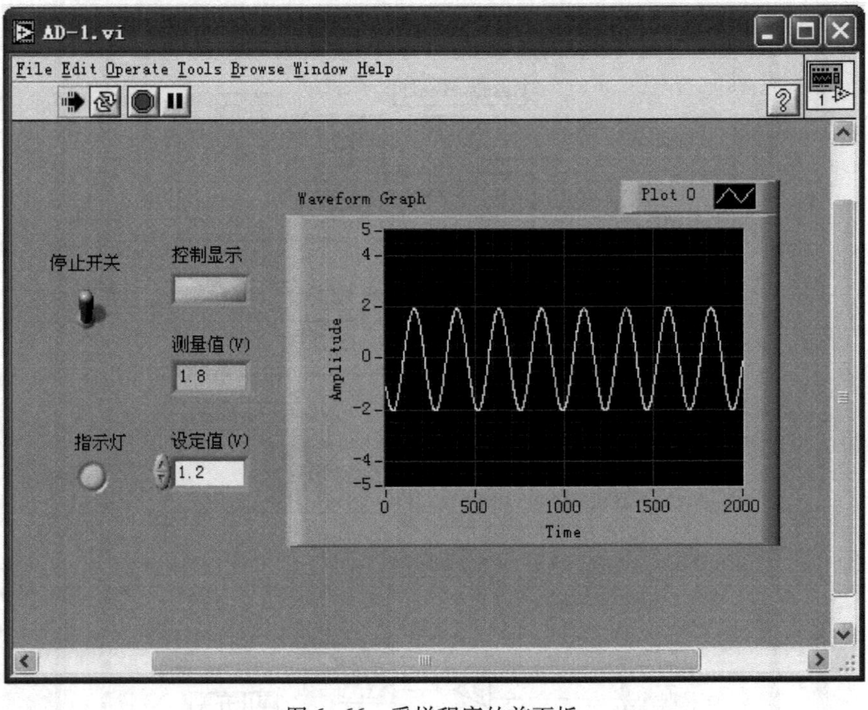

图 6-66　采样程序的前面板

输入电压信号是来自信号发生器，频率 $f=100\text{Hz}$，幅度 $U_{pp}=4\text{V}$，接入 CH00 通道。也可以接入直流稳压电源的可调电压输出端（如 0～3V 输出），手动调节输出电压幅度，模拟信号变化，注意输入电压不能超过采集板的输入范围。

4. 脉冲信号输入与电机转速测量

电机转速测量一般是采用非接触方式，如使用光电、磁电、霍尔等传感器产生与转速相关的脉冲信号，通过对脉冲计数，推导出电机的实际转速。图 6-67 所示为测量风扇电机转速装置，风扇叶片有 7 个，转动时通过槽型光电耦合器输出脉冲信号（TTL 电平），光电转换电路可参考第 3 章的电机转速测量电路。测量电路接线时，是将脉冲信号接入 U18 信号采集板的 CLK0（计数器 0 通道），电路的地线与接口板上的 GND 相连。

图 6-67　测量风扇电机转速装置

在程序设计上，首先调入创建设备函数和计数设备初始化函数，程序结构仍采取顺序结构，如图 6-68 所示。参数 hDevice 是设备对象句柄，它应由 CreateDevice 创建；在初始化计数设备函数中，OperateType、CountMode 和 BCD 是初始化 8254 通道的操作类型、计数模式和二进制/BCD 码选择（0 为二进制码）；CounterValue 是计数器初值，取值范围为［0, 65535］；CounterChannel 是计数器通道，取值范围为［0, 2］。

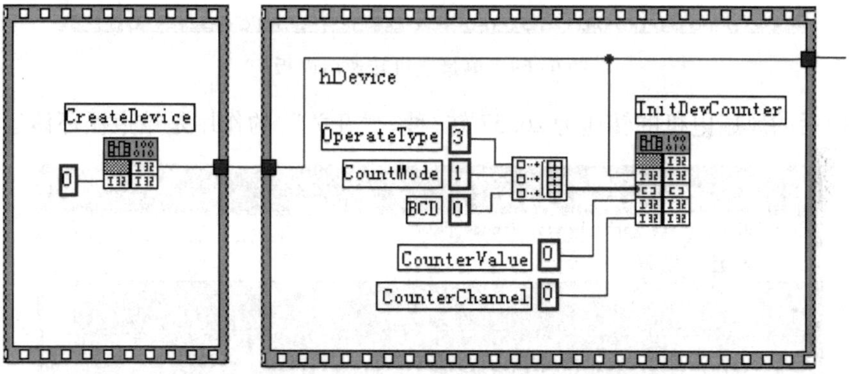

图 6-68　调入创建设备函数和计数设备初始化函数

在计数、转换的环节上，调用取计数值函数 GetDevCounterVal，其功能是取 8254 计数芯片的当前计数值。电机转数测量的原理是取接口板上计数器的当前值，分别送“前一秒”、“后一秒”变量，由于调用了延时，使这两个变量得到的计数值在时间相差 1s，通过相减得到每秒的脉冲数，由风扇电机的叶片数，推算出电机转速，图 6-69 所示为测量电机转速后面板。在循环结构里，将计算模块、延时模块和“前一秒”变量分别放入顺序结构框内，使其按顺序执行，因为所测量的风扇电机叶片有 7 个，所以脉冲数除以 7 后得到实际电机转速。

在程序的最后是调用释放设备函数 ReleaseDevice，作用是将 hDevice 释放掉，与 A/D 转换程序释放设备号相同，这里不再重复给出。

程序的前面板如图 6-70 所示。在前面板上有“前 1 秒”计数值、“后 1 秒”计数值、频率（差值）和转速（电机）显示。程序运行后，通过连续测量可以看到，测量频率为

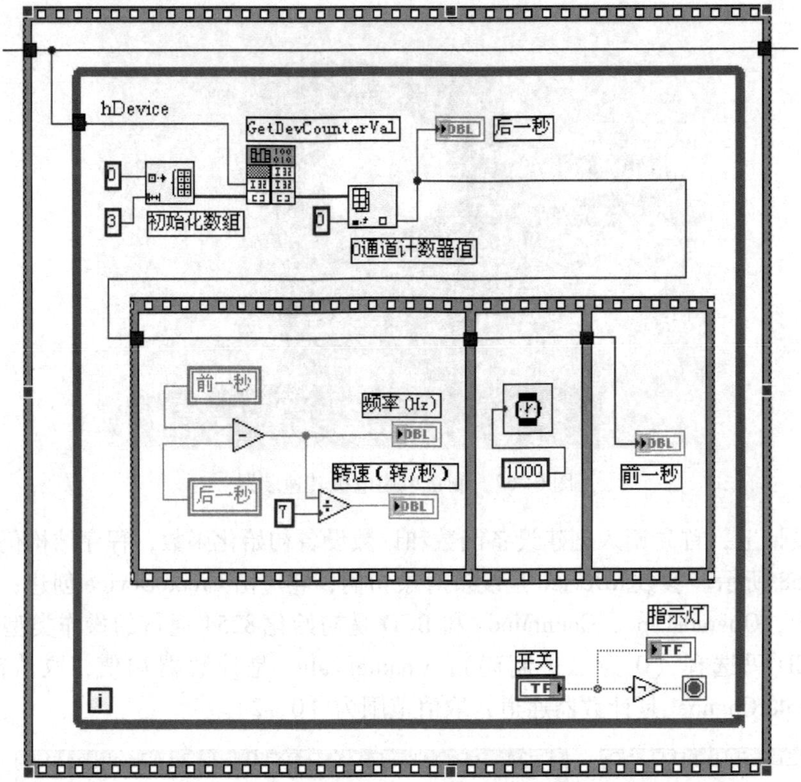

图 6-69　测量电机转速后面板

186Hz，转换后的风扇电机的转速为 26. 57 转/秒。“开关” 的作用是结束循环体运行。

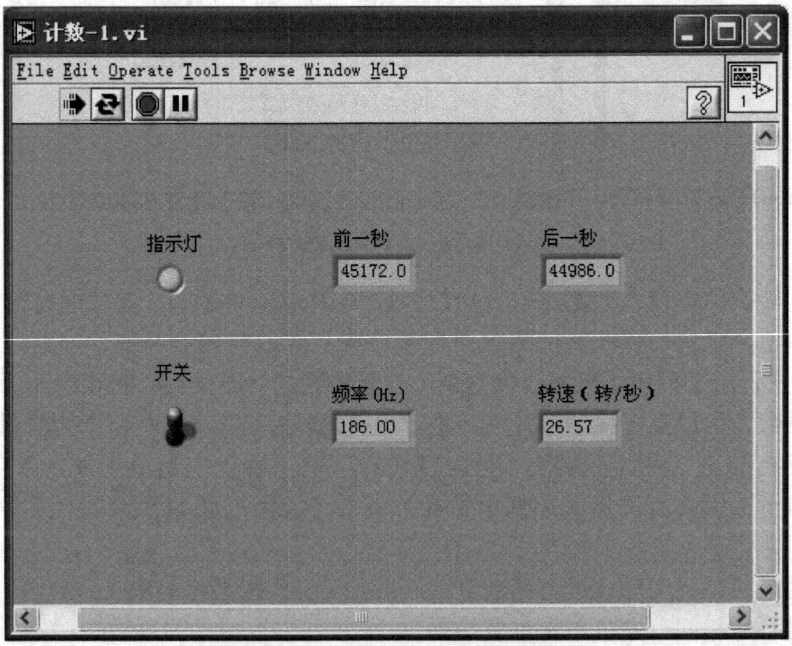

图 6-70　测量风扇电机转速前面板

5. D/A 转换及控制

U18 采集控制板的 D/A 转换不需要有初始化函数，可以直接调用 D/A 转换函数（WriteDeviceDA），对于输入部分，其中 hDevice 是设备号，它应由 CreateDevice 创建；nDAData 是 12 位的转换数据，取值范围为 0～4095；nDAChannel 是 D/A 转换的通道号。该函数若调用成功，返回 TRUE，否则返回 FALSE，图 6-71 所示为 D/A 转换函数。

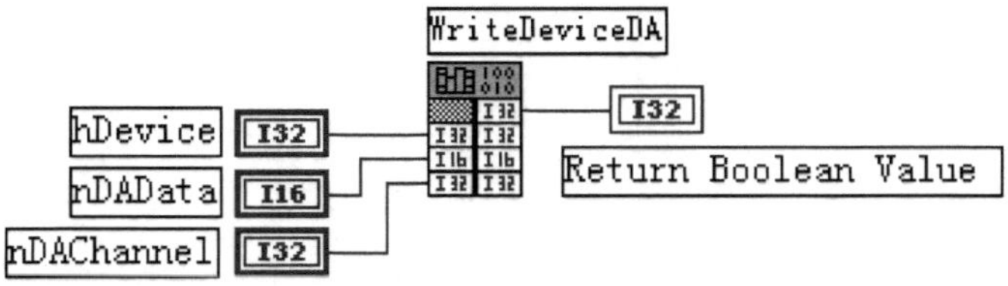

图 6-71　D/A 转换函数

D/A 转换函数在开始运行程序之前，必须指定相应的参数，如数据采集卡设备号、要转换的二进制数据和输出通道号。其中，二进制数据可以是一个固定值，也可以是根据计算得到的变化数值，例如可输出一个函数波形。在应用时，可用示波器观察接口板上对应通道输出的模拟电压信号。根据硬件的设定，D/A 转换器输出信号范围有 0～5V、0～10V、±5V和 ±10V。

6. 数字量输入/输出

图 6-72 所示为 U18 采集控制板的数字量输入函数 GetDeviceDI 和数字量输出调用函数 GetDeviceDO。调用数字量输入/输出函数不需要有初始化函数，输入/输出模块运行完毕时，调用 ReleaseDevice 函数，释放设备。

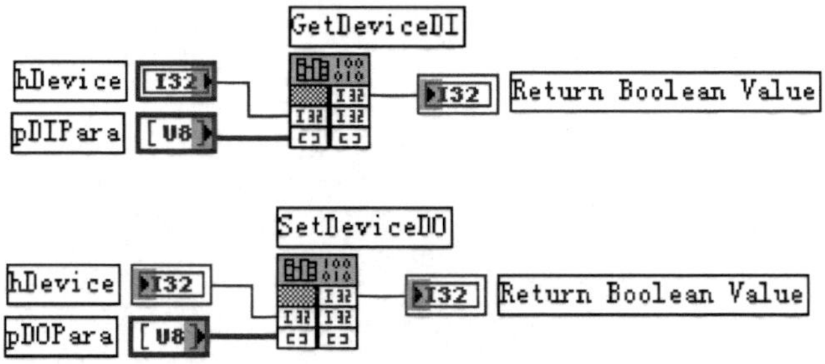

图 6-72　数字量输入/输出调用函数

图中 hDevice 是设备号，它应由 CreateDevice 创建；nDIPara 为十六路开关量输入状态的参数结构，共有 16 个成员变量，分别对应于 DI00～DI15 路开关量输入状态位。pDOPara 为十六路开关量输出状态的参数结构，共有 16 个成员变量，分别对应于 DO00～DO15 路开关量输出状态位。注意，在执行这个函数之前，必须对这个参数结构的 DO00 至 DO15 共 16 个成员变量赋初值，其值必须为 1 或 0。该函数若调用成功，返回值为 TRUE，否则返回值为 FALSE。

6.3.4　设计与实践

1. 利用 USB 接口板上的 D/A 部件，设计一个低频信号发生器，该信号发生器可以产生正弦信号、三角波、方波、锯齿波信号。信号发生器指标：频率范围为0.1～10Hz，幅值为0～+5V，直流偏置可调。

2. 利用计算机网络和USB接口板，设计、制作一个远程开关控制器。通过与TCP/IP协议的网络技术相结合，控制远程计算机所连接的接口电路（数字量输入/输出端），并通过驱动电路控制继电器开关状态（闭合或断开），用继电器控制台灯的亮灭。

参 考 文 献

[1] 罗杰，谢自美．电子线路设计·实验·测试［M］．4版．武汉：华中科技大学出版社，2008.
[2] 张国雄．测控电路［M］．3版．北京：机械工业出版社，2008.
[3] 吴丽华，童子权，张剑．电子测量电路［M］．哈尔滨：哈尔滨工业大学出版社，2004.
[4] 黄纪军．电子测量技术［M］．北京：电子工业出版社，2009.
[5] 沈永滨．模拟电子技术基础［M］．哈尔滨：哈尔滨工程大学出版社，2010.
[6] 杨拴科．模拟电子技术基础［M］．2版．北京：高等教育出版社，2010.
[7] 张辉，王鲁云．模拟电路分析与设计［M］．大连：大连理工大学出版社，2010.
[8] 胡圣尧．模拟电路应用设计［M］．北京：科学出版社，2009.
[9] 陈文楷．数字电子技术基础［M］．北京：机械工业出版社，2010.
[10] 江国强．数字逻辑电路基础［M］．北京：电子工业出版社，2010.
[11] 胡锦．数字电路与逻辑设计［M］．3版．北京：高等教育出版社，2010.
[12] 赵曙光，刘玉英，崔葛瑾［M］．数字电路及系统设计．北京：高等教育出版社，2011.
[13] 吴慎山．模拟电子技术实验与实践［M］．北京：电子工业出版社，2011.
[14] 刘霞．电子设计与实践［M］．北京：电子工业出版社，2009.
[15] 刘鸣．电子线路综合设计实验教程［M］．天津：天津大学出版社，2008.
[16] 李艳红．传感器原理及其应用［M］．北京：北京理工大学出版社，2010.
[17] 祁树胜．传感器与检测技术［M］．北京：北京航空航天大学出版社，2010.
[18] 祁和义．检测与传感器应用技术［M］．北京：高等教育出版社，2009.
[19] 林玉池，曾周末．现代传感技术与系统［M］．北京：机械工业出版社，2009.
[20] 沙占友．集成化智能传感器原理与应用［M］．北京：电子工业出版社，2004.
[21] 程鹏．自动控制原理［M］．北京：高等教育出版社，2010.
[22] 李晓秀，宋丽蓉．自动控制原理［M］．2版．北京：机械工业出版社，2011.
[23] 孔凡才．自动控制原理与系统［M］．3版．北京：机械工业出版社，2007.
[24] 彭学锋，刘建斌，鲁兴举．自动控制原理实践教程［M］．北京：中国水利水电出版社，2006.
[25] 李长久．PLC原理及应用［M］．北京：机械工业出版社，2013.
[26] 周文煜．PLC综合应用技术［M］．北京：机械工业出版社，2014.
[27] 侯益坤．FP系列PLC技术与应用［M］．北京：机械工业出版社，2010.
[28] 朱蓉．单片机技术与应用［M］．北京：机械工业出版社，2011.
[29] 杨打生，宋伟．单片机C51技术应用［M］．北京：北京理工大学出版社，2011.
[30] 杨运强．测试技术与虚拟仪器［M］．北京：机械工业出版社，2010.
[31] 刘其和，李云明．LabVIEW虚拟仪器程序设计与应用［M］．北京：化学工业出版社，2011.
[32] 周求湛，刘萍萍，钱志鸿．虚拟仪器系统设计及应用［M］．北京：北京航空航天大学出版社，2011.

参考文献

[illegible]